AF249700

LA
CONSTITUTION CHIMIQUE
DES
ALCALOÏDES
VÉGÉTAUX

PAR

AMÉ PICTET
Professeur à l'Université de Genève.

DEUXIÈME ÉDITION

PARIS

MASSON ET Cᶦᵉ, ÉDITEURS

LIBRAIRES DE L'ACADÉMIE DE MÉDECINE

120, BOULEVARD SAINT-GERMAIN

1897

LA

CONSTITUTION CHIMIQUE

DES

ALCALOÏDES

VÉGÉTAUX

GENÈVE

IMPRIMERIE W. KÜNDIG ET FILS

LA
CONSTITUTION CHIMIQUE

DES

ALCALOÏDES VÉGÉTAUX

PAR

AMÉ PICTET

Professeur à l'Université de Genève.

DEUXIÈME ÉDITION

PARIS
MASSON ET Cie, ÉDITEURS
LIBRAIRES DE L'ACADÉMIE DE MÉDECINE

120, BOULEVARD SAINT-GERMAIN

1897

TABLE DES MATIÈRES

SECONDE PARTIE

LES ALCALOÏDES NATURELS

ABRÉVIATIONS

A.	Liebig's Annalen der Chemie und Pharmacie.
A. ch.	Annales de chimie et de physique.
A. Pharm.	Archiv der Pharmacie.
B.	Berichte der deutschen chemischen Gesellschaft.
Bl.	Bulletin de la Société chimique de Paris.
C. r.	Comptes rendus des séances de l'Académie des Sciences.
G.	Gazzetta chimica italiana.
J.	Jahresbericht über die Fortschritte der Chemie.
J. pr.	Journal für praktische Chemie.
M.	Monatshefte für Chemie.
R.	Recueil des travaux chimiques des Pays-Bas.
Soc.	Journal of the chemical Society.

INTRODUCTION

Pris dans son sens étymologique, le mot *alcaloïde* peut servir à désigner l'ensemble des substances organiques qui sont douées de propriétés basiques ; quelques auteurs lui ont, en effet, donné cette acception. En général, on ne l'applique cependant qu'à une catégorie spéciale de bases, à savoir celles qui prennent naissance dans l'organisme végétal. On fait ainsi une distinction entre les composés que nous trouvons tout formés dans la nature et ceux que la chimie prépare artificiellement par des procédés divers. Il en résulte que les alcaloïdes, dans le sens usuel du mot, ne constituent point un groupe homogène et défini dans la classification rationnelle des combinaisons organiques, puisque cette classification ne doit reposer que sur la constitution chimique des corps et non sur des caractères d'ordre secondaire comme celui de la provenance.

Une tentative fut faite en 1880 par M. Königs[1] pour faire du groupe des alcaloïdes une classe naturelle du système. Les recherches sur la constitution de ces substances venaient de montrer que, sinon toutes, du moins un grand nombre d'entre elles fournissent, comme produit ultime de leur décomposition, une seule et même base, la pyridine ; il était donc permis de les considérer comme des dérivés de ce corps, au même titre que les composés aromatiques sont les dérivés du benzène et les corps de la série grasse ceux du méthane.

M. Königs proposa de réserver le nom d'alcaloïdes à celles des bases naturelles qui sont des dérivés pyridiques.

Cette proposition avait quelque chose de fort séduisant, et elle rencontra tout d'abord le meilleur accueil ; elle donnait un carac-

[1] Königs, *Studien über die Alkaloïde*, Munich 1880.

tère d'unité à un groupe important de composés organiques, et cet avantage semblait compenser largement l'inconvénient qu'il y avait à restreindre le sens d'un terme généralement usité et à retrancher du nombre des alcaloïdes quelques bases végétales, peu nombreuses, il est vrai, à cette époque (caféine, choline, bétaïne, sinapine, muscarine, etc.), dont la molécule ne renfermait pas le noyau pyridique.

Dans la première édition de ce livre, nous avions adopté le point de vue de M. Königs ; nous ne croyons plus devoir le faire aujourd'hui, et voici pourquoi :

Les nombreux et importants travaux qui ont été publiés dans ces dernières années sur les composés basiques d'origine végétale, ont accru le nombre de ceux qui ne sont pas des dérivés de la pyridine ; et, en tête de ces nouveaux venus, auxquels on devrait, selon M. Königs, refuser le nom d'alcaloïde, vient se placer la morphine, la première substance à laquelle on l'ait donné. Les recherches récentes ont en outre montré que parmi les principes basiques d'une même plante (coca, opium, betterave), les uns sont de nature pyridique, les autres ne le sont pas. Elles laissent enfin prévoir que, parmi les alcalis végétaux à structure compliquée et dont la constitution n'a pas encore été complètement élucidée, un nombre plus restreint qu'on ne le pensait jusqu'ici viendra se ranger dans la catégorie des dérivés de la pyridine.

Il nous semble difficile, dans ces conditions, de maintenir la distinction faite par M. Königs ; les inconvénients en seraient, à l'heure actuelle, plus considérables que les avantages. Il y a lieu, croyons-nous, de revenir à l'ancienne définition du mot alcaloïde, de l'appliquer indifféremment à toutes les bases organiques naturelles, quelle que soit leur constitution, et de ne plus vouloir en faire l'étiquette d'un groupe chimique défini.

Nous considérerons donc, dans les pages qui suivent, le terme d'*alcaloïdes végétaux* comme absolument synonyme de celui de *bases végétales* ; il comprendra l'ensemble des principes immédiats que l'on a retirés jusqu'ici des plantes et qui possèdent la propriété de s'unir aux acides pour former des sels.

La nouvelle interprétation à laquelle nous avons cru devoir nous arrêter a eu pour conséquence d'élargir notablement le cadre de notre sujet. Aux alcaloïdes pyridiques, que seuls nous avions considérés dans notre première édition, sont venus se joindre ceux que leur constitution range dans les autres séries des composés du carbone, et ceux, plus nombreux encore, qui n'ont pas livré le secret de leur structure moléculaire intime. Ils ont fait l'objet de chapitres nouveaux que l'on trouvera à la fin de ce volume.

Presque tous les autres articles ont dû être entièrement remaniés pour tenir compte des découvertes de ces dix dernières années, découvertes qui ont été encore plus nombreuses et plus importantes dans le domaine qui nous occupe que dans toute autre partie de la chimie organique. Il suffira de parcourir les articles consacrés à l'atropine, à la cocaïne, aux alcaloïdes de l'opium et à ceux des quinquinas, pour se rendre compte des progrès accomplis.

Dans cette nouvelle édition, comme dans la précédente, nous nous sommes efforcé de donner une image fidèle de l'état actuel de la question, en réunissant et en condensant les données éparses dans les recueils périodiques. Le but de ce travail nous semblerait atteint si nous avions réussi à faciliter à quelques-uns l'étude d'un chapitre de la chimie organique qui peut compter parmi les plus compliqués, mais aussi parmi les plus captivants.

L'histoire des alcaloïdes commence avec notre siècle; ce fut en effet, en 1803, que Derosne[1], à Paris, retira de l'opium une substance cristallisée, qu'il nomma *sel d'opium* et qui doit avoir été un mélange de morphine et de narcotine. Les caractères basiques de cette substance n'échappèrent point à Derosne, mais il les attribua à une impureté provenant de l'alcali employé dans sa préparation.

L'année suivante, Seguin[2] eut également entre les mains la morphine, mais il n'attacha pas d'importance à la réaction alcaline qu'il lui reconnut.

La découverte de la première base végétale appartient à Sertürner[3], pharmacien de Hanovre, lequel, sans avoir connaissance des travaux de Derosne et de Seguin annonça en 1806 qu'il avait re-

[1] Derosne, *Annales de chimie*, 45, 257.
[2] Seguin, *Annales de chimie*, 92, 225.
[3] Sertürner, *Trommsdorff's Journal der Pharmacie*, 13, 1, 234; 14, 1, 47.

tiré de l'opium un corps cristallisé, de nature basique, capable de s'unir aux acides pour former des sels, et qui, dans l'opium, se trouve lié à un acide particulier.

La découverte de Sertürner passa à peu près inaperçue. On croyait alors que les plantes ne pouvaient produire que des acides ou des corps à réaction neutre. Il fallut une seconde publication pour attirer l'attention sur ce sujet tout nouveau. Cette publication porte la date de 1817 et le titre: *Le morphium, nouvelle base salifiable, et l'acide méconique, principes constitutifs de l'opium*[1].

Dans ce nouvel article, Sertürner caractérise définitivement le morphium comme alcali végétal et rapproche sa nature de celle de l'ammoniaque.

Ces faits précis éveillèrent l'intérêt des chimistes; on comprit que d'autres végétaux, dont les remarquables propriétés physiologiques étaient connues, pouvaient contenir des substances analogues au morphium et constituant le principe actif de ces plantes. On se mit à l'œuvre, et ce fut pendant cette période de 1817 à 1835 que les plus importants d'entre les alcaloïdes furent successivement isolés.

Voici la liste chronologique de leur découverte:

1817.	Narcotine	par	Robiquet.
»	Emétine	»	Pelletier et Magendie.
1818.	Vératrine	»	Meissner.
»	Strychnine	»	Pelletier et Caventou.
1819.	Brucine	»	»
»	Pipérine	»	Oersted.
1820.	Caféine	»	Runge.
»	Cinchonine	»	Pelletier et Caventou.
»	Quinine	»	»
1825.	Sinapine	»	Henry et Garot.
1826.	Corydaline	»	Wackenroder.
»	Berbérine	»	Chevallier et Pelletan.
1828.	Nicotine	»	Posselt et Reimann.
1829.	Aricine	»	Pelletier et Corriol.
»	Sanguinarine	»	Dana.
1830.	Curarine	»	Roulin et Boussingault.

[1] Sertürner, *Gilbert's Annalen der Physik*, **55**, 56.

1831.	Conicine	par	Geiger.
»	Atropine	»	Geiger et Hesse. Mein.
1832.	Codéine	»	Robiquet.
»	Narcéine	»	Pelletier.
1833.	Quinidine	»	Henry et Delondre.
»	Aconitine	»	Geiger et Hesse.
»	Colchicine	»	»
»	Hyoscyamine	»	»
1835.	Thébaïne	»	Pelletier et Thibouméry.

La composition de ces corps fut fixée par de nombreuses analyses, dont la plupart sont dues à Liebig, Gerhardt, Regnault et Laurent.

Depuis 1835, le nombre des alcaloïdes s'est accru chaque année; on connaît aujourd'hui plus de deux cents bases végétales bien définies, qui ont été isolées à l'état de pureté et soumises à l'analyse.

Les formules compliquées des premiers alcaloïdes découverts prêtaient peu aux considérations théoriques sur leur constitution chimique. Berzelius expliquait leurs propriétés alcalines en admettant qu'ils renfermaient de l'ammoniaque liée à un groupe indifférent, carbure d'hydrogène ou oxyde. D'autres supposaient qu'une partie de l'azote y était combinée à de l'oxygène ou s'y trouvait sous une forme analogue à celle du cyanogène. Liebig le premier les envisagea comme de l'ammoniaque dans laquelle un des atomes d'hydrogène serait remplacé par un radical organique.

Les travaux classiques de Wurtz et de Hofmann, qui amenèrent, vers 1848, la découverte des bases organiques artificielles, vinrent confirmer cette dernière interprétation. On admit que les alcaloïdes naturels étaient, comme les bases artificielles, des ammoniaques partiellement ou complètement substituées. On leur appliqua les réactions au moyen desquelles Hofmann apprit à distinguer les quatre classes des ammoniaques organiques, et l'on reconnut que presque tous les alcaloïdes étaient des amines tertiaires.

Depuis lors, les recherches sur les alcaloïdes végétaux se sont multipliées; elles ont abouti aujourd'hui à la connaissance complète de la constitution d'un grand nombre d'entre eux, et à la synthèse totale de quelques-uns.

Un fait capital qui vint donner un essor inattendu à ces travaux, fut la découverte des bases pyridiques et quinoléiques.

En 1834, Runge retira du goudron de houille une substance basique de formule C^9H^7Az, qu'il nomma *leucol*. Quelques années plus tard (1846-1851) Anderson, en étudiant l'huile animale de Dippel (produit de la distillation des os), isola toute une série homologue de bases volatiles, dont la plus simple, renfermant C^5H^5Az, reçut le nom de *pyridine*. On constata à peu près à la même époque que le goudron contient aussi la série des mêmes bases, ainsi que l'*iridoline*, homologue supérieur du leucol.

Tous ces corps présentaient entre eux de grandes ressemblances; ils semblaient former un groupe particulier d'alcalis organiques, se différenciant nettement, soit des amines de la série grasse, soit de l'aniline et de ses dérivés.

On ne s'attendait pas à trouver une relation entre ces bases d'origine pyrogénée et les alcaloïdes végétaux. Ce fut cependant le résultat auquel vinrent aboutir presque simultanément les premières recherches entreprises pour déterminer la constitution de ces derniers.

Déjà en 1842 Gerhardt avait obtenu, en distillant la cinchonine avec la potasse, une base particulière qu'il avait appelée *quinoléine;* en 1855, Williams montra qu'il se forme en même temps, dans cette opération, d'autres produits basiques, entre autres un corps de formule $C^{10}H^9Az$, la *lépidine*. L'étude plus approfondie de ces deux substances vint démontrer leur identité avec le leucol et l'iridoline du goudron.

D'autre part, Huber en 1867, MM. Willm et Caventou en 1873, Weidel en 1874, Vongerichten, Bernheimer, Goldschmiedt plus récemment, montrèrent que l'oxydation de la nicotine, de la cinchonine, de la quinine, de la berbérine, de la narcotine, de la spartéine, de la papavérine, donne naissance à des acides qui, par distillation avec la chaux, fournissent de la pyridine.

La pipéridine, obtenue par le dédoublement de la pipérine, fut identifiée en 1879 par M. Königs avec le produit d'hydrogénation de la pyridine. La norhydrotropidine (produit de décomposition de l'atropine), la nicotine, la spartéine, les principaux alcaloïdes des quinquinas, donnèrent par distillation avec la chaux ou la poudre de zinc, des homologues de la pyridine, dont quelques-uns se trouvèrent identiques avec certains termes de la série d'Anderson.

Enfin l'existence du lien étroit qui unit les bases quinoléiques à la pyridine fut établie expérimentalement, soit par leur synthèse, soit par la transformation directe de la quinoléine en pyridine, que réalisèrent MM. Hoogewerff et van Dorp.

On arriva ainsi, de plusieurs côtés à la fois et par des voies bien différentes, à ce même résultat, que les principaux alcaloïdes végétaux fournissent, comme produit final de leur décomposition, une seule et même base, la pyridine, et doivent en être regardés comme les dérivés.

Mais on dut reconnaître en même temps que cette conclusion n'avait rien d'absolu et que la règle souffrait de nombreuses exceptions. La caféine et la théobromine, qui avaient déjà à cette époque été l'objet de travaux importants, possédaient une constitution moléculaire qui n'avait rien de commun avec celle de la pyridine et qui les rattachait au groupe de l'acide urique. La bétaïne et la muscarine, que l'on découvrit alors, vinrent former avec la choline et la sinapine un groupe particulier de bases quaternaires dont on reconnut les rapports étroits avec les amines de la série grasse. Enfin quelques bases faibles, comme la leucine et la glutamine, que l'on avait déjà obtenues comme produits de décomposition des matières albuminoïdes, et dont on constata la présence dans de nombreux végétaux, durent venir se placer dans la série des acides gras aminés à côté de l'asparagine.

Il n'était donc pas permis de dire que tous les alcaloïdes végétaux fussent des dérivés de la pyridine; on devait réserver cette qualification à une partie seulement d'entre eux. Mais cela suffisait largement pour donner à l'étude des bases pyridiques retirées du goudron un intérêt considérable. Cette étude fut entreprise avec ardeur.

C'était l'époque où la chimie des composés aromatiques prenait l'essor que l'on sait sous l'influence des idées théoriques issues de l'hypothèse géniale de Kékulé. Körner émit, en 1869, au sujet de la constitution des combinaisons pyridiques, une hypothèse semblable; selon lui, la pyridine était du benzène dans lequel un des groupes CH aurait été remplacé par un atome d'azote, et la structure du *noyau* pyridique était en tous points comparable à celle du noyau benzénique. De même, la quinoléine devait être considéréé comme du naphtalène dont l'un des noyaux aurait subi la même modification.

L'hypothèse de Körner eut sur la chimie des dérivés pyridiques la même influence que celle de Kékulé sur l'étude des composés aromatiques. Remarquablement vérifiée par les synthèses de la pyridine et de la quinoléine, réalisées toutes deux en 1879 par M. Königs, elle servit de point de départ à toutes les recherches ultérieures. Celles-ci prirent immédiatement un développement considérable; une foule de dérivés de la pyridine et de la quinoléine furent préparés; leur constitution, leur groupement en séries homologues, leurs relations isomériques furent établies; de nouveaux procédés de synthèse furent trouvés. La découverte de l'acridine par MM. Graebe et Caro en 1870, celle de l'isoquinoléine par MM. Hoogewerff et van Dorp en 1885, vinrent compléter la série des bases pyridiques. Ainsi se constitua en peu d'années (1870-1885), à côté des corps gras et des substances aromatiques, une troisième grande famille de composés organiques.

A mesure que ces recherches se poursuivaient dans le domaine des dérivés artificiels de la pyridine, les relations de ces corps avec les alcaloïdes naturels apparaissaient de plus en plus nettement. Les travaux de Hofmann et de M. Ladenburg sur la conicine, ceux de Jahns sur la trigonelline et sur les bases de la noix d'arec, ceux de MM. Goldschmiedt, Freund, Roser, Perkin, sur la papavérine, l'hydrastine, la narcotine et la berbérine, en fixant jusque dans ses moindres détails la constitution de ces alcaloïdes, vinrent successivement assigner à chacun d'eux sa place définitive dans le système des dérivés de la pyridine.

En même temps, MM. Merling et Einhorn démontraient l'existence, dans la molécule des alcaloïdes des Solanées et de ceux du Coca, d'une nouvelle association du noyau pyridique et du noyau aromatique, différente de celle de la quinoléine et de l'isoquinoléine et que l'on n'a pu encore reproduire artificiellement.

D'autres noyaux azotés furent découverts : celui de l'oxazine dans la morphine, celui de la pyrrolidine dans l'hygrine et dans la nicotine.

Il est probable que l'on ne s'arrêtera pas là et que les recherches futures révèleront l'existence de noyaux plus variés encore, ou de nouvelles associations inattendues de ces noyaux entre eux.

Enfin, depuis quelques années déjà, l'étude de plusieurs alcaloïdes est entrée dans la phase qui termine naturellement toute recherche de chimie organique, celle de la synthèse. Si l'on fait abstraction de deux bases végétales qui rentrent dans le groupe des amines de la série grasse (choline et bétaïne) et dont la formation synthétique avait été indiquée dès 1857 et 1869 par Wurtz et par M. Liebreich, et si l'on ne veut considérer que les alcaloïdes à structure cyclique, c'est à M. Ladenburg que revient le mérite d'avoir réalisé la première synthèse totale d'un représentant de cette classe de corps ; il parvint, en 1886, à obtenir artificiellement la conicine, le principal alcaloïde de la ciguë.

La même année, M. Hantzsch transformait l'acide nicotique dans sa méthylbétaïne, et celle-ci était identifiée par Jahns avec la trigonelline, un alcaloïde qu'il venait de retirer des semences du fenu-grec.

Depuis lors, quelques autres synthèses sont venues s'ajouter aux précédentes : ce sont celles de l'arécaïdine et de l'arécoline par Jahns (1891), celle de la pipérine par MM. Ladenburg et Scholtz (1894), et enfin celle de la caféine par MM. E. Fischer et Ach (1895).

On voit que, à l'exception de la caféine, ce ne sont encore que les alcaloïdes les plus simples au point de vue de leur constitution, qui ont été reproduits artificiellement. Mais nous ne sommes encore qu'au début des recherches de ce genre et les faits déjà acquis permettent de prévoir dans un avenir rapproché de brillantes découvertes dans ce domaine.

En attendant le jour où les alcaloïdes les plus précieux par leurs propriétés physiologiques pourront, eux aussi, être préparés de toutes pièces par des méthodes artificielles, peut-être même industrielles, on a déjà trouvé des procédés de synthèse partielle qui permettent de reproduire plusieurs d'entre eux en partant, soit de leurs produits immédiats de dédoublement, soit d'autres substances végétales que la nature fournit en plus grande abondance. En modifiant quelque peu ces procédés, on est arrivé, d'autre part, à obtenir des composés nouveaux, isomères ou homologues des alcaloïdes naturels, et possédant une action physiologique semblable, mais parfois plus énergique ou plus nette. La thérapeutique s'est déjà emparée de ces nouveaux médicaments, elle en utilisera à l'avenir un nombre toujours plus grand, et l'on verra ainsi, une fois de plus, des recherches de la chimie pure sortir les applications les plus variées et les plus utiles.

Cette étude est divisée en deux parties :

La première est consacrée à une revue rapide des *dérivés artificiels de la pyridine*. Les données que l'on possède sur la constitution d'un grand nombre d'alcaloïdes reposent, en effet, sur la connaissance de la structure des composés pyridiques plus simples qu'ils fournissent dans leur décomposition. Il nous a donc paru utile de montrer tout d'abord quelle est cette structure et quels sont les faits qui ont servi à la déterminer. Nous ne perdrons cependant pas de vue, dans cette première partie, notre objet principal, qui est la constitution des alcaloïdes végétaux, et nous ne nous occuperons que de ceux des dérivés artificiels qui, soit par leur provenance, soit par leur constitution, soit pour toute autre raison, sont dans une relation quelconque avec les bases naturelles.

Dans la seconde partie, nous avons cherché à grouper les résultats expérimentaux qu'ont fournis jusqu'à ce jour les recherches sur la constitution chimique des *alcaloïdes naturels,* et à résumer les hypothèses que ces résultats ont fait naître. Ce chapitre ne renferme donc en aucune façon une monographie complète des alcaloïdes végétaux ; nous avons laissé de côté tout ce qui concerne les propriétés physiologiques, les réactions caractéristiques et la recherche de ces corps, ainsi que la description de leurs propriétés physiques et de leurs sels. Nous ne les considérerons qu'au point de vue purement chimique, et nous nous en tiendrons aux seules indications qui peuvent présenter de l'intérêt au sujet de leur constitution.

PREMIÈRE PARTIE

LA

PYRIDINE ET SES DÉRIVÉS ARTIFICIELS

I. PYRIDINE

La pyridine a été découverte en 1851 par Anderson[1] dans l'*huile animale de Dippel* (produit de la distillation sèche des os), où elle est accompagnée de toute la série de ses homologues supérieurs. On l'a rencontrée depuis lors dans le goudron de houille (Thenius[2]), dans le produit de la distillation du lignite, de la tourbe et de certains schistes bitumineux (Williams[3]), dans les eaux ammoniacales de la fabrication du gaz d'éclairage, dans l'alcool amylique du commerce, dans l'esprit de bois brut, dans le goudron de bois, etc. Elle se forme par l'action de la chaleur, des alcalis ou de la poudre de zinc à haute température sur plusieurs alcaloïdes (nicotine, trigonelline, spartéine, cinchonine, dérivés de la narcotine et de la pseudopelletiérine), ainsi que par l'oxydation de la pipéridine. On l'obtient enfin en distillant les sels de chaux des différents acides pyridine-carboniques qui constituent les produits de l'oxydation de la quinoléine, de l'isoquinoléine et d'un grand nombre d'alcaloïdes naturels.

[1] Anderson, *Transactions of the royal Society of Edinburgh*, **20**, 251.
[2] Thenius, J. **1861**, 500.
[3] Williams, J. **1854**, 492.

La pyridine est un liquide incolore, possédant une odeur pénétrante et désagréable; elle se dissout en toutes proportions dans l'eau, l'alcool et l'éther. Sa densité est très voisine de celle de l'eau et son point d'ébullition est situé à 115°.

La composition de la pyridine répond à la formule C^5H^5Az. C'est une base tertiaire énergique et très stable; l'acide chromique, le permanganate de potassium, l'acide azotique ne l'attaquent à aucune température; l'acide sulfurique ne réagit qu'à 300° pour former un dérivé sulfoné; les halogènes ne fournissent que très difficilement des produits de substitution. En revanche, la pyridine oppose une résistance beaucoup moins grande à la réduction : les agents hydrogénants la convertissent en *pipéridine* (voyez page 26). L'acide iodhydrique la décompose à une température élevée en ammoniaque et en pentane normal (Hofmann [1]) :

$$C^5H^5Az + 10H = AzH^3 + C^5H^{12}.$$

Constitution de la pyridine. — La grande stabilité de la pyridine, ainsi que certaines analogies que présentent ses dérivés de substitution avec les composés aromatiques, surtout au point de vue du nombre des isomères, ont engagé, en 1869, Körner [2], et après lui M. Dewar [3], à rapprocher sa constitution de celle du benzène et à admettre dans sa molécule l'existence d'une chaîne fermée, composée de 5 atomes de carbone et d'un atome d'azote, chacun des atomes d'hydrogène étant supposé lié à l'un des atomes de carbone. Dans cette hypothèse, la pyridine doit être considérée comme du benzène dont un des six groupes CH serait remplacé par un atome d'azote.

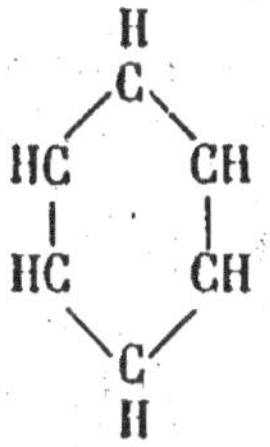

Benzène. 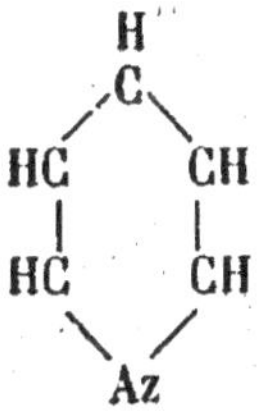   Pyridine.

[1] Hofmann, B. **16**, 586.
[2] Körner, *Giornale dell' Academia di Palermo*, **1869**.
[3] Dewar, *Zeitschrift für Chemie*, **1871**, 117.

L'hypothèse de Körner a été confirmée par les synthèses de la quinoléine, par celles de la pyridine elle-même et d'un grand nombre de ses dérivés. Elle explique l'ensemble des faits d'une manière très satisfaisante et est admise aujourd'hui par tous les chimistes.

La pyridine est une combinaison non saturée; elle est, comme le benzène, capable de fixer 6 atomes d'un élément monovalent. Chacun des atomes de carbone ou d'azote qui forment son noyau possède donc une affinité libre, et ces 6 affinités doivent, si elles ne sont pas satisfaites par d'autres atomes, se saturer réciproquement. Pour expliquer la manière dont cette saturation s'effectue, on a eu recours à différentes hypothèses, à chacune desquelles correspond une formule constitutionnelle de la pyridine. Il en est ici absolument de même que pour le benzène. On sait que parmi les nombreuses formules qui ont été imaginées pour représenter la constitution de cet hydrocarbure, deux seulement peuvent aujourd'hui soutenir la discussion; ce sont celles de Kékulé et de Claus. A ces deux formules du benzène se rattachent deux formules analogues de la pyridine. On peut en outre, pour cette dernière base, concevoir une troisième formule qui ne saurait être prise en considération pour le noyau absolument symétrique du benzène; elle a été proposée par M. Riedel[1].

	Formule de Kékulé.	Formule de Claus.	Formule de Riedel.
Benzène.			—
Pyridine.			

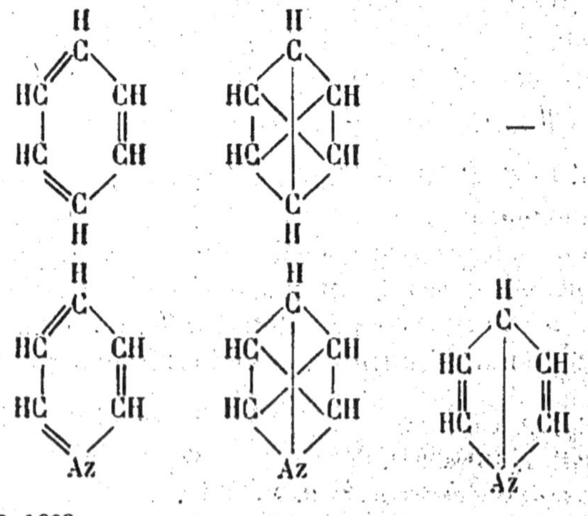

[1] Riedel, B. **16**, 1609.

Il ne saurait rentrer dans notre plan de discuter ces trois formules de la pyridine; aussi bien est-il presque impossible, dans l'état actuel de nos connaissances, de faire un choix raisonné entre elles. Nous nous bornerons donc, au cours de cette étude, toutes les fois qu'il ne sera pas question de produits d'addition des bases pyridiques, à représenter le noyau de la pyridine par la figure schématique suivante, qui, tout en constatant l'existence d'une chaîne fermée analogue à celle du benzène, permet de ne pas se prononcer sur la manière dont les valences supplémentaires se satisfont entre elles :

Az

Synthèses de la pyridine. — La pyridine a été obtenue synthétiquement :

1° En 1879 par M. Königs[1] en distillant l'éthylallylamine sur de l'oxyde de plomb chauffé à 400-500° :

$$CH^3\text{-}CH^2\text{-}AzH\text{-}CH^2\text{-}CH = CH^2 + 3O = C^5H^5Az + 3H^2O.$$

2° En 1884 par M. Monari[2] en faisant passer dans un tube chauffé au rouge vif un mélange d'ammoniaque et de vapeurs d'alcool.

3° En 1885 par MM. Dennstedt et Zimmermann[3] en chauffant le pyrrol à 200° avec de l'iodure de méthylène et du sodium dissous dans l'alcool méthylique :

$$C^4H^5Az + CH^2I^2 + 2NaOCH^3 = C^5H^5Az + 2NaI + 2CH^3OH.$$

4° En 1887 par M. Stoehr[4] en chauffant la glycérine avec le sulfate d'ammoniaque.

Quelques autres synthèses directes de la pyridine ont été publiées, mais elles manquent jusqu'ici d'un caractère de certitude absolue, n'ayant pu être répétées par d'autres expérimentateurs; telles sont, en particulier, celles de Perkin par réduction de l'azo-

[1] Königs, B. **12**, 2344.
[2] Monari, J. **1884**, 924.
[3] Dennstedt et Zimmermann, B. **18**, 3316.
[4] Stoehr, J. pr. **43**, 153.

aminonaphtalène, de Chapmann et Smith par déshydratation du nitrate d'amyle, et de Ramsay par condensation pyrogénée de l'acétylène avec l'acide cyanhydrique.

On connaît, en revanche, un nombre assez considérable de synthèses indirectes de la pyridine; elles seront indiquées à propos des dérivés de cette base.

Tous ces procédés de synthèse ne donnent qu'un rendement extrêmement faible, et la seule source dont on tire actuellement la pyridine est le goudron de houille. On l'en extrait avec ses homologues par un traitement à l'acide sulfurique, suivi d'une distillation en présence d'un excès d'alcali. Les différentes bases sont ensuite séparées par distillation fractionnée.

Dérivés de substitution de la pyridine. — Chacun des cinq atomes d'hydrogène de la pyridine peut être remplacé par un autre atome ou groupe d'atomes monovalent. Les corps qui prennent ainsi naissance sont les dérivés de substitution de la pyridine. Leur étude est venue confirmer l'hypothèse de Körner, en montrant qu'il existe dans la série pyridique une isomérie de position semblable à celle que l'on observe dans la série des dérivés du benzène.

Pour indiquer les positions dans le noyau pyridique, on se sert, conformément à la décision prise par le Congrès international de chimie réuni à Paris en 1889, des premières lettres de l'alphabet grec, selon le schéma suivant :

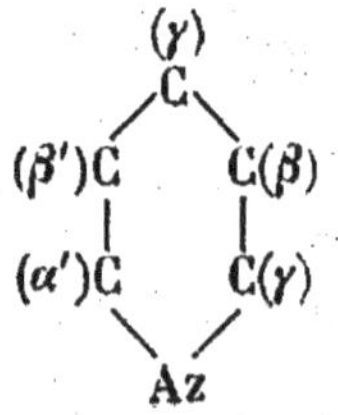

$$
\begin{array}{ccc}
 & (\gamma) & \\
 & C & \\
(\beta')C & & C(\beta) \\
(\alpha')C & & C(\gamma) \\
 & Az &
\end{array}
$$

L'expérience et la théorie se sont rencontrées pour montrer que, dans la série pyridique, il existe trois dérivés monosubstitués isomériques (α, β et γ), et, dans le cas d'identité des substituants :

    6 dérivés disubstitués ($\alpha\beta$, $\alpha\gamma$, $\alpha\beta'$, $\alpha\alpha'$, $\beta\gamma$ et $\beta\beta'$),

    6   »   trisubstitués ($\alpha\beta\gamma$, $\alpha\beta\beta'$, $\alpha\beta\alpha'$, $\alpha\gamma\beta'$, $\alpha\gamma\alpha'$ et $\beta\gamma\beta'$),

    3   »   tétrasubstitués ($\alpha\beta\gamma\beta'$, $\alpha\gamma\beta'\alpha'$ et $\alpha\beta\beta'\alpha'$),

et un seul dérivé pentasubstitué.

Si les groupes substituants ne sont pas identiques, le nombre des isomères croît rapidement; la théorie ne prévoit pas moins de 120 dérivés tétrasubstitués lorsque les quatre substituants sont différents.

Les dérivés halogénés, sulfonés, nitrés de la pyridine ne se forment pas ou ne se forment que très difficilement par substitution directe. Aussi ces corps sont-ils loin d'avoir acquis la même importance et d'avoir été soumis à une étude aussi approfondie que les dérivés correspondants de la série benzénique. Comme, du reste, aucun d'eux ne présente jusqu'ici un grand intérêt au point de vue de la constitution des alcaloïdes naturels, nous nous bornerons à quelques mots très brefs à leur sujet.

Chloropyridines. — On connaît les trois pyridines monochlorées que prévoit la théorie. Deux d'entre elles, les dérivés α et γ, ont été obtenues par l'action du pentachlorure de phosphore sur les oxypyridines. La troisième, la *β-chloropyridine*, prend naissance lorsqu'on traite le pyrrol potassique par le chloroforme ou par le tétrachlorure de carbone (Ciamician et Dennstedt[1]).

Bromopyridines. — Un seul des trois isomères a été préparé; il a été obtenu par Hofmann[2] en chauffant le chlorhydrate de pyridine avec le brome à la température de 200°.

La position de l'atome de brome dans ce composé à été fixée par MM. Weidel et Blau[3]; ces savants ont montré que la potasse alcoolique le transforme en une éthoxypyridine qui, par saponification au moyen de l'acide iodhydrique, fournit la β-oxypyridine.

Cette même bromopyridine se forme, selon MM. Ciamician et Dennstedt[1], lorsqu'on chauffe le pyrrol potassique avec le bromoforme :

$$C^4H^4AzK + CHBr^3 = C^5H^4BrAz + KBr + HBr$$

Pyrrol potassique.   Bromopyridine.

[1] Ciamician et Dennstedt, B. **14**, 1153 ; **15**, 1172.

[2] Hofmann, B. **12**, 988.

[3] Weidel et Blau, M. **6**, 651.

On doit admettre que l'atome de carbone du bromoforme vient s'intercaler entre les deux atomes de carbone α et β du pyrrol :

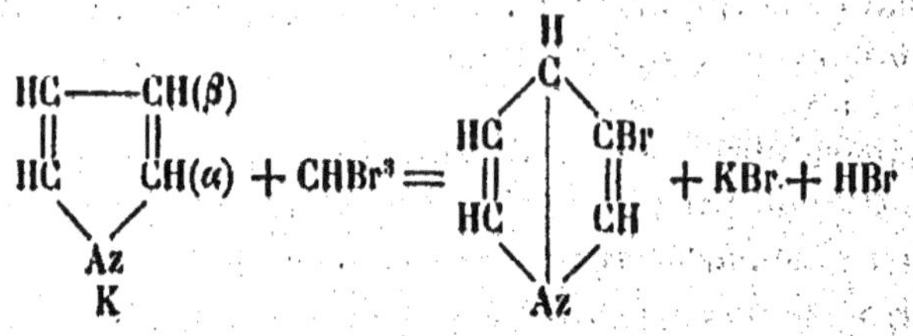

$$
\begin{array}{c}
HC \!-\!\!-\! CH(\beta) \\
\| \quad\quad \| \\
HC \quad CH(\alpha) \\
\diagdown\ \diagup \\
Az \\
K
\end{array}
\;+\; CHBr^3 \;=\;
\begin{array}{c}
H \\
C \\
\diagup\ \diagdown \\
HC \quad CBr \\
\| \quad\quad \| \\
HC \quad CH \\
\diagdown\ \diagup \\
Az
\end{array}
\;+\; KBr \;+\; HBr
$$

Cette réaction, qui constitue un passage intéressant de la série du pyrrol à celle de la pyridine, présente un certain caractère de généralité; on a vu plus haut qu'en remplaçant le bromoforme par le chloroforme ou par l'iodure de méthylène, on a pu obtenir la β-chloropyridine et la pyridine elle-même.

La β-bromopyridine est un liquide incolore, d'une densité de 1,64, bouillant à 173-174°.

Une *dibromopyridine* prend naissance, en même temps que le dérivé monobromé, dans l'action du brome sur le chlorhydrate de pyridine (Hofmann) ou sur celui de pipéridine (Schotten[1]). Elle a été aussi obtenue en chauffant avec de l'acide chlorhydrique la dibromapophylline, produit de décomposition de la nicotine (Vongerichten[2]), et en traitant le bromhydrate de propidine par le brome (Ladenburg[3]). C'est un corps solide qui cristallise en prismes fusibles à 112°; il distille sans altération à 222°.

Les deux atomes de brome occupent dans ce composé les positions β et β'; cela résulte de sa formation par l'action successive du brome et du permanganate de potassium sur l'acide triméthylpyridine-dicarbonique symétrique (Pfeiffer[4]),

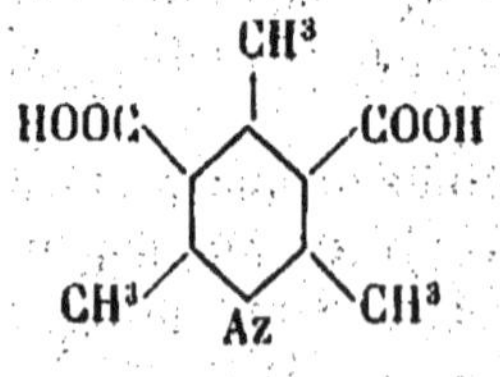

$$
\begin{array}{c}
CH^3 \\
HOOC \diagup\ \diagdown COOH \\
| \quad\quad\quad | \\
CH^3 \diagdown\ \diagup CH^3 \\
Az
\end{array}
$$

[1] Schotten, B. **15**, 427.
[2] Vongerichten, B. **14**, 2834 ; A. **210**, 79.
[3] Ladenburg, B. **15**, 1141 ; A. **217**, 74.
[4] Pfeiffer, B. **20**, 1348.

Une *tribromopyridine* (aiguilles fusibles à 167-168° en se décomposant) a été obtenue par M. Willstätter[1] en oxydant le produit du traitement de la tropinone par le brome; la position des trois atomes de brome est encore inconnue.

Aminopyridines. — Les trois isomères ont été préparés récemment en traitant par les hypobromites alcalins les amides des trois acides pyridine-monocarboniques (méthode de Hofmann). Ce sont des corps solides, bien cristallisés, facilement solubles dans l'eau et doués de propriétés toxiques très prononcées. Ils ne fournissent pas de dérivés diazoïques et se rapprochent par leurs caractères chimiques des amines de la série grasse.

Acides pyridine-sulfoniques. — La pyridine n'est attaquée par l'acide sulfurique fumant qu'à la température de 300° (O. Fischer[2], Königs[3]). Il se forme alors l'acide monosulfonique β et un acide disulfonique (très probablement $\beta\beta'$). La position du groupe SO^3H dans le premier de ces corps résulte de sa transformation dans le nitrile de l'acide nicotique par fusion avec le cyanure de potassium. Les dérivés sulfonés de la pyridine ressemblent à ceux des carbures aromatiques et donnent les mêmes réactions.

Oxypyridines. — On connaît un certain nombre de composés dans lesquels un ou plusieurs atomes d'hydrogène de la pyridine sont remplacés par autant d'hydroxyles. On les a obtenus, soit au moyen des procédés généraux de préparation des alcools et des phénols (fusion potassique des acides sulfoniques, diazotation des dérivés aminés, action des alcoolates alcalins sur les dérivés halogénés), soit par la distillation des oxyacides pyridiques préparés eux-mêmes par synthèse ou par oxydation de composés plus compliqués.

Nous ne nous occuperons ici que des trois *monoxypyridines*.

Il a été reconnu que ces corps, ou du moins deux d'entre eux, présentent un exemple remarquable de tautomérie. En effet, tandis

---

[1] Willstätter, B. **29**, 2228.
[2] O. Fischer, B. **15**, 62; **16**, 1183; **17**, 763.
[3] Königs, B. **12**, 2342; **16**, 735; **17**, 592, 1832.

que la *β-oxypyridine* montre, dans toutes ses réactions, des propriétés qui correspondent bien à la formule

les deux isomères *α* et *β* se comportent tantôt comme de vrais dérivés hydroxylés, tantôt comme des composés cétoniques possédant en même temps le caractère de bases secondaires *(pyridones)*. On doit donc supposer, dans ces corps, une extrême mobilité d'un atome d'hydrogène qui, suivant les cas, vient s'attacher à l'oxygène ou à l'azote, ainsi que le montrent les formules suivantes :

α - Oxypyridine.   *α* - Pyridone.

γ - Oxypyridine.   *γ* - Pyridone.

Ce phénomène de tautomérie se manifeste surtout dans l'éthérification des oxypyridines ; on peut, en effet, en variant les conditions de l'expérience, obtenir, ou des éthers ordinaires, renfermant le groupement —O—R, ou des dérivés alcoylés à l'azote, caractérisés par le groupement =Az—R (von Pechmann [1]).

[1] von Pechmann, B, **24**, 3144 ; **28**, 1624.

L'*α-pyridone* cristallise en petites aiguilles incolores, fusibles à 107°; elle distille à 280-281° et donne avec le chlorure ferrique une coloration rouge.

La *γ-pyridone* forme des tables hexagonales qui renferment une molécule d'eau; elle fond à l'état anhydre à 148°,5 et entre en ébullition au-dessus de 350°; le chlorure ferrique la colore en jaune.

La *β-oxypyridine* se présente en aiguilles fusibles à 124°,5; elle peut être distillée sans décomposition et se colore en rouge par le chlorure de fer.

Les trois oxypyridines sont facilement solubles dans l'eau; elles présentent une réaction neutre, mais possèdent cependant encore des propriétés basiques; par distillation sur la poudre de zinc elles fournissent la pyridine.

Il convient de mentionner ici un mode particulier de formation des pyridones à partir des *composés pyroniques,* parce qu'il est de nature à jeter un certain jour sur la manière dont les dérivés pyridiques prennent naissance dans l'organisme végétal. On désigne sous le nom de *pyrones* un groupe spécial de combinaisons cétoniques qui renferment une chaîne fermée comparable à celle du benzène et de la pyridine, mais formée de 5 atomes de carbone et d'un atome d'oxygène. Suivant la position que ce dernier occupe par rapport au groupement cétonique, on distingue l'*α-pyrone* et la *γ-pyrone* :

α - Pyrone.   γ - Pyrone.

On connaît de nombreux dérivés des deux isomères; parmi ceux-ci il faut mettre en première ligne certains acides que l'on rencontre dans le règne végétal, tels que l'*acide méconique,* qui se trouve dans l'opium, et l'*acide chélidonique,* que l'on a retiré de la chélidoine et de la racine d'ellébore blanc, où il est lié à divers alcaloïdes :

$$\text{Acide méconique.} \qquad \text{Acide chélidonique.}$$

Un autre dérivé pyronique, l'*acide coumalique,*

n'a pas été observé jusqu'ici dans les plantes, mais constitue un produit de la déshydratation de l'acide malique, l'un des acides végétaux les plus répandus.

Tous ces corps présentent cette particularité commune, d'être transformés *à froid* par l'ammoniaque en dérivés de la pyridone ; il y a simple substitution du groupe AzH à l'atome d'oxygène du noyau. Or, comme l'on doit admettre que les plantes convertissent en ammoniaque une partie de l'acide azotique qu'elles reçoivent du sol, on conçoit que cette réaction puisse être une de celles qui contribuent à la formation de dérivés pyridiques dans leurs tissus.

L'acide coumalique (α-pyrone-carbonique) donne, lorsqu'on le traite par l'ammoniaque, un acide α-pyridone-carbonique (oxynicotique), que la chaleur transforme en α-pyridone (von Pechmann[1]) :

$$\text{Acide coumalique.} \qquad \text{Acide oxynicotique.} \qquad \alpha\text{-Pyridone.}$$

[1] von Pechmann, B. **17**, 936, 2384 ; **18**, 317.

L'acide méconique (oxy-γ-pyrone-dicarbonique) n'a pas été converti directement en un dérivé pyridique, mais bien deux de ses produits de décomposition, l'*acide coménique* (oxy-γ-pyrone-mono-carbonique), qui donne un acide hydroxylé et monocarboxylé de l'α-pyridone (acide coménamique), et l'*acide comanique* (γ-pyrone-monocarbonique), qui fournit un acide monocarboxylé de la γ-pyridone (acide oxypicolique) (Ost[1]). La réaction est exprimée, dans ce dernier cas, par l'équation suivante :

$$
\begin{array}{c}
\text{O} \\
\text{C} \\
\text{HC} \quad\quad \text{CH} \\
\text{HC} \quad\quad \text{C—COOH} \\
\text{O}
\end{array}
\;+\; AzH^3 \;=\;
\begin{array}{c}
\text{O} \\
\text{C} \\
\text{HC} \quad\quad \text{CH} \\
\text{HC} \quad\quad \text{C—COOH} \\
\text{Az} \\
\text{H}
\end{array}
\;+\; H^2O
$$

Acide comanique.   Acide oxypicolique.

Enfin l'acide chélidonique (γ-pyrone-dicarbonique) est transformé par l'ammoniaque en un acide γ-pyridone-dicarbonique (acide chélidamique) (Lieben et Haitinger[2]) :

$$
\begin{array}{c}
\text{O} \\
\text{C} \\
\text{HC} \quad\quad \text{CH} \\
\text{HOOC—C} \quad\quad \text{C—COOH} \\
\text{O}
\end{array}
\;+\; AzH^3 \;=\;
\begin{array}{c}
\text{O} \\
\text{C} \\
\text{HC} \quad\quad \text{CH} \\
\text{HOOC—C} \quad\quad \text{C—COOH} \\
\text{Az} \\
\text{H}
\end{array}
\;+\; H^2O
$$

Acide chélidonique.   Acide chélidamique.

Les acides oxypicolique et chélidamique se décomposent, lorsqu'on les chauffe au-dessus de leurs points de fusion, en anhydride carbonique et en γ-pyridone.

La formation de l'acide citrazinique (acide pyridique qui se rencontre parfois dans les betteraves, voyez page 155) repose sur une réaction très semblable aux précédentes.

[1] Ost, J. pr. **27**, 257; **29**, 57, 878.
[2] Lieben et Haitinger, M. **4**, 275; **6**, 279.

Dérivés d'addition de la pyridine. — La pyridine fournit deux sortes de produits d'addition :

Elle peut, en premier lieu, comme toutes les bases tertiaires, fixer par les deux valences supplémentaires de son atome d'azote, une molécule d'un chlorure, bromure ou iodure alcoolique, pour former des composés du type de l'ammonium :

$$\bigcirc_{Az} \quad + \quad CH^3I \quad = \quad \bigcirc_{Az} {}^{<}_{CH^3\ I}$$

Pyridine.	Iodure de méthyle.	Iodométhylate de pyridine.

Ces sels quaternaires subissent, lorsqu'on les porte à une température voisine de 300°, une transposition d'atomes qui est analogue à celle que Hofmann a étudiée dans la série des anilines alcoylées ; le radical alcoolique lié à l'azote quitte celui-ci pour venir remplacer l'un des atomes d'hydrogène du noyau, et il se forme le sel d'un homologue de la pyridine.

Ainsi l'iodométhylate de pyridine,

$$C^5H^5 \equiv Az <^{CH^3}_{I}$$

se convertit dans l'iodhydrate d'une méthylpyridine,

$$CH^3 - C^5H^4 \equiv Az <^{H}_{I}.$$

Cette réaction intéressante, découverte par M. Ladenburg, a permis à ce savant de préparer un grand nombre d'homologues de la pyridine.

Une seconde catégorie de dérivés d'addition prend naissance par saturation des atomicités libres appartenant au noyau lui-même. La pyridine fixe, à la manière des hydrocarbures non saturés, une, deux ou trois molécules de chlore, de brome ou d'hydrogène. Les dérivés halogénés sont en général peu stables et encore peu connus; beaucoup plus importants sont les dérivés hydrogénés.

Quelle que soit la formule constitutionnelle de la pyridine que l'on adopte, la théorie prévoit l'existence de plusieurs dihydrures

C^5H^7Az et de plusieurs tétrahydrures C^5H^9Az, tandis que l'hexahydrure $C^5H^{11}Az$ ne peut exister que sous une seule forme.

Aucun dihydrure de la pyridine n'a encore été obtenu à l'état de pureté; les tétrahydrures *(pipéridéines)* ne sont connus que d'une manière très imparfaite; l'hexahydrure seul *(pipéridine)* a été l'objet d'une étude approfondie.

Pipéridéines. — On n'a pas réussi jusqu'ici à les préparer par hydrogénation partielle de la pyridine; quel que soit l'agent que l'on emploie, la réduction va toujours jusqu'à la formation du dérivé complétement hydrogéné, la pipéridine.

En revanche, Lellmann et Schwaderer [1] ont obtenu une pipéridéine en enlevant deux atomes d'hydrogène à la pipéridine. Lorsqu'on traite celle-ci par le chlorure de chaux, il se forme une *chloropipéridine,* dans laquelle l'atome de chlore est venu remplacer l'atome d'hydrogène lié à l'azote. Cette chloropipéridine est décomposée par la potasse alcoolique; le chlore se dégage à l'état d'acide chlorhydrique avec un atome d'hydrogène du noyau, et l'on obtient une pipéridéine. Comme celle-ci possède le caractère d'une base secondaire, Lellmann et Schwaderer admettent une migration de l'atome de chlore en α et représentent la réaction par l'équation suivante:

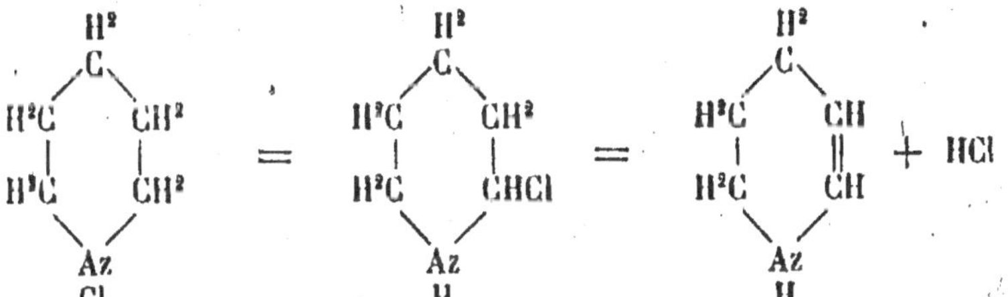

$$
\begin{array}{ccc}
\begin{array}{c}
H^2 \\
C \\
H^2C \quad CH^2 \\
H^2C \quad CH^2 \\
Az \\
Cl
\end{array}
&=&
\begin{array}{c}
H^2 \\
C \\
H^2C \quad CH^2 \\
H^2C \quad CHCl \\
Az \\
H
\end{array}
\quad=\quad
\begin{array}{c}
H^2 \\
C \\
H^2C \quad CH \\
H^2C \quad CH \\
Az \\
H
\end{array}
\;+\; HCl
\end{array}
$$

Chloropipéridine. — Produit intermédiaire. — Pipéridéine.

Une pipéridéine probablement identique avec la précédente a été préparée synthétiquement par M. Wolffenstein [2], en soumettant à la distillation l'aldéhyde δ-aminovalérique, produit de l'oxydation de la pipéridine au moyen de l'eau oxygénée.

---

[1] Lellmann et Schwaderer, B. **22**, 1818, 1828.
[2] Wolffenstein, B. **25**, 2777.

Cette pipéridéine est également une base secondaire; M. Wolf-fenstein exprime sa formation par une équation qui conduit à la même formule que ci-dessus:

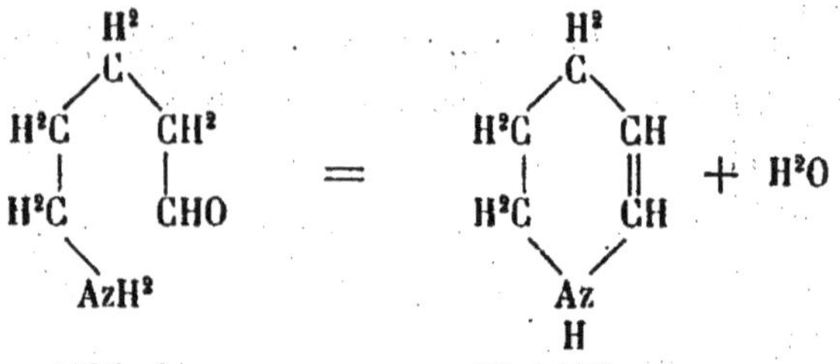

$$
\begin{array}{c}
\text{H}^2 \\
\text{C} \\
\text{H}^2\text{C} \qquad \text{CH}^2 \\
\text{H}^2\text{C} \qquad \text{CHO} \\
\text{AzH}^2
\end{array}
\;=\;
\begin{array}{c}
\text{H}^2 \\
\text{C} \\
\text{H}^2\text{C} \qquad \text{CH} \\
\text{H}^2\text{C} \qquad \text{CH} \\
\text{Az} \\
\text{H}
\end{array}
\;+\; \text{H}^2\text{O}
$$

Aldéhyde
δ-aminovalérique.   Pipéridéine.

La pipéridéine, préparée par l'un ou l'autre de ces procédés, est un corps liquide, facilement soluble dans l'eau et possédant un caractère basique plus prononcé que la pyridine. Il est du reste difficile d'établir avec exactitude ses propriétés, car elle se polymé-rise avec la plus grande facilité en donnant naissance à une *dipipéridéine* $(\text{C}^5\text{H}^9\text{Az})^2$, qui a probablement pour constitution

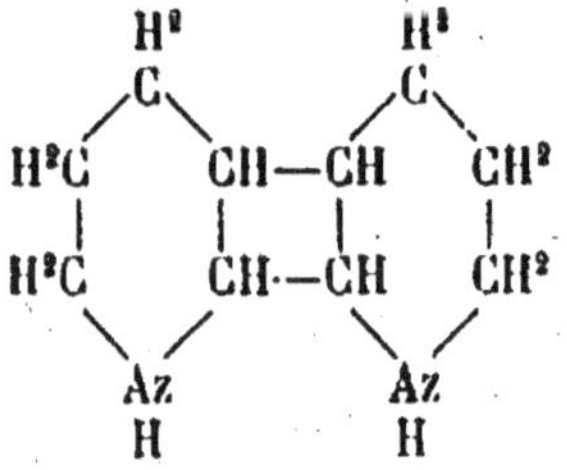

$$
\begin{array}{cc}
\text{H}^2 & \text{H}^2 \\
\text{C} & \text{C} \\
\text{H}^2\text{C} \quad \text{CH}-\text{CH} \quad \text{CH}^2 \\
\text{H}^2\text{C} \quad \text{CH}-\text{CH} \quad \text{CH}^2 \\
\text{Az} & \text{Az} \\
\text{H} & \text{H}
\end{array}
$$

Certains homologues des pipéridéines sont mieux connus que les pipéridéines elles-mêmes; les conicéines, en particulier, dont il sera question plus loin (voyez page 137), rentrent dans ce groupe de bases.

Pipéridine. — Wertheim et Rochleder[1] les premiers ont obtenu, en 1848, la pipéridine, en distillant la pipérine avec la chaux sodée; mais ils la prirent pour de l'aniline. Ce ne fut que quelques années

---

[1] Wertheim et Rochleder, A. **54**, 255; **70**, 58.

plus tard que, indépendamment l'un de l'autre, Anderson[1] et Cahours[2] établirent la formule de la nouvelle base, $C^5H^{11}Az$, et que le second de ces savants lui donna le nom qu'elle porte aujourd'hui.

La pipéridine prend aussi naissance par dédoublement de la pipérine sous l'influence de la potasse alcoolique (voyez page 144), selon l'équation :

$$C^{17}H^{19}AzO^3 + H^2O = C^5H^{11}Az + C^{12}H^{10}O^4$$
Pipérine.   Pipéridine. Acide pipérique.

Suivant M. Johnstone[3], la pipéridine se trouverait en petite quantité dans le poivre, à côté de la pipérine.

La pipéridine est un liquide incolore, possédant une odeur ammoniacale; elle est soluble en toutes proportions dans l'eau, l'alcool, l'éther et le benzène. Elle bout à 105° et se solidifie à —17°; sa densité est 0,88 à 0°; c'est une base très énergique qui offre une réaction alcaline prononcée et attiré l'acide carbonique de l'air.

Elle présente tous les caractères des bases secondaires; son atome d'hydrogène imidique est extrêmement mobile et peut être remplacé par les groupes d'atomes les plus divers (radicaux alcooliques, aromatiques ou acides, groupes AzO, AzO^2, AzH^2, SO^2, etc.). On a préparé de cette manière une foule de dérivés intéressants dans le détail desquels nous ne pouvons entrer ici.

La constitution de la pipéridine est restée fort longtemps inconnue. En 1871, M. Kraut[4], en traitant par l'oxyde d'argent la combinaison que la pipéridine forme avec l'acide chloracétique, remarqua la production d'une petite quantité de pyridine. La relation que cette observation semblait établir entre ces deux bases ne fut cependant mise en pleine lumière qu'en 1879 par M. Königs[5], qui réussit à transformer nettement la pipéridine en pyridine en la chauffant à 300° avec de l'acide sulfurique concentré. A cette haute température, ce dernier agit comme oxydant et cède une partie

[1] Anderson, A. **75**, 82; **84**, 345.
[2] Cahours, A. ch. (3) **38**, 76.
[3] Johnstone, *Chemical News*, **58**, 235.
[4] Kraut, A. **157**, 66.
[5] Königs, B. **12**, 2341.

de son oxygène en se réduisant lui-même à l'état d'acide sulfureux :

$$C^5H^{11}Az + 3O = C^5H^5Az + 3H^2O$$
Pipéridine.   Pyridine.

D'après des recherches plus récentes, l'oxydation de la pipéridine peut aussi être effectuée par le nitrobenzène à 250° (Lellmann et Geller[1]), ainsi que par l'acétate d'argent à 180° (Tafel[2]). Elle ne fournit cependant jamais qu'un rendement très faible en pyridine.

L'observation de M. Königs faisait de la pipéridine l'*hexahydropyridine :*

$$
\begin{matrix}
 & H^2 & \\
 & C & \\
H^2C & & CH^2 \\
H^2C & & CH^2 \\
 & Az & \\
 & H &
\end{matrix}
$$

Ce résultat fut bientôt confirmé par la transformation inverse ; M. Königs[3] parvint, en 1881, à reproduire la pipéridine en traitant la pyridine par l'étain et l'acide chlorhydrique :

$$C^5H^5Az + 6H = C^5H^{11}Az.$$
Pyridine.   Pipéridine.

M. Ladenburg[4] a montré plus tard que l'on obtient des résultats beaucoup meilleurs en se servant du sodium et de l'alcool absolu.

Il se forme aussi de la pipéridine dans la réduction électrolytique de la pyridine en solution sulfurique diluée (Ahrens[5]).

On connaît aujourd'hui plusieurs synthèses directes de la pipéridine ; elles reposent toutes sur le même principe : fermeture d'une chaîne ouverte de la formule générale

$$x - CH^2 - CH^2 - CH^2 - CH^2 - CH^2 - AzH - y,$$

[1] Lellmann et Geller, B. **21**, 1921.
[2] Tafel, B. **25**, 1619.
[3] Königs, B. **14**, 1856.
[4] Ladenburg, B. **17**, 156, 388, 513 ; A. **247**, 1.
[5] Ahrens, *Zeitschrift für Electrochemie,* **2**, 577.

par élimination des éléments x et y; elles constituent donc autant de nouvelles preuves de la formule que nous avons indiquée.

1° La première de ces synthèses a été réalisée en 1885 par M. Ladenburg[1] de la manière suivante :

Le cyanure de triméthylène, soumis à l'action du sodium et de l'alcool, se convertit, par addition de 8 atomes d'hydrogène, en pentaméthylène-diamine :

$$CH^2\!\!<\!\!{CH^2-CAz \atop CH^2-CAz} + 8H = CH^2\!\!<\!\!{CH^2-CH^2-AzH^2 \atop CH^2-CH^2-AzH^2}.$$

Lorsqu'on chauffe rapidement le chlorhydrate de cette dernière base, il se décompose en donnant un mélange de chlorure d'ammonium et de chlorhydrate de pipéridine :

$$CH^2\!\!<\!\!{CH^2-CH^2-AzH^3\,Cl \atop CH^2-CH^2-AzH^3\,Cl} = CH^2\!\!<\!\!{CH^2-CH^2 \atop CH^2-CH^2}\!\!>\!\!AzH^2Cl + AzH^4Cl.$$

2° L'ω-chloramylamine normale et l'ω-bromamylamine normale, obtenues par une série de réactions compliquées, fournissent de la pipéridine lorsqu'on les chauffe avec les alcalis (Gabriel[2], Blank[3]) :

$$CH^2\!\!<\!\!{CH^2-CH^2\,Cl \atop CH^2-CH^2-AzH^2} + KOH = CH^2\!\!<\!\!{CH^2-CH^2 \atop CH^2-CH^2}\!\!>\!\!AzH + KCl + H^2O$$

3° L'aldéhyde δ-aminovalérique (qui n'a, il est vrai, été obtenue jusqu'ici que par oxydation de la pipéridine), régénère cette base lorsqu'on la soumet à la réduction au moyen du zinc et de l'acide chlorhydrique; il y a formation intermédiaire d'alcool δ-amino-amylique, lequel perd spontanément les éléments d'une molécule d'eau (Wolffenstein[4]) :

$$CH^2\!\!<\!\!{CH^2-CHO \atop CH^2-CH^2-AzH^2} + 2H = CH^2\!\!<\!\!{CH^2-CH^2OH \atop CH^2-CH^2-AzH^2}$$

$$= CH^2\!\!<\!\!{CH^2-CH^2 \atop CH^2-CH^2}\!\!>\!\!AzH + H^2O.$$

[1] Ladenburg, B. **18**, 2956, 3100.
[2] Gabriel, B. **25**, 421.
[3] Blank, B. **25**, 3040.
[4] Wolffenstein, B. **25**, 2777; **26**, 2991.

La réaction inverse, rupture du noyau pipéridique entre l'azote et l'un des atomes de carbone voisins, avec formation d'un dérivé aminé à chaîne ouverte, peut être réalisée par l'oxydation. M. Wolffenstein a montré que, lorsque l'on traite la pipéridine par l'eau oxygénée, il se forme, entre autres produits, l'aldéhyde δ-aminovalérique :

$$
\begin{array}{ccc}
& H_2 & \\
& C & \\
H_2C & & CH_2 \\
| & & | \\
H_2C & & CH_2 \\
& Az & \\
& H & \\
\end{array}
\quad + \quad O \quad = \quad
\begin{array}{ccc}
& H_2 & \\
& C & \\
H_2C & & CH_2 \\
| & & | \\
H_2C & & CHO \\
& Az & \\
& H_2 & \\
\end{array}
$$

Pipéridine.   Aldéhyde δ-aminovalérique.

Cette rupture du noyau est encore plus nette chez les dérivés acylés de la pipéridine. Ainsi la benzoylpipéridine fournit par l'action du permanganate l'acide δ-benzaminovalérique (Schotten [1]). La sulfopipéridine, $(C^5H^{10}{-}Az)^2{=}SO^2$, et la cyanacétylpipéridine, $C^5H^{10}{=}Az{-}CO{-}CH^2{-}CAz$, donnent, dans les mêmes conditions, les acides sulfo-aminovalérique et oxalylaminovalérique (Töhl et Framm [2], Guareschi [3]).

L'uréthane de la pipéridine, $C^5H^{10}{=}Az{-}COOC^2H^5$, se comporte d'une manière un peu différente; traitée successivement par l'acide azotique et par l'acide chlorhydrique, elle se convertit en un acide de formule $C^4H^9AzO^2$, que M. Schotten [1] avait appelé *acide pipéridique*. M. Gabriel [4], en reproduisant ce corps par synthèse, a montré qu'il constitue l'acide γ-aminobutyrique,

$$AzH^2 - CH^2 - CH^2 - CH^2 - COOH.$$

[1] Schotten, B. **16**, 643; **17**, 2545; **21**, 2285.
[2] Töhl et Framm, B. **27**, 2012.
[3] Guareschi, B. **26**, Ref. 02.
[4] Gabriel, B. **23**, 1767.

Il faut donc admettre que, dans l'oxydation de l'uréthane, non seulement le noyau pipéridique est rompu, mais qu'en outre un des groupes CH^2 qu'il renferme est éliminé.

Les deux acides δ-aminovalérique et γ-aminobutyrique ont une grande tendance à former des anhydrides internes et à se transformer de nouveau en composés cycliques par départ d'une molécule d'eau. Soumis à l'action de la chaleur, l'acide aminovalérique fournit l'α-cétone de la pipéridine *(α-pipéridone)* :

$$
\begin{array}{ccc}
\text{Acide} & & \alpha\text{-Pipéridone.} \\
\delta\text{-aminovalérique.} & &
\end{array}
$$

tandis que l'acide aminobutyrique donne le dérivé correspondant de la série du pyrrol, l'*α-pyrrolidone* (Gabriel [1]) :

$$
\begin{array}{ccc}
\text{Acide} & & \alpha\text{-Pyrrolidone.} \\
\gamma\text{-aminobutyrique.} & &
\end{array}
$$

Remarquons en passant que, tandis que les acides aminovalérique et aminobutyrique sont sans action physiologique marquée, leurs anhydrides, la pipéridone et la pyrrolidone, possèdent, déjà à faible dose, des propriétés toxiques prononcées. Ce fait montre bien la relation qui existe entre la structure cyclique, qui est celle de presque tous les alcaloïdes, et l'action que ces corps exercent sur l'organisme animal.

Nous devons signaler encore un dernier mode de rupture du noyau pipéridique avec élimination simultanée de l'azote, parce qu'il a été utilisé dans la décomposition d'un grand nombre d'alca-

---

[1] Gabriel, B. **23**, 1767.

loïdes naturels et qu'il a fourni, comme on le verra plus loin, de précieuses indications sur leur constitution. La réaction dont il s'agit est due à Hofmann et repose sur les faits suivants :

Lorsqu'on traite la pipéridine par l'iodure de méthyle, on obtient, par substitution du radical méthyle à l'atome d'hydrogène imidique, la *méthylpipéridine*, $C^5H^{10}=Az-CH^3$. Celle-ci est une base tertiaire ; elle peut fixer encore une molécule d'iodure alcoolique pour former un iodométhylate. Ce sel n'est plus décomposable par les alcalis, mais bien par l'oxyde d'argent, qui le convertit en un hydrate d'ammonium :

$$C^5H^{10}Az(CH^3)^2I \qquad\qquad C^5H^{10}Az(CH^3)^2OH$$

Iodométhylate de méthylpipéridine.   Méthylhydrate de méthylpipéridine.

Peu de temps après sa découverte des composés organiques du type de l'ammonium, Hofmann[1] avait observé que leurs hydrates sont décomposés par l'action de la chaleur, en fournissant de l'eau, une amine tertiaire et un carbure d'hydrogène non saturé. Exemple :

$$\begin{matrix} C^2H^5 \\ C^2H^5 \\ C^2H^5 \end{matrix}\!\!\Big\rangle Az\!\!\Big\langle\!\begin{matrix} C^2H^5 \\ OH \end{matrix} \;=\; \begin{matrix} C^2H^5 \\ C^2H^5 \\ C^2H^5 \end{matrix}\!\!\Big\rangle Az \;+\; C^2H^4 \;+\; H^2O$$

Hydrate de tétréthylammonium.   Triéthylamine.   Éthylène.

Il avait remarqué, en outre, que si un ou plusieurs groupes méthyle se trouvent dans la molécule de l'hydrate, ils se dégagent toujours avec l'azote et se retrouvent dans l'amine tertiaire.

En 1881, Hofmann[2] appliqua cette réaction aux dérivés quaternaires de la pipéridine et trouva que leur décomposition ne s'effectuait point suivant la règle générale qu'il avait établie. La distillation sèche du méthylhydrate de méthylpipéridine, par exemple, ne lui fournit point de carbure d'hydrogène, mais seulement de l'eau et une base de formule $C^7H^{15}Az$, qu'il nomma *diméthylpipéridine* :

$$C^5H^{10}Az(CH^3)^2OH \;=\; C^5H^9Az(CH^3)^2 \;+\; H^2O$$

Méthylhydrate de méthylpipéridine.   Diméthylpipéridine

---

[1] Hofmann, A. **78**, 263.
[2] Hofmann, B. **14**, 494, 659.

Cette diméthylpipéridine avait le caractère d'une base tertiaire; son produit d'addition avec l'iodure de méthyle, traité par l'oxyde d'argent, donna un nouvel hydrate, $C^5H^9Az(CH^3)^3OH$. En soumettant celui-ci à la distillation sèche, Hofmann vit alors sa décomposition s'effectuer conformément à la règle, c'est-à-dire avec production d'eau, de triméthylamine et d'un carbure d'hydrogène de formule C^6H^8, le *pipérylène* :

$$C^5H^9Az(CH^3)^3OH = H^2O + Az(CH^3)^3 + C^5H^8$$

Le pipérylène est un liquide bouillant à 42°; c'est un hydrocarbure non saturé capable de fixer quatre atomes de brome.

M. Ladenburg [1] paraît avoir trouvé la véritable interprétation de ces faits; il admet que le noyau de la méthylpipéridine est rompu dans la distillation de son méthylhydrate, et il représente les deux phases successives de la réaction par les équations suivantes :

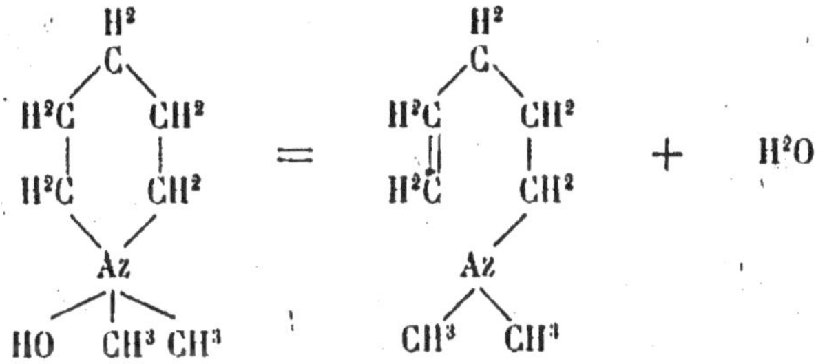

Méthylhydrate de méthylpipéridine. = Diméthylpipéridine. + H^2O

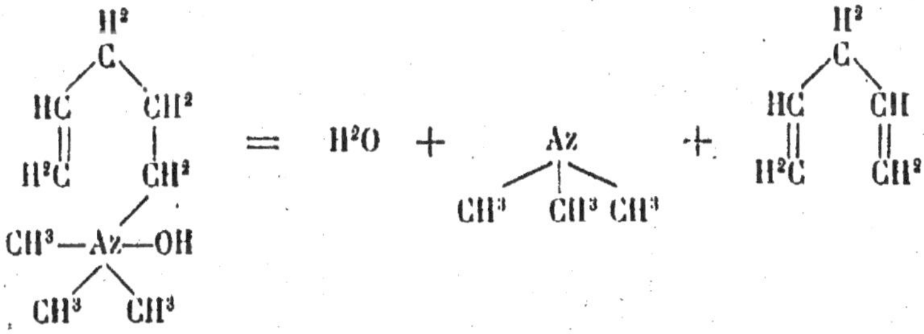

Méthylhydrate de diméthylpipéridine. = H^2O + Triméthylamine. + Pipérylène.

---

[1] Ladenburg, B. **14**, 1340; **15**, 1024; **16**, 2057; A. **279**, 844.

II. HOMOLOGUES DE LA PYRIDINE

Les homologues de la pyridine dérivent de ce corps par remplacement d'un ou de plusieurs atomes d'hydrogène par les radicaux alcooliques de la série grasse saturée (alcoyles). La position de ces chaînes latérales se détermine, comme dans la série aromatique, par l'oxydation. En effet, le noyau pyridique lui-même étant très stable, si l'on soumet un homologue de la pyridine à l'action des oxydants, les chaînes latérales seules sont attaquées et transformées en autant de carboxyles. On obtient un acide monocarboxylé ou polycarboxylé de la nature duquel on peut déduire le nombre et la position des chaînes latérales dans la base primitive.

La série des homologues de la pyridine accompagne cette base dans l'huile de Dippel et dans le goudron de houille. Anderson [1] a retiré en 1846-1851, du produit de la distillation des os, les bases suivantes :

$$
\begin{array}{ll}
\text{Pyridine} & C^5H^5Az \\
\text{Picoline} & C^6H^7Az \\
\text{Lutidine} & C^7H^9Az \\
\text{Collidine} & C^8H^{11}Az \\
\text{Parvoline} & C^9H^{13}Az \\
\end{array}
$$

et d'autres homologues supérieurs.

A. Picolines (Méthylpyridines), C^6H^7Az.

Anderson décrit la picoline de l'huile animale comme un liquide distillant entre 130 et 140°, ne se solidifiant pas à —18°, soluble

---

[1] Anderson, *Transactions of the Royal Society of Edinburgh*, **16**, 123, 463; **20**, 247; **21**, 219.

en toutes proportions dans l'eau et ressemblant par toutes ses propriétés à la pyridine.

En 1879, M. Weidel[1], et après lui MM. Ost[2] et Lange[3], montrèrent que la picoline d'Anderson ne constituait pas un produit homogène, mais un mélange de trois bases isomériques. Ils les isolèrent par cristallisation de leurs sels de platine, et établirent leur constitution en les transformant par oxydation dans les trois acides pyridine-monocarboniques.

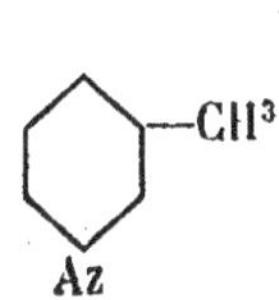

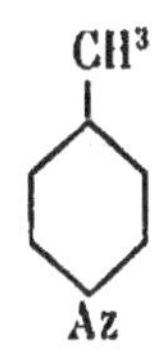

α-*Picoline*	β-*Picoline*	γ-*Picoline*
Pt. d'ébull. 128°, donne par oxydation l'acide picolique.	Pt. d'ébull. 142-143°, donne par oxydation l'acide nicotique.	Pt. d'ébull. 144-145°, donne par oxydation l'acide isonicotique.

1. α-Picoline. — Elle se forme avec d'autres bases pyridiques dans la distillation du sulfate de spartéine sur la poudre de zinc (Ahrens[4]).

Elle a été obtenue synthétiquement par M. Böttinger[5], en partant de l'acide pyruvique. Cet acide, traité par l'ammoniaque alcoolique, fournit un acide bibasique $C^6H^5Az(COOH)^2$, *l'acide uvitonique*. La constitution de ce corps a été établie par M. Altar[6]; c'est l'acide α-picoline-γα'-dicarbonique. Sa formation par condensation de l'ammoniaque avec l'acide pyruvique doit être représentée de la manière suivante :

[1] Weidel, B. **12**, 1989; M. **1**, 46.
[2] Ost, J. pr. **27**, 286.
[3] Lange, B. **18**, 3436.
[4] Ahrens, B. **26**, 3035.
[5] Böttinger, B. **10**, 862; **13**, 2032; A. **188**, 330; **208**, 122.
[6] Altar, A. **237**, 182.

$$\begin{array}{c} \text{COOH} \\ | \\ \text{CO} \\ \end{array} \qquad \text{COOH}$$

$$\text{H}^3\text{C} \quad \text{CH}^3 \qquad \text{C}$$

$$\text{HOOC—CO} \quad \text{CO}<^{\text{COOH}}_{\text{CH}^3} = \text{HOOC—C} \qquad \text{C—CH}^3 + 3\text{H}^2\text{O} + \text{CO}^2$$

$$\begin{array}{c} \text{Az} \\ \text{H}^3 \end{array} \qquad \text{Az}$$

Distillé avec la chaux, l'acide uvitonique perd ses deux carboxyles et se transforme en α-picoline.

Il se forme aussi de l'α-picoline (en même temps que l'isomère γ) lorsqu'on chauffe à 300° l'iodométhylate de pyridine (Lange [1]).

L'α-picoline se distingue de ses deux isomères par la facilité avec laquelle elle se combine, par l'intermédiaire de son groupe méthylique, avec les aldéhydes et les cétones; il se forme alors, suivant les conditions de l'expérience, ou des dérivés hydroxylés, les *alcamines* (voyez page 49), par simple addition des deux molécules en présence, ou des composés à chaîne latérale non saturée, par départ d'une molécule d'eau :

$$(\text{C}^5\text{H}^3\text{Az}) \quad \text{CH}^3 \; + \; \text{CH}^2\text{O} \; = \; (\text{C}^5\text{H}^3\text{Az})\text{—CH}^2\text{—CH}^2\text{OH}$$

α-Picoline.   Aldéhyde   α-Picolylalcamine.
                   formique.

$$(\text{C}^5\text{H}^3\text{Az})\text{—CH}^3 \; + \; \text{OCH—CH}^3 \; = \; (\text{C}^5\text{H}^3\text{Az})\text{—CH}=\text{CH—CH}^3$$

α-Picoline.   Aldéhyde   α-Allylpyridine.
                   acétique.

Cette réaction est commune à tous les dérivés pyridiques et quinoléiques qui possèdent un méthyle dans la position α.

2. β-Picoline. — La β-picoline constitue le produit de la décomposition de plusieurs alcaloïdes naturels. On l'a obtenue par distillation de la strychnine et de la brucine (Stœhr [2]), ainsi que de la vératrine (Ahrens [3]) avec la chaux, et par distillation de la guvacine

[1] Lange, B. **18**, 8486.

[2] Stœhr, B. **20**, 810, 2727; J. pr. **42**, 809, 415.

[3] Ahrens, B. **23**, 2700.

sur la poudre de zinc (Jahns [1]). Elle se forme aussi par décomposition pyrogénée de la nicotine et se trouve, avec d'autres bases
pyridiques, dans la fumée du tabac (Vohl et Eulenburg [2], Kissling [3]).

On en connaît plusieurs synthèses. La première est due à
M. Bæyer [4] qui l'obtint, en 1870, en distillant l'acroléine-ammoniaque. Ce corps, qui se produit lorsqu'on dirige les vapeurs d'acroléine dans de l'ammoniaque, possède très probablement la formule

$$CH^2=CH-CHOH-Az=CH-CH=CH^2,$$

Il faut admettre que la chaleur provoque la fermeture de cette
chaîne ouverte, avec élimination simultanée d'une molécule d'eau et
migration d'un atome d'hydrogène :

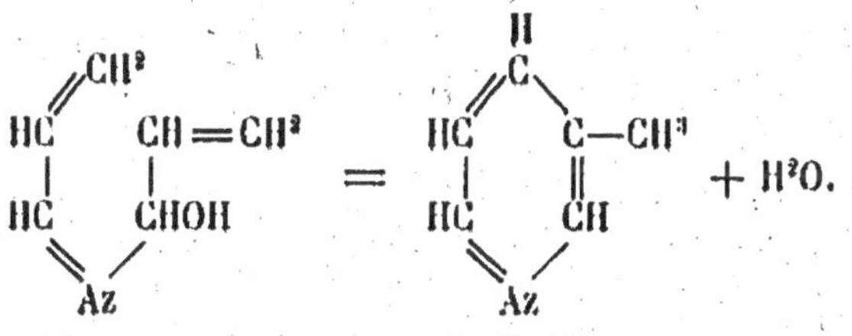

Acroléine-ammoniaque.   β - Picoline.

On obtient aussi de la β-picoline en chauffant la glycérine avec
l'acétamide (Zanoni [5], Hesekiel [6]) ainsi qu'avec le sulfate ou le phosphate d'ammoniaque (Stœhr [7], Schwarz [8]) en présence d'anhydride
phosphorique. Ce mode de formation peut être ramené au précédent; on sait, en effet, que les agents déshydratants convertissent
la glycérine en acroléine; d'autre part, l'acétamide fonctionne
comme source d'ammoniaque. On se retrouve donc dans les conditions de l'expérience de M. Bæyer.

[1] Jahns, A. Pharm. **229**, 669.
[2] Vohl et Eulenburg, A. Pharm. **147**, 130.
[3] Kissling, *Dingler's polytechnisches Journal*, **244**, 64, 234.
[4] Bæyer, A. **155**, 281.
[5] Zanoni, *Annali di chimica*, **74**, 13.
[6] Hesekiel, B. **18**, 910, 3091.
[7] Stœhr, J. pr. **43**, 153.
[8] Schwarz, B. **24**, 1676.

3. γ-Picoline. — La γ-picoline a été obtenue par M. Skraup[1] en chauffant à 260-270° avec de l'acide sulfurique étendu l'acide cincholœponique, produit de l'oxydation des alcaloïdes des quinquinas.

Selon M. Ahrens[2], il s'en formerait de petites quantités lorsqu'on distille la spartéine avec de la chaux ou que l'on fait passer ses vapeurs à travers un tube chauffé au rouge.

Elle constitue le principal produit de la transposition moléculaire de l'iodométhylate de pyridine sous l'influence de la chaleur (Lange[3]).

Elle a enfin été préparée par M. Hantzsch[4], en partant de la triméthylpyridine symétrique (voyez page 46) et en éliminant par oxydation les deux groupes méthyle situés dans les positions α et α'.

On n'en connaît jusqu'à présent aucune synthèse directe.

Pipécolines (hexahydropicolines, méthylpipéridines, $C^6H^{13}Az$). Elles ont été préparées par la réduction des trois picolines au moyen du sodium et de l'alcool (Ladenburg[5]), ainsi que par des procédés de synthèse directe analogues à ceux qui ont été indiqués à propos de la pipéridine. L'une d'elles, l'isomère β, prend aussi naissance, en même temps que la β-picoline, dans la distillation de la vératrine avec la chaux (Ahrens[6]).

L'α-pipécoline bout à 118-119°, la β-pipécoline à 125-126°, la γ-pipécoline à 127-129°.

L'α- et la β-pipécoline sont les premiers corps que nous rencontrons dans cette rapide revue des dérivés pyridiques et qui possèdent dans leur molécule un atome de carbone asymétrique:

---

[1] Skraup, M. **17**, 865.

[2] Ahrens, B. **20**, 2218; **21**, 825; **24**, 1095; **25**, 3607; **26**, 3035; **30**, 195.

[3] Lange, B. **18**, 3436.

[4] Hantzsch, A. **215**, 61.

[5] Ladenburg, B. **17**, 388; **18**, 47, 910; **20**, 288; A. **247**, 1.

[6] Ahrens, B. **23**, 2700.

H^3
C
H^3C CH^3
H^3C $*CH — CH^3$
Az
H

α - Pipécoline.

H^3
C
H^3C $*CH — CH^3$
H^3C CH^3
Az
H

β - Pipécoline.

Suivant la théorie de MM. LeBel et van't Hoff, ces corps doivent donc présenter des phénomènes de stéréo-isomérie, et, en particulier, être susceptibles d'exister sous les trois modifications optiques. M. Ladenburg [1] a réussi à dédoubler les deux pipécolines de synthèse en leurs constituants actifs par cristallisation fractionnée de leurs bitartrates.

B. Lutidines, C^7H^9Az.

La théorie prévoit l'existence de 9 lutidines isomériques, à savoir 3 *éthylpyridines* et 6 *diméthylpyridines*. On connaît aujourd'hui les trois dérivés éthylés et cinq dérivés diméthylés.

L'un de ces isomères, appelé autrefois *β-lutidine* pour le distinguer de la lutidine découverte par Anderson dans l'huile animale, a été retiré en 1855 par Williams [2] du produit de la distillation de la cinchonine et de la quinine avec la potasse. MM. Wischnegradsky [3] et Oechsner [4] ont confirmé plus tard cette observation.

M. Königs [5] a aussi remarqué sa formation dans la distillation sur la poudre de zinc du méroquinène, qui constitue un produit de décomposition de ces mêmes alcaloïdes.

MM. Weidel et Hazura [6] et Skraup [7] l'ont obtenu en soumettant

[1] Ladenburg, B. **26**, 854, 1069 ; **27**, 75, 853, 1409 ; A. **279**, 344.
[2] Williams, *Chemical News*, **44**, 807 ; J. **1855**, 594 ; **1864**, 437.
[3] Wischnegradsky, B. **11**, 1253 ; **12**, 1480.
[4] Oechsner, C. r. **91**, 296 ; **92**, 413.
[5] Königs, B. **27**, 900.
[6] Weidel et Hazura, M. **3**, 770.
[7] Skraup, M. **7**, 517 ; **9**, 783.

au même traitement la cincholœpone, produit d'oxydation de la cinchotine.

La *β*-lutidine prend encore naissance lorsqu'on chauffe la strychnine et la brucine avec la chaux ou la potasse (Oechsner[1], Stœhr[2]), ainsi que lorsqu'on fait passer les vapeurs de nicotine dans un tube chauffé au rouge (Cahours et Etard[3]); elle existe dans la fumée de tabac (Vohl et Eulenburg[4]).

On ne connaît pas de synthèse bien nette de cette base; M. Stœhr[5] a remarqué qu'il s'en forme de petites quantités lorsqu'on chauffe la glycérine avec du sulfate ou du phosphate d'ammoniaque.

La *β*-lutidine est un liquide dont le point d'ébullition est situé à 166°. Sa constitution est prouvée par le fait qu'elle fournit par oxydation l'acide nicotique; elle représente donc la *β-éthylpyridine :*

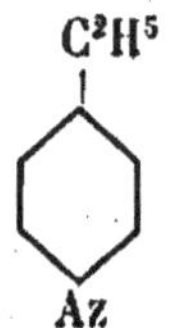

En chauffant à 200° le produit d'addition de la pyridine avec l'iodure de méthyle, M. Ladenburg[6] a obtenu un mélange des deux autres éthylpyridines :

α - Ethylpyridine.
Point d'ébull. 148°,5; donne
par oxydation l'acide picolique.

γ - Ethylpyridine.
Point d'ébull. 164-166°; donne
par oxydation l'acide isonicotique.

[1] Oechsner, C. r. **95**, 298; **96**, 200, 437.
[2] Stœhr, J. pr. **42**, 399, 415.
[3] Cahours et Etard, C. r. **90**, 275.
[4] Vohl et Eulenburg, A. Pharm. **147**, 180.
[5] Stœhr, J. pr. **43**, 153; **45**, 20.
[6] Ladenburg, B. **16**, 1410, 2059; **18**, 2961; A. **247**, 1.

L'isomère α prend en outre naissance dans la distillation de la norhydrotropidine (produit de décomposition de la tropine) (Ladenburg [1]) et de l'ecgonine (Stœhr [2]) sur la poudre de zinc.

Les trois éthylpyridines ont donné, par réduction au moyen du sodium et de l'alcool, les *éthylpipéridines* correspondantes. L'*α-éthylpipéridine* a été dédoublée par M. Ladenburg [3] en ses deux modifications optiques par cristallisation de son bitartrate.

Les cinq *diméthylpyridines* que l'on connaît actuellement se trouvent mélangées dans la fraction de l'huile de Dippel à laquelle Anderson avait donné le nom de lutidine. On les a retirées aussi du goudron. La séparation des isomères et la détermination de leur constitution ont été l'objet des travaux de MM. Weidel et Herzig, Weidel et Hazura, Ladenburg et Roth, Lunge et Rosenberg, Schulze, Ahrens [4]. On peut leur assigner aujourd'hui avec certitude les formules suivantes :

$\alpha\alpha'$ - *Diméthylpyridine.*
Point d'ébull. 144-145°.
Donne par oxydation
l'acide dipicolique.

$\alpha\gamma$ - *Diméthylpyridine.*
Point d'ébull. 156-157°.
Donne par oxydation
l'acide lutidique.

$\alpha\beta'$ - *Diméthylpyridine.*
Point d'ébull. 162-167°.
Donne par oxydation
l'acide isocinchoméronique.

$\beta\beta'$ - *Diméthylpyridine.*
Point d'ébull. 169-170°.
Donne par oxydation
l'acide dinicotique.

$\beta\gamma$ - *Diméthylpyridine.*
Point d'ébull. 161°.
Donne par oxydation
l'acide cinchoméronique.

[1] Ladenburg, B. **20**, 1847.

[2] Stœhr, B. **22**, 1126.

[3] Ladenburg, B. **19**, 2584, 2975; A. **247**, 1.

[4] Weidel et Herzig, M. **1**, 1. — Weidel et Hazura, M. **5**, 656. — Ladenburg et Roth, B. **18**, 913, 1590. — Lunge et Rosenberg, B. **20**, 127. — Schulze, B. **20**, 411. — Ahrens, B. **29**, 2996.

On a publié un grand nombre de synthèses de ces bases; nous nous abstiendrons de les énumérer, aucune des diméthylpyridines n'ayant acquis jusqu'ici d'importance pour la détermination de la constitution des alcaloïdes végétaux.

C. Collidines, $C^8H^{11}Az$.

Le nombre des collidines théoriquement possibles s'élève à 22; on en connaît 10 :

	Théorie.	Connues.
Propylpyridines normales	3	2
Isopropylpyridines	3	2
Méthyléthylpyridines	10	4
Triméthylpyridines	6	2

1. *α-Isopropylpyridine.*   2. *γ-Isopropylpyridine.*

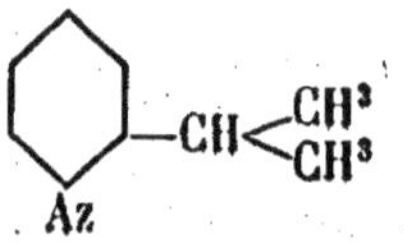

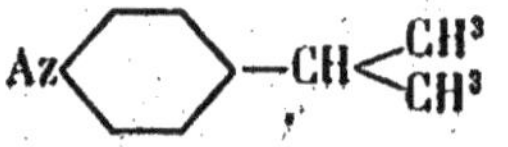

Ces deux bases ont été obtenues simultanément par M. Ladenburg[1] en chauffant à 290° un mélange de pyridine et d'iodure d'isopropyle. La première distille à 158-159° et donne par oxydation l'acide picolique. La seconde bout à 177-178°; l'oxydation la convertit en acide isonicotique.

En chauffant la pyridine à 290° avec l'iodure de propyle normal, M. Ladenburg a obtenu des collidines identiques aux précédentes, au lieu des propylpyridines normales qui semblaient devoir prendre naissance. Le radical propyle se transforme en isopropyle à la température de la réaction. La synthèse des propylpyridines normales ne peut donc être réalisée au moyen du procédé général de M. Ladenburg.

3. *Conyrine.* — Hofmann[2] a donné ce nom à la base qu'il obtint en 1884 dans la distillation du chlorhydrate de conicine avec la

[1] Ladenburg, B. **17**, 772, 1121, 1676; **18**, 1587; A. **247**, 1.
[2] Hofmann, B. **17**, 825; **18**, 109.

poudre de zinc et dans celle de la conicine elle-même avec le chlorure de zinc :

$$C^8H^{17}Az \;=\; C^8H^{11}Az \;+\; 6H$$
Conicine. Conyrine,

Elle se forme aussi lorsqu'on chauffe la conicine à 180° avec de l'acétate d'argent et de l'acide acétique (Tafel [1]).

MM. Ciamician et Silber [2] ont obtenu cette même base en distillant sur la poudre de zinc le chlorhydrate de granatanine (voyez page 233).

La conyrine est un liquide incolore, qui entre en ébullition à 166-168°. Elle constitue l'*α-propylpyridine*.

$$\text{Az}\!\!\bigcirc\!\!-CH^2-CH^2-CH^3$$

En effet, son oxydation donnant naissance à l'acide picolique, elle possède une seule chaîne latérale, située dans la position α; comme elle n'est pas identique avec l'α-isopropylpyridine de M. Ladenburg, elle ne peut représenter que le dérivé propylé normal.

Réduite par l'acide iodhydrique à 280-300°, la conyrine fournit l'*α-propylpipéridine*, liquide bouillant à 166-167° (Hofmann, Ladenburg [3]). Cette dernière base a aussi été obtenue par réduction de l'α-allylpyridine (Ladenburg [3]), de l'α-propionylpyridine (Engler et Bauer [4]) et de la γ-conicéine (Lellmann et Müller [5]), et constitue, comme on le verra plus loin (page 135), la modification racémique de la conicine.

4. Cahours et Etard [6] ont obtenu une *collidine* (point d'ébullition 170°) en distillant la nicotine à travers un tube chauffé au rouge.

[1] Tafel, B. **25**, 1619.
[2] Ciamician et Silber, B. **27**, 2850.
[3] Ladenburg, B. **19**, 439, 2578; A. **247**, 1.
[4] Engler et Bauer, B. **24**, 2530; **27**, 1775.
[5] Lellmann et Müller, B. **23**, 680.
[6] Cahours et Etard, C. r. **92**, 1079; **96**, 275; **97**, 1218.

Son oxydation leur ayant fourni de l'acide nicotique, ils la considèrent comme la *β-propylpyridine*,

$$\underset{\text{Az}}{\bigcirc}-CH^3-CH^3-CH^3$$

Une collidine, très probablement identique à la précédente, se trouve suivant MM. LeBon et Noël[1] et Vohl et Eulenburg[2] dans la fumée de tabac.

5 et 6. La fusion de la cinchonine avec la potasse donne naissance à deux collidines isomériques (Williams[3], Oechsner[4]) qui sont connues sous les noms de *α-collidine* et de *β-collidine*, et qui doivent être considérées comme des méthyléthylpyridines. La brucine fournit dans des conditions semblables ces deux mêmes bases (Oechsner[4]).

L'*α-collidine* (pt. d'ébull. 179-180°) est convertie par l'acide iodhydrique en octane normal (Hofmann[5]), et par le permanganate de potassium en acide dipicolique. Sa constitution doit donc répondre à la formule

$$CH^3-\underset{\text{Az}}{\bigcirc}-C^2H^5$$

La *β-collidine* (pt. d'ébull. 195-196°) fournit successivement par oxydation les acides homonicotique (*γ*-méthyl-*β*-pyridine-carbonique) et cinchoméronique. Elle a donc pour formule :

$$\overset{CH^3}{\underset{\text{Az}}{\bigcirc}}-C^2H^5$$

[1] LeBon et Noël, C. r. **90**, 1538.
[2] Vohl et Eulenburg, A. Pharm. **147**, 180.
[3] Williams, J. **1855**, 550.
[4] Oechsner, C. r. **91**, 296; **95**, 298; **98**, 1438; **100**, 806.
[5] Hofmann, B. **16**, 586.

Elle a aussi été obtenue par M. Kœnigs[1] en traitant le méroquinène par l'acide chlorhydrique à 240°.

7. En chauffant l'α-picoline avec l'iodure d'éthyle à 280-300°, M. Schultz[2] a préparé deux méthyléthylpyridines. L'une de ces bases donne par oxydation l'acide dipicolique et est très probablement identique avec l'α-collidine, malgré une différence notable observée dans les points d'ébullition. L'autre, qui bout à 169-174°, fournit de l'acide lutidique par l'action du permanganate de potassium, et constitue par conséquent l'*α-méthyl-γ-éthylpyridine*,

$$\text{C}^2\text{H}^5 \quad\text{—CH}^3 \quad \text{Az}$$

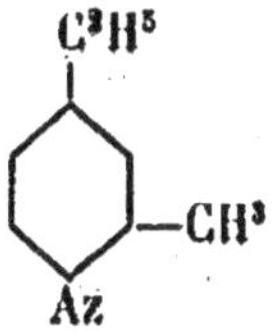

8. *Aldéhydine.* — Cette base (pt. d'ébull. 173-174°) a été obtenue en 1870 par MM. Ador et Bæyer[3] en chauffant à 120° une solution alcoolique d'aldéhyde-ammoniaque :

$$4\,\text{C}^2\text{H}^7\text{AzO} = \text{C}^8\text{H}^{11}\text{Az} + 4\text{H}^2\text{O} + 3\text{AzH}^3,$$

Sa constitution n'a été établie qu'en 1885 par M. Dürkopf[4]; c'est l'*α-méthyl-β'-éthylpyridine*,

$$\text{C}^2\text{H}^5\text{—} \quad \text{—CH}^3 \quad \text{Az}$$

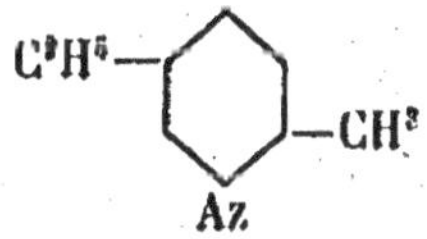

L'oxydation au moyen du permanganate de potassium la transforme en acide α-picoline-β'-carbonique, puis en acide isocinchoméronique.

La formation de l'aldéhydine s'explique de la manière suivante : il faut d'abord supposer une dissociation de l'aldéhyde-ammoniaque

[1] Kœnigs, B. **27**, 1501.
[2] Schultz, B. **20**, 2720.
[3] Ador et Bæyer, A. **155**, 294.
[4] Dürkopf, B. **18**, 920, 3432; **20**, 1650; **21**, 294.

en ses deux constituants. Les molécules d'aldéhyde ainsi mises en liberté se condensent ensuite deux à deux pour former de l'aldéhyde crotonique,

$$CH^3 \cdot - CH = CH - CHO.$$

Celle-ci réagit enfin sur l'ammoniaque; il y a élimination de deux molécules d'eau et migration d'un atome d'hydrogène, comme dans la formation de la β-picoline (voyez page 36) :

$$
\begin{array}{l}
CH^3 - CH = CH \quad CH - CHO \\
\qquad\quad\; | \qquad \; \| \\
\qquad\quad HCO \quad CH - CH^3 \\
\qquad\quad Az H
\end{array}
\;=\;
\begin{array}{l}
CH^3 - CH^2 - C = CH - H \\
\qquad\qquad\quad | \qquad\quad \| \\
\qquad\qquad HC \quad C - CH^3 \\
\qquad\qquad\quad Az
\end{array}
\;+\; 2H^2O
$$

Depuis les travaux de MM. Ador et Bæyer, un grand nombre d'autres modes de formation de l'aldéhydine ont été observés; la plupart reposent sur une condensation analogue à celle qui vient d'être indiquée. Voici les principaux :

Action de l'ammoniaque sur le chlorure ou le bromure d'éthylidène (Krämer [1], Tawildarow [2]).

Action du chlorure d'ammonium sur le glycol (Hofmann [3]) ou sur la paraldéhyde (Plöchl [4]).

Distillation de l'aldolammoniaque (Wurtz [5]).

Action de l'anhydride phosphorique sur un mélange de paraldéhyde et d'acétamide (Hesekiel [6]).

Condensation de l'aldéhyde-ammoniaque avec la paraldéhyde (Dürkopf [7]).

MM. Levy et Wolffenstein [8] ont annoncé que, lorsqu'on réduit l'aldéhydine par le sodium et l'alcool, on obtient deux *méthyléthyl-*

[1] Krämer, B. **3**, 262.
[2] Tawildarow, A. **176**, 15.
[3] Hofmann, B. **17**, 1905.
[4] Plöchl, B. **20**, 722.
[5] Wurtz, C. r. **95**, 263.
[6] Hesekiel, B. **18**, 3091.
[7] Dürkopf, B. **20**, 444.
[8] Levy et Wolffenstein, B. **28**, 2270; **29**, 1959.

pipéridines isomériques *(copellidine* et *isocopellidine)*, toutes deux optiquement inactives et pouvant être dédoublées en leurs modifications actives par cristallisation de leurs bitartrates. Les auteurs voient la cause de cette curieuse isomérie dans la position respective (*cis* et *trans*) des deux chaînes latérales par rapport au plan du noyau pipéridique.

9. *Triméthylpyridine symétrique.* — Cette base a été obtenue par M. Hantzsch au cours de ses recherches sur les produits de condensation de l'éther acétacétique avec les aldéhydes et l'ammoniaque. Ces recherches ayant conduit leur auteur à une méthode générale de synthèse et ayant contribué dans une large mesure à la détermination des positions dans la série pyridique, nous croyons devoir en donner ici un court aperçu.

En 1882, M. Hantzsch [1] remarqua que l'éther acétacétique et l'ammoniaque réagissent facilement l'un sur l'autre, à la température du bain-marie, selon l'équation :

$$2C^6H^{10}O^3 + C^2H^7AzO = C^{14}H^{21}AzO^4 + 3H^2O$$

Ether   Aldéhyde-
acétacétique. ammoniaque.

L'étude du produit $C^{14}H^{21}AzO^4$ lui montra que ce corps est un dérivé pyridique et qu'il constitue l'éther éthylique d'un acide dihydrocollidine-dicarbonique. Soumis à une oxydation très ménagée, il perd deux atomes d'hydrogène pour se transformer en un corps que ses réactions caractérisent comme l'éther d'un acide dicarboxylé d'une triméthylpyridine :

$$C^{14}H^{21}AzO^4 + O = C^5Az(CH^3)^3(COOC^2H^5)^2 + H^2O.$$

L'aldéhyde acétique ayant été remplacée dans cette expérience par d'autres aldéhydes, M. Hantzsch constata que la réaction est générale, et que toutes les aldéhydes peuvent fournir par condensation avec l'éther acétacétique et l'ammoniaque des dérivés pyridiques.

En étudiant le produit de la condensation de l'aldéhyde benzoïque, il put bientôt [2] se faire une idée du mécanisme de la réaction

---

[1] Hantzsch, B. **15**, 2914 ; A. **215**, 1.
[2] Hantzsch, B. **17**, 1512, 2903.

et fixer la position des chaînes latérales dans les différents dérivés obtenus.

L'aldéhyde benzoïque, l'éther acétacétique et l'ammoniaque réagissent suivant l'équation :

$$2CH^3—CO—CH^2—COOC^2H^5 + C^6H^5—CHO + AzH^3 =$$
$$C^5H^2Az(C^6H^5)(CH^3)^2(COOC^2H^5)^2 + 3H^2O.$$

L'oxydation de ce dernier produit donne naissance à l'éther phényllutidine-dicarbonique,

$$C^5Az(C^6H^5)(CH^3)^2(COOC^2H^5)^2,$$

lequel saponifié, puis soumis à l'oxydation au moyen du permanganate de potassium, fournit l'acide tétracarbonique d'une phénylpyridine,

$$C^5Az(C^6H^5)(COOH)^4.$$

La distillation du sel de chaux de cet acide donne une phénylpyridine, $C^5H^4Az (C^6H^5)$.

Or, cette phénylpyridine se transforme, par une oxydation plus énergique, en acide isonicotique; elle constitue donc la *γ-phénylpyridine*. M. Hantzsch en conclut que la condensation de l'aldéhyde benzoïque avec l'ammoniaque et l'éther acétacétique a lieu de telle manière que le radical de l'aldéhyde vient occuper la position γ par rapport à l'azote fourni par l'ammoniaque. Il représente donc comme suit la double réaction qui donne naissance à l'éther phényllutidine-dicarbonique :

$$
\begin{array}{c}
C^6H^5 \\
| \\
CHO \\
C^2H^5O—CO—CH^2 \qquad CH^2—CO—OC^2H^5 \\
| \qquad\qquad\qquad | \\
CH^3—CO \qquad\qquad CO—CH^3 \\
AzH^3
\end{array}
\quad + O =
$$

$$
\begin{array}{c}
C^6H^5 \\
| \\
C \\
C^2H^5O—CO—C \qquad C—CO—OC^2H^5 \\
\| \qquad\qquad\qquad \| \\
CH^3—C \qquad\qquad C—CH^3 \\
Az
\end{array}
\quad + 4H^2O
$$

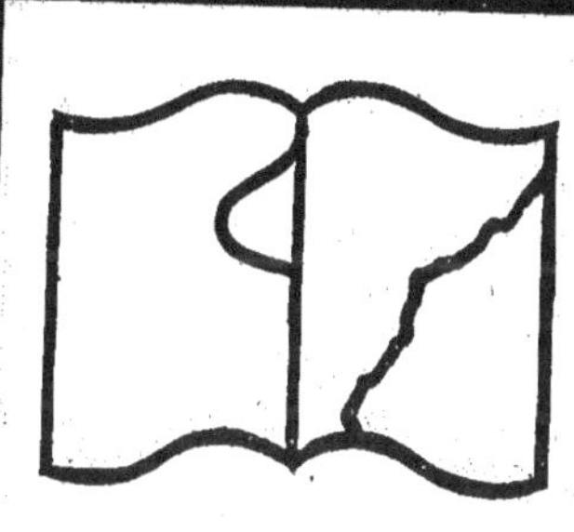

De ce cas particulier il déduit la formule générale suivante pour le produit de condensation d'une aldéhyde quelconque, X—CHO :

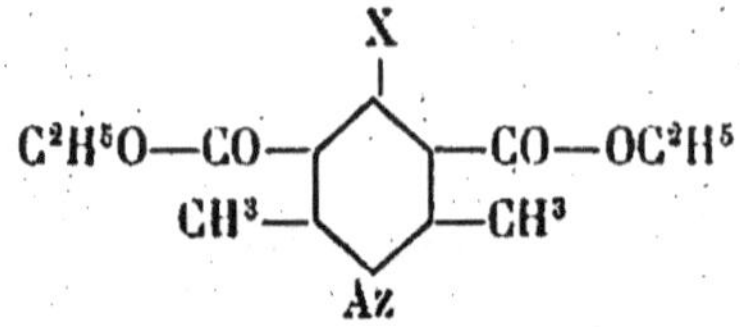

$$
\begin{array}{c}
X \\
C^2H^5O-CO-\!\!\!\overset{}{\bigcirc}\!\!\!-CO-OC^2H^5 \\
CH^3-\quad\quad-CH^3 \\
Az
\end{array}
$$

Le premier dérivé obtenu au moyen de l'aldéhyde-ammoniaque a donc pour formule :

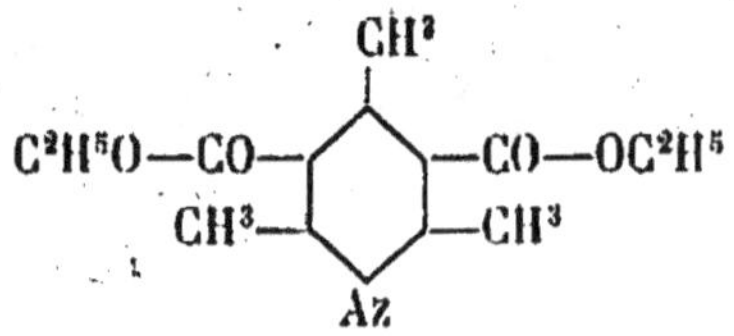

$$
\begin{array}{c}
CH^3 \\
C^2H^5O-CO-\!\!\!\overset{}{\bigcirc}\!\!\!-CO-OC^2H^5 \\
CH^3-\quad\quad-CH^3 \\
Az
\end{array}
$$

et la collidine qu'il fournit par saponification et distillation avec la chaux est la triméthylpyridine symétrique ($\alpha\gamma\alpha'$) :

$$
\begin{array}{c}
CH^3 \\
CH^3-\!\!\!\overset{}{\bigcirc}\!\!\!-CH^3 \\
Az
\end{array}
$$

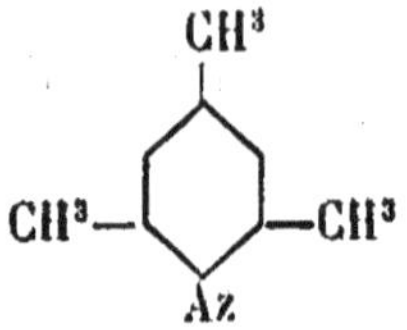

En prenant pour point de départ les aldéhydes propionique, isobutyrique, valérique, cinnamique, M. Hantzsch et ses élèves ont préparé de nombreux dérivés dans lesquels la lettre X de la formule générale doit être remplacée par les radicaux C^2H^5, C^3H^7, C^4H^9, C^8H^7. Il est facile de concevoir quelle multiplicité de corps on a pu obtenir en partant de ces produits, soit par oxydation partielle ou totale des chaînes latérales, soit par élimination des carboxyles, etc. La plupart de ces composés ne rentrent pas dans le cadre de cette étude et nous nous bornons ici à signaler un procédé qui a contribué plus qu'aucun autre à accroître le nombre des dérivés synthétiques de la pyridine.

La triméthylpyridine symétrique se forme aussi lorsqu'on chauffe l'acétone avec le chlorure d'ammonium ou avec l'urée (Riehm[1]) ou encore avec l'aldéhyde-ammoniaque (Dürkopf[2]).

Elle existe dans le goudron de houille (Mohler[3], Ahrens[4]).

C'est un liquide incolore qui bout à 171-172°.

10. *αγβ'-Triméthylpyridine.* — Ce dernier isomère se trouve avec le précédent dans le goudron; il en a été retiré en 1896 par M. Ahrens[5]. C'est un liquide huileux, peu soluble dans l'eau, distillant à 165-168°. Sa constitution est établie par le fait qu'il fournit l'acide berbéronique par oxydation au moyen du permanganate de potassium.

Ajoutons pour terminer que M. Ahrens[6] veut avoir obtenu une triméthylpyridine différente des deux précédentes (peut-être l'isomère *αβα'*) en distillant le sulfate de spartéine sur la poudre de zinc.

Alcamines pyridiques.

M. Ladenburg a donné le nom d'*alcamines* ou d'*alcines* aux composés qui réunissent dans leur molécule les deux fonctions d'alcool et d'amine. Dans la série pyridique, on comprend généralement sous cette dénomination les dérivés hydroxylés dans une chaîne latérale.

L'intérêt qui s'attache à ces substances provient du fait que quelques alcaloïdes, comme la conhydrine, ou certains produits de leur dédoublement, tels que la tropine et ses nombreux isomères, présentent tous les caractères des alcamines. On a donc cherché à préparer par voie synthétique divers représentants de cette classe de corps, afin de les comparer aux produits naturels. Jusqu'ici on n'a pu arriver qu'à des combinaisons isomériques; les essais qui ont été faits n'en ont pas moins fourni quelques données inté-

[1] Riehm, A. 234, 1.
[2] Dürkopf, B. 21, 2718.
[3] Mohler, B. 21, 10006.
[4] Ahrens, B. 28, 795.
[5] Ahrens B. 20, 2996.
[6] Ahrens, B. 26, 3035.

ressantes sur la constitution de certaines bases végétales, et nous devons les signaler.

Deux procédés ont été exclusivement employés pour l'obtention des alcamines pyridiques :

Le premier repose sur la condensation des aldéhydes avec les homologues de la pyridine, principalement avec ceux qui possèdent une chaîne latérale dans la position α. En général, lorsqu'on cherche à effectuer cette condensation à l'aide de la chaleur seule et sans prendre de précautions spéciales, la réaction a lieu de telle manière, que l'oxygène de l'aldéhyde est éliminé avec deux atomes d'hydrogène de la chaîne latérale du composé pyridique, et l'on obtient comme produit un corps non saturé. Ainsi l'α-picoline et l'aldéhyde acétique fournissent l'α-allylpyridine :

$$(C^5H^4Az){-}CH^3 + OCH{-}CH^3 = (C^5H^4Az){-}CH{=}CH{-}CH^3 + H^2O$$

α - Picoline.   Aldéhyde α - Allylpyridine.
                            acétique.

En réalité, cette réaction s'effectue en deux phases successives; dans la première, il y a simple addition des deux molécules en présence, avec formation d'une alcamine:

$$(C^5H^4Az){-}CH^3 + OCH{-}CH^3 = (C^5H^4Az){-}CH^2{-}CHOH{-}CH^3$$

α - Picoline.   Aldéhyde α - Picolylméthylalcamine.
                            acétique.

Mais ce composé est peu stable; il perd immédiatement les éléments d'une molécule d'eau et se transforme dans le dérivé non saturé:

$$(C^5H^4Az){-}CH^2{-}CHOH{-}CH^3 = (C^5H^4Az){-}CH{=}CH{-}CH^3 + H^2O$$

M. Ladenburg est parvenu, en usant de certaines précautions, à arrêter la réaction à sa première phase. Le meilleur moyen consiste, selon lui, à faire réagir la base sur l'aldéhyde en présence d'eau à la température de 150-170°.

Le second procédé qui a été employé pour la préparation des alcamines est la réduction des cétones correspondantes au moyen de l'amalgame de sodium (Engler[1]) :

$$(C^5H^4Az){-}CO{-}C^2H^5 + 2H = (C^5H^4Az){-}CHOH{-}C^2H^5$$

Propionylpyridine.   Pyridyléthylalcamine.

---

[1] Engler, B. **24**, 2530, 2536; **27**, 1775.

Les alcamines pyridiques sont des corps liquides ou solides, qui ne sont le plus souvent distillables sans décomposition que sous pression réduite. Elles sont solubles dans l'eau et dans l'alcool, insolubles ou peu solubles dans l'éther. Elles perdent facilement les éléments d'une molécule d'eau sous l'influence de la chaleur ou des déshydratants. Traitées en solution alcoolique par le sodium, elles fixent de l'hydrogène et se convertissent en alcamines pipéridiques.

Parmi les nombreuses alcamines qui ont été préparées jusqu'à ce jour, nous ne mentionnerons ici que celles qui présentent une relation d'isomérie avec les produits végétaux.

1. *α-Picolylalcamine*, C^7H^9AzO. — Ce composé a été obtenu par M. Ladenburg[1] par condensation de l'α-picoline avec l'aldéhyde formique :

$$\underset{\text{α - Picoline.}}{\underset{Az}{\bigcirc}-CH^3} \; + \; \underset{\substack{\text{Aldéhyde} \\ \text{formique.}}}{CH^2O} \; = \; \underset{\text{α - Picolylalcamine.}}{\underset{Az}{\bigcirc}-CH^2-CH^2OH}$$

Il constitue une masse sirupeuse, incristallisable; il bout à 179° sous une pression de 25^{mm}. Réduit par le sodium et l'alcool, il donne l'*α-pipécolylalcamine* (p' de fus. 31-32°, p' d'ébull. 234°,5). Celle-ci, qui est une base secondaire, réagit sur le méthylsulfate de potassium en échangeant son atome d'hydrogène imidique contre le radical méthyle; on obtient ainsi la *méthylpipécolylalcamine*,

$$\begin{array}{c} H^2 \\ C \\ H^2C \qquad CH^2 \\ H^2C \qquad CH-CH^2-CH^2OH \\ Az \\ | \\ CH^3 \end{array}$$

sous la forme d'un liquide bouillant à 225-226°.

<hr>

[1] Ladenburg, B. **22**, 2583; **24**, 1619; **26**, 1060.

Ce qui donne à cette dernière substance un intérêt particulier, c'est la relation qu'elle présente avec la tropine, $C^8H^{15}AzO$, produit de saponification de plusieurs alcaloïdes des Solanées; elle n'en diffère, dans sa composition, que par deux atomes d'hydrogène en plus. La grande ressemblance que M. Ladenburg observa dans les propriétés chimiques et physiologiques des deux corps l'avait conduit à penser que la méthylpipécolylalcamine constituait le dérivé dihydrogéné de la tropine; d'où le nom d'*hydrotropine* qu'il lui donna un peu hâtivement. En effet, toutes les tentatives qu'il fit pour convertir l'hydrotropine en tropine par une oxydation ménagée, restèrent infructueuses; il obtint, il est vrai, en se servant soit du ferricyanure de potassium, soit de l'eau oxygénée, deux bases de formule $C^8H^{15}AzO$, mais celles-ci (la *paratropine* et l'*α-tropine*) ne se montrèrent qu'isomériques et non identiques avec la tropine naturelle.

2. M. Lipp[1] a préparé également par voie synthétique une alcamine de formule $C^8H^{15}AzO$, isomérique avec la tropine. En traitant la bromobutylméthylcétone,

$$CH^2Br—CH^2—CH^2—CH^2—CO—CH^3,$$

par la méthylamine, il a obtenu une méthyltétrahydropicoline qui, par condensation avec l'aldéhyde formique, lui a donné la *méthyltétrahydro-α-picolylalcamine :*

$$\text{(Méthyltétrahydro-α-picoline)} + CH^2O = \text{(Méthyltétrahydro-α-picolylalcamine)}$$

Méthyltétrahydro-α-picoline.　　　　Méthyltétrahydro-α-picolylalcamine.

[1] Lipp, B. **25**, 2100, 2107; A. **289**, 173; **294**, 185.

Ce dernier corps, qui est un liquide bouillant à 199-200°, est différent de la tropine, ainsi que de la paratropine et de l'α-tropine. Il n'est pas attaqué par l'acide chlorhydrique fumant à 180°. Le sodium et l'alcool le réduisent en donnant naissance à une *méthylpipécolylalcamine* (p^t d'ébull. 215°) qui ne paraît pas être identique avec l'hydrotropine.

Nous reviendrons plus loin (page 199) sur ces observations à propos de la constitution de la tropine.

3. *α-Lutidylalcamine.* — Elle a été obtenue par MM. Ladenburg et Adam[1] en chauffant à 160° l'α-éthylpyridine avec une solution aqueuse d'aldéhyde formique. C'est un liquide qui distille à 138-141° sous une pression de 17^{mm}. La réduction la transforme en *α-lupétidylalcamine* (p^t d'ébull. 232-234°) :

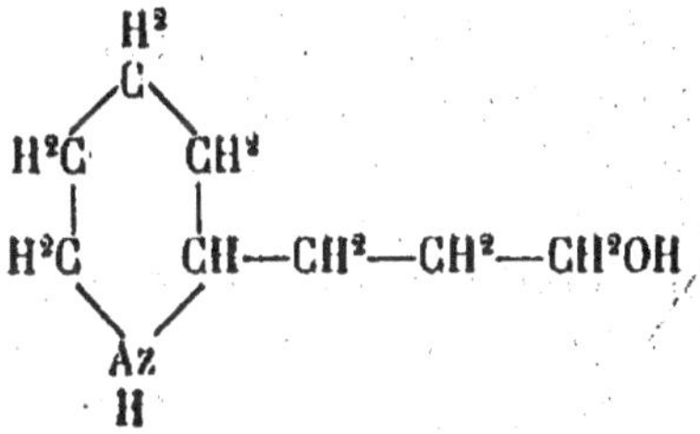

$$
\begin{array}{c}
H^2 \\
C \\
H^2C \qquad CH^2 \\
H^3C \qquad CH\!-\!CH^2\!-\!CH^2\!-\!CH^2OH \\
Az \\
H
\end{array}
$$

4. *α-Picolylméthylalcamine.* — Elle a été préparée par M. Ladenburg[2] en combinant l'α-picoline avec l'aldéhyde acétique. Elle se présente en prismes fusibles à 32° et bout à 113°,5 sous 13^{atm} de pression. Elle fournit par réduction l'*α-pipécolylméthylalcamine* (p^t de fus. 45-47°, p^t d'ébull. 224-226°) :

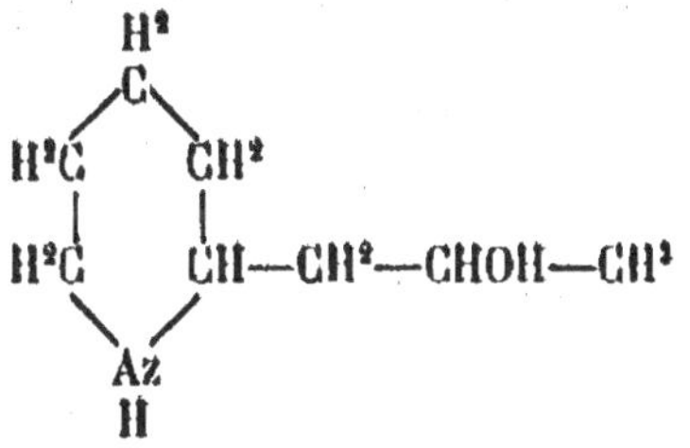

$$
\begin{array}{c}
H^2 \\
C \\
H^2C \qquad CH^2 \\
H^2C \qquad CH\!-\!CH^2\!-\!CHOH\!-\!CH^3 \\
Az \\
H
\end{array}
$$

[1] Ladenburg et Adam, B. **24**, 1671.
[2] Ladenburg, B. **22**, 2583 ; **23**, 2700.

5. *α-Ethylpyridylalcamine*. — MM. Engler et Bauer[1] l'ont obtenue en réduisant l'*α*-propionylpyridine (préparée elle-même par distillation d'un mélange de picolate et de propionate de chaux). Cette alcamine, qui bout à 213-218° sous la pression atmosphérique, donne, lorsqu'on la réduit par le sodium, deux *éthylpipéridylalcamines* stéréo-isomériques (points de fus. 99-100° et 70-71°) :

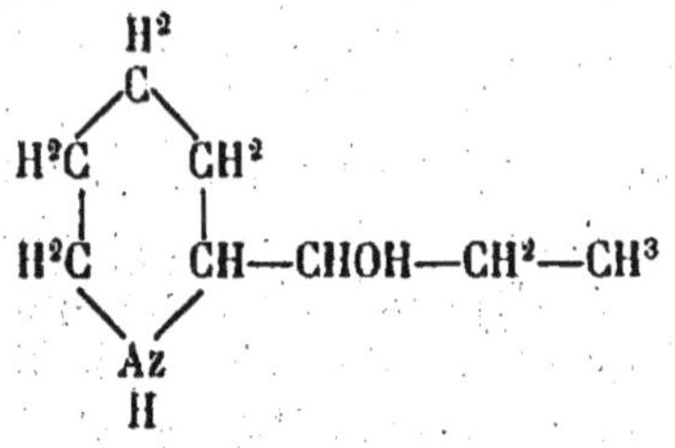

$$
\begin{array}{c}
\mathrm{H^2} \\
\mathrm{C} \\
\mathrm{H^2C} \qquad \mathrm{CH^2} \\
\mathrm{H^2C} \qquad \mathrm{CH—CHOH—CH^2—CH^3} \\
\mathrm{Az} \\
\mathrm{H}
\end{array}
$$

Ces trois dernières alcamines pipéridiques, qui représentent les trois *α*-propylpipéridines hydroxylées dans la chaîne latérale, sont isomériques avec deux alcaloïdes de la ciguë, la conhydrine et la pseudoconhydrine, et présentent avec eux de très grandes ressemblances. Mais aucune d'elles ne leur est identique, ce qui fournit une indication intéressante sur la constitution de ces bases naturelles (voyez page 142).

[1] Engler et Bauer, B. **24**, 2530; **27**, 1775.

III. ACIDES PYRIDINE-CARBONIQUES

Les acides pyridine-carboniques dérivent de la pyridine par remplacement d'un ou de plusieurs atomes d'hydrogène par le groupe carboxyle COOH. Ils se forment par l'oxydation de tous les corps de la série pyridique qui possèdent des chaînes latérales carbonées. La connaissance de leur constitution est de la plus grande importance, car c'est elle qui permet de fixer la position de ces chaînes latérales, ainsi qu'on a déjà pu le voir dans le chapitre précédent.

Ces acides sont des corps solides, doués à la fois de propriétés acides et de propriétés basiques, ces dernières allant s'affaiblissant à mesure que le nombre des carboxyles augmente. Ils sont tous décomposés par distillation avec la chaux en anhydride carbonique et pyridine. Ce dédoublement s'effectue même, pour quelques-uns, sous l'influence de la chaleur seule. En général, les acides polycarboniques, chauffés au-dessus de leur point de fusion, perdent une partie seulement de leurs carboxyles et se convertissent en acides monocarboniques. L'expérience a montré que, dans ces conditions, ce sont toujours les carboxyles situés dans la position α qui sont éliminés les premiers.

On a remarqué aussi que les acides qui possèdent un carboxyle en α donnent, à l'exclusion des autres, une réaction colorée (jaune ou rouge) avec le sulfate ferreux.

A. Acides pyridine-monocarboniques.

$C^6H^5AzO^2$ soit $C^5H^4Az(COOH)$.

La théorie prévoit l'existence de trois dérivés monocarboxylés de la pyridine; ils sont tous trois connus et prennent naissance, soit par l'oxydation des dérivés pyridiques à une seule chaîne latérale, soit par l'action de la chaleur sur les acides polycarboxylés.

1. Acide picolique (α-pyridine-carbonique),

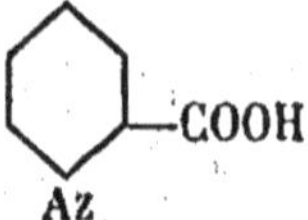

Aiguilles prismatiques fusibles à 137°, facilement solubles dans l'eau et dans l'alcool, presque insolubles dans l'éther. Donne avec le sulfate ferreux une coloration jaune, et avec l'acétate de cuivre un précipité violet.

L'acide picolique prend naissance:

1° Dans l'oxydation de plusieurs dérivés α de la pyridine.

2° Par l'action de l'acide acétique bouillant sur l'acide dipicolique (page 65) (Hantzsch[1]).

3° Par l'action de l'acide iodhydrique sur l'acide dichloropicolique résultant du traitement de l'acide coménamique (voyez page 22) par le perchlorure de phosphore (Ost[2]).

Chauffé avec de la chaux ou avec de la potasse alcoolique il se décompose en pyridine et anhydride carbonique.

La position du carboxyle dans l'acide picolique a été démontrée de la manière suivante par MM. Skraup et Cobenzl[3]:

L'α-naphtoquinoléine, dont la constitution résulte avec la plus entière certitude de sa formation par condensation de l'α-naphtylamine avec la glycérine au moyen du procédé général de Skraup (voyez page 79), fournit par oxydation un acide bibasique. Celui-ci ne peut prendre naissance que par rupture du noyau central de la naphtoquinoléine, car, si on le distille avec de la chaux, on obtient une phénylpyridine. Le radical phényle occupe nécessairement dans cette dernière base la position α. Or, cette phénylpyridine donnant par une oxydation énergique l'acide picolique, il en résulte que le carboxyle de cet acide se trouve situé dans cette même position α. Les formules suivantes feront mieux comprendre ces déductions:

[1] Hantzsch, B. **18**, 1744.
[2] Ost, J. pr. **27**, 257.
[3] Skraup et Cobenzl, M. **4**, 436.

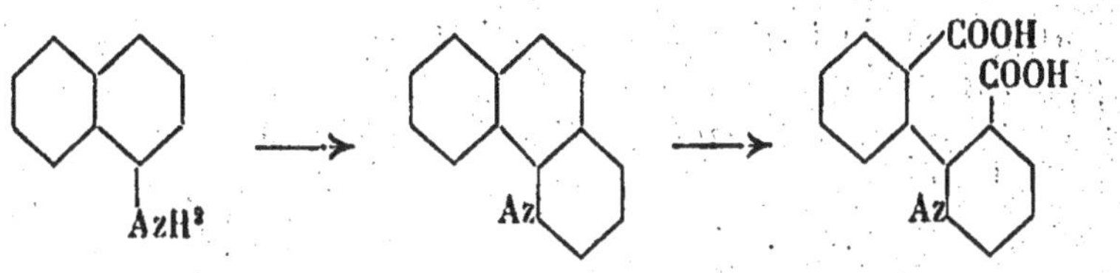

α-Naphtylamine.   α-Naphtoquinoléine.   Acide α-phénylpyridine-dicarbonique.

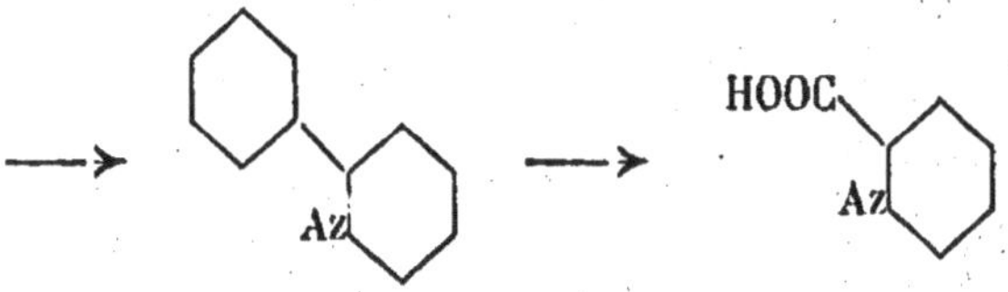

α-Phénylpyridine.   Acide picolique.

2. Acide nicotique ou nicotianique (β-pyridine-carbonique),

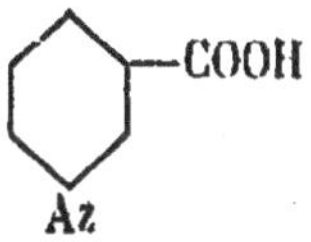

Modes de formation :

1° Oxydation de la nicotine (Huber[1], Weidel[2], Laiblin[3]).

2° Oxydation de la pilocarpine (Hardy et Calmels[4]).

3° Oxydation de l'hydrastine (Schmidt et Wilhelm[5]).

4° Oxydation de la berbérine (Schilbach[6]).

5° Oxydation d'un grand nombre de dérivés pyridiques artificiels.

6° Action de l'acide chlorhydrique sur la trigonelline (Jahns[7]).

[1] Huber, A. **141**, 277.
[2] Weidel, A. **165**, 330.
[3] Laiblin, A. **196**, 184.
[4] Hardy et Calmels, C. r. **102**, 1562.
[5] Schmidt et Wilhelm, A. Pharm. **226**, 329.
[6] Schilbach, J. **1886**, 1722.
[7] Jahns, B. **20**, 2840.

7° Fusion de l'acide β-pyridine-sulfonique avec le cyanure de potassium, et saponification du nitrile ainsi formé (O. Fischer[1]).

8° Action successive de l'oxychlorure de phosphore et de l'acide iodhydrique sur l'acide oxynicotique provenant du traitement de l'acide coumalique (voyez page 21) par l'ammoniaque (von Pechmann et Welsh[2]).

9° Action de la chaleur sur les acides dicarboxylés et tricarboxylés suivants : acides quinoléique, cinchoméronique, isocinchoméronique, dinicotique et berbéronique (voyez page 61 et suivantes).

L'acide nicotique se présente en aiguilles fusibles à 229°, peu solubles dans l'eau froide, facilement solubles dans l'eau bouillante et dans l'alcool, insolubles dans l'éther. Il est précipité en bleu pâle par l'acétate de cuivre.

Sa constitution découle de sa formation par l'action de la chaleur sur l'acide quinoléique (Hoogewerff et van Dorp[3]) :

L'acide quinoléique (page 61), produit d'oxydation de la quinoléine, a la formule suivante :

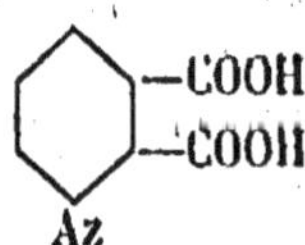

L'acide qui en dérive par élimination d'une molécule d'anhydride carbonique doit donc posséder son carboxyle dans l'une des positions α ou β. Or il a été prouvé que l'acide picolique représente l'acide α; l'acide nicotique, son isomère, est donc l'acide β.

La constitution de l'acide nicotique peut aussi se démontrer directement en partant de celle de la β-naphtoquinoléine, par une série de considérations analogues à celles qui ont conduit à la formule de l'acide picolique (Skraup et Vortmann[4]) :

[1] O. Fischer, B. **15**, 68.
[2] von Pechmann et Welsh, B. **17**, 2384.
[3] Hoogewerff et van Dorp, R. **1**, 1, 107.
[4] Skraup et Vortmann, M. **4**, 569.

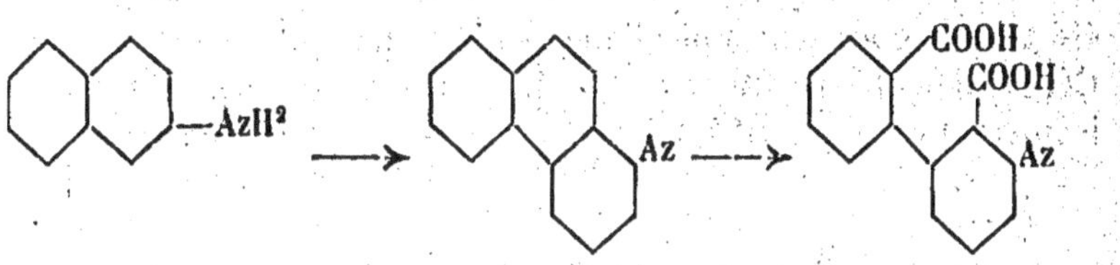

β-Naphtylamine.   β-Naphtoquinoléine.   Acide β-phénylpyridine-dicarbonique.

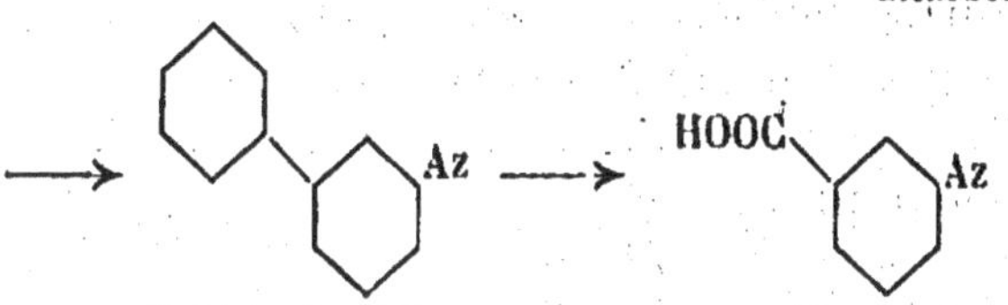

β-Phénylpyridine.   Acide nicotique.

3. Acide isonicotique (γ-pyridine-carbonique),

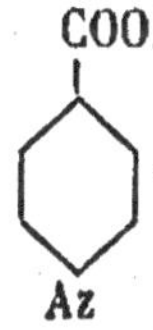

L'acide isonicotique prend naissance :

1° Dans l'oxydation d'un grand nombre de dérivés γ de la pyridine.

2° Par décomposition des acides lutidique, cinchoméronique, carbocinchoméronique, carbolutidique et berbéronique (page 62 et suivantes).

3° Par l'action successive du perchlorure de phosphore et de l'acide iodhydrique sur l'acide citrazinique (page 155) (Behrmann et Hofmann[1]).

Il cristallise en aiguilles qui fondent vers 306° ; il se dissout très difficilement dans l'eau, l'alcool et l'éther. Son sel de cuivre est vert.

La position du carboxyle, dans l'acide isonicotique, ne peut guère être démontrée directement ; mais elle résulte de la preuve qui a

---

[1] Behrmann et Hofmann, B. **17**, 2681.

été faite que les acides picolique et nicotique renferment le groupe COOH dans les positions α et β. L'acide isonicotique, le troisième isomère prévu par la théorie, ne peut dès lors constituer que l'acide γ.

Hydrures des acides pyridine-monocarboniques. — Les acides pyridine-carboniques sont, comme la pyridine elle-même, capables de fixer 2, 4 ou 6 atomes d'hydrogène.

On n'a préparé jusqu'ici aucun dérivé dihydrogéné.

Parmi les dérivés tétrahydrogénés, on connaît l'*acide méthyl-tétrahydronicotique*,

$$
\begin{array}{c}
H \\
C \\
HC \qquad C-COOH. \\
\quad H^3 \\
HC \qquad CH \\
Az \\
CH^3
\end{array}
$$

Jahns[1] l'a obtenu en petite quantité, avec le dérivé hexahydrogéné correspondant, en traitant le chlorométhylate de l'acide nicotique par l'étain et l'acide chlorhydrique. Ce corps est identique à un alcaloïde naturel, l'*arécaïdine* (voyez page 151).

Quant aux acides pyridine-monocarboniques hexahydrogénés, ou *acides pipéridine-monocarboniques*, ils ont tous trois été préparés par M. Ladenburg[2] en réduisant les acides pyridine-monocarboniques au moyen du sodium et de l'alcool. Ce sont des corps cristallisés, facilement solubles dans l'eau et présentant le caractère d'acides très faibles; ils donnent avec l'acide nitreux des nitrosamines.

Ac. pipéridine-α-carbonique ou *pipécolique*, pt. de fus. 264°.

Ac. pipéridine-β-carbonique ou *nipécotique*, pt. de fus. 249-250°.

Ac. pipéridine-γ-carbonique ou *isonipécotique*, pt. de fus. au-dessus de 320°.

[1] Jahns, A. Pharm. **229**, 669.
[2] Ladenburg, B. **24**, 640; **25**, 2768.

B. Acides pyridine-dicarboniques,

$C^7H^5AzO^4$ soit $C^5H^3Az(COOH)^2$.

Les six acides pyridine-dicarboniques sont connus; ils se forment par l'oxydation des dérivés pyridiques à deux chaînes latérales. Distillés avec la chaux, ils fournissent la pyridine; par l'action de la chaleur seule, ils se transforment en général, par perte d'une molécule d'anhydride carbonique, en acides monocarboniques.

La constitution de ces acides a été pendant longtemps un point obscur dans la chimie des dérivés de la pyridine. On peut aujourd'hui la considérer comme définitivement établie, grâce surtout aux travaux de M. Hantzsch et de ses élèves.

1. Acide quinoléique ou quinolinique ($\alpha\beta$-pyridine-dicarbonique),

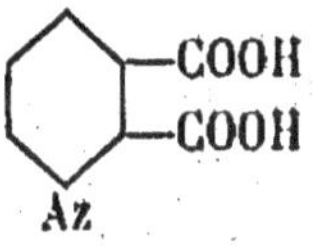

Cet acide se présente en prismes anhydres, fusibles à 190-192° en se décomposant; il est peu soluble dans l'eau, l'alcool et l'éther; sa solution aqueuse est colorée en orangé par le sulfate de fer.

L'acide quinoléique prend naissance dans l'oxydation de la quinoléine (Hoogewerff et van Dorp[1]) et d'un grand nombre de corps dérivant de cette base par substitution dans le noyau benzénique. La position des carboxyles découle de la structure même de la quinoléine (voyez page 77) :

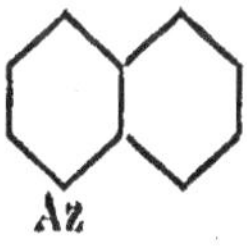

Quinoléine. 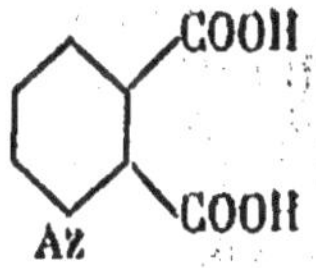   Acide quinoléique.

[1] Hoogewerff et van Dorp, R. **1**, 1, 107; B. **12**, 747; A. **204**, 117.

L'acide quinoléique est donc l'analogue, dans la série pyridique, de ce qu'est l'acide phtalique dans la série benzénique. Chauffé au-dessus de son point de fusion, il ne forme toutefois pas d'anhydride, mais se décompose, grâce au peu de stabilité du carboxyle α, en anhydride carbonique et en acide nicotique.

On peut cependant obtenir l'anhydride quinoléique en traitant l'acide par l'anhydride acétique (Bernthsen et Mettegang[1]). Il est en prismes fusibles à 134°,5 et donne toutes les réactions caractéristiques de l'anhydride phtalique (formation de phtaléines, de fluorescéine, d'imide, condensation avec les hydrocarbures aromatiques en présence de chlorure d'aluminium, etc.).

2. Acide cinchoméronique ($\beta\gamma$-pyridine-dicarbonique),

$$
\begin{array}{c}
\text{COOH} \\
\bigcirc\text{—COOH} \\
\text{Az}
\end{array}
$$

L'acide cinchoméronique se forme :

1° Par oxydation de la cinchonine, de la cinchonidine et de la quinine au moyen de l'acide azotique (Weidel[2]).

2° Par oxydation de la β-collidine (Oechsner[3], Königs[4]).

3° Par oxydation de l'une des lutidines du goudron (Ahrens[5]).

4° Par oxydation de la lépidine (Hoogewerff et van Dorp[6]) et de l'acide cinchoninique (Skraup[7]).

5° Par l'action de l'acide chlorhydrique à 250° sur l'acide apophyllénique, produit d'oxydation de la cotarnine (Vongerichten[8]).

---

[1] Bernthsen et Mettegang, B. **20**, 1208.
[2] Weidel, A. **173**, 96 ; B. **12**, 1146.
[3] Oechsner, Bl. **42**, 100 ; **43**, 106.
[4] Königs, B. **27**, 1501.
[5] Ahrens, B. **29**, 2996.
[6] Hoogewerff et van Dorp, R. **2**, 1.
[7] Skraup, B. **12**, 1107.
[8] Vongerichten, B. **13**, 1635 ; A. **210**, 79.

6° Par oxydation de l'isoquinoléine (Hoogewerff et van Dorp[1])
et de la diméthoxyisoquinoléine provenant de la décomposition de
la papavérine (Goldschmiedt[2]).

7° Par décomposition pyrogénée des acides α-carbocinchoméronique, β-carbocinchoméronique et berbéronique (page 66 et suivantes).

Il cristallise en prismes anhydres, peu solubles dans l'eau, insolubles dans l'éther; sa solution aqueuse n'est pas colorée par le sulfate ferreux. Il fond à 258-259° en dégageant une molécule d'anhydride carbonique; le résidu est un mélange d'acides nicotique et
isonicotique. Ce fait indique que les deux carboxyles de l'acide cinchoméronique occupent les mêmes positions que ceux des acides
nicotique et isonicotique, c'est-à-dire les positions β et γ.

Il constitue donc un second acide orthodicarboxylé de la pyridine; il est, comme tel, capable de former un anhydride lorsqu'on
le chauffe avec de l'anhydride acétique (Goldschmidt et Strache[3]);
celui-ci cristallise en tables fusibles à 77-78° et présente comme son
isomère les réactions de l'anhydride phtalique.

3. Acide lutidique (αγ-pyridine-dicarbonique),

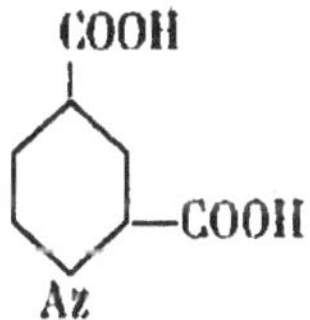

Cet acide a été obtenu par oxydation de la lutidine du goudron
et de plusieurs autres dérivés αγ. Il est peu soluble dans l'eau, facilement soluble dans l'alcool, insoluble dans l'éther; le sulfate de fer
le colore en jaune-orangé. Il cristallise avec une molécule d'eau en
paillettes et fond à 239° en se décomposant en anhydride carbonique et en acide isonicotique. Cela prouve que l'un de ses carboxyles
est situé en γ; l'autre ne peut occuper que la position α, puisqu'il
est démontré que l'isomère γβ est représenté par l'acide cinchoméronique.

[1] Hoogewerff et van Dorp, R. 4, 285.
[2] Goldschmiedt, M. 9, 327.
[3] Goldschmidt et Strache, M. 10, 156.

4. Acide dinicotique ($\beta\beta'$-pyridine-dicarbonique),

HOOC—⬡—COOH
Az

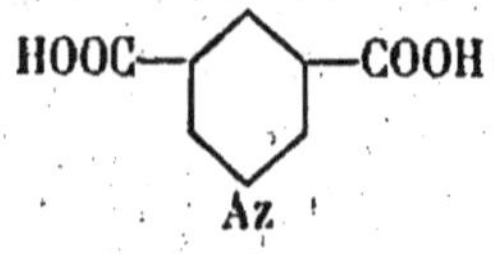

Cristaux très peu solubles dans l'eau et dans l'éther, fusibles à 323° en se décomposant en anhydride carbonique et acide nicotique. MM. Hantzsch et Weiss[1] l'ont obtenu en chauffant à 150° l'acide carbodinicotique (page 69),

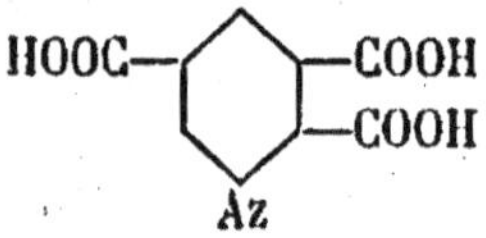

HOOC—⬡—COOH
        —COOH
Az

D'après ce mode de formation il ne peut être que l'acide $\alpha\beta'$ ou $\beta\beta'$; cette seconde alternative est de beaucoup la plus probable, l'expérience ayant montré que les carboxyles situés en α s'éliminent toujours plus facilement que les autres.

L'acide dinicotique se forme aussi par oxydation de quelques dérivés $\beta\beta'$ de la pyridine, ainsi que par l'action de la chaleur sur l'acide pyridine-tétracarbonique symétrique.

5. Acide isocinchoméronique ($\alpha\beta'$-pyridine-dicarbonique),

HOOC—⬡
        —COOH
Az

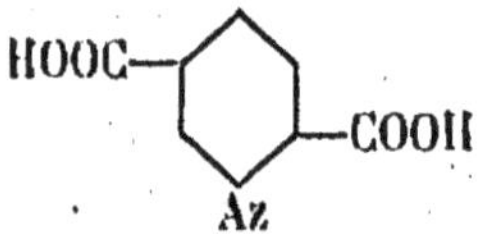

L'acide isocinchoméronique prend naissance dans l'oxydation de la lutidine du goudron (Weidel et Herzig[2]) et de l'aldéhydine (Dürkopf et Schlaugk[3]), ainsi que par décomposition pyrogénée de l'acide carboisocinchoméronique (page 67) (Weiss[4]). Il est presque insoluble dans l'eau froide, peu soluble dans l'alcool, insoluble

[1] Hantzsch et Weiss, B. **19**, 284.
[2] Weidel et Herzig, M. **1**, 4; **6**, 976.
[3] Dürkopf et Schlaugk, B. **20**, 1660; **21**, 294.
[4] Weiss, B. **19**, 1311.

dans l'éther; il prend une coloration rouge avec le sulfate de fer.
Il cristallise avec une molécule d'eau en paillettes fusibles à 236-
237°. Une température plus élevée le décompose en anhydride carbonique et en acide nicotique; il possède donc un carboxyle en
β. L'autre ne peut être qu'en α', puisque les trois autres positions
possibles ont été attribuées aux acides quinoléique ($\beta\alpha$), cinchoméronique ($\beta\gamma$) et dinicotique ($\beta\beta'$).

6. Acide dipicolique ($\alpha\alpha'$-pyridine-dicarbonique),

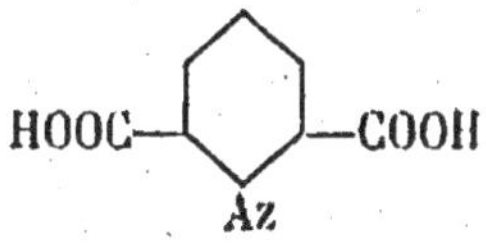

$$\text{HOOC}—\hexagon—\text{COOH}$$
$$\text{Az}$$

Ce dernier isomère se forme dans l'oxydation de la lutidine du
goudron (Lunge et Rosenberg [1]), de l'α-collidine (Oechsner [2],
Schultz [3]) et de quelques autres dérivés $\alpha\alpha'$. Il se présente sous la
forme d'aiguilles qui renferment 1 ou 1 $1/_2$ molécule d'eau de cristallisation et fondent à 236° en se décomposant. Il est peu soluble
dans l'eau, l'alcool et l'éther, et se colore en rouge par addition de
sulfate ferreux.

La constitution des cinq acides précédents étant démontrée, il
ne reste pour l'acide dipicolique qu'une seule position possible des
carboxyles, à savoir la position $\alpha\alpha'$. A cette preuve indirecte vient
s'ajouter le fait qu'il ne fournit pas, comme ses isomères, un acide
monocarbonique par l'action de la chaleur, mais la pyridine elle-
même. Cependant M. Hantzsch [4] est parvenu, en le chauffant
avec de l'acide acétique, à obtenir de petites quantités d'acide picolique.

C. Acides pyridine-tricarboniques.

$$C^8H^5AzO^6 \text{ soit } C^5H^2Az(COOH)^3.$$

La théorie prévoit six acides pyridine-tricarboniques isomériques; ils sont tous connus aujourd'hui. Leur constitution a été,

[1] Lunge et Rosenberg, B. **20**, 127.
[2] Oechsner, Bl. **42**, 100.
[3] Schultz, B. **20**, 2720.
[4] Hantzsch, B. **18**, 1744.

comme celle des acides dicarboniques, fixée par les travaux de M. Hantzsch et de ses élèves. Deux d'entre eux, les acides α-carbocinchoméronique et berbéronique, sont les produits d'oxydation d'alcaloïdes naturels; les autres ont été obtenus en partant de dérivés de synthèse.

1. Acide α-carbocinchoméronique (αβγ-pyridine-tricarbonique),

$$
\begin{array}{c}
\text{COOH} \\
\text{—COOH} \\
\text{—COOH} \\
\text{Az}
\end{array}
$$

Cet acide a été obtenu pour la première fois en 1874 par M. Weidel [1] en oxydant la cinchonine au moyen de l'acide azotique. Il a été retiré plus tard du produit de l'oxydation de plusieurs autres alcaloïdes des quinquinas (quinine, quinidine, cinchonidine) (Hoogewerff et van Dorp [2], Ramsay et Dobbie [3]), et de leurs dérivés, les acides cinchoninique et quininique (page 101) (Skraup [4]). Il prend enfin naissance par l'action du permanganate de potassium sur la papavérine (Goldschmiedt [5]) et sur la lépidine (Hoogewerff et van Dorp [6]).

Ce dernier mode de formation fixe la position des carboxyles. La lépidine étant la γ-méthylquinoléine (voyez page 91), l'acide tribasique résultant de son oxydation ne peut constituer que l'acide αβγ-pyridine-tricarbonique :

$$
\begin{array}{c}
\text{CH}^3 \\
\text{Az}
\end{array}
\qquad\qquad
\begin{array}{c}
\text{COOH} \\
\text{COOH} \\
\text{Az}\quad\text{COOH}
\end{array}
$$

Lépidine.   Acide α-carbocinchoméronique.

[1] Weidel, A. **173**, 101; B. **12**, 415.

[2] Hoogewerff et van Dorp, A. **204**, 84; B. **12**, 158, 1287; **13**, 152.

[3] Ramsay et Dobbie, Soc. **35**, 189.

[4] Skraup, M. **1**, 184; **2**, 600; A. **201**, 308.

[5] Goldschmiedt, M. **6**, 372, 954.

[6] Hoogewerff et van Dorp, B. **13**, 1640.

L'acide α-carbocinchoméronique est en tables renfermant 1 ¹/₂ molécule d'eau; il est assez soluble dans l'eau, très peu soluble dans l'alcool et l'éther. Chauffé à 249-250°, il fond en se transformant en acide cinchoméronique, par perte du carboxyle α.

2. Acide β-carbocinchoméronique ($\beta\gamma\beta'$-pyridine-tricarbonique),

$$\underset{\text{Az}}{\underset{\displaystyle |}{\text{HOOC}-\overset{\displaystyle \text{COOH}}{\overset{\displaystyle |}{\bigcirc}}-\text{COOH}}}$$

Il a été préparé par M. Weber[1] en chauffant à 220° le sel dipotassique de l'acide pyridine-pentacarbonique,

$$\text{HOOC}\diagdown\overset{\text{COOH}}{\overset{|}{\bigcirc}}\diagup\text{COOH}$$

Les deux molécules d'anhydride carbonique qui se dégagent dans cette opération proviennent sans aucun doute des deux carboxyles qui occupent les positions α et α'; d'où résulte la constitution $\beta\gamma\beta'$ pour l'acide tricarbonique.

L'acide β-carbocinchomérique cristallise avec trois molécules d'eau en paillettes; il est peu soluble dans l'eau froide et fond à 261° en se convertissant en acide cinchoméronique.

3. Acide carboisocinchoméronique ($\alpha\beta\alpha'$-pyridine-tricarbonique),

$$\underset{\text{Az}}{\text{HOOC}-\bigcirc{\begin{matrix}-\text{COOH}\\-\text{COOH}\end{matrix}}}$$

L'acide carboisocinchoméronique a été obtenu par M. Weiss[2] en

[1] Weber, A. **241**, 1.
[2] Weiss, B. **19**, 1805.

oxydant l'acide $\alpha\alpha'$-diméthylnicotique au moyen du permanganate de potasse. Il cristallise avec deux molécules d'eau en paillettes facilement solubles dans l'eau et l'alcool, insolubles dans l'éther. Soumis à l'action de la chaleur, il perd, dès 130°, une molécule d'anhydride carbonique, et se convertit, sans fondre, en acide iso-cinchoméronique.

Sa constitution découle de celle de l'acide diméthylnicotique, laquelle est prouvée par l'ensemble des réactions suivantes, au moyen desquelles M. Weiss l'a obtenu :

La condensation de l'éther acétacétique avec l'aldéhyde isobuty-rique et l'ammoniaque, selon le procédé de M. Hantzsch, donne naissance à un corps qui, d'après les considérations qui ont été exposées page 46, doit posséder la formule suivante :

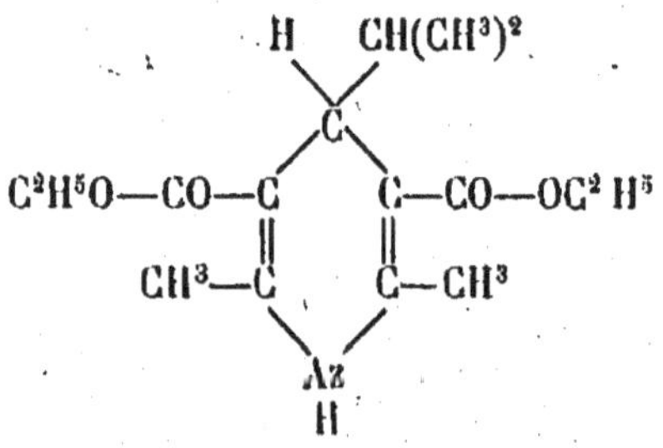

$$
\begin{array}{c}
\text{H} \qquad \text{CH(CH}^3)^2 \\
| \\
\text{C} \\
C^2H^5O-CO-C \qquad\qquad C-CO-OC^2H^5 \\
\| \qquad\qquad\qquad \| \\
CH^3-C \qquad\qquad C-CH^3 \\
\diagdown \quad \diagup \\
Az \\
| \\
H
\end{array}
$$

Ce corps, qui est un dérivé dihydrogéné de la pyridine, perd, par l'action oxydante de l'acide nitreux, non seulement les deux atomes d'hydrogène d'addition, mais aussi le groupe isopropylique situé dans la position γ, et se transforme en un éther lutidine-dicarbonique auquel on doit assigner la formule

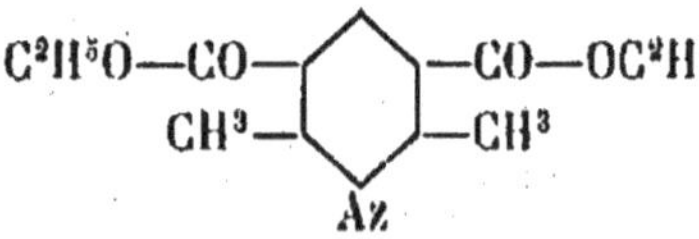

$$
\begin{array}{c}
C^2H^5O-CO-\!\!\bigcirc\!\!-CO-OC^2H^5 \\
CH^3-\qquad\qquad -CH^3 \\
Az
\end{array}
$$

En effet, cet éther fournit par saponification un acide qui, distillé avec de la chaux, donne l'$\alpha\alpha'$-diméthylpyridine (page 40).

Ce même acide lutidine-dicarbonique dégage, lorsqu'on le chauffe, une molécule d'anhydride carbonique. L'acide monobasique qui résulte de ce dédoublement ne peut être que l'acide *αα'*-dimé-thylnicotique,

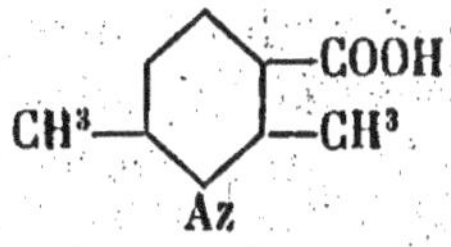

$$CH^3—\overset{\displaystyle —COOH}{\underset{\displaystyle Az}{\bigcirc}}—CH^3$$

C'est cet acide qui fournit par oxydation l'acide carboisocincho-méronique.

Ce dernier a encore été obtenu par M. von Miller[1] en oxydant l'acide quinaldique (page 99) au moyen du permanganate de potassium :

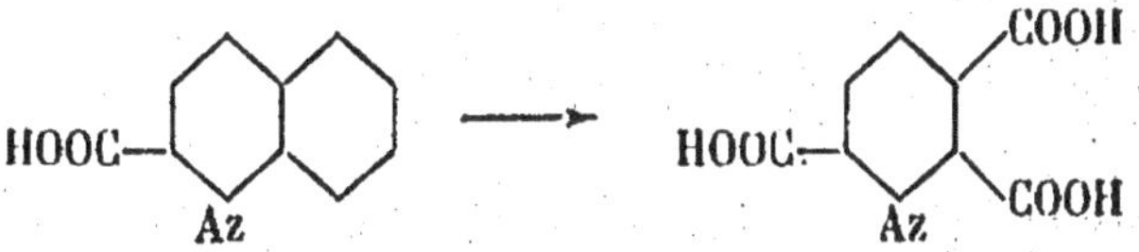

Acide quinaldique. ⟶ Acide carboisocinchoméronique.

4. Acide carbodinicotique (*αββ'*-pyridine-tricarbonique),

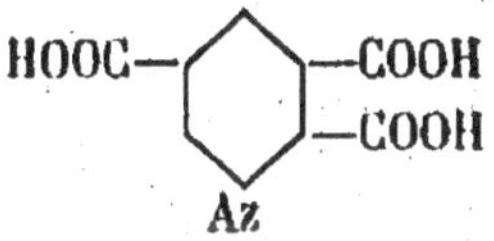

$$HOOC—\underset{\displaystyle Az}{\bigcirc}\begin{matrix}—COOH\\—COOH\end{matrix}$$

Il prend naissance dans l'oxydation de l'acide *β*-quinoléine-car-bonique par le permanganate (Riedel[2]); ce mode de formation fixe sa constitution :

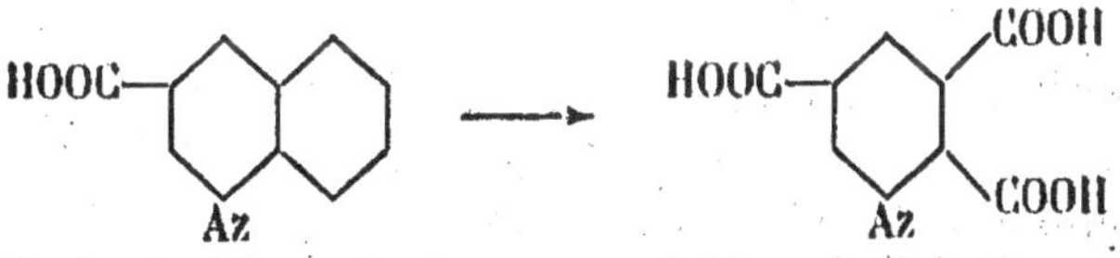

Acide *β*-quinoléine-carbonique. ⟶ Acide carbodinicotique.

Il a aussi été obtenu par M. Weber[3] en oxydant l'acide *α*-pico-

[1] von Miller, B. **24**, 1000.
[2] Riedel, B. **16**, 1609.
[3] Weber, A. **241**, 1.

line-$\beta\beta'$-dicarbonique, et par MM. Dürkopf et Schlaugk[1] en oxydant la diméthyléthylpyridine $\alpha\beta\beta'$.

Il forme des aiguilles qui renferment 1 $\frac{1}{2}$ molécule d'eau et se dissolvent assez difficilement dans l'eau et dans l'alcool. Il se décompose sans fondre à 155°, en se convertissant en acide dinicotique.

5. Acide carbolutidique ($\alpha\gamma\alpha'$-pyridine-tricarbonique),

$$\begin{array}{c} \text{COOH} \\ \text{HOOC——COOH} \\ \text{Az} \end{array}$$

Il a été obtenu par M. Böttinger[2] en traitant l'acide uvitonique (page 34) par le permanganate de potassium. Il prend aussi naissance dans l'oxydation de la triméthylpyridine symétrique (page 46) (Voigt[3]), ce qui établit sa constitution.

Il cristallise en aiguilles ou en tables peu solubles dans l'eau, l'alcool et l'éther, et renfermant deux molécules d'eau. Anhydre, il fond à 227° en dégageant deux molécules d'acide carbonique; le résidu est de l'acide isonicotique.

6. Acide berbéronique ($\alpha\gamma\beta'$-pyridine-tricarbonique),

$$\begin{array}{c} \text{COOH} \\ \text{HOOC——COOH} \\ \text{Az} \end{array}$$

Cet acide forme le principal produit de l'oxydation de la berbérine au moyen de l'acide azotique (Weidel[4], Fürth[5]). On l'a aussi

[1] Dürkopf et Schlaugk, B. **21**, 832, 2707.
[2] Böttinger, B. **13**, 2048; A. **229**, 248.
[3] Voigt, A. **228**, 29.
[4] Weidel, B. **12**, 410.
[5] Fürth, M. **2**, 416.

obtenu en oxydant l'une des triméthylpyridines du goudron (Ahrens[1]). Il ne peut posséder que la formule ci-dessus, puisque la constitution de ses cinq isomères est prouvée.

L'acide berbéronique cristallise avec deux molécules d'eau en prismes peu solubles dans l'eau et dans l'alcool; il fond à 243° en se transformant en un mélange d'acides nicotique et isonicotique; l'ébullition avec l'acide acétique le convertit en acide cinchoméronique.

Bétaïnes des acides de la série pyridique.

Les acides pyridiques fournissent des dérivés dont la structure est analogue à celle de la *bétaïne*. On sait que la bétaïne, base qui existe dans la betterave et dans d'autres végétaux (voyez page 399), doit être envisagée comme l'anhydride interne du méthylhydrate de l'acide diméthylamino-acétique :

$$CH^2—COOH \qquad CH^2—COOH \qquad CH^2—CO$$
$$| \qquad\qquad | \qquad\qquad |\quad |$$
$$(CH^3)^2\!\!\equiv\!\!Az \qquad (CH^3)^3\!\!\equiv\!\!Az—OH \qquad (CH^3)^3\!\!\equiv\!\!Az — O$$

Acide diméthylamino-acétique.   Méthylhydrate de l'acide diméthylamino-acétique.   Bétaïne.

Les acides pyridine-carboniques se comportent de la même manière que l'acide diméthylamino-acétique. Leurs alcoylhydrates ne sont pas stables et se convertissent spontanément, par perte d'une molécule d'eau, en *bétaïnes :*

$$C^5H^4—COOH \qquad\qquad C^5H^4—CO$$
$$||| \qquad\qquad\qquad |||\quad |$$
$$CH^3—Az—OH \qquad\qquad CH^3—Az——O$$

Méthylhydrate des acides pyridine-monocarboniques.   Méthylbétaïnes des acides pyridine-monocarboniques.

M. Hantzsch[2] a préparé les bétaïnes des acides nicotique, picolique et collidine-carbonique en chauffant à 150° les sels alcalins de ces acides avec de l'iodure de méthyle et en traitant le produit par l'oxyde d'argent.

[1] Ahrens, B. **29**, 2996.
[2] Hantzsch, B. **19**, 31.

Avec l'acide nicotique, par exemple, la réaction a lieu selon les équations suivantes : :

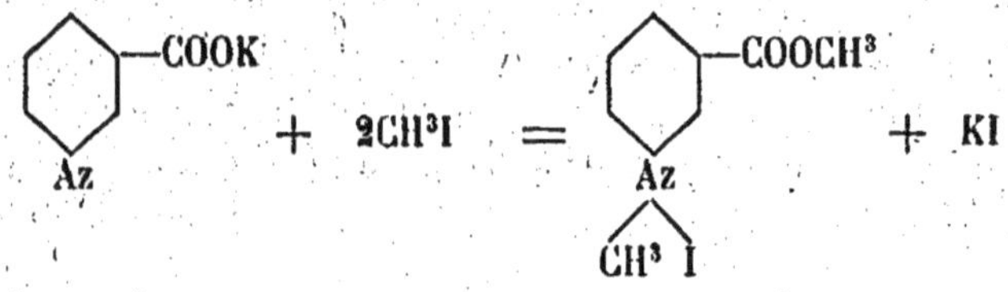

$$\text{Nicotate de potasse} + 2CH^3I = \text{Iodométhylate du nicotate de méthyle} + KI$$

Nicotate de
potasse.

Iodométhylate du
nicotate de méthyle.

$$\text{(iodométhylate)} + AgOH = \text{Méthylbétaïne nicotique} + AgI + CH^3OH$$

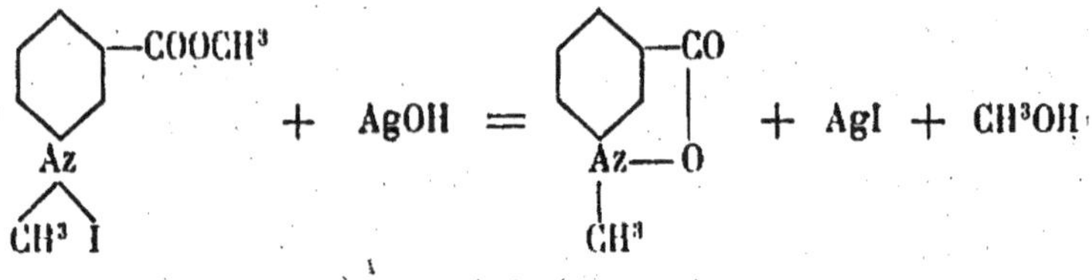

Méthylbétaïne nicotique.

On peut préparer plus simplement ce dernier composé en traitant directement l'iodométhylate de l'acide nicotique par l'oxyde d'argent (Pictet et Süssdorff[1]).

M. Roser[2] a obtenu la méthylbétaïne de l'acide cinchoméronique en chauffant cet acide à 100° avec de l'iodure de méthyle ; elle répond à l'une ou à l'autre des formules suivantes :

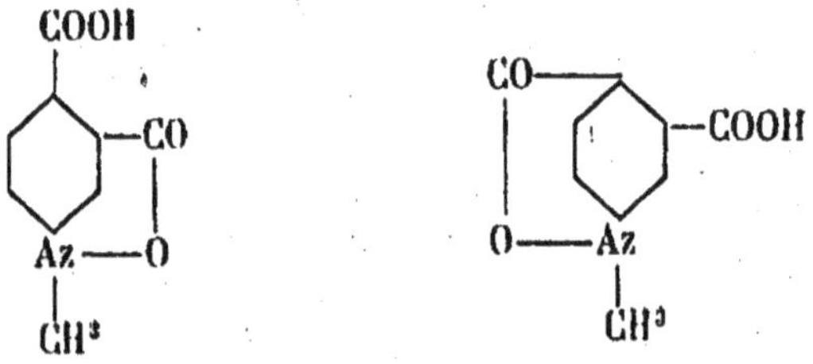

Les bétaïnes des acides pyridiques présentent un intérêt particulier parce qu'elles sont en relation étroite avec certains alcaloïdes végétaux. Jahns[3] a montré que la méthylbétaïne nicotique est

---

[1] Pictet et Süssdorff, *expériences inédites.*

[2] Roser, A. **234**, 116.

[3] Jahns, B. **20**, 2840.

identique avec la trigonelline, l'alcaloïde des semences du fenu-
grec (voyez page 149).

La méthylbétaïne cinchoméronique a été identifiée, d'autre part,
avec l'acide apophyllénique, que Wöhler avait obtenu dans l'oxydation de la cotarnine (page 301) et qui se forme aussi, d'après
M. Freund, dans celle de l'hydrastinine (page 316).

D'autres alcaloïdes, comme la pilocarpine et la chrysanthémine,
semblent appartenir aussi à la classe des bétaïnes.

IV. BIPYRIDYLES

$$C^{10}H^8Az^2 \text{ soit } (C^5H^4Az)^2.$$

Les bipyridyles sont à la pyridine ce que le biphényle est au benzène; on doit les considérer comme résultant de la soudure de deux molécules de pyridine dont chacune aurait perdu un atome d'hydrogène; ils peuvent donc exister sous six formes isomériques. De ces six isomères, quatre sont connus aujourd'hui.

Le premier a été obtenu en 1870 par Anderson[1], et plus tard par MM. Weidel et Russo[2], en traitant à froid la pyridine par le sodium. Il cristallise dans l'eau chaude en aiguilles fusibles à 111-112°, et distille sans altération à 305°. Son oxydation ne fournit que de l'acide isonicotique; il constitue donc le *γγ-bipyridyle* :

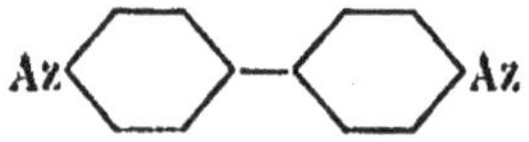

Az⟨ ⟩—⟨ ⟩Az

Deux autres bipyridyles ont été préparés par MM. Skraup et Vortmann[3] en distillant les sels de chaux des acides provenant de l'oxydation des phénanthrolines. Leur constitution résulte de l'ensemble des réactions suivantes :

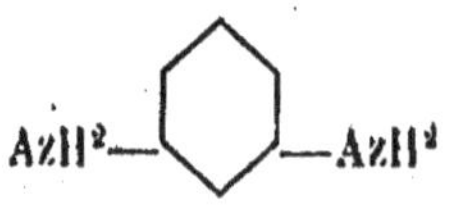

AzH²—⟨ ⟩—AzH²

m - Phénylène-diamine.

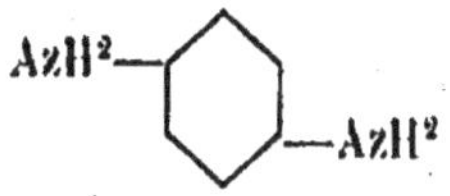

AzH²—⟨ ⟩—AzH²

p - Phénylène-diamine.

[1] Anderson, A. **154**, 270.
[2] Weidel et Russo, M. **3**, 851.
[3] Skraup et Vortmann, M. **3**, 599; **4**, 591.

fournissent par le procédé de Skraup (page 80) :

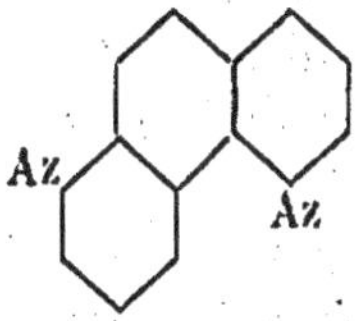

Phénanthroline. 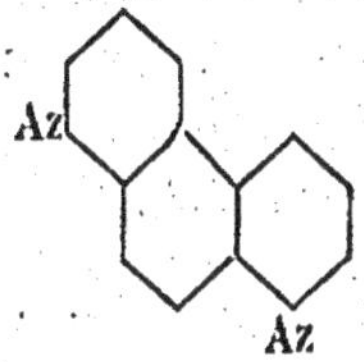   Pseudophénanthroline.

Ces deux bases donnent par oxydation les acides :

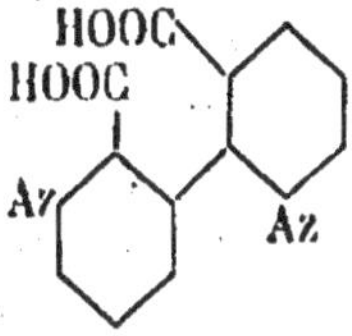

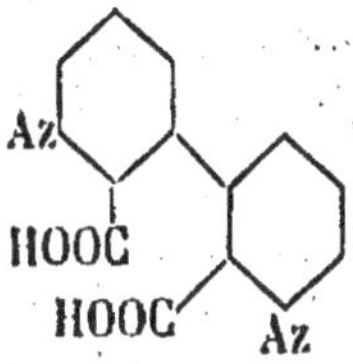

dont les sels de chaux se décomposent à la distillation avec formation de

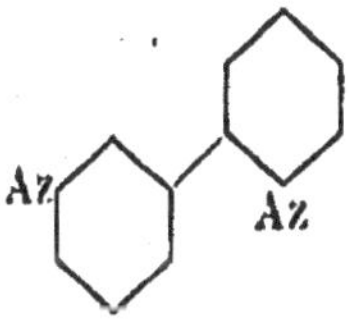

αβ - Bipyridyle.   ββ - Bipyridyle.

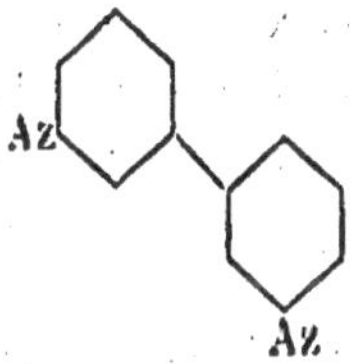

L'*αβ-bipyridyle* est un liquide bouillant à 296°; il fournit par oxydation l'acide nicotique.

Le *ββ-bipyridyle* est solide; il fond à 68° et distille à 290°; l'oxydation le transforme également en acide nicotique.

Un quatrième isomère a été décrit par M. Blau[1]; il se forme lorsqu'on soumet le picolate de cuivre à la distillation sèche. Son point de fusion est situé à 69°,5, son point d'ébullition à 272°,5. L'oxydation le convertit en acide picolique; il constitue donc l'*αα-bipyridyle*.

[1] Blau, M. **10**, 875; **13**, 880; B. **24**, 826.

Enfin M. Roth[1] a obtenu un bipyridyle en dirigeant les vapeurs de la pyridine à travers un tube chauffé au rouge ; c'est un liquide bouillant à 280-282°. Son étude n'a pas été faite d'une manière assez complète pour que l'on puisse savoir s'il est identique ou non avec l'un des composés précédents.

Les bipyridyles fournissent, lorsqu'on les soumet à l'action de l'hydrogène naissant, deux produits de réduction successifs, selon qu'un seul des noyaux pyridiques, ou tous deux, sont transformés par fixation de six atomes d'hydrogène, en noyaux pipéridiques. On obtient les premiers de ces produits en traitant les bipyridyles par l'étain et l'acide chlorhydrique, les seconds en se servant du sodium et de l'alcool amylique.

Les produits de réduction partielle, les *pyridylpipéridines* de formule $C^{10}H^{14}Az^2$, soit $C^5H^4Az\text{-}C^5H^{10}Az$, n'ont été préparés jusqu'ici qu'en partant du $\beta\beta$-bipyridyle (Skraup et Vortmann) et du $\gamma\gamma$-bipyridyle (Weidel et Russo). Ces corps sont isomériques avec la nicotine et présentent dans leurs propriétés physiques et dans leur action physiologique de grands rapports avec cet alcaloïde. Le dérivé du $\beta\beta$-bipyridyle *(nicotidine)* est un liquide bouillant à 287-289°, très soluble dans l'eau et très vénéneux. Celui du $\gamma\gamma$-bipyridyle *(isonicotine)* est solide ; il cristallise en aiguilles fusibles à 78° et distille au-dessus de 260° ; il est soluble dans l'eau, moins toxique que la nicotine, et fournit par oxydation l'acide isonicotique.

Les produits de réduction complète des bipyridyles, les *bipipéridyles*, $C^{10}H^{20}Az^2$, soit $(C^5H^{10}Az)^2$, ont la même composition que l'hexahydronicotine ; mais aucun d'eux n'est identique avec elle, ce qui montre que la nicotine n'est pas, comme on l'a cru longtemps, le dérivé d'un bipyridyle (voyez page 162).

L'*αα-bipipéridyle* est un liquide bouillant à 259° (Blau).

L'*αβ-bipipéridyle* fond à 68-69° et distille à 267-268° (Blau).

Le *γγ-bipipéridyle* forme des aiguilles fusibles vers 160° (Ahrens[2]).

[1] Roth, B. **19**, 860.
[2] Ahrens, B. **24**, 1478.

V. QUINOLÉINE

Runge[1] retira en 1834 du goudron de houille un corps de nature basique et répondant à la formule C^9H^7Az, auquel il donna le nom de *leucol* (ou leucoline). Quelques années plus tard (1842), Gerhardt[2] obtint par distillation de la cinchonine avec la potasse une base de même composition, qu'il nomma *quinoléine*. Ces deux substances furent pendant longtemps regardées comme isomériques, vu qu'elles ne donnaient pas les mêmes réactions colorées. Il a été prouvé plus tard (Hofmann[3], Hoogewerff et van Dorp[4], Jacobsen et Reimer[5]) que cette différence était due à des impuretés, et que le leucol et la quinoléine sont identiques.

La quinoléine, ou *quinoline,* est un liquide huileux, incolore, qui se solidifie à —19°,5 et entre en ébullition à 240°. Elle possède une odeur qui rappelle celles de l'aldéhyde benzoïque et du nitrobenzène. Sa densité est 1,0947 à 20°. Elle est presque insoluble dans l'eau, miscible en revanche en toutes proportions à l'alcool, à l'éther et à la plupart des dissolvants organiques.

Elle constitue une base tertiaire.

Au point de vue de ses propriétés chimiques, la quinoléine présente de grands rapports avec la pyridine. Körner a émis, en 1869, l'hypothèse que ces deux bases sont entre elles dans le même rapport que le naphtalène et le benzène, et que la quinoléine doit être considérée comme du naphtalène dans lequel un des groupes CH *a* serait remplacé par un atome d'azote :

[1] Runge, *Poggendorff's Annalen der Physik und Chemie*, **31**, 68.
[2] Gerhardt, A. **42**, 310 ; **44**, 279.
[3] Hofmann, A. **47**, 31 ; **74**, 15.
[4] Hoogewerff et van Dorp, R. **1**, 1, 107 ; **2**, 41.
[5] Jacobsen et Reimer, B. **16**, 513, 1082.

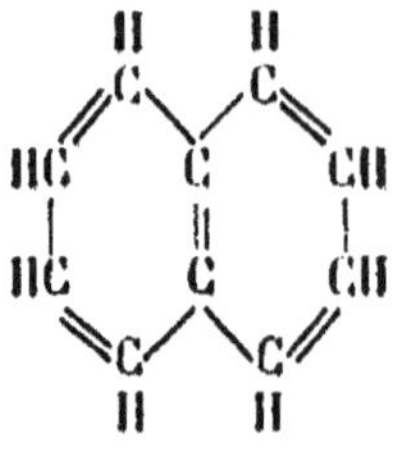

Naphtalène. 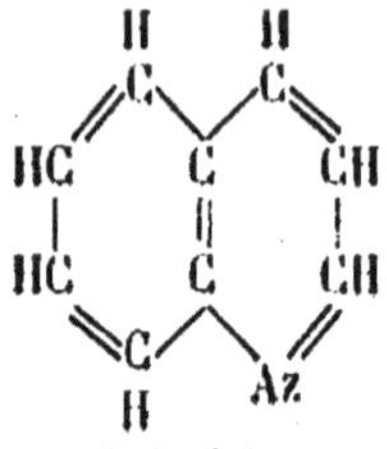   Quinoléine.

La molécule de la quinoléine résulterait donc de l'association d'un noyau de benzène et d'un noyau de pyridine.

Cette hypothèse a été vérifiée par toutes les synthèses de la quinoléine et par son oxydation. Traitée par le permanganate de potassium, la quinoléine fournit de l'acide oxalique et un acide bibasique, l'*acide quinoléique* (page 61), lequel donne de la pyridine par distillation avec la chaux (Hoogewerff et van Dorp) :

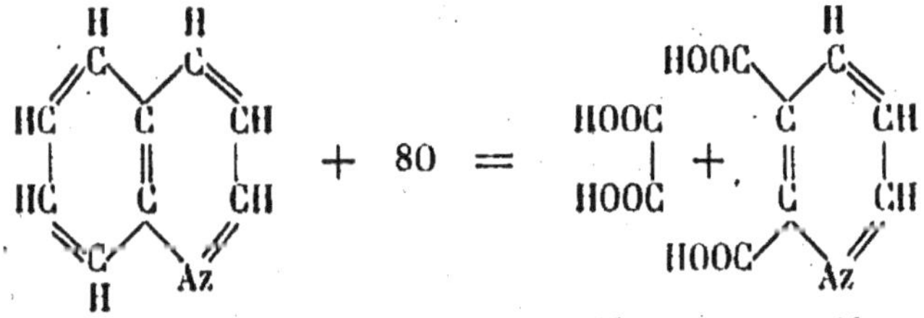

Quinoléine.   Acide   Acide
             oxalique.   quinoléique.

Si l'on soumet à l'action du permanganate, non plus la quinoléine elle-même, mais le produit d'addition qu'elle forme avec le chlorure de benzyle, c'est le noyau pyridique (devenu moins résistant par le fait que l'atome d'azote y fonctionne comme élément pentavalent) qui est détruit par l'oxydation, et l'on obtient un mélange d'acide benzylanthranilique et d'acide formylbenzylanthranilique (Claus et Glyckherr[1]) :

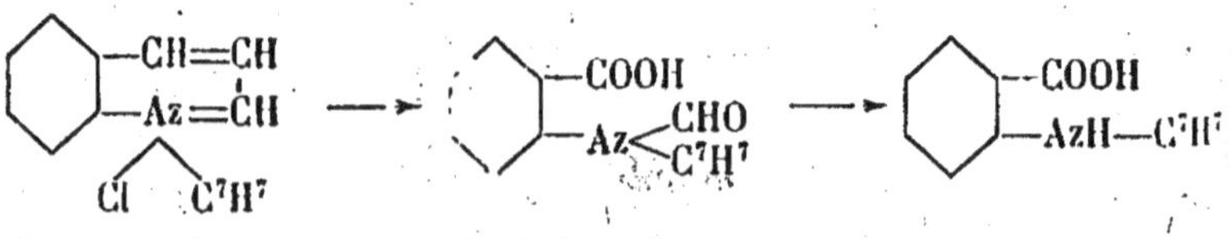

Chlorobenzylate   Acide formyl-   Acide
de quinoléine.   benzylanthranilique.   benzylanthranilique.

[1] Claus et Glykherr, B. **16**, 1283.

Synthèses de la quinoléine. — On en connaît un grand nombre; nous ne mentionnerons ici que les principales :

1° La première synthèse de la quinoléine a été réalisée en 1879 par M. Königs[1], en faisant passer les vapeurs de l'allylaniline sur de l'oxyde de plomb chauffé au rouge :

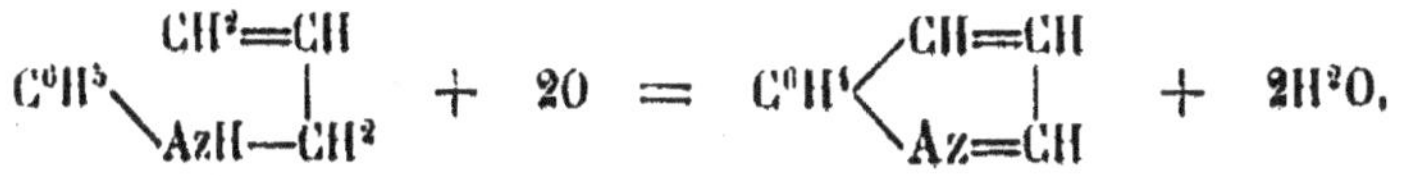

$$C^6H^5 \diagdown \substack{CH^2=CH \\ | \\ AzH-CH^2} \quad + \quad 2O \quad = \quad C^6H^4 \diagdown \substack{CH=CH \\ | \\ Az=CH} \quad + \quad 2H^2O,$$

Allylaniline.   Quinoléine.

2° La même année, M. Bæyer[2] réussit à transformer l'hydrocarbostyrile (anhydride interne de l'acide *o*-aminohydrocinnamique, obtenu en 1869 par MM. Glaser et Buchanan[3]) en quinoléine, en le traitant successivement par le pentachlorure de phosphore et par l'acide iodhydrique :

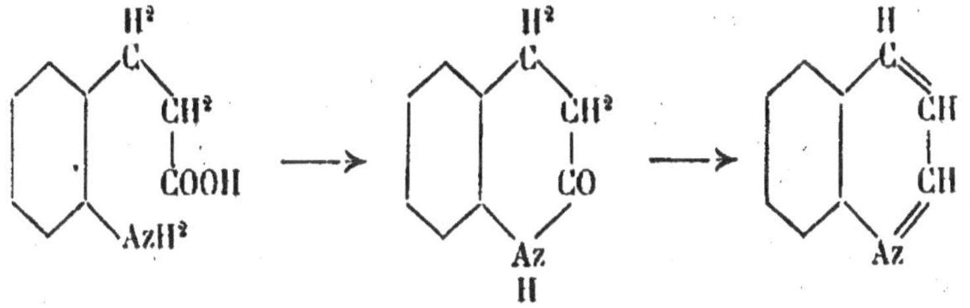

Acide *o*-amino-hydrocinnamique.   Hydrocarbostyrile.   Quinoléine.

3° En 1880, M. Königs[4] obtint de petites quantités de quinoléine en chauffant le produit de condensation de l'aniline et de l'acroléine, ainsi qu'en portant à la température de 180-190° un mélange de nitrobenzène (ou d'aniline), de glycérine et d'acide sulfurique.

Ce dernier mode de formation, dont l'idée première doit être cherchée dans les travaux de M. Græbe[5] sur le bleu d'alizarine, devint bientôt, entre les mains de M. Skraup[6], une excellente mé-

[1] Königs, B. **12**, 453.
[2] Bæyer, B. **12**, 460, 1320.
[3] Glaser et Buchanan, *Zeitschrift für Chemie*, **1869**, 194.
[4] Königs, B. **13**, 911.
[5] Græbe, B. **12**, 1416; A. **201**, 333.
[6] Skraup, M. **1**, 316; **2**, 141.

thode de préparation synthétique de la quinoléine. En prenant
non plus l'aniline *ou* le nitrobenzène, comme l'avait fait M. Königs,
mais un mélange de ces deux substances, et en le chauffant avec
de la glycérine et de l'acide sulfurique, M. Skraup arriva à un rendement de 60 % en quinoléine. On possède donc actuellement,
grâce à lui, un procédé très simple et très pratique de préparation
de cette base, procédé qui, de plus, est susceptible d'être généralisé
et utilisé pour l'obtention d'une foule d'autres composés de la
même série.

Le mécanisme de la réaction de Skraup doit très probablement
s'expliquer comme suit : il faut admettre que, en premier lieu, par
l'action déshydratante de l'acide sulfurique, la glycérine se transforme en acroléine ; que celle-ci se combine ensuite avec l'aniline,
en perdant une nouvelle molécule d'eau, et qu'enfin le produit
de cette combinaison est oxydé par une partie de l'oxygène du
nitrobenzène, ce qui provoque la fermeture du noyau pyridique :

$$\text{I. } CH^2OH—CHOH—CH^2OH \quad = \quad CH^2{=}CH—CHO + 2H^2O$$

  Glycérine,   Acroléine.

$$\text{II. } C^6H^5—AzH^2 + OCH–CH{=}CH^2 = C^6H^5{-}{-}Az{=}CH–CH{=}CH^2 + H^2O$$

  Aniline,   Acroléine,   Acroléine-aniline.

$$\text{III. } C^6H^5 \Big\backslash{\substack{CH^2{=}CH \\ | \\ Az{=}CH}} \quad + \quad O \quad = \quad C^6H^4 \Big\langle{\substack{CH{=}CH \\ | \\ Az{=}CH}} \quad + \quad H^2O$$

  Acroléine-aniline.   Quinoléine.

Le nitrobenzène ne contribue point, ainsi qu'on l'avait cru
d'abord, à la formation du noyau benzénique de la quinoléine ; il
ne fonctionne absolument que comme source d'oxygène. Cela est
prouvé par le fait qu'on peut le remplacer, souvent même avec
avantage, soit par les nitrophénols (sans qu'il y ait formation
d'oxyquinoléines), soit par l'acide picrique, soit enfin par l'acide
arsénique (Knueppel[1]).

4° En 1883, MM. Friedländer et Gohring[2] ont obtenu la quinoléine par condensation de l'aldéhyde *o*-aminobenzoïque avec l'aldé-

---

[1] Knueppel, B. **29**, 703.

[2] Friedländer et Gohring, B. **15**, 2572 ; **16**, 1833.

hyde acétique, condensation qui s'effectue par la simple addition de quelques gouttes de soude caustique :

$$\underset{\substack{\text{Aldéhyde}\\\text{o - aminobenzoïque.}}}{\left\langle\ \right\rangle{-CHO \atop -AzH^2}} \;+\; \underset{\substack{\text{Aldéhyde}\\\text{acétique.}}}{H^2CH \atop \overset{|}{OCH}} \;=\; \underset{\text{Quinoléine.}}{\left\langle\ \right\rangle{-CH=CH \atop -Az=CH}} \;+\; 2H^2O$$

5° MM. Baeyer et Drewsen[1] l'ont préparée en réduisant l'aldéhyde o-nitrocinnamique.

6° M. Rügheimer[2] est arrivé au même résultat en faisant agir le pentachlorure de phosphore sur l'acide anilinomalonique et en traitant le produit par l'acide iodhydrique en solution acétique.

7° Enfin M. Kulisch[3] a annoncé qu'il se forme de la quinoléine lorsqu'on chauffe à 150° avec la soude un mélange d'orthotoluidine et de glyoxal.

La quinoléine prend en outre naissance dans la distillation de tous les acides quinoléine-carboniques avec la chaux, dans la réduction des oxyquinoléines par la poudre de zinc à haute température, etc.

Dérivés de substitution de la quinoléine. — La théorie prévoit l'existence de 7 dérivés monosubstitués isomériques de la quinoléine. Si l'on calcule le nombre des dérivés polysubstitués, en supposant l'identité des substituants, on arrive aux chiffres suivants:

Dérivés	disubstitués	21	isomères.
»	trisubstitués	35	»
»	tétrasubstitués	35	»
»	pentasubstitués	21	»
»	hexasubstitués	7	»
»	heptasubstitués	1	»

[1] Bæyer et Drewsen, B. **16**, 2207.
[2] Rügheimer, B. **17**, 737 ; **18**, 2975.
[3] Kulisch, M. **15**, 276.

Pour désigner les positions dans la molécule de la quinoléine, on se sert en général pour le noyau pyridique des lettres grecques, et pour le noyau benzénique des préfixes *ortho, méta* et *para* pour les trois premiers atomes de carbone comptés à partir de celui auquel est attaché l'azote; pour le quatrième atome de carbone, dont la position n'est pas identique, comme dans le benzène, à celle du carbone *méta,* une nouvelle désignation était nécessaire; M. O. Fischer a proposé le préfixe *ana.*

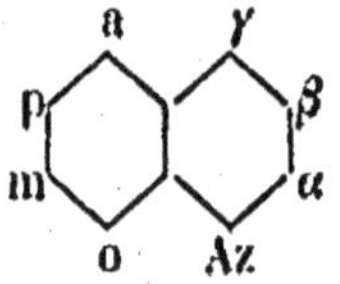

Les quinoléines substituées dans le noyau benzénique peuvent être obtenues au moyen du procédé de Skraup; il suffit de remplacer l'aniline par un de ses dérivés de substitution. La position du substituant reste la même dans le dérivé quinoléique que dans celui de l'aniline; les anilines orthosubstituées et parasubstituées fournissent des dérivés *ortho* et *para* de la quinoléine; quant aux anilines métasubstituées, un coup d'œil sur les formules suivantes fera comprendre qu'elles peuvent engendrer aussi bien un dérivé *ana* de la quinoléine qu'un dérivé *méta,* ces deux positions étant symétriques par rapport à l'azote :

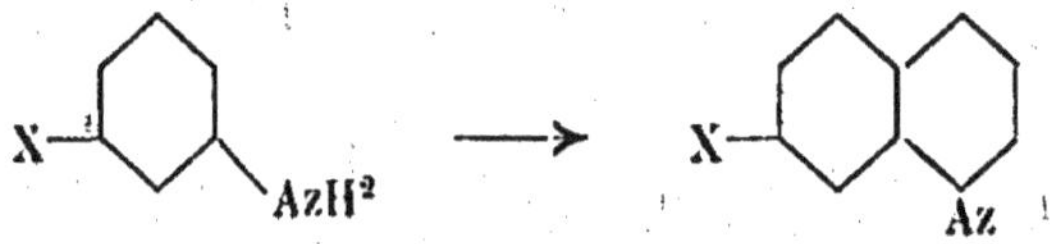

Aniline métasubstituée.   Quinoléine métasubstituée.

Aniline métasubstituée.   Quinoléine anasubstituée.

Le plus souvent on obtient les deux isomères à la fois.

On connaît aujourd'hui un nombre considérable de dérivés de substitution de la quinoléine; parmi ces corps, les seuls qui aient acquis quelque importance pour la détermination de la constitution des alcaloïdes naturels, sont les dérivés hydroxylés.

Oxyquinoléines, $C^9H^6(OH)Az$. — Des sept *monoxyquinoléines* prévues par la théorie, six sont connues actuellement.

Les quatre isomères qui renferment l'hydroxyle dans le noyau benzénique, et que l'on désigne quelquefois sous le nom de *quinophénols*, ont été obtenus, soit par le procédé de Skraup en partant des aminophénols (Skraup[1]), soit par fusion des acides quinoléine-monosulfoniques avec la potasse (O. Fischer[2], Happ[3]), soit enfin par diazotation des aminoquinoléines (Skraup[4], Claus et Massau[5]). Ce sont des corps doués de propriétés à la fois basiques et phénoliques; ils fournissent par oxydation l'acide quinoléique, comme la quinoléine elle-même.

L'*o-oxyquinoléine* cristallise en aiguilles fusibles à 75-76°; elle bout à 266°,6.

La *m-oxyquinoléine* se présente en aiguilles qui fondent à 235-238°.

L'*a-oxyquinoléine* forme des aiguilles ou des paillettes fusibles à 224°.

La *p-oxyquinoléine* est en prismes; elle fond à 193° et entre en ébullition au-dessus de 360°. Elle prend aussi naissance par l'action de la chaleur sur l'acide xanthoquininique, produit de décomposition de la quinine (page 102) (Skraup[4]).

L'éther méthylique de la *p*-oxyquinoléine est connu depuis 1879, époque à laquelle Butlerow et Wischnegradsky[7] obtinrent, en distillant la quinine avec la potasse, une base liquide de formule $C^{10}H^9AzO$ (pt. d'ébull. 304-305°), qu'ils nommèrent *quinolidine*. M. Skraup[8] a montré en 1885 que ce corps doit être considéré comme la *p-méthoxyquinoléine* :

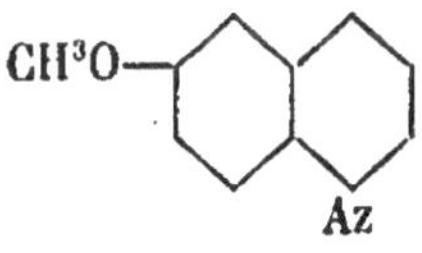

[1] Skraup, M. **3**, 536.
[2] O. Fischer, B. **14**, 443, 1366; **15**, 1979; **16**, 450, 721.
[3] Happ, B. **17**, 193.
[4] Skraup, M. **5**, 532.
[5] Claus et Massau, J. pr. **48**, 170.
[6] Skraup, M. **4**, 695.
[7] Butlerow et Wischnegradsky, B. **12**, 2094.
[8] Skraup, M. **3**, 557; **6**, 760.

Il se forme, en effet, soit lorsqu'on traite le *p*-quinophénol par l'iodure de méthyle et la potasse, soit directement au moyen de la *p*-anisidine par le procédé de Skraup.

On connaît deux monoxyquinoléines dans lesquelles l'oxygène fait partie du noyau pyridique; ce sont les dérivés α et γ. Ces corps, auxquels on a donné les noms de *carbostyrile* et de *cynurine*, peuvent exister, comme les oxypyridines correspondantes (page 19), sous deux formes tautomériques, l'une hydroxylée, l'autre carbonylée :

Carbostyrile

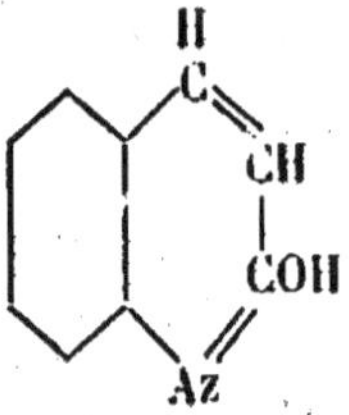

α-Oxyquinoléine.

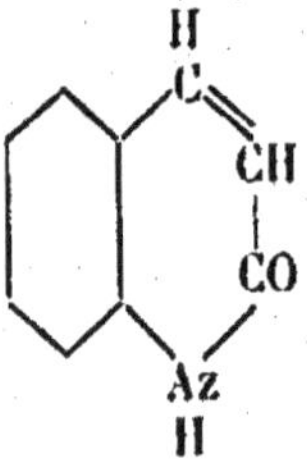

α-Quinolone.

Cynurine

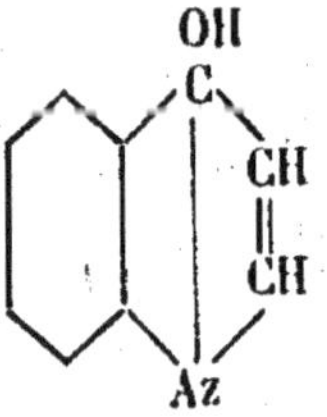

γ-Oxyquinoléine.

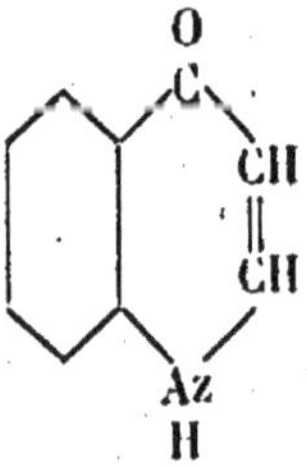

γ-Quinolone.

Le *carbostyrile* a été obtenu pour la première fois en 1852 par Chiozza[1], en réduisant l'acide *o*-nitrocinnamique; il constitue l'anhydride interne de l'acide *o*-aminocinnamique :

$$C^6H^4\left\langle\begin{array}{l}CH{=}CH\\ \qquad\ \ |\\ AzH^2\ COOH\end{array}\right. = C^6H^4\left\langle\begin{array}{l}CH{=}CH\\ \qquad\ \ |\\ Az{=}COH\end{array}\right. \text{ ou } C^6H^4\left\langle\begin{array}{l}CH = CH\\ \qquad\quad |\\ AzH{-}CO\end{array}\right. + H^2O$$

Acide *o*-aminocinnamique. Carbostyrile.

[1] Chiozza, A. **83**, 118.

Il se forme aussi par l'oxydation directe de la quinoléine au moyen de l'acide hypochloreux ou du chlorure de chaux (Einhorn et Lauch[1], Erlenmeyer et Rosenhek[2]), ainsi que par l'action de l'eau à 120° sur l'α-chloroquinoléine et l'α-bromoquinoléine (Friedländer et Ostermaier[3], Claus et Pollitz[4]). Il cristallise avec une molécule d'eau en prismes qui fondent après dessiccation à 199-200°.

La *cynurine* a été obtenue en 1872 par MM. Schmiedeberg et Schultzen[5] en distillant l'acide cynurique découvert en 1853 par Liebig dans l'urine du chien. Elle prend aussi naissance dans l'oxydation de la cinchonine, de la cinchonidine et de l'acide cinchoninique au moyen de l'acide chromique (Skraup[6]).

Sa synthèse a été réalisée en 1890 par MM. Claus et Howitz[7] en diazotant la γ-aminoquinoléine, obtenue elle-même par l'action de l'hypobromite de potassium sur l'amide de l'acide cinchoninique (page 101). Ce mode de formation fixe sa constitution :

CO-AzH²   AzH²   OH

Amide cinchoninique.   γ-Aminoquinoléine.   Cynurine.

La cynurine cristallise avec trois molécules d'eau en prismes fusibles à 201°.

[1] Einhorn et Lauch, B. **19**, 53; A. **243**, 342.
[2] Erlenmeyer et Rosenhek, B. **18**, 3295; **19**, 489.
[3] Friedländer et Ostermaier, B. **15**, 335.
[4] Claus et Pollitz, J. pr. **41**, 41.
[5] Schmiedeberg et Schultzen, A. **164**, 158.
[6] Skraup, M. **7**, 517; **9**, 783; **10**, 726.
[7] Claus et Howitz, J. pr. **50**, 232.

VI. MÉTHYLQUINOLÉINES

$C^{10}H^9Az$ soit $C^9H^6Az(CH^3)$.

Les sept méthylquinoléines isomériques sont connues. Quatre d'entre elles, que l'on désigne habituellement sous le nom de *toluquinoléines,* dérivent de la quinoléine par substitution du groupe méthyle à l'un des atomes d'hydrogène du noyau benzénique; les trois autres renferment ce même groupe dans le noyau pyridique.

1. Toluquinoléines.

Elles ont été préparées par M. Skraup[1] en remplaçant, dans son procédé général de synthèse, l'aniline par les trois toluidines. Ce sont des liquides qui possèdent l'odeur et les principales propriétés de la quinoléine. Soumises à l'oxydation, elles fournissent en premier lieu les acides quinoléine-monocarboniques, puis l'acide quinoléique.

L'*o-toluquinoléine* entre en ébullition à 248°, la *p-toluquinoléine* à 257-258°, la *m-toluquinoléine* à 250°. Cette dernière forme le produit principal de la réaction de la glycérine sur la *m*-toluidine. M. Skraup s'est assuré de la position du groupe méthyle en la transformant par oxydation dans l'acide *m*-quinoléine-carbonique (page 99), dont la constitution est certaine.

Une quatrième toluquinoléine prend naissance, comme produit accessoire, dans la préparation de la précédente. Elle n'est identique à aucun des autres isomères, bien que distillant à la même température que le dérivé *méta*. Elle constitue par conséquent l'*anatoluquinoléine*. MM. Gattermann et Kaiser[2] en ont, du reste, donné

[1] Skraup, M. **2**, 153; **3**, 381; **7**, 189.
[2] Gattermann et Kaiser, B. **18**, 2602.

une preuve directe : en soumettant à la réaction de Skraup la chlorotoluidine 1.3.4, ils ont obtenu une base quinoléique qui ne peut être que l'*o*-chloro-*a*-toluquinoléine :

CH³ ———AzH² Cl

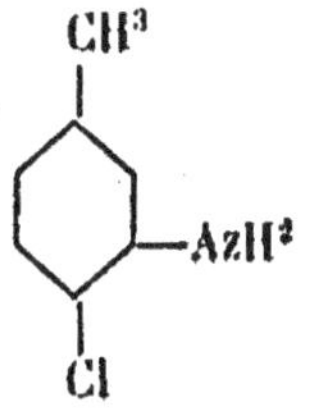

Chlorotoluidine 1. 3. 4. 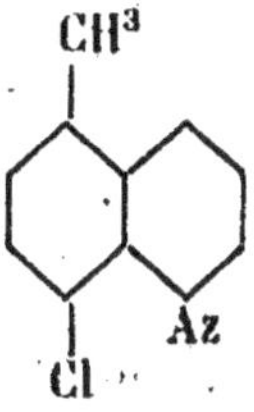   *o*-Chloro-*a*-toluquinoléine.

Or, ce dernier composé, chauffé avec de l'acide iodhydrique, fournit, par substitution de l'hydrogène au chlore, une base qui est identique avec le produit accessoire observé par M. Skraup.

2. Quinaldine (*a*-Méthylquinoléine).

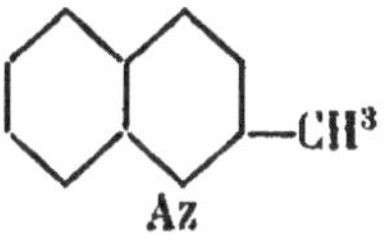

La quinaldine accompagne la quinoléine dans le goudron de houille (Jacobsen et Reimer[1]). Elle est liquide et bout à 246°.

MM. Dœbner et von Miller[2] l'ont obtenue synthétiquement, en 1881, en remplaçant dans le procédé de Skraup la glycérine par le glycol, probablement dans l'espoir d'arriver ainsi à une synthèse de l'indol. La réaction se fait suivant l'équation :

$$C^6H^7Az + 2C^2H^6O^2 + O = C^{10}H^9Az + 5H^2O.$$

Aniline.   Glycol.   Quinaldine.

MM. Dœbner et von Miller s'aperçurent bientôt que le glycol pouvait être avantageusement remplacé, dans cette opération, par l'aldéhyde acétique, puis que la présence du nitrobenzène était superflue, l'oxygène nécessaire étant alors fourni par une troi-

---

[1] Jacobsen et Reimer, B. **16**, 1082.

[2] Dœbner et von Miller, B. **14**, 2812 ; **15**, 3075 ; **16**, 2464 ; **17**, 1698 ; **18**, 1646 ; **24**, 1720 ; **25**, 2072.

sième molécule d'aldéhyde; enfin que plusieurs autres corps (aldol, acétal, etc.) pouvaient jouer le même rôle que l'aldéhyde. En définitive, le meilleur mode de préparation de la quinaldine consiste à chauffer au bain-marie un mélange d'aniline, de paraldéhyde et d'acide chlorhydrique concentré.

Le mécanisme de cette réaction n'est pas encore bien connu; il est probable qu'il est analogue à celui de la synthèse de Skraup, et que, sous l'influence déshydratante de l'acide chlorhydrique, deux molécules d'aldéhyde acétique se condensent d'abord pour former une molécule d'aldéhyde crotonique; que celle-ci se combine ensuite avec l'aniline, et qu'enfin la crotonylène-aniline ainsi formée se convertit en quinaldine par perte de deux atomes d'hydrogène :

$$\text{I.} \qquad 2CH^3{-}CHO \;=\; CH^3{-}CH{=}CH{-}CHO \;+\; H^2O$$

Aldéhyde acétique.   Aldéhyde crotonique.

$$\text{II.}\quad C^6H^5AzH^2 + CHO{-}CH{=}CH{-}CH^3 = C^6H^5Az{=}CH{-}CH{=}CH{-}CH^3 + H^2O$$

Aniline.   Aldéhyde crotonique.   Crotonylène-aniline.

III.

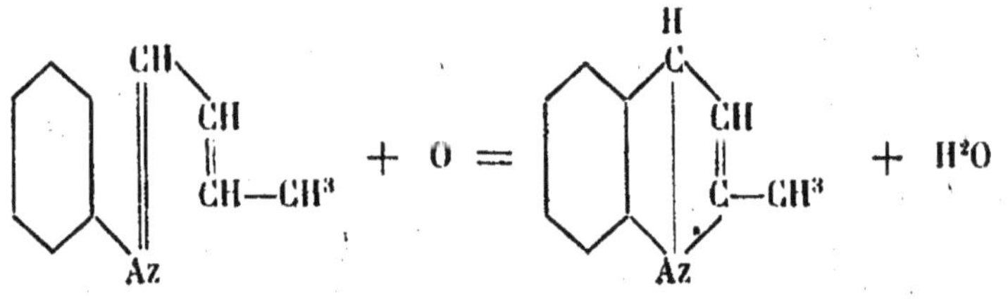

Crotonylène-aniline.   Quinaldine.

M. Skraup[1] a, du reste, obtenu de la quinaldine en chauffant un mélange d'aniline, d'aldéhyde crotonique, de nitrobenzène et d'acide sulfurique.

Le procédé de Dœbner et von Miller est aussi susceptible de généralisation que celui de Skraup ; en remplaçant, soit l'aniline par d'autres amines aromatiques, soit l'aldéhyde acétique par d'autres aldéhydes ou par des cétones, on a pu préparer un grand nombre de dérivés quinoléiques α-substitués.

La quinaldine a encore été obtenue par plusieurs autres procédés synthétiques, dont voici les principaux :

[1] Skraup, B. **15**, 897.

1° En chauffant l'acide lactique avec de l'aniline et du chlorure de zinc, ou avec un mélange d'aniline, de nitrobenzène et d'acide sulfurique (Wallach et Wüsten [1], Pictet et Duparc [2]). Cette réaction n'est qu'une modification de celle de MM. Dœbner et von Miller, l'acide lactique se décomposant en aldéhyde et en acide formique.

2° En traitant par la soude caustique un mélange d'aldéhyde o-aminobenzoïque et d'acétone (Friedländer et Gohring [3]).

3° En réduisant l'o-nitrobenzylidène-acétone, produit de condensation de l'aldéhyde o-nitrobenzoïque et de l'acétone (Drewsen [4]).

4° En chauffant l'éthylacétanilide à 250° avec du chlorure de zinc (Pictet et Bunzl [5]).

5° En chauffant l'α-méthylindol avec du bromoforme et du sodium, et en traitant la β-bromoquinaldine ainsi obtenue par l'acide iodhydrique (Magnanini [6]).

La constitution de la quinaldine est donnée par le fait que son oxydation au moyen du permanganate de potassium la transforme en acide acétylanthranilique (Dœbner et von Miller [7]) :

—CH=CH
—Az=C—CH³
Quinaldine.

⟶

—COOH
—AzH—CO—CH³
Acide acétylanthranilique.

L'acide chromique agit d'une manière différente et fournit l'acide quinaldique ou α-quinoléine-carbonique (page 99) (Dœbner et von Miller [8]).

Comme tous les dérivés pyridiques qui renferment un groupe méthyle en α (voyez page 35), la quinaldine réagit facilement, par l'intermédiaire de ce groupe, sur les aldéhydes et les cétones, en

[1] Wallach et Wüsten, B. **16**, 2007.
[2] Pictet et Duparc, B. **20**, 3415.
[3] Friedländer et Gohring, B. **16**, 1833.
[4] Drewsen, B. **16**, 1953.
[5] Pictet et Bunzl, B. **22**, 1847.
[6] Magnanini, B. **20**, 2608; **21**, 1940.
[7] Dœbner et von Miller, B. **15**, 3077.
[8] Dœbner et von Miller, B. **16**, 2472.

donnant des produits non saturés (Jacobsen et Reimer [1], Wallach et Wüsten [2]). Exemple :

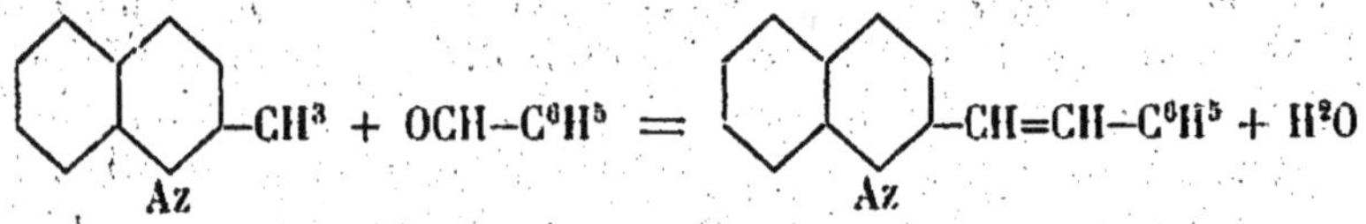

$$\text{Quinaldine} \quad -CH^3 + OCH-C^6H^5 = \quad -CH=CH-C^6H^5 + H^2O$$

Quinaldine.   Aldéhyde benzoïque.   Benzylidène-quinaldine.

3. β - Méthylquinoléine.

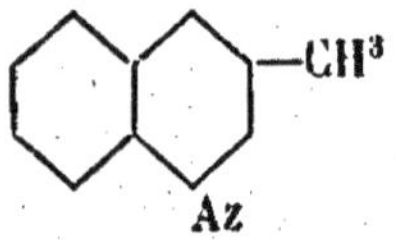

Elle a été préparée synthétiquement, en 1884, par MM. Dœbner et von Miller [3]. En remplaçant dans le procédé de préparation de la quinaldine l'aldéhyde acétique par l'aldéhyde propionique, on obtient une base $C^{12}H^{13}Az$, qui est la *β-méthyl-α-éthylquinoléine,*

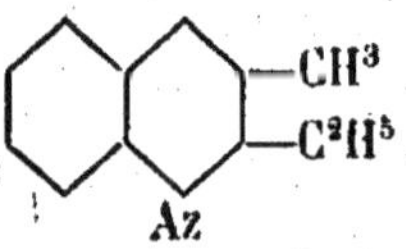

Lorsqu'on soumet ce composé à l'oxydation au moyen de l'acide chromique, c'est le groupe éthylique qui est attaqué le premier et transformé en un carboxyle ; on obtient ainsi un acide dont le sel de chaux fournit par distillation une nouvelle base ; celle-ci doit être considérée comme la β-méthylquinoléine ; elle se convertit, en effet, par une seconde oxydation, en acide β-quinoléine-carbonique (page 100)..

MM. von Miller et Kinkelin [4] ont obtenu plus tard la même base par un procédé direct, en chauffant un mélange d'aniline, d'aldé-

[1] Jacobsen et Reimer, B. **16**, 513, 1082, 1892, 2602, 2942.

[2] Wallach et Wüsten, B. **16**, 2007.

[3] Dœbner et von Miller, B. **17**, 1712 ; **18**, 1640.

[4] von Miller et Kinkelin, B. **20**, 1910.

hyde propionique, d'aldéhyde formique (ou de méthylal) et d'acide chlorhydrique.

La β-méthylquinoléine est solide; elle cristallise en prismes fusibles à 10-14°; son point d'ébullition est à 250°.

4. Lépidine (γ-Méthylquinoléine).

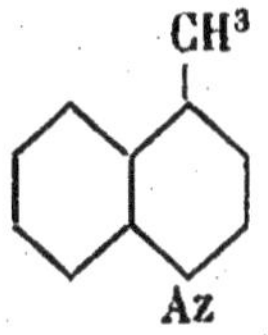

Cette base a été extraite en 1855 par Williams[1] du produit de la distillation de la cinchonine avec la potasse. L'année suivante, cet auteur[2] trouva dans le goudron de houille une base de même composition qu'il regarda comme un isomère de la lépidine et qu'il nomma *iridoline*. On reconnut plus tard que ces deux corps sont identiques et qu'ils représentent la γ-méthylquinoléine.

La lépidine a encore été obtenue :

1° Par distillation de la cinchonine avec l'oxyde de plomb (Hoogewerff et van Dorp[3]).

2° En chauffant le cinchène et le dihydrocinchène (produits de décomposition des alcaloïdes des quinquinas) avec de l'acide acétique à 200° ou avec une solution d'acide phosphorique à 180° (Königs[4]).

3° Par distillation sur la poudre de zinc de l'acide tétrahydrocinchoninique, produit de réduction de l'acide cinchoninique (page 101) (Weidel[5]).

4° Par distillation sur la poudre de zinc de l'α-oxylépidine, obtenue par condensation de l'aniline et de l'éther acétacétique (Knorr[6]).

[1] Williams, J. **1855**, 550.

[2] Williams, J. **1856**, 586; **1863**, 481.

[3] Hoogewerff et van Dorp, R. **2**, 1; B. **13**, 1689; **16**, 1881.

[4] Königs, B. **23**, 2669; **27**, 900, 1501, 2290.

[5] Weidel, M. **3**, 75.

[6] Knorr, B. **16**, 2593; A. **236**, 69.

5° Par condensation de l'*o*-aminoacétophénone et de la paraldéhyde en présence de soude caustique (O. Fischer [1]).

6° Par condensation de l'aniline, de l'acétone et de l'aldéhyde formique (ou du méthylal) en présence d'acide chlorhydrique (Beyer [2]).

La lépidine est liquide; son point d'ébullition est situé à 255°. Sa constitution est établie par le fait qu'elle fournit, par oxydation au moyen de l'acide chromique, l'acide cinchoninique ou γ-quinoléine-carbonique (page 101). Lorsqu'on oxyde la lépidine au moyen du permanganate de potassium, ce n'est plus le groupe méthyle qui est attaqué le premier, mais le noyau benzénique, et l'on obtient successivement les acides lépidique (γ-méthylquinoléique), α-carbocinchoméronique et cinchoméronique (pages 62 et 66) :

Lépidine.	Acide lépidique.	Acide α-carbo-cinchoméronique.	Acide cinchoméronique.

La *p-méthoxylépidine,*

constitue un produit de décomposition de la quinine; elle a été obtenue par M. Königs [3] en traitant la quinine par la potasse et le quinène par l'acide acétique à 200° ou par l'acide phosphorique à 180°. Elle cristallise avec une molécule d'eau en aiguilles fusibles à 50-52°.

[1] O. Fischer, J. **1885**, 1013.
[2] Beyer, J. pr. **32**, 125; **33**, 393.
[3] Königs, B. **23**, 2669; **27**, 900.

VII. PHÉNYLQUINOILÉNES

$$C^{15}H^{11}Az \text{ soit } C^9H^6Az(C^6H^5).$$

On connaît actuellement cinq isomères de cette formule. Les dérivés *ortho* et *para* ont été préparés par La Coste et Sorger[1] au moyen de la méthode de Skraup, en partant des deux aminobiphényles correspondants. L'*o-phénylquinoléine* est un liquide qui bout à 270-276° sous une pression de 80^mm. La *p-phénylquinoléine* est en paillettes fusibles à 110-111°; elle distille sous la pression ordinaire à une température supérieure à 360°.

L'*a-phénylquinoléine* a été obtenue par une série de procédés analogues à ceux qui ont été utilisés pour la préparation de la quinoléine et de la quinaldine:

1° Condensation de l'aniline avec l'aldéhyde cinnamique au moyen de l'acide sulfurique et du nitrobenzène (Grimaux[2]) ou au moyen de l'acide chlorhydrique (Dœbner et von Miller[3]).

2° Condensation de l'acétophénone avec l'aldéhyde *o*-aminobenzoïque (Friedländer et Gohring[4]) ou avec la formanilide (Pictet et Barbier[5]).

3° Réduction de l'*o*-nitrobenzylidène-acétophénone (Goldschmidt[6]).

Elle cristallise dans l'alcool en aiguilles fusibles à 84°. Par oxydation au moyen du permanganate, elle fournit l'acide benzoylanthranilique.

[1] La Coste et Sorger, B. **15**, 562; A. **230**, 1.

[2] Grimaux, C. r. **96**, 584.

[3] Dœbner et von Miller, B. **16**, 1664; **19**, 1194.

[4] Friedländer et Gohring, B. **16**, 1833.

[5] Pictet et Barbier, Bl. (3) **13**, 26.

[6] Goldschmidt, B. **28**, 986.

La *β-phénylquinoléine* est encore peu connue; c'est un liquide huileux qui prend naissance par l'action de la soude caustique sur un mélange d'aldéhyde *o*-aminobenzoïque et d'aldéhyde phényl-acétique (Friedländer et Gohring).

La *γ-phénylquinoléine* présente un plus grand intérêt que ses isomères, en ce sens que, suivant M. Königs, elle constituerait la substance mère des alcaloïdes des quinquinas. Son action physiologique se rapproche, selon M. Tappeiner[1], de celle de la quinine. Elle forme des aiguilles dont le point de fusion est situé à 61-62°.

On n'en connaît encore aucune synthèse directe; on ne l'a obtenue jusqu'ici que par oxydation de la *γ-phénylquinaldine*,

$$C^6H^5 \quad\bigcirc\!\!\bigcirc\!\!-CH^3 \quad Az$$

Celle-ci peut-être facilement préparée par divers procédés qui reposent sur les mêmes principes que les synthèses de la quinaldine :

1° Action de la potasse alcoolique sur un mélange d'*o*-aminobenzophénone et d'acétone (Königs et Geigy[2]) :

$$\bigcirc\!\begin{array}{l}C^6H^5\\-CO\\-AzH^2\end{array} + \begin{array}{l}CH^3\\CO-CH^3\end{array} = \bigcirc\!\begin{array}{l}C^6H^5\\-C=CH\\-Az=C-CH^3\end{array} + 2H^2O$$

2° Condensation de l'aniline avec l'acétophénone et la paraldéhyde au moyen de l'acide chlorhydrique (Beyer[3]) :

$$\bigcirc\!\begin{array}{l}C^6H^5\\-CO\!-\!-\!CH^3\\-AzH^2\ \ OCH-CH^3\end{array} + O = \bigcirc\!\begin{array}{l}C^6H^5\\-C=CH\\-Az=C-CH^3\end{array} + 3H^2O$$

---

[1] Tappeiner, *Münchener med. Wochenschrift*, **43**, 1.
[2] Königs et Geigy, B. **18**, 2400.
[3] Beyer, B. **20**, 1767.

3° Action de l'acide sulfurique sur l'anilide de la benzoylacétone (Beyer[2]) :

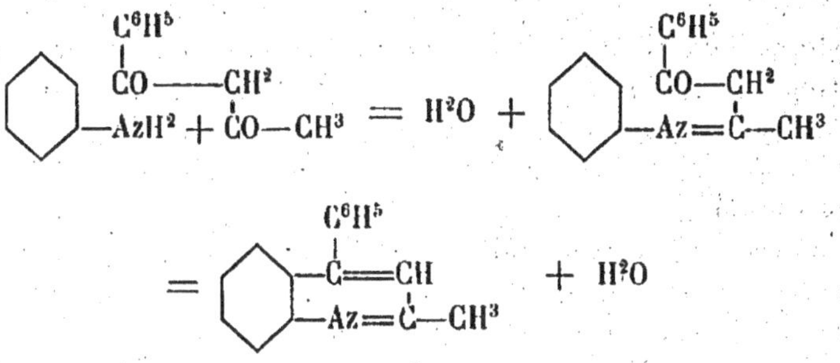

$$C^6H^5-CO-CH^2 \quad /-AzH^2 + CO-CH^3 = H^2O + C^6H^5-CO-CH^2 \quad /-Az=C-CH^3$$

$$= C^6H^5-C=CH \quad /-Az=C-CH^3 + H^2O$$

La phénylquinaldine se présente en cristaux tabulaires, fusibles à 100°.

Lorsqu'on l'oxyde au moyen de l'acide chromique, le groupe méthyle est seul attaqué, et l'on obtient *l'acide γ-phénylquinaldique,* ou γ-phénylquinoléine-α-carbonique. Cette opération s'effectue encore plus facilement si, au lieu de prendre la phénylquinaldine elle-même, on s'adresse aux produits de condensation qu'elle fournit avec l'anhydride phtalique ou avec l'aldéhyde benzoïque (Königs et Nef[1]) :

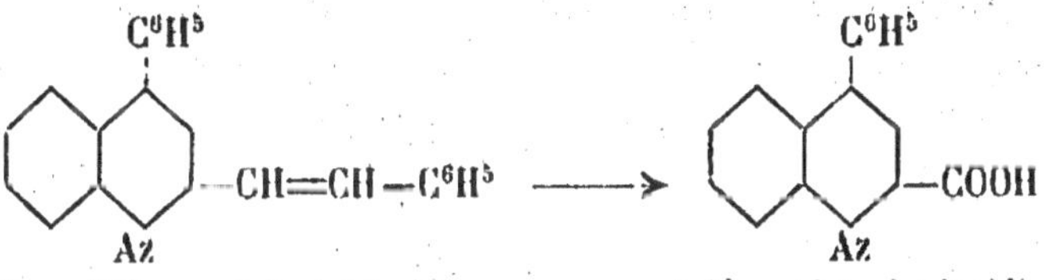

$$C^6H^5 \quad /-CH=CH-C^6H^5 \quad Az \longrightarrow C^6H^5 \quad /-COOH \quad Az$$

Benzylidène-γ-phénylquinaldine.   Acide γ-phénylquinaldique.

L'acide phénylquinaldique cristallise en aiguilles jaunâtres et fond à 171°; chauffé au delà de son point de fusion, il se décompose en anhydride carbonique et en γ-phénylquinoléine, dont la synthèse se trouve ainsi réalisée d'une manière indirecte.

Oxyphénylquinoléines ou quinoléylphénols. — En 1893, M. Königs[2], ayant soumis à la distillation sèche le sel d'argent de

[1] Königs et Nef. B. **19**, 2427; **20**, 622.
[2] Königs, B. **26**, 718.

l'acide éthylhomapocinchénique (produit de décomposition de la cinchonine, voyez page 256), obtint un corps de formule $C^{17}H^{15}AzO$, fusible à 80-81°, que ses propriétés caractérisaient comme l'éther éthylique d'un phénol. Chauffé avec de l'acide bromhydrique, il se décomposait en bromure d'éthyle et en un corps $C^{15}H^{11}AzO$ (p⁺ de fus. 208°) possédant tous les caractères des phénols. Celui-ci fournissait par oxydation l'acide cinchoninique (γ-quinoléine-carbonique). Il résultait de ces observations que les deux corps en question constituaient l'un le dérivé éthoxylé, l'autre le dérivé hydroxylé de la γ-phénylquinoléine, et que leurs groupes substituants se trouvaient dans le radical phényle et non dans le noyau quinoléique. M. Königs leur assigna donc les formules suivantes, et les noms de *γ-quinoléylphénétol* et de *γ-quinoléylphénol* (ou *γ-phénolquinoléine*) :

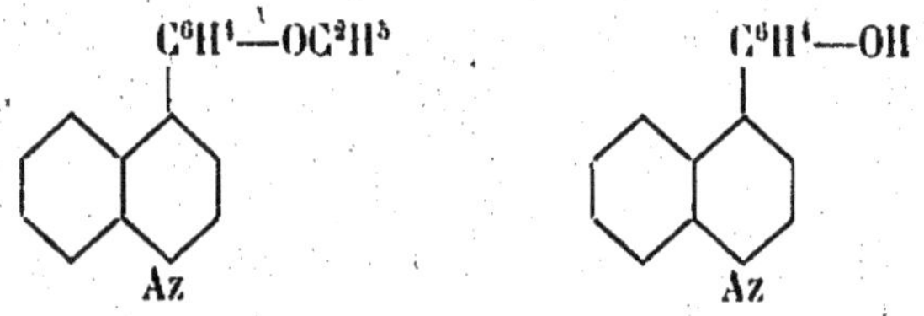

$$C^6H^4—OC^2H^5 \qquad\qquad C^6H^4—OH$$

La constitution de ces deux corps ne se trouvait cependant pas entièrement déterminée, car il peut exister trois isomères correspondant à chacune des formules ci-dessus, suivant la position que les groupes OC^2H^5 et OH occupent par rapport au carbone γ de la quinoléine.

Ce fut, en effet, un mélange de ces trois isomères que MM. Königs et Nef obtinrent, lorsqu'ils voulurent reproduire la phénolquinoléine à partir de la phénylquinoléine, en faisant agir sur elle l'acide azotique, puis en remplaçant, dans le dérivé nitré ainsi formé, le groupe AzO^2 par l'hydroxyle. L'un de ces isomères se montra identique avec la phénolquinoléine provenant de la cinchonine; mais cette synthèse ne faisait que confirmer les résultats déjà acquis, elle ne prouvait rien en ce qui concernait la position de l'hydroxyle.

Cette preuve ne pouvait être fournie que par une synthèse complète de ce corps à partir de dérivés renfermant déjà l'hydroxyle dans une position connue. Cette synthèse fut réalisée peu de temps après par MM. Besthorn et Jæglé[1], qui s'astreignirent à préparer les trois phénolquinoléines isomériques en remplaçant, dans le procédé de Beyer (n° 3, page 5), la benzoylacétone par les trois oxybenzoylacétones *ortho, méta* et *para*.

Cette longue série d'expériences eut pour résultat de montrer que le dérivé préparé à l'aide de l'*o*-oxybenzoylacétone était identique au produit de décomposition de la cinchonine, tandis que les deux isomères *méta* et *para* fournissaient les deux autres phénolquinoléines que M. Königs avait obtenues en hydroxylant la phénylquinoléine.

La phénolquinoléine provenant de la cinchonine a donc la constitution suivante:

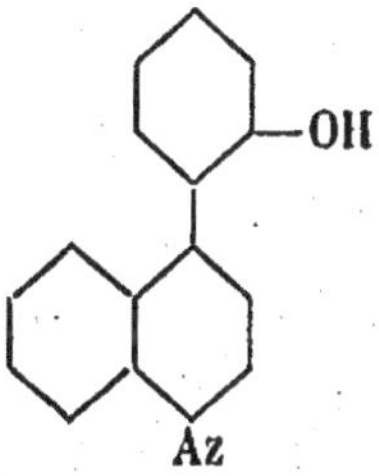

[1] Besthorn et Jaeglé, B. **27**, 907, 3035; **28**, Ref. 400.

VIII. ACIDES QUINOLÉINE-MONOCARBONIQUES

$$C^{10}H^7AzO^2 \text{ soit } C^9H^6Az(COOH).$$

1. Acides quinoléine-benzocarboniques.

On désigne sous ce nom les dérivés carboxylés de la quinoléine qui renferment le groupe COOH dans le noyau benzénique. Trois d'entre eux ont été préparés par MM. Schlosser et Skraup[1] en traitant les trois acides aminobenzoïques par la glycérine et l'acide sulfurique. Ils ont été également obtenus en soumettant au même traitement les acides aniline-sulfoniques, puis en distillant les acides quinoléine-sulfoniques ainsi formés avec le cyanure de potassium (Bedall et O. Fischer[2], O. Fischer et Willmack[3], O. Fischer et Körner[4], La Coste[5]).

L'*acide o-quinoléine-carbonique* se présente en aiguilles fusibles à 187°.

L'*acide p-quinoléine-carbonique* cristallise dans l'alcool en paillettes, et fond à 293°.

Le troisième isomère, obtenu au moyen des acides *m*-aminobenzoïque ou *m*-aniline-sulfonique, forme une poudre fusible à 357°. Son carboxyle peut se trouver, ou dans la position *méta,* ou dans la position *ana.* Cette question a été très ingénieusement résolue de la manière suivante par MM. Skraup et Brunner[6] :

L'acide aminotéréphtalique, traité par la glycérine et l'acide

---

[1] Schlosser et Skraup, M. **2**, 519.

[2] Bedall et O. Fischer, B. **14**, 2574; **15**, 688.

[3] O. Fischer et Willmack, B. **17**, 440.

[4] O. Fischer et Körner, B. **17**, 765.

[5] La Coste, B. **15**, 196.

[6] Skraup et Brunner, M. **7**, 189.

sulfurique, fournit un acide quinoléine-dicarbonique qui ne peut être que le dérivé *ortho-ana* :

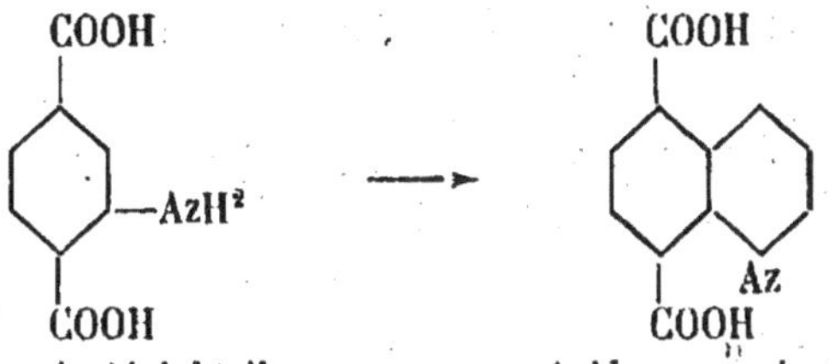

COOH   COOH

—AzH²   ⟶

    Az

COOH   COOH

Acide aminotéréphtalique.   Acide *o-α*-quinoléine-
dicarbonique.

Or cet acide, chauffé à 250°, se décompose en dégageant de l'anhydride carbonique et se convertit en un mélange de deux acides monocarboniques, dont l'un est identique avec l'acide *ortho* et l'autre avec l'acide obtenu au moyen de l'acide *m*-aminobenzoïque. Il en résulte que celui-ci constitue l'*acide ana-quinoléine-carbonique*.

L'acide *m-quinoléine-carbonique* est connu cependant; il a été préparé par MM. Skraup et Brunner en oxydant la *m*-toluquinoléine (page 86) par l'acide chromique. Il cristallise en aiguilles fusibles à 248-249°.

2. Acide quinaldique (*α*-quinoléine-carbonique).

—COOH

Az

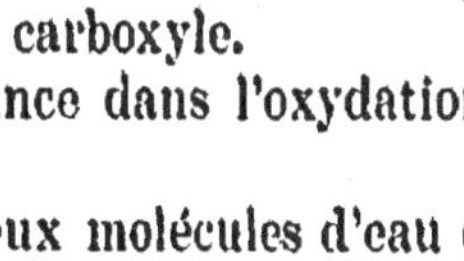

MM. Dœbner et von Miller[1] l'ont obtenu en oxydant la quinaldine (page 87) au moyen de l'acide chromique; ce mode de formation fixe la position du carboxyle.

Il prend aussi naissance dans l'oxydation de l'*α*-éthylquinoléine (Reher[2]).

Il cristallise avec deux molécules d'eau en aiguilles qui fondent

[1] Dœbner et von Miller, B. **16**, 2472; **24**, 1900.
[2] Reher, B. **19**, 2995.

à 156° et se décomposent à une température plus élevée en anhydride carbonique et quinoléine.

Traité par le permanganate de potassium, l'acide quinaldique fournit l'acide carboisocinchoméronique (page 67).

3. Acide β-quinoléine-carbonique.

MM. Graebe et Caro[1] ont obtenu, en 1880, en oxydant l'acridine par le permanganate de potassium, un acide bibasique qu'ils ont nommé *acide acridique*. Celui-ci, chauffé à 120-130°, perd une molécule d'anhydride carbonique et se transforme en un acide monocarbonique, fusible à 273°, qui, vu son mode de formation, ne peut constituer que l'acide β-quinoléine-carbonique.

En effet, étant donnée la constitution de l'acridine, qui est exprimée par la formule :

l'acide acridique ne peut être que l'acide $\alpha\beta$-quinoléine-dicarbonique,

En perdant une molécule d'anhydride carbonique, il ne peut donner que l'acide monocarbonique α ou β. Or on vient de voir que l'isomère α est représenté par l'acide quinaldique; l'acide de MM. Graebe et Caro constitue donc le dérivé β.

L'acide β-quinoléine-carbonique prend aussi naissance dans l'oxydation de la β-méthylquinoléine (Dœbner et von Miller[2]) et de

---

[1] Græbe et Caro, B. **13**, 100.
[2] Dœbner et von Miller, B. **18**, 1640.

la β-éthylquinoléine (Riedel [1]) au moyen de l'acide chromique. Traité par le permanganate, il fournit l'acide carbodinicotique (page 69).

4. Acide cinchoninique (γ-quinoléine-carbonique).

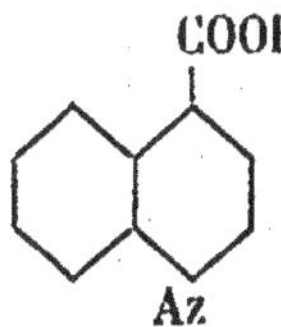

Il a été retiré en 1870 par MM. Caventou et Willm [2] du produit de l'oxydation de la cinchonine au moyen du permanganate de potassium. MM. Weidel [3] et Königs [4] l'ont également obtenu en traitant ce même alcaloïde par les acides azotique ou chromique.

Il prend aussi naissance dans l'oxydation des autres alcaloïdes des quinquinas et d'un grand nombre de leurs dérivés [5], ainsi que dans celle de la lépidine (page 91) (Weidel [6], Hoogewerff et van Dorp [7]) et de la γ-éthylquinoléine (Reher [8]).

L'acide cinchoninique cristallise avec une molécule d'eau en aiguilles, ou avec deux en prismes; son point de fusion est situé à 253-254°. Le permanganate de potassium le convertit en acide α-carbocinchoméronique (page 66), l'acide azotique en acide cinchoméronique (page 62) et l'acide chromique en cynurine (page 85) (Skraup [9]).

La position du carboxyle ayant été démontrée pour les six au-

[1] Riedel, B. **16**, 1609.
[2] Caventou et Willm, A. Spl. **7**, 247.
[3] Weidel, A. **178**, 76.
[4] Königs, B. **12**, 97.
[5] Skraup, B. **12**, 230; M. **10**, 220. — Forst et Böhringer, B. **14**, 486; **15**, 519. — Königs, B. **17**, 1984; **26**, 713; **27**, 900. — Freund et Rosenstein, A. **277**, 277. — Schniderschitsch, M. **10**, 51. — Strache, M. **10**, 642.
[6] Weidel, M. **3**, 79.
[7] Hoogewerff et van Dorp, R. **2**, 1.
[8] Reher, B. **19**, 2995.
[9] Skraup, B. **12**, 1107, 2331; M. **10**, 726.

très acides quinoléine-monocarboniques, il ne reste pour l'acide cinchoninique que la position γ.

En 1879, M. Skraup[1] obtint, en oxydant la quinine et la quinidine au moyen de l'acide chromique, un acide monobasique de formule $C^{11}H^9AzO^3$, qu'il appela *acide quininique*. Ce corps se présente en prismes fusibles à 280°. Lorsqu'on le chauffe à 220-230° avec de l'acide chlorhydrique, il perd un groupe méthyle à l'état de chlorure de méthyle et se convertit en *acide xanthoquininique*, $C^{10}H^7AzO^3$:

$$C^{11}H^9AzO^3 + HCl = C^{10}H^7AzO^3 + CH^3Cl$$

Acide quininique.   Acide xantho-
                      quininique.

Ce dernier fond à 310° en se décomposant ; il se transforme alors, par perte de son carboxyle, en un corps C^9H^7AzO, qui est identique avec la *p*-oxyquinoléine (page 83).

L'acide xanthoquininique est donc le dérivé carboxylé de la *p*-oxyquinoléine, et l'acide quinininique le dérivé carboxylé de la *p*-méthoxyquinoléine ou quinolidine (page 83).

La position du carboxyle dans ces deux composés est fixée par le fait que l'acide quininique, comme l'acide cinchoninique, fournit l'acide α-carbocinchoméronique par oxydation au moyen du permanganate de potassium. Les acides xanthoquininique et quininique constituent donc les dérivés *p*-hydroxylé et *p*-méthoxylé de l'acide cinchoninique :

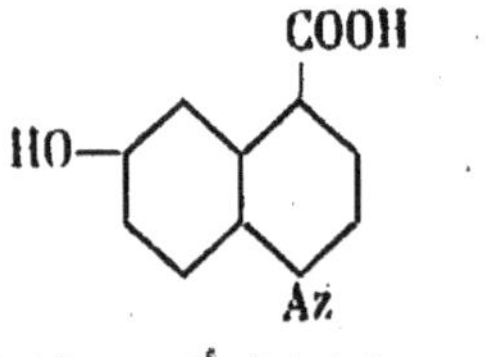

Acide xanthoquininique. 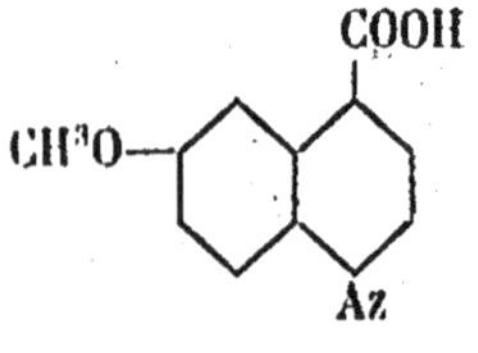   Acide quininique.

[1] Skraup, M. **2**, 589 ; **4**, 695 ; **10**, 65, 220.

IX. ISOQUINOLÉINE

L'isoquinoléine a été découverte en 1885 par MM. Hoogewerff et van Dorp[1] dans le goudron de houille, où elle se trouve en petite quantité à côté de son isomère, la quinoléine. La séparation des deux bases se fait par cristallisation de leurs sulfates, celui de l'isoquinoléine étant beaucoup moins soluble que celui de la quinoléine.

L'isoquinoléine présente, dans la plupart de ses propriétés, la plus grande ressemblance avec la quinoléine; c'est ce qui explique la date relativement récente de sa découverte. Son odeur, sa densité, son point d'ébullition (240°), ses solubilités, ses caractères chimiques, sont à peu de chose près les mêmes. Elle se distingue cependant de son isomère par un point de fusion plus élevé; elle se prend par refroidissement en une masse solide, blanche, formée de petits cristaux tabulaires, qui fond de nouveau à 22-23°.

Quant à sa constitution, l'isoquinoléine est, comme la quinoléine, formée par l'association d'un noyau de benzène et d'un noyau de pyridine, condensés de telle manière que deux atomes de carbone voisins sont communs aux deux noyaux. Mais, tandis que dans la quinoléine ce sont les carbones α et β du noyau pyridique qui font en même temps partie de celui du benzène, la condensation a lieu, dans l'isoquinoléine, par l'intermédiaire des carbones β et γ :

Quinoléine.

Isoquinoléine.

---

[1] Hoogewerff et van Dorp, R. 4, 125; 5, 305.

On peut donc envisager l'isoquinoléine comme du naphtalène, dans lequel un des groupes CH β serait remplacé par un atome d'azote.

La constitution de l'isoquinoléine a été prouvée en premier lieu par son oxydation. MM. Hoogewerff et van Dorp[1] ont montré que, lorsqu'on traite l'isoquinoléine par le permanganate de potassium en présence d'un alcali, on obtient un mélange d'acides phtalique et cinchoméronique :

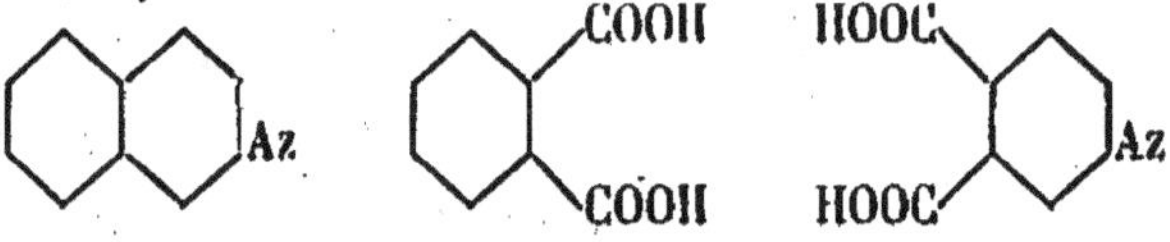

Isoquinoléine.   Acide phtalique.   Acide cinchoméronique.

Ici, contrairement à ce qui a lieu pour la quinoléine, les deux noyaux sont attaqués en même temps par l'agent oxydant.

Lorsque l'on fait agir le permanganate en solution neutre sur l'isoquinoléine, le noyau pyridique est, en revanche, seul attaqué, et il se forme, par élimination d'un seul atome de carbone, de la phtalimide (Goldschmiedt[2]).

La formule de l'isoquinoléine résulte, en second lieu, de l'ensemble de ses synthèses, dont on connaît aujourd'hui un certain nombre. Voici, dans l'ordre chronologique, les principales d'entre elles :

1. M. Schwanert[3] avait observé en 1859 que l'acide hippurique est converti par le perchlorure de phosphore en un corps de formule $C^9H^5Cl^2AzO$. En 1886, M. Rügheimer[4] montra que ce produit constituait une dichlorisoquinolone ; en le réduisant par l'acide iodhydrique en solution acétique, il obtint une très petite quantité d'une substance basique qu'il regarda comme de l'isoquinoléine :

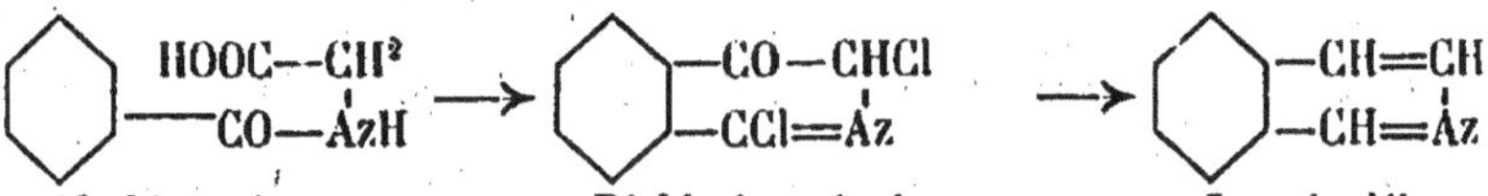

Acide hippurique.   Dichlorisoquinolone.   Isoquinoléine.

[1] Hoogewerff et van Dorp, R. **4**, 285.
[2] Goldschmiedt, M. **9**, 675.
[3] Schwanert, A. **112**, 59.
[4] Rügheimer, B. **19**, 1169 ; **21**, 3321.

2. La même année, M. Gabriel[1] obtint l'isoquinoléine d'une manière beaucoup plus nette en partant de l'acide homophtalique (préparé par M. Wislicenus en faisant réagir le cyanure de potassium sur le phtalide). Le sel d'ammoniaque de cet acide fournit par distillation l'*homophtalimide*, qui est déjà un dérivé de l'isoquinoléine. En traitant celle-ci successivement par l'oxychlorure de phosphore et par l'acide iodhydrique on obtient l'isoquinoléine :

$$\text{Acide homophtalique} \longrightarrow \text{Homophtalimide} \longrightarrow \text{Dichlorisoquinoléine} \longrightarrow \text{Isoquinoléine}$$

L'homophtalimide se convertit aussi en isoquinoléine par distillation sur la poudre de zinc (LeBlanc[2]).

3. En 1892, MM. Pictet et Popovici[3] ont réalisé une synthèse directe de l'isoquinoléine en faisant passer à travers un tube chauffé au rouge les vapeurs de la benzylidène-éthylamine :

$$\text{Benzylidène-éthylamine} = \text{Isoquinoléine} + 4\text{H}$$

4. Un mode intéressant de formation de l'isoquinoléine à partir du naphtalène a été observé, en 1892, presque simultanément par MM. Bamberger et Kitschelt[4] et par M. Zincke[5].

[1] Gabriel, B. **19**, 1655, 2355.
[2] Le Blanc, B. **21**, 2299.
[3] Pictet et Popovici, B. **25**, 733.
[4] Bamberger et Kitschelt, B. **25**, 1138.
[5] Zincke, B. **25**, 1493.

La β-naphtoquinone, traitée par l'acide hypochloreux, se transforme, par une oxydation suivie d'une transposition d'atomes, en acide isocoumarine-carbonique; ce corps, qui renferme le noyau de la pyrone (voyez page 20), échange facilement, sous l'influence de l'ammoniaque, son atome d'oxygène pyronique contre le groupe AzH, et se convertit dans le dérivé carboxylé d'une isoquinolone, l'acide isocarbostyrile-carbonique. En éliminant ensuite le carboxyle par la chaleur, et en réduisant le produit par distillation avec la poudre de zinc, on obtient l'isoquinoléine, qui se trouve ainsi, en définitive, avoir pris naissance par substitution d'un atome d'azote à l'un des groupes CHβ du naphtalène :

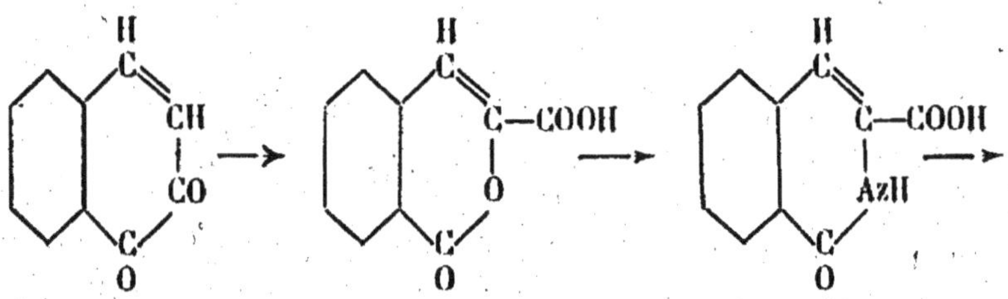

β-Naphtoquinone.　　Acide isocoumarine-carbonique.　　Acide isocarbostyrile-carbonique.

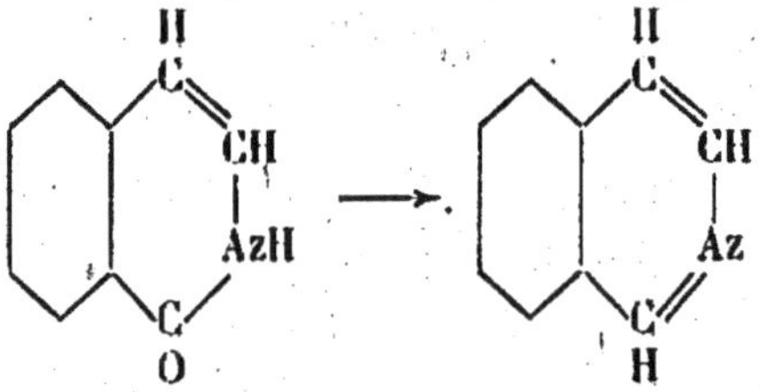

Isocarbostyrile.　　Isoquinoléine.

5. L'isoquinoléine se forme par l'action de l'acide sulfurique concentré sur le benzylidène-aminoacétal (Pomeranz[1]),

$$C^6H^5—CH=Az—CH^2—CH(OC^2H^5)^2,$$

et sur l'aldéhyde benzylaminoacétique (E. Fischer[2]),

$$C^6H^5—CH^2—AzH—CH^2—CHO.$$

[1] Pomeranz, M. **14**, 116; **15**, 299.
[2] E. Fischer, B. **26**, 764.

6. Enfin MM. Bamberger et Golschmidt[1] l'ont obtenue en chauffant avec de l'anhydride phosphorique les deux modifications stéréo-isomériques de l'oxime de l'aldéhyde cinnamique,

$$C^6H^5—CH=CH—CH=AzOH.$$

Il faut admettre, dans ce cas, une transposition intramoléculaire analogue à celle qui caractérise la réaction de Beckmann.

Dérivés de substitution de l'isoquinoléine. — On connaît un assez grand nombre de dérivés de substitution de l'isoquinoléine; nous nous bornerons à mentionner les quelques représentants de cette classe de corps qui ont été obtenus jusqu'ici par décomposition d'alcaloïdes naturels.

1. La *mp-diméthoxyisoquinoléine* prend naissance dans la fusion de la papavérine avec la potasse (Goldschmiedt[2]). Sa constitution résulte du fait qu'elle fournit par oxydation au moyen du permanganate de potassium un mélange d'acides métahémipinique (page 292) et cinchoméronique (page 62):

mp - Diméthoxy-
isoquinoléine.

Acide
métahémipinique.

Acide
cinchoméronique.

2. Un dérivé carboxylé de cette base se forme dans l'oxydation de la papavérine au moyen du permanganate (Goldschmiedt[3]). Une oxydation plus énergique le convertit en acides métahémipinique et α-carbocinchoméronique (page 66); il constitue donc l'*acide mp-diméthoxyisoquinoléine-α-carbonique,*

[1] Bamberger et Goldschmidt, B. **27**, 1954, 2795.
[2] Goldschmiedt, M. **7**, 485 ; **9**, 327.
[3] Goldschmiedt, M. **6**, 954 ; **8**, 510.

8. Une *méthylisoquinoléine* a été obtenue par M. Krauss[1] en distillant sur la poudre de zinc la papavéroline, produit de décomposition de la papavérine (page 291). Elle possède très probablement la formule

$$\text{Az}\quad\text{CH}^3$$

bien qu'elle présente, dans les propriétés de ses sels, certaines différences avec la base de même constitution, préparée synthétiquement par M. Pomeranz[2] en traitant par l'acide sulfurique concentré un mélange d'aminoacétal et d'acétophénone.

4. M. Fritsch[3] a préparé une *méthylène-dioxyisoquinoléine* par condensation du pipéronal (page 146) avec l'aminocétal, et traitement du produit par l'acide sulfurique :

$$CH^2{<}^O_O{>}C^6H^3{-}CHO \;+\; AzH^2{-}CH^2{-}CH(OC^2H^5)^2 \;=$$

Pipéronal.   Aminoacétal.

$$CH^2{<}^O_O{>}C^6H^3{-}CH{=}Az{-}CH^2{-}CH(OC^2H^5)^2.$$

$$CH^2{<}^O_O{>}C^6H^3{-}CH{=\!=\!=}Az\overset{(C^2H^5O)^2=CH-CH^2}{\underset{|}{\big|}} \;=\; CH^2{<}^O_O{>}C^6H^2{<}^{CH=CH}_{CH=Az} \;+\; 2C^2H^5OH$$

Méthylène-dioxy-isoquinoléine.

En réduisant l'iodométhylate de cette dernière base par l'étain et l'acide chlorhydrique, il a obtenu une *méthylène-dioxyméthyltétrahydroisoquinoléine* qui s'est trouvée identique avec l'hydrohydrastinine, obtenue d'autre part par la réduction de l'hydrastinine, produit du dédoublement de l'hydrastine (voyez page 316) :

$$CH^2{<}^O_O{>}C^6H^2{<}^{CH=CH}_{CH=Az{<}^{CH^3}_{I}} \;+\; 4H \;=\; CH^2{<}^O_O{>}C^6H^2{<}^{CH^2-CH^2}_{CH^2-Az-CH^3,HI}$$

Iodométhylate de méthylène-
dioxy-isoquinoléine.   Iodhydrate d'hydrohydrastinine.

[1] Krauss, M. **11**, 350.
[2] Pomeranz, M. **15**, 299.
[3] Fritsch, A. **286**, 1.

SECONDE PARTIE

LES ALCALOÏDES NATURELS

Propriétés physiques des alcaloïdes naturels.

Si les alcaloïdes végétaux présentent, au point de vue chimique, certains caractères communs qui ont pu servir de base à leur groupement en une famille spéciale de composés organiques, leurs propriétés physiques offrent au contraire la plus grande diversité.

La très grande majorité des bases végétales sont des corps solides et cristallisés; quelques-unes sont amorphes; un petit nombre sont liquides à la température ordinaire (alcaloïdes de la ciguë et de l'écorce de grenadier, nicotine, spartéine, hygrine, arécoline, lupinidine).

Les alcaloïdes liquides sont tous distillables sans décomposition à la pression ordinaire; il n'en est pas de même des alcaloïdes solides. Ceux-ci présentent en général des points de fusion nets, mais ils se décomposent lorsqu'on les chauffe à une température plus élevée; quelques-uns d'entre eux (caféine, théobromine, cinchonine, cytisine, harmine, etc.) peuvent cependant être sublimés sans subir une grande altération.

La solubilité des alcaloïdes dans les dissolvants usuels est des plus variables, et il n'existe aucune uniformité à cet égard. La plupart sont insolubles ou peu solubles dans l'eau froide; quelques-uns cependant, comme la choline, la bétaïne, la muscarine, la nicotine, la cytisine, la curarine, la trigonelline, s'y dissolvent au contraire avec la plus grande facilité; plusieurs même sont déliquescents à l'air humide.

En général, les alcaloïdes végétaux sont solubles dans l'alcool, un peu moins dans l'éther, le chloroforme et le benzène, moins encore dans la ligroïne. Ils ne se dissolvent pas dans les alcalis, sauf un petit nombre d'entre eux, tels que la morphine, la narcéine, la cupréine, l'asparagine, l'arécaïdine, qui, à côté de leurs propriétés basiques, ont aussi celles de phénols ou d'acides.

Presque tous les alcaloïdes, ainsi que leurs sels simples, sont incolores à l'état de pureté. Parmi ceux qui présentent une coloration marquée, soit à l'état libre, soit en solution acide, on peut citer la berbérine, la sinapine, l'harmaline (jaune), la sanguinarine (rouge). Quelques-uns sont doués d'une fluorescence plus ou moins intense, bleue ou violette (quinine, harmine, harmaline, chélérythrine, sanguinarine, émétine, loturine, etc.)

Les solutions des bases libres ou de leurs sels possèdent le plus souvent une saveur amère, quelquefois âcre et brûlante.

La plupart des alcaloïdes ont une réaction alcaline au tournesol; pour quelques-uns, cependant, la fonction basique est voilée par la présence de groupes acides, hydroxyles ou carboxyles, et le composé, bien que toujours capable de s'unir aux acides, offre une réaction neutre; c'est le cas, par exemple, de la pipérine, de la trigonelline, de la bétaïne et de tous les alcaloïdes du groupe de la xanthine; parfois même, comme pour l'asparagine, l'arécaïdine, l'acide citrazinique, le caractère acide prédomine et la substance rougit faiblement le tournesol.

Presque toutes les bases végétales possèdent le pouvoir rotatoire; on en connaît cependant un certain nombre qui sont sans action sur la lumière polarisée; parmi ces dernières, les unes doivent leur inactivité optique à la structure de leur molécule, qui ne renferme pas de carbone asymétrique (bétaïne, pipérine, papavérine, narcéine, etc.); les autres, au contraire, comme l'atropine, l'atropamine, la lupanine, doivent être regardées comme des racémiques et ont pu être tranformées en leurs modifications actives.

Un certain nombre d'alcaloïdes optiquement actifs offrent cette particularité de présenter à l'état libre un pouvoir rotatoire de signe

contraire à celui de leurs sels. Ainsi la nicotine, la narcotine, l'hydrastine, l'asparagine gauche, la leucine, l'atisine, qui sont lévogyres en solution neutre, deviennent dextrogyres en solution acide.
L'inverse a lieu pour l'asparagine droite, l'aconitine et la picroaconitine.

Propriétés chimiques et réactions générales des alcaloïdes.

Les recherches qui ont pour but la détermination de la constitution d'un composé organique quelconque, comprennent deux parties
bien distinctes. Elles doivent, en premier lieu, établir la nature
chimique du composé en question, en fixant la fonction que remplit
chacun des atomes de sa molécule. Elles ont ensuite à transformer
ce composé en corps plus simples dont la constitution soit déjà
connue.

Ce double but peut être atteint, en ce qui concerne les alcaloïdes
végétaux, par les opérations les plus variées. Il est cependant certains procédés généraux d'investigation qui ont été appliqués avec
succès aux divers alcaloïdes, certaines réactions caractéristiques qui
sont communes aux différents représentants de cette classe de
corps. Nous allons les exposer brièvement avant de montrer les
résultats qui ont été obtenus pour chaque alcaloïde en particulier.

Oxygène. — Parmi les alcaloïdes végétaux connus actuellement,
11 seulement ne renferment pas d'oxygène ; ce sont : la conicine, la
méthylconicine, la γ-conicéine, la nicotine, la spartéine, la lupinidine,
la curarine, la conessine, l'aribine, l'adénine et l'hyménodictyonine.
Tous les autres sont des corps oxygénés.

Un point important à élucider sera donc la fonction chimique
qui appartient à l'oxygène dans la molécule des alcaloïdes.

1° Dans un grand nombre de cas cet élément fait partie d'un
hydroxyle; on obtiendra alors, au moyen de l'anhydride acétique
ou des chlorures d'acétyle et de benzoyle, des dérivés acétylés ou
benzoylés; leur analyse fixera le nombre des hydroxyles contenus
dans le corps primitif. C'est ainsi que l'on a constaté l'existence de
Un hydroxyle dans les alcaloïdes suivants : conhydrine, atropine,
hyoscyamine, scopolamine, cinchonine, cinchonidine, quinine,
quinidine, codéine, codamine, laudanine, laudanidine, oxyacan-

thine, choline, buxine, ésérine, émétine, pellotine, pseudo-éphédrine, chrysanthémine ;

Deux hydroxyles dans l'acide citrazinique, la lupinine, la cupréine,
la quinamine, la morphine, la pseudo-aconitine ;

Trois hydroxyles dans l'aconitine ;

Quatre dans la picroaconitine ;

Six dans la solanine.

Le plus souvent ces hydroxyles sont des hydroxyles alcooliques ;
mais quelquefois ils ont le caractère phénolique. La morphine et la
cupréine, par exemple, sont de véritables phénols ; elles se dissolvent
dans les alcalis et sont précipitées de ces solutions par l'acide carbonique, elles sont éthérifiées en solution alcaline par les iodures
alcooliques, etc.

La plupart des alcaloïdes hydroxylés perdent facilement les éléments d'une ou de plusieurs molécules d'eau sous l'influence des
agents déshydratants (acide chlorhydrique concentré à 150-200°,
acide sulfurique, anhydride phosphorique, chlorure de zinc, etc.),
et fournissent des bases moins saturées ; il y a alors transformation
d'un groupement $-CH_2-CHOH-$ en $-CH=CH-$, Exemples :

La conhydrine, $C^8H^{17}AzO$, se convertit en conicéine, $C^8H^{15}Az$;

La lupinine, $C^{21}H^{40}Az^2O^2$, en anhydrolupinine, $C^{21}H^{38}Az^2O$, et en
dianhydrolupinine, $C^{21}H^{36}Az^2$;

La lupanine, $C^{15}H^{24}Az^2O$, en divers isomères de formule $C^{15}H^{22}Az^2$;

L'atropine et l'hyoscyamine, $C^{17}H^{23}AzO^3$, en atropamine et belladonine, $C^{17}H^{21}AzO$;

La tropine et la pseudotropine, $C^8H^{15}AzO$, en tropidine, $C^8H^{13}Az$;

L'ecgonine, $C^9H^{15}AzO^3$, en anhydroecgonine, $C^9H^{13}AzO^2$;

La méthylgranatoline, $C^9H^{17}AzO$, en méthylgranaténine, $C^9H^{15}Az$;

La quinamine, $C^{19}H^{24}Az^2O^2$, en apoquinamine, $C^{19}H^{22}Az^2O$;

La morphine, $C^{17}H^{19}AzO^3$, en apomorphine, $C^{17}H^{17}AzO^2$;

La codéine, $C^{18}H^{21}AzO^3$, en apocodéine, $C^{18}H^{19}AzO^2$;

L'aconitine, $C^{33}H^{45}AzO^{12}$, en apoaconitine, $C^{33}H^{43}AzO^{11}$.

On peut quelquefois éliminer un hydroxyle en lui substituant
d'abord un atome d'halogène, puis en traitant le produit par les alcalis. C'est ainsi que la cinchonine et la cinchonidine, $C^{19}H^{21}Az^2(OH)$,
fournissent par l'action du perchlorure de phosphore deux dérivés chlorés isomériques, $C^{19}H^{21}Az^2Cl$, que la potasse alcoolique

transforme en cinchène, $C^{19}H^{20}Az^2$. La quinine et la quinidine, $C^{20}H^{24}Az^2O^2$, donnent par une réaction semblable le quinène, $C^{20}H^{22}Az^2O$. La conhydrine, $C^8H^{16}Az(OH)$, traitée par l'acide iodhydrique, fournit un iodure $C^8H^{16}AzI$, qui est transformé par les alcalis en ε-conicéine, $C^8H^{15}Az$. La choline, $C^5H^{15}AzO^2$, se convertit de la même manière en névrine, $C^5H^{13}AzO$.

2° L'oxygène des alcaloïdes peut ensuite faire partie d'un groupe *méthoxyle*, OCH^3 (ni l'éthoxyle, OC^2H^5, ni aucun autre groupe homologue n'ont été rencontrés jusqu'ici dans la molécule d'une base végétale). Dans ce cas, les acides chlorhydrique ou iodhydrique, agissant à une température voisine de 150°, élimineront le radical méthylique sous la forme de chlorure ou d'iodure de méthyle et donneront naissance à une nouvelle combinaison qui renfermera autant d'hydroxyles que le corps primitif possédait de méthoxyles.

M. Zeisel [1] a fait connaître une méthode générale de dosage des méthoxyles dans les composés organiques. Cette méthode consiste à faire bouillir la substance (0,2 à 0,3 gr.) avec de l'acide iodhydrique d'une densité de 1,68 (10 cm. cubes) et à recevoir les gaz qui se dégagent dans une solution argentique. Les méthoxyles sont transformés par l'acide en iodure de méthyle, et celui-ci est décomposé par le sel d'argent avec formation d'un précipité d'iodure d'argent. Du poids de ce précipité on déduit le nombre des méthoxyles, une molécule d'iodure d'argent correspondant à un méthoxyle.

On a constaté l'existence de

Un méthoxyle dans l'arécoline, la cocaïne, la quinine, la quinidine, la codéine, la bulbocapnine, la sanguinarine, l'harmaline, l'harmine, l'anhalonine ;

Deux méthoxyles dans la thébaïne, la codamine, la cryptopine, l'hydrastine, la berbérine, la chélérythrine, l'homochélidonine, la canadine, la corytubérine, la brucine, la vératridine, la vellosine, la ricinine, la pellotine, la mezcaline, l'anhalonidine ;

Trois dans la narcotine, la narcéine, la laudanine, la laudanidine, la corybulbine ;

____

[1] Zeisel, M. **6**, 989.

Quatre dans la papavérine, la laudanosine, la corydaline, l'aconitine, la picroaconitine, la colchicine, l'émétine;

Six dans la pseudo-aconitine.

Un groupement oxygéné qui se rencontre assez fréquemment aussi chez les alcaloïdes (pipérine, narcotine, narcéine, hydrastine, berbérine) est le groupement bivalent $CH^2<^{O-}_{O-}$

8° L'oxygène peut se trouver dans la molécule des alcaloïdes sous la forme de groupes *carbonyle*, CO. Les bases végétales douées de propriétés cétoniques ou aldéhydiques sont cependant rares; on ne peut mentionner à cet égard que la pseudo-pelletiérine, l'hygrine et la narcéine; ces trois alcaloïdes sont de véritables cétones et se combinent avec l'hydroxylamine et avec la phénylhydrazine pour former des oximes et des hydrazones.

Le carbonyle lié à deux atomes d'azote, $=Az-CO-Az=$, est caractéristique des alcaloïdes du groupe de la xanthine (caféine, théobromine, etc.), lesquels se rattachent par leur constitution à l'acide urique.

4° Un certain nombre d'alcaloïdes possèdent la fonction acide et renferment tout ou partie de leur oxygène sous la forme de *carboxyles*, COOH. On reconnaîtra l'existence de ce groupe à la faculté que possédera la substance d'être éthérifiée par les alcools en présence des acides minéraux.

La pilocarpidine, la benzoylecgonine, la narcéine, la stachydrine, l'acide citrazinique et tous les alcaloïdes du groupe de l'asparagine sont des composés carboxylés.

Souvent la fonction acide et la fonction basique réunies dans la même molécule se saturent réciproquement dans la base libre; on a alors des composés du type *bétaïne* (bétaïne, trigonelline, arécaïdine, pilocarpine, chrysanthémine). D'autres fois il y a saturation de la fonction acide par une fonction alcoolique, avec formation de *lactones* (narcotine, hydrastine).

5° Un grand nombre d'alcaloïdes sont enfin des *éthers*, et renferment le groupement $R-CO-O-R'$; ils peuvent être facilement dédoublés par hydrolyse en deux produits, dont l'un est un acide et l'autre un alcool. Les agents de saponification employés en pareils cas sont : l'eau à une température de 100-150°, les acides minéraux, l'eau de baryte, les alcalis caustiques. On a décomposé de cette manière :

L'atropine en tropine et acide tropique inactif ;
L'hyoscyamine en tropine et acide tropique gauche ;
L'atropamine et la belladonine en tropine et acide atropique ;
L'atroscine et la scopolamine en scopoline et acide atropique ;
La tropacocaïne en pseudotropine et acide benzoïque ;
La cocaïne en ecgonine, alcool méthylique et acide benzoïque ;
Les truxillines en ecgonine, alcool méthylique et acides truxilliques ;
L'arécoline en alcool méthylique et arécaïdine ;
La vératrine en cévine et acide tiglique ;
La vératridine en vérine et acide vératrique ;
La colchicine en alcool méthylique et colchicéine ;
La ricinine en alcool méthylique et acide ricininique ;
La sinapine en choline et acide sinapique ;
L'aconitine en aconine, acide acétique et acide benzoïque ;
La pseudo-aconitine en pseudo-aconine, acide acétique et acide
    vératrique.

Dans certains cas, le produit non acide de la saponification est un sucre ; la lobéline, l'acorine, l'achilléine, la vicine, la solanine, la sinalbine sont des *glucosides* azotés.

Azote. — Les alcaloïdes végétaux renferment dans leur molécule 1 ou 2 atomes d'azote, rarement 3 (ésérine, porphyrine) ; seules les bases du groupe de la xanthine en possèdent un nombre plus élevé (4 ou 5).

Un certain nombre d'alcaloïdes dont la molécule contient plusieurs atomes d'azote, sont néanmoins des bases monoacides, c'est-à-dire qu'elle ne peuvent se combiner qu'avec une seule molécule d'un acide monobasique ; tel est le cas, par exemple, de la strychnine et de la brucine, de l'harmaline et de l'harmine, de la pilocarpine, de l'ésérine, de la plupart des alcaloïdes du groupe de la xanthine et de tous ceux des écorces de Quebracho et de Pereiro.

Les réactions générales des bases organiques avec les iodures alcooliques, les anhydrides d'acides, l'acide nitreux, etc., indiqueront à quel type de bases un alcaloïde donné appartient. Le caractère de base primaire n'a été observé jusqu'à présent que dans le groupe particulier dont l'asparagine est le principal représentant, ainsi que chez deux bases du groupe de la xanthine, la guanine et l'adénine. Les alcaloïdes de la ciguë, la chrysanthémine, la carpaïne, la guvacine, l'éphédrine et la pseudo-éphédrine constituent seules des bases secondaires. L'immense majorité des alcaloïdes sont des bases tertiaires. Chez quelques-uns enfin, l'azote fonctionne comme élément pentavalent; on doit les ranger, soit dans la classe des bétaïnes (bétaïne, trigonelline, pilocarpine), soit dans celle des hydrates d'ammonium (groupe de la choline).

L'azote ne peut que fort rarement être éliminé de la molécule des alcaloïdes au moyen de réactions simples, s'effectuant à basse température. Ce n'est guère le cas que pour ceux d'entre eux qui sont des bases primaires, et qui dégagent leur azote à l'état élémentaire, en se convertissant dans les dérivés hydroxylés correspondants, lorsqu'on les soumet à l'action de l'acide nitreux.

On peut citer aussi, comme exemple de facile élimination de l'azote, le fait que certains alcaloïdes du type de l'ammonium, tels que la choline et la pilocarpine, sont nettement dédoublés, déjà par l'eau bouillante, en corps hydroxylés (glycol, acide pyridine-lactique) et en triméthylamine.

Mais ce sont là des cas exceptionnels et qui ne concernent que des alcaloïdes d'une nature toute spéciale. En règle générale, les bases végétales sont caractérisées par l'extrême solidité du lien qui unit le ou les atomes d'azote au reste de leur molécule. Cela vient de ce que ces atomes d'azote ne font pas partie de chaînes ouvertes, mais forment avec un certain nombre d'atomes de carbone des chaînes fermées ou noyaux. Il ne devient dès lors plus possible de les éliminer sans provoquer en même temps une décomposition complète de la molécule, résultat qui ne peut être atteint qu'au moyen de réactions violentes, telles que la distillation avec la poudre de zinc ou avec la chaux, la fusion potassique, l'action des oxydants énergiques ou quelquefois celle des hydracides à une température élevée.

Ces décompositions profondes de la molécule ne sont cependant pas sans fournir de précieuses indications sur sa structure; on en verra plus loin de nombreux exemples. En ce qui concerne l'azote, en particulier, elles permettent souvent de déterminer la nature et le nombre des groupes alcoyliques qui lui sont attachés. Ainsi plusieurs alcaloïdes (arécaïdine, tropine, nicotine, trigonelline, ecgonine, morphine, brucine, caféine, aconine, cévine, pseudo-éphédrine, ésérine) dégagent de la méthylamine lorsqu'on les traite par les alcalis caustiques à haute température, ou qu'on les distille avec la chaux. D'autres, moins nombreux (pilocarpidine, paucine, stachydrine), donnent dans les mêmes conditions de la diméthyl-amine. On en concluera que les premiers renferment le groupement $=Az-CH^3$, et les autres le groupement $-Az(CH^3)^2$.

Quelques-uns (choline, muscarine, chrysanthémine, athérosper-mine, pellotine) fournissent de la triméthylamine. Ils appartien-dront nécessairement au groupe des bases quaternaires du type de l'ammonium.

On n'a jamais obtenu d'autres amines par décomposition des al-caloïdes naturels; le méthyle est donc le seul radical alcoolique qui, dans ces corps, se trouve lié à l'azote, aussi bien qu'à l'oxy-gène.

Beaucoup d'alcaloïdes fournissent enfin de l'ammoniaque lors-qu'on les soumet à l'action des alcalis ou des oxydants énergiques; tels sont l'acide citrazinique, la conicine, la lupanine, la papavé-rine, l'émétine, la guvacine, la pseudocurarine, la vicine, l'arginine, la tyrosine, la xanthine, la ricinine. Ces corps ne possèdent donc aucun groupe alcoylique lié à l'azote.

Les groupes méthyliques liés à l'azote sont éliminés à l'état d'io-dure de méthyle et remplacés par autant d'atomes d'hydrogène, lorsqu'on soumet les iodhydrates à la distillation sèche. MM. Her-zig et Meyer[1] ont basé sur ce fait un procédé de dosage des mé-thyles qui est analogue à celui de Zeisel pour le dosage des méthoxyles; il consiste à chauffer, dans un appareil disposé à cet effet, l'iodhydrate de la base, seul ou en présence d'iodure d'am-monium et d'une petite quantité d'acide iodhydrique, et à recevoir les produits gazeux de la décomposition dans une solution argen-tique.

On a obtenu, par ce procédé, des résultats qui concordent avec ceux que nous avons indiqués plus haut; on a trouvé :

[1] Herzig et Meyer, B. **27**, 319; M. **15**, 613; **16**, 599.

0 groupes méthyle liés à l'azote dans la lupinine, la lupanine, la cinchonine, l'harmaline;

1 dans la trigonelline, l'arécaïdine, la méthylconicine, la nicotine, l'hygrine, la pseudopelletiérine, l'atropine, la cocaïne, la morphine, la codéine, la narcotine, l'ésérine;

2 dans la cuscohygrine, la narcéine, la théobromine;

3 dans la chrysanthémine et la caféine.

Nous avons dit que la grande difficulté que l'on éprouve à éliminer l'azote de la molécule des alcaloïdes, vient de ce que cet azote fait en général partie constituante d'un noyau. Or, la stabilité de ces noyaux, ou tout au moins du noyau pyridique, qui est le plus fréquent, n'existe que tant que l'atome d'azote y fonctionne comme élément trivalent. Les cinq affinités de cet atome viennent-elles à être satisfaites, par exemple par l'addition d'une molécule d'un iodure alcoolique et par la formation d'un composé quaternaire, le noyau tout entier devient beaucoup moins résistant à la rupture; on a déjà vu un exemple de ce fait à propos de l'oxydation de la quinoléine (page 78). Hofmann a mis cette particularité à profit pour éliminer l'azote des composés cycliques. Sa méthode, dont nous avons indiqué une première application à la décomposition de la pipéridine (page 31), consiste à soumettre les hydrates quaternaires à l'action de la chaleur ou des alcalis. Il arrive alors le plus souvent que le noyau est rompu, avec élimination d'une molécule d'eau et formation d'une chaîne ouverte non saturée dans laquelle l'azote fonctionne de nouveau comme élément trivalent. En répétant la même opération avec la base tertiaire ainsi obtenue, c'est-à-dire en la transformant de nouveau en un hydrate quaternaire et en soumettant celui-ci à la distillation, on provoque généralement la scission de la chaîne ouverte; l'azote se dégage sous la forme d'une amine tertiaire avec tous les groupes alcoyliques qu'on lui a successivement attachés, et l'on obtient comme résidu un produit non azoté, de l'étude duquel on peut, dans beaucoup de cas, tirer des indications fort importantes sur la constitution de la base primitive.

La méthode de Hofmann a été appliquée avec succès à la décomposition d'un certain nombre d'alcaloïdes naturels ou de leurs dérivés : conicine, tropine, acide tropinique, anhydroecgonine, pseudopelletiérine, cinchonine, codéine, thébaïne, cotarnine, hydrastinine, cytisine, colchicine. On trouvera plus loin les résultats auxquels elle a conduit dans chaque cas particulier.

Réduction. — Beaucoup d'alcaloïdes sont des composés non saturés et sont susceptibles d'être transformés par les agents réducteurs (amalgame de sodium, sodium et alcool, acide iodhydrique, étain et acide chlorhydrique, zinc et acide chlorhydrique, etc.) en dérivés plus riches en hydrogène. Ainsi :

L'α-conicéine, $C^8H^{15}Az$, est convertie en conicine, $C^8H^{17}Az$;

L'arécaïdine, $C^7H^{11}AzO^2$, en dihydroarécaïdine, $C^7H^{13}AzO^2$;

La nicotine, $C^{10}H^{14}Az^2$, en dihydronicotine, $C^{10}H^{16}Az^2$, puis en hexahydronicotine, $C^{10}H^{20}Az^2$, et enfin en une base $C^{10}H^{22}Az^2$;

La lupanine, $C^{15}H^{24}Az^2O$, en $C^{15}H^{28}Az^2O$ et $C^{15}H^{30}Az^2O$;

La spartéine, $C^{15}H^{26}Az^2$, en hydrospartéine, $C^{15}H^{28}Az^2$;

L'atropamine, $C^{17}H^{21}AzO^2$, en hydroatropamine, $C^{17}H^{23}AzO^2$;

La tropidine, $C^8H^{13}Az$, en hydrotropidine, $C^8H^{15}Az$;

L'hydrastinine, $C^{11}H^{11}AzO^2$, en hydrohydrastinine, $C^{11}H^{13}AzO^2$;

La berbérine, $C^{20}H^{17}AzO^4$, en tétrahydroberbérine, $C^{20}H^{21}AzO^4$;

La papavérine, $C^{20}H^{21}AzO^4$, en tétrahydropapavérine, $C^{20}H^{25}AzO^4$;

La xanthaline, $C^{37}H^{36}Az^2O^9$, en dihydroxanthaline, $C^{37}H^{38}Az^2O^9$;

La cinchonine, la quinine et leurs isomères en dérivés dihydrogénés et tétrahydrogénés.

Parfois l'action réductrice peut aller jusqu'à décomposer la molécule en éliminant l'azote à l'état d'ammoniaque ou de méthylamine; ainsi la tropidine et la conicine, chauffées à haute température avec de l'acide iodhydrique, fournissent, la première un heptane, la seconde l'octane normal. Par une réaction semblable l'acide citrazinique donne de l'acide tricarballylique lorsqu'on le réduit par l'étain et l'acide chlorhydrique.

Les alcaloïdes qui peuvent fixer de l'hydrogène forment également des produits d'addition avec une ou plusieurs molécules d'halogène, d'acides chlorhydrique, bromhydrique, iodhydrique, hypochloreux, etc.

Oxydation. — De toutes les opérations auxquelles on a soumis les alcaloïdes naturels, l'oxydation est celle qui a fourni les renseignements les plus précieux sur leur constitution.

L'énergie des divers agents oxydants étant fort inégale, on peut souvent, en choisissant convenablement ces agents, transformer un même alcaloïde en toute une série de produits appartenant à des degrés différents d'oxydation.

Les oxydants les plus faibles (le ferricyanure de potassium en présence d'alcali, l'iode en solution alcoolique, l'eau oxygénée, l'acide iodique, l'oxyde de mercure ou celui d'argent, le chlorure de chaux, les sels d'or, de platine ou de fer, etc.) attaquent déjà certaines bases végétales ; ils tendent à leur enlever simplement et sans compensation une partie de leur hydrogène. Ils convertissent par exemple :

La conicine, $C^8H^{17}Az$, en conicéine, $C^8H^{15}Az$, puis en conyrine, $C^8H^{11}Az$;

La nicotine, $C^{10}H^{14}Az^2$, en nicotyrine, $C^{10}H^{10}Az^2$;

La spartéine, $C^{15}H^{26}Az^2$, en déhydrospartéine, $C^{15}H^{24}Az^2$;

La tropine et la pseudotropine, $C^8H^{15}AzO$, en tropinone, $C^8H^{13}AzO$;

La méthylgranatoline, $C^9H^{17}AzO$, en pseudopelletiérine, $C^9H^{15}AzO$;

La morphine, $C^{17}H^{19}AzO^3$, en pseudomorphine, $(C^{17}H^{18}AzO^3)^2$;

La canadine, $C^{20}H^{21}AzO^4$, en berbérine, $C^{20}H^{17}AzO^4$;

La corydaline, $C^{22}H^{27}AzO^4$, en déhydrocorydaline, $C^{22}H^{23}AzO^4$;

L'harmaline, $C^{13}H^{14}Az^2O$, en harmine, $C^{13}H^{12}Az^2O$;

Dans d'autres cas, il y a, au contraire, addition d'un ou de plusieurs atomes d'oxygène :

La choline, $C^5H^{15}AzO^2$, se transforme en isomuscarine, $C^5H^{15}AzO^3$, puis en bétaïne, $C^5H^{15}AzO^4$;

La nicotine, $C^{10}H^{14}Az^2$, en oxynicotine, $C^{10}H^{14}Az^2O$;

L'hydrocotarnine, $C^{12}H^{15}AzO^3$, en cotarnine, $C^{12}H^{15}AzO^4$;

L'hydrastinine, $C^{11}H^{11}AzO^2$, en oxyhydrastinine, $C^{11}H^{11}AzO^3$;

La berbérine, $C^{20}H^{17}AzO^4$, en berbéral, $C^{20}H^{17}AzO^7$;

La strychnine, $C^{21}H^{22}Az^2O^2$, en oxystrychnine, $C^{21}H^{22}Az^2O^3$;

L'échitamine, $C^{22}H^{28}Az^2O^4$, en oxyéchitamine, $C^{22}H^{28}Az^2O^5$.

Une oxydation plus forte élimine de la molécule de certains alcaloïdes un atome de carbone, sous la forme d'anhydride carbonique ou d'aldéhyde formique. C'est ainsi que, sous l'influence du permanganate de potassium, la tropine, la pseudotropine, la scopoline, la méthylgranatoline, l'ecgonine, perdent un groupe méthyle lié à l'azote et se convertissent en bases secondaires. Traités à la température ordinaire par le permanganate en présence d'acide sulfurique, les alcaloïdes des quinquinas fournissent des acides monobasiques faibles (cinchoténine, quiténine, etc.), par transformation d'un groupement —CH=CH² en un carboxyle.

Lorsque l'attaque de la molécule est plus violente, ce qui a lieu lorsqu'on emploie les oxydants énergiques comme le mélange chromique, l'acide azotique, le permanganate en présence d'alcali, le peroxyde de manganèse et l'acide sulfurique, alors un nombre plus considérable d'atomes de carbone se séparent à l'état d'acides carbonique, formique, acétique ou oxalique; d'autres sont transformés en carboxyles et restent attachés aux parties les plus résistantes de la molécule, qui sont, en première ligne, les noyaux aromatiques et azotés. On obtient ainsi, comme principal produit de l'oxydation, des acides monocarboxylés ou polycarboxylés dérivant du benzène, de la pyridine, de la quinoléine, de l'isoquinoléine ou de la pyrrolidine.

Les alcaloïdes qui ont fourni par oxydation des acides de la pyridine ou de la pipéridine, sont les suivants :

Nicotine (acide nicotique).

Hydrastinine et cotarnine (acide apophyllénique).

Berbérine (acide berbéronique).

Papavérine (acide α-carbocinchoméronique).

Cinchonine et quinine (acides α-carbocinchoméronique, cinchoméronique et quinoléique).

Tropine, pseudotropine et ecgonine (acide tropinique).

Pseudopelletiérine (acide méthylgranatique).

La strychnine est transformée par l'acide azotique en un corps $C^9H^2Az(NO^2)^2(OH)^2(COOH)$, qui est probablement un dérivé de la quinoléine.

La papavérine donne un acide diméthoxy-isoquinoléine-carbonique.

Tous les alcaloïdes des quinquinas sont dédoublés, par oxydation au moyen de l'acide chromique, en deux acides, dont l'un (acide cinchoninique, acide quininique) renferme le noyau de la quinoléine, et l'autre (acide cincholœponique, méroquinène) celui de la pipéridine.

L'hygrine et la cuscohygrine fournissent par oxydation un acide monocarboxylé de la méthylpyrrolidine.

Un certain nombre d'alcaloïdes donnent des acides aromatiques; ce sont principalement :

la lobéline, l'éphédrine et la pseudo-éphédrine (acide benzoïque);
la corydaline, la narcéine et l'oxynarcotine (acide hémipinique);
l'hydrastine et la narcotine (acides hémipinique et opianique);
la berbérine (acides hémipinique et hydrastique);
la laudanine et la cryptopine (acide métahémipinique);
la papavérine (acides métahémipinique et vératrique).

La strychnine, la brucine, la morphine, l'harmine, l'harmaline, fournissent des acides qui appartiennent très probablement aussi à la série aromatique, mais dont la constitution n'a pas encore été déterminée.

Enfin plusieurs bases végétales, telles que la cytisine, la vératrine, l'aconitine, l'émétine, sont complètement détruites par les agents oxydants, et ne fournissent que les produits ultimes d'une véritable combustion, acides carbonique et oxalique, azote, ammoniaque et méthylamine.

Action des alcalis et de la poudre de zinc à haute température. — La fusion avec la potasse, la distillation avec la chaux, la chaux sodée, la baryte ou la poudre de zinc, ont souvent fourni d'utiles indications sur la constitution des alcaloïdes. Ici, comme dans l'oxydation, les parties les moins résistantes de la molécule, telles que les chaînes latérales oxygénées, les atomes d'hydrogène d'addition, etc., sont éliminées; les groupements d'atomes plus stables, constitués par les noyaux aromatiques, pyridiques ou pyrroliques, subsistent seuls, et l'on obtient, comme produit final de la réaction, des composés relativement simples que l'on peut, dans beaucoup de cas, considérer comme les substances mères dont dérivent par substitution les alcaloïdes soumis à l'expérience.

Il faut cependant se garder de tirer des conclusions trop hâtives de ce mode de décomposition; il se peut, en effet, qu'une partie des produits obtenus doive sa formation à des phénomènes de condensation pyrogénée provoqués par la haute température que nécessite l'opération. Aussi les résultats obtenus demandent-ils toujours à être contrôlés au moyen de ceux que fournissent les autres procédés de décomposition.

Voici la liste des composés volatils des séries pyridique, pyrrolique et aromatique qui ont été obtenus jusqu'ici par décomposition des alcaloïdes végétaux au moyen des alcalis, des terres alcalines ou de la poudre de zinc à haute température:

Pyridine (nicotine, spartéine, trigonelline, granatoline, dérivés de la narcotine).

Pipéridine (pipérine).

α et γ-Picoline (spartéine).

β-Picoline (nicotine, vératrine, strychnine, brucine, cinchonine, guvacine?).

β-Pipécoline (vératrine).

Diméthylpyridine (lupanine?).

α-Éthylpyridine (norhydrotropidine, ecgonine).

β-Éthylpyridine (nicotine, strychnine, brucine, cinchonine, quinine).

α et β-Collidine (cinchonine, brucine).

α-Propylpyridine (conicine, granaténine).

β-Propylpyridine (nicotine).

Triméthylpyridine (spartéine).

Bases pyridiques indéterminées (pilocarpine, lupanine, cytisine, chrysanthémine, cévine, paucine, pipérovatine).

Quinoléine (cinchonine, cinchonidine, loxoptérygine?).

p-Méthoxyquinoléine (quinine).

Lépidine (cinchonine).

p-Méthoxylépidine (quinine).

Bases quinoléiques indéterminées (strychnine, aconine?, émétine?).

Isoquinoléine (berbérine?).

Diméthoxyisoquinoléine (papavérine).

Pyrrol (nicotine, buxine, cytisine).

Indol, scatol, carbazol (strychnine, brucine).

Méthylène-dihydrobenzène (tropine).

Phénanthrène (morphine).

Distribution des alcaloïdes dans le règne végétal. — Si l'on veut considérer les alcaloïdes au point de vue de leur distribution dans les différentes familles des végétaux, il est nécessaire, avant tout, d'établir entre eux une première distinction. Il faut ranger dans une catégorie à part un certain nombre de bases faibles, sans propriétés physiologiques spéciales, que l'on rencontre indifféremment dans les plantes les plus éloignées les unes des autres dans la classification botanique. Ces bases peuvent être réparties, d'après leur constitution chimique, en trois groupes distincts, dont les représentants sont la xanthine, la choline et l'asparagine. Elles prennent certainement naissance, dans l'organisme végétal, par dédoublement de substances plus compliquées; ce sont des produits de désassimilation. L'asparagine, la leucine, la glutamine, la tyrosine proviennent sans aucun doute de la décomposition des albumines; la xanthine, l'hypoxanthine, l'adénine, peuvent de même être regardées comme résultant du dédoublement des nucléines; il est enfin très probable qu'une relation semblable rattache la choline et la bétaïne aux lécithines, peut-être à la chlorophylle.

Abstraction faite de ces quelques composés spéciaux, on remarque que, à très peu d'exceptions près (trigonelline, buxine, berbérine), le même alcaloïde ne se rencontre jamais dans plusieurs familles végétales différentes. Chacun d'eux peut être regardé comme caractéristique de telle ou telle famille, quelquefois même de tel ou tel genre.

Il n'est pas douteux qu'il n'existe certaines relations entre les caractères botaniques sur lesquels repose la classification des plantes et la constitution chimique des alcaloïdes qu'elles produisent. Des rapprochements de ce genre seront fort intéressants à faire lorsque la structure moléculaire d'un plus grand nombre de bases végétales sera connue.

On a trouvé des alcaloïdes dans presque toutes les familles, aussi bien chez les cryptogames que chez les phanérogames, chez les monocotylédones que chez les dicotylédones. Les familles qui se font remarquer par la plus grande abondance ou par la plus grande variété de ces corps sont les Rubiacées, les Apocynées, les Solanées, les Papavéracées et les Légumineuses.

En revanche, quelques familles importantes n'en ont point fourni jusqu'à présent; telles sont, entre autres, les Labiées, les Rosacées, les Graminées et les Orchidées.

Les alcaloïdes que l'on retire d'une même plante offrent en

général de très grands rapports dans leur constitution et leurs caractères; ils forment autant de petits groupes bien définis au point de vue chimique. Il y a cependant quelques exceptions à cette règle (opium, coca, etc.).

Ils présentent souvent entre eux des relations d'*isomérie;* celle-ci est parfois d'ordre stéréochimique (conhydrine et pseudoconhydrine, atropine et hyoscyamine, laudanine et laudanidine, cinchonine et cinchonidine, asparagines droite et gauche, lupanines active et inactive); d'autres fois c'est une isomérie de structure (α-truxilline et β-truxilline, théobromine et théophylline, arécaïne et arécaïdine, codamine et laudanine, etc.).

Les alcaloïdes de même provenance forment souvent aussi des séries *homologues :*

Guvacine, $C^6H^9AzO^2$, arécaïne, $C^7H^{11}AzO^2$ et arécoline, $C^8H^{13}AzO^2$.

Xanthine, $C^5H^4Az^4O^2$, théobromine, $C^7H^8Az^4O^2$, et caféine $C^8H^{10}Az^4O^2$.

Morphine, $C^{17}H^{19}AzO^3$, et codéine, $C^{18}H^{21}AzO^3$.

Cupréine, $C^{19}H^{22}Az^2O^2$, et quinine, $C^{20}H^{24}Az^2O^2$.

Asparagine, $C^4H^8Az^2O^3$, et glutamine, $C^5H^{10}Az^2O^3$, etc., etc.

Dans plusieurs cas, ils ne diffèrent que par la proportion d'hydrogène ou d'oxygène qu'ils renferment, de sorte que l'on peut les considérer comme dérivant les uns des autres par oxydation ou par réduction.

Presque toujours ils fournissent des produits de décomposition identiques, ce qui est une preuve de la similitude de leur structure.

On peut se demander si les alcaloïdes qui sont spéciaux à telle famille ou à tel genre de végétaux sont, comme l'asparagine et la xanthine, des produits de désassimilation, ou s'ils prennent naissance au contraire dans la plante par des procédés de synthèse à partir des corps plus simples qu'elle tire du sol ou de l'atmosphère. Les relations que nous venons d'indiquer, ainsi que certains faits que nous avons mentionnés plus haut (page 20), semblent parler en faveur de cette dernière hypothèse. Il est probable cependant que les deux causes concourrent à la production des substances basiques dans les plantes; il est possible même qu'elles agissent toutes deux à la fois dans la formation d'un même alcaloïde. Nous ne croyons pas que des questions de cette nature puissent être résolues dans l'état actuel de nos connaissances sur la genèse des produits végétaux; elles ne rentrent du reste que fort indirectement dans le cadre de notre sujet et nous ne faisons que les signaler en passant.

Vu leurs propriétés basiques, les alcaloïdes se rencontrent rarement dans la plante à l'état libre; ils y existent sous la forme de combinaisons salines avec les divers acides que l'on trouve habituellement dans le règne végétal, tels que les acides malique, citrique, oxalique, succinique, tannique, etc. Quelques-uns cependant sont combinés à des acides particuliers et beaucoup moins répandus; ainsi les alcaloïdes de l'opium sont liés à l'acide méconique, ceux des quinquinas à l'acide quinique, ceux des aconits, des vératres, de la chélidoine, aux acides aconitique, vératrique et chélidonique.

Classification des alcaloïdes. — Ainsi que nous l'avons dit dans notre introduction, les alcaloïdes, dans l'acception que nous donnons à ce mot, sont loin de former une classe de composés homogène et définie. Ce que l'on sait de la constitution de quelques-uns d'entre eux les dissémine dans les différentes séries de la chimie organique, et, pour la plupart, les données qui permettraient de leur assigner une place dans le système manquent encore entièrement.

Il ne saurait donc être question d'une classification rationnelle des bases végétales; tout ce que l'on peut faire, dans une étude comme celle-ci, c'est de chercher à les réunir en un certain nombre de groupes, et cela en se basant, ou sur des analogies de constitution, ou sur une communauté d'origine.

Nous avons adopté un système mixte; nous n'avons pas cru devoir séparer, dans notre exposé, les alcaloïdes qui se rencontrent ensemble dans la même plante, bien que parfois leur constitution soit fort différente. Nous traiterons, par exemple, en un même chapitre tous les alcaloïdes de l'opium, qui cependant, si l'on ne tenait compte que de leur structure chimique, devraient rentrer dans trois classes de corps absolument distinctes.

Tout en conservant ce groupement basé sur la provenance, nous chercherons toutefois à classer, le plus possible, les différents alcaloïdes d'après leurs caractères constitutionnels et leurs analogies chimiques.

Voici l'ordre que nous suivrons :

1. *Alcaloïdes dérivant de la pyridine* (alc. de la ciguë, pipérine, trigonelline, alc. de la noix d'Arec, acide citrazinique, nicotine, alc. du Jaborandi, cytisine, spartéine, alc. des lupins).

2. *Alcaloïdes dérivant de la tropanine* (alc. des Solanées, du Coca et de l'écorce de grenadier).

3. *Alcaloïdes dérivant de la quinoléine* (alc. des quinquinas).

4. *Alcaloïdes dérivant de l'isoquinoléine* (alc. de l'opium, de l'Hydrastis canadensis et du Corydalis cava).

5. *Alcaloïdes renfermant très probablement le noyau pyridique, mais dans un état de condensation encore inconnu* (alc. des Strychnos, du Peganum Harmala, des aconits et des vératres).

6. *Alcaloïdes ne renfermant pas le noyau pyridique* (colchicine, groupes de la xanthine, de l'asparagine et de la choline, alc. de la moutarde, allantoïne, triméthylamine).

7. *Alcaloïdes de constitution inconnue.*

I. ALCALOÏDES DE LA CIGUË

La grande ciguë (*Conium maculatum* L., famille des Ombellifères) contient deux alcaloïdes principaux :

$$\text{la conicine (ou cicutine), } C^8H^{17}Az,$$
$$\text{et la conhydrine,} \qquad C^8H^{17}AzO.$$

On en a, de plus, retiré récemment quatre autres bases qui s'y trouvent en quantité beaucoup plus faible :

$$\text{la méthylconicine,} \qquad C^9H^{19}Az,$$
$$\text{l'isoconicine,} \qquad C^8H^{17}Az,$$
$$\text{la } \gamma\text{-conicéine,} \qquad C^8H^{15}Az,$$
$$\text{et la pseudoconhydrine, } C^8H^{17}AzO.$$

Ces alcaloïdes sont liés dans le végétal aux acides malique et caféique (Hofmann [1]).

Ils existent dans toutes les parties de la plante, mais surtout dans les fruits avant leur complète maturité. Ces derniers renfermeraient, d'après Wertheim [2], 1 % de conicine et 0,01 % de conhydrine, tandis que la proportion de conicine dans les semences mûres et desséchées serait de 0,7 % et dans les feuilles fraîches de 0,008 % (Geiger [3]).

1. Conicine.

La conicine fut entrevue déjà en 1827 par Giesecke [4], qui la retira de la ciguë à l'état de sulfate impur; mais c'est à Geiger [3] qu'il appartient de l'avoir, en 1831, isolée à l'état libre et caractérisée comme alcaloïde.

[1] Hofmann, B. **17**, 1922.
[2] Wertheim, A. **100**, 328.
[3] Geiger, *Magazin für Pharmacie*, **35**, 72, 259.
[4] Giesecke, A. Pharm. (1) **20**, 97,

Liebig[1] lui attribua la formule $C^6H^{14}AzO$; il est probable qu'il soumit à l'analyse un échantillon impur ou imparfaitement desséché, car toutes les recherches ultérieures ont montré que la conicine ne renferme pas d'oxygène. La formule $C^8H^{15}Az$, proposée ensuite par Gerhardt[2], fut admise jusqu'en 1881. A cette époque Hofmann[3] entreprit une série de travaux sur la conicine, travaux qui nous ont fourni nos principales connaissances sur la constitution de cette base, et au début desquels il montra qu'elle possède deux atomes d'hydrogène de plus que ne l'indiquait la formule généralement adoptée. La composition de la coniciné doit donc être représentée par l'expression $C^8H^{17}Az$.

La conicine est un liquide oléagineux, incolore, d'une densité de 0,845 à 20°; elle distille sans altération à 166°. Elle est assez peu soluble dans l'eau froide (dans 100 parties environ) et encore moins dans l'eau chaude, de sorte que ses solutions saturées à froid se troublent par l'élévation de la température. Elle se dissout en toutes proportions dans l'alcool, et dans 6 parties d'éther. Toutes ces solutions sont dextrogyres.

La saveur de la conicine est brûlante, son odeur pénétrante et désagréable; cet alcaloïde constitue un poison violent et une base énergique, à réaction fortement alcaline; il précipite la plupart des oxydes métalliques de leurs solutions salines.

La conicine est un des rares alcaloïdes végétaux qui doivent être rangés dans la classe des bases secondaires. Toutes ses réactions indiquent, en effet, l'existence d'un groupe AzH dans sa molécule. L'anhydride acétique, le chlorure de benzoyle en présence d'un alcali, l'attaquent pour former des dérivés acétylé et benzoylé; elle donne avec l'iodure de méthyle ou le méthylsulfate de potassium une *méthylconicine* qui est une base tertiaire (Passon[4]); elle réagit sur les aldéhydes avec élimination d'eau (Schiff[5]); l'acide nitreux la convertit en une nitrosamine, l'éther chlorocarbonique en une uréthane, l'hypobromite de sodium et le chlorure de

[1] Liebig, *Magazin für Pharmacie*, **36**, 159.
[2] Gerhardt, C. r. **1849**, 878.
[3] Hofmann, B. **14**, 705; **15**, 2318; **16**, 558; **17**, 825; **18**, 5, 109.
[4] Passon, B. **24**, 1678.
[5] Schiff, B. **6**, 148; A. **140**, 113.

chaux en une *bromoconicine* et en une *chloroconicine* (Hofmann, Lellmann [1]) dans lesquelles l'atome d'halogène est attaché à l'azote.

La constitution de la conicine a été établie par les importants travaux de Hofmann et de M. Ladenburg[2]. L'observation capitale qui a conduit à ce résultat date de 1884 et est due à Hofmann. Ayant chauffé le chlorhydrate de conicine avec de la poudre de zinc, dans le but de le réduire, ce savant observa le dégagement d'une grande quantité d'hydrogène et la formation d'une base de formule $C^8H^{11}Az$, qu'il appela *conyrine* (voyez page 41) :

$$C^8H^{17}Az = C^8H^{11}Az + 6H$$
Conicine.   Conyrine.

Cette réaction, dans laquelle la poudre de zinc joue exceptionnellement le rôle d'un agent déshydrogénant, est curieuse. Le chlorure de zinc agit sur la conicine d'une manière semblable.

Suivant une observation de M. Tafel[3], la conicine se transforme aussi en conyrine lorsqu'on la chauffe à 180°, en solution acétique, avec de l'acétate d'argent.

Ces expériences font de la conicine le dérivé hexahydrogéné de la conyrine ; il y a entre ces deux bases la même relation qu'entre la pipéridine et la pyridine. Hofmann chercha à régénérer la conicine par réduction de la conyrine ; il réussit, en chauffant celle-ci à 280-300° avec de l'acide iodhydrique concentré, à obtenir une base possédant la même composition et les mêmes propriétés physiologiques et physiques que l'alcaloïde naturel (pt d'ébull. 166-167°, densité 0,8627 à 0°), et qu'il regarda comme identique avec lui. M. Ladenburg montra plus tard que cette hexahydro-conyrine ne possède pas le pouvoir rotatoire ; elle constitue donc la modification optiquement inactive de la conicine.

La formule de la conyrine est celle d'un homologue de la pyridine (collidine). Hofmann l'ayant transformée par oxydation en acide picolique (voyez page 42), elle ne peut être que l'α-propyl-

[1] Lellmann, B. **22**, 1000.

[2] Ladenburg, B. **14**, 2409; **17**, 1676; **18**, 1587; **19**, 489, 2578; **22**, 1403. 2583; **26**, 854; **27**, 3062; **28**, 103, 1991; A. **247**, 1; **270**, 844.

[3] Tafel, B. **25**, 1619.

pyridine ou l'α-isopropylpyridine. Or, cette dernière base a été préparée synthétiquement par M. Ladenburg (page 41) et n'est pas identique avec la conyrine; de plus, l'action de l'acide iodhydrique à 300° sur la conicine fournit, d'après une observation de Hofmann, de l'octane normal, ce qui ne pourrait avoir lieu si elle possédait un groupe isopropylique.

On doit donc considérer la conyrine comme l'α-propylpyridine et la conicine comme la modification droite de l'*α-propylpipéridine*,

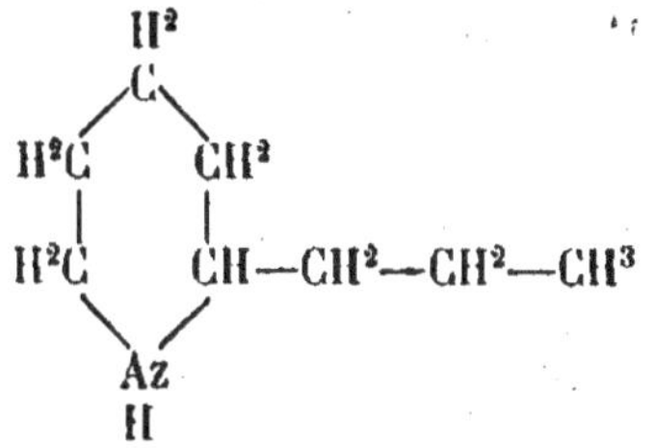

$$
\begin{array}{c}
H^2 \\
C \\
H^2C \qquad CH^2 \\
H^2C \qquad CH-CH^2-CH^2-CH^3 \\
Az \\
H
\end{array}
$$

Oxydation de la conicine. — La conicine est facilement oxydable. Soumise à l'action de l'eau de brome, du chlorure de platine, de l'acide azotique ou du mélange chromique, elle fournit de l'ammoniaque et de l'acide butyrique normal (Blyth[1], Grünzweig[2]).

Wischnegradsky[3] a annoncé qu'il se forme aussi dans ces conditions un acide pyridine-monocarbonique; mais cette observation est restée incomplète, et Hofmann n'a pu la répéter.

Plus récemment, M. Wolffenstein[4], ayant oxydé la conicine au moyen de l'eau oxygénée, a obtenu une conicéine $C^8H^{15}Az$ (voyez page 137), de l'acide acétique, de l'*acide butyrylbutyrique*,

$$C^3H^7-CO-CH^2-CH^2-CH^2-COOH,$$

et de l'*aldéhyde aminopropylvalérique*,

$$\frac{C^3H^7}{AzH^2}{>}CH-CH^2-CH^2-CH^2-CHO.$$

[1] Blyth, A. **70**, 78.
[2] Grünzweig, A. **162**, 217; **168**, 118.
[3] Wischnegradsky, B. **13**, 2816.
[4] Wolffenstein, B. **28**, 1459.

Cette dernière régénère la conicine sous l'influence du zinc et de l'acide chlorhydrique ; traitée par les alcalis, elle fournit un mélange de conicine et de conicéine. L'oxydation ouvre donc le noyau pyridique entre l'atome d'azote et l'un des atomes de carbone voisins, et la chaîne ouverte se referme par l'action des réducteurs ou des déshydratants, réactions qui sont en tous points semblables à celles que fournit la pipéridine (voyez page 28).

Des résultats analogues ont été obtenus par MM. Schotten et Baum[1] en oxydant deux dérivés de la conicine, la *conyluréthane,* $C^8H^{16}=Az-COOC^2H^5$, et la *benzoylconicine,* $C^8H^{16}=Az-CO-C^6H^5$.

Conylène. — Wertheim[2] remarqua en 1862 que le gaz hypoazotique convertit la conicine en un liquide jaune, insoluble dans l'eau, les acides et les alcalis, bouillant à 150-160°, et possédant la formule $C^8H^{16}Az^2O$. Ce corps, qu'il nomma *azoconhydrine,* et dont il méconnut la nature, n'est autre chose que la *nitrosoconicine,* $C^8H^{16}=Az-AzO$. Il présente, en effet, les réactions caractéristiques des nitrosamines ; traité en solution éthérée par l'acide chlorhydrique gazeux, ou réduit par le zinc et l'acide chlorhydrique, il régénère la conicine.

Wertheim observa en outre une décomposition intéressante de l'azoconhydrine sous l'influence de l'anhydride phosphorique. Lorsqu'on chauffe à 80-90° un mélange de ces deux substances, il y a dégagement d'azote et formation d'un carbure d'hydrogène de formule C^8H^{14}, le *conylène* :

$$C^8H^{16}=Az-AzO \;=\; C^8H^{14} \;+\; Az^2 \;+\; H^2O$$
$$\text{Azoconhydrine.} \qquad \text{Conylène.}$$

Le conylène est un liquide incolore, insoluble dans l'eau ; son point d'ébullition est situé à 126° ; il ne possède pas de propriétés toxiques.

Ce même hydrocarbure se produit dans la décomposition de la conicine au moyen de la méthode de Hofmann (voyez page 118). Vu sa nature de base secondaire, la conicine peut fixer deux molécules,

---

[1] Schotten et Baum, B. **15**, 1947 ; **16**, 643 ; **17**, 2548 ; **19**, 500.
[2] Wertheim, A. **123**, 157 ; **130**, 269.

d'un iodure alcoolique; le produit de sa combinaison avec l'iodure de méthyle, l'*iodométhylate de méthylconicine*, traité par l'oxyde. d'argent, fournit un hydrate, et celui-ci, soumis à la distillation sèche, se décompose en eau et en une nouvelle base tertiaire, la *diméthylconicine* (liquide dextrogyre, bouillant à 182°):

$$C^8H^{10}=Az\begin{cases}CH^3\\CH^3\\OH\end{cases} = C^8H^{15}-Az\begin{cases}CH^3\\CH^3\end{cases} + H^2O$$

Méthylhydrate de méthylconicine.   Diméthylconicine.

Si l'on répète la même opération avec la diméthylconicine, c'est-à-dire si l'on prépare son méthylhydrate et qu'on le soumette à l'action de la chaleur, on obtient une seconde décomposition en triméthylamine et conylène (Hofmann):

$$C^8H^{15}-Az\begin{cases}CH^3\\CH^3\\CH^3\\OH\end{cases} = C^8H^{14} + Az-CH^3 + H^2O$$

Méthylhydrate   Conylène.   Triméthylamine.
de diméthylconicine.

Etant donnée l'analogie que présentent ces réactions avec celles que fournit la pipéridine dans les mêmes conditions (voyez page 32), le conylène doit être regardé comme un *propylpipérylène*,

$$CH^2=CH-CH^2-CH=CH^2-CH^2-CH^3.$$

Synthèse de la conicine. — La conicine est le premier alcaloïde pyridique qui ait été obtenu artificiellement. M. Ladenburg[1] est parvenu, en 1886, à réaliser sa synthèse totale à partir des éléments.

Ce savant chercha d'abord à préparer l'α-propylpyridine pour la transformer ensuite en α-propylpipéridine par réduction. Il voulut utiliser pour cela le procédé qui lui avait déjà servi à obtenir un certain nombre d'homologues α de la pyridine (voyez page 23) et qui consiste à chauffer à 300° les produits

[1] Ladenburg, B. **19**, 439, 2578; **22**, 1403; **27**, 3062; **28**, 163, 1991; **30**, 485.

d'addition de cette base avec les iodures alcooliques. On a déjà vu (page 41) que ce procédé ne donne pas, dans le cas particulier, le résultat voulu, attendu que le radical propyle se transforme à haute température en radical isopropyle; chauffé à 300°, l'iodopropylate de pyridine fournit un mélange des iodhydrates d'α et de γ-isopropylpyridine.

Cette méthode générale de préparation ne pouvant donc être d'aucun emploi pour la synthèse de la conicine, M. Ladenburg chercha à atteindre son but par une autre voie. On savait par les travaux de MM. Jacobsen et Reimer (voyez page 90) que la quinaldine (α-méthylquinoléine) réagit sur les aldéhydes de telle manière que deux atomes d'hydrogène du groupe CH^3 sont éliminés avec l'oxygène aldéhydique, et qu'il se forme un composé à chaîne latérale non saturée :

$$\text{(naphtyl-Az)}-CH^3 + OCH-R = \text{(naphtyl-Az)}-CH=CH-R + H^2O$$

M. Ladenburg pensa que cette réaction pourrait être applicable dans la série de la pyridine, et qu'en partant de l'α-picoline (α-méthylpyridine) et de l'aldéhyde acétique, on arriverait à une α-*allylpyridine*, à laquelle il ne resterait plus qu'à additionner huit atomes d'hydrogène pour la transformer en α-propylpipéridine :

$$\text{(Az)}-CH^3 + OCH-CH^3 = \text{(Az)}-CH=CH-CH^3 + H^2O.$$

α-Picoline. Aldéhyde acétique. α-Allylpyridine.

$$\text{(Az)}-CH=CH-CH^3 + 8H = \text{(Az,H)}-CH-CH^2-CH^2-CH^3$$

α-Allylpyridine α-Propylpipéridine.

L'expérience vint confirmer entièrement ces prévisions.

L'α-picoline et la paraldéhyde ne se combinent qu'à la température de 250°, et encore la réaction est-elle incomplète. 380 gr. de picoline ne fournirent que 45 gr. d'allylpyridine. Celle-ci est un liquide qui bout à 188-192°. M. Ladenburg s'assura de sa constitution en la transformant par oxydation en acide picolique.

La réduction de l'allylpyridine au moyen du sodium et de l'alcool donna une base $C^8H^{17}Az$ qui ne pouvait être que l'α-propylpipéridine; elle offrait les plus grandes analogies avec la conicine; son odeur, sa densité (0,8447 à 20°), son point d'ébullition (166-167°), ses propriétés physiologiques étaient les mêmes; elle donnait par distillation avec la poudre de zinc un corps qui fut identifié de la façon la plus certaine avec la conyrine. Elle devait donc être considérée comme chimiquement identique avec la conicine naturelle; mais elle en différait par l'absence du pouvoir rotatoire. L'α-propylpipéridine synthétique constituait donc, soit une combinaison (racémique), soit un mélange équimoléculaire des deux modifications actives que faisait prévoir l'existence du carbone asymétrique α.

Pour séparer ces deux modifications, M. Ladenburg s'adressa à la cristallisation fractionnée de leurs bitartrates. Si après avoir préparé une solution saturée du bitartrate de propylpipéridine inactive, on y introduit un cristal de bitartrate de conicine naturelle, on voit se former après quelque temps un dépôt cristallin qui n'augmente plus au bout de cinq ou six jours. On le sépare alors soigneusement des eaux-mères sirupeuses Cette première cristallisation est formée uniquement par le bitartrate de l'*α-propylpipéridine droite*. Après avoir mis la base en liberté par un alcali, M. Ladenburg put constater sa complète identité, dans toutes ses propriétés physiques, chimiques, optiques et physiologiques, avec la conicine naturelle.

Quant aux eaux-mères, il en retira une autre base, ne différant de la première que par le signe de son pouvoir rotatoire, et constituant la *conicine gauche*.

Une seconde synthèse de la conicine a été faite en 1891 par MM. Engler et Bauer [1], au moyen des réactions suivantes:

---

[1] Engler et Bauer, B. **24**, 2530; **27**, 1775.

Un mélange équimoléculaire de picolate et d'acétate de calcium donne, lorsqu'on le soumet à la distillation sèche, l'*α-éthylpyridylcétone*,

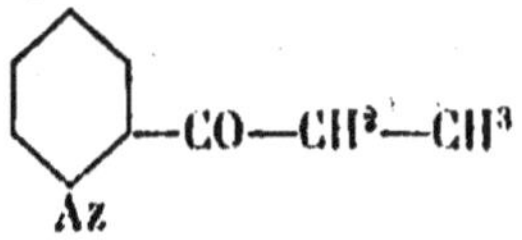

$$\text{(pyridine)}-CO-CH^2-CH^3$$
$$Az$$

Celle-ci, réduite par le sodium et l'alcool, fournit, à côté de l'*α*-éthylpipéridylalcamine (page 54), une petite quantité d'*α*-propylpipéridine inactive, que MM. Engler et Bauer ont pu également dédoubler par cristallisation de son bitartrate.

2. Isoconicine.

M. Ladenburg[1] prétend avoir retiré de la conicine du commerce une base $C^8H^{17}Az$, dextrogyre, très semblable à la conicine ordinaire, mais en différant cependant par quelques caractères, entre autres par l'insolubilité de son chloroplatinate dans un mélange d'alcool et d'éther et par son pouvoir rotatoire beaucoup plus faible. Cette base, à laquelle il a donné le nom d'*isoconicine*, bout à 167°,2 et possède à 0° une densité de 0,8595.

L'isoconicine se formerait aussi, d'après le même auteur, lorsqu'on distille le chlorhydrate de conicine avec une très petite quantité (¼ de son poids) de poudre de zinc. La distillation en présence d'une proportion plus forte de cette substance transforme l'isoconicine en conyrine. Elle serait donc, comme la conicine, une *α*-propylpipéridine normale. Comme l'asymétrie du carbone *α* ne laisse concevoir, d'après les théories actuelles, que trois modifications stéréochimiques de l'*α*-propylpipéridine, et qu'elles sont toutes trois connues et différentes de l'isoconicine, M. Ladenburg a cherché à expliquer l'existence de cette quatrième modification par une stéréo-isomérie résultant de l'asymétrie de l'atome d'azote.

L'existence de l'isoconicine comme individu chimique est du reste loin d'être entièrement démontrée; les recherches récentes

---

[1] Ladenburg, B. **26**, 854 ; **27**, 853, 859 ; **29**, 2706.

de M. Wolffenstein[1] semblent au contraire prouver qu'elle n'est qu'un mélange de conicine droite et de conicine inactive.

3. Méthylconicine.

Cet alcaloïde, entrevu peut-être déjà en 1854 par Kékulé et von Planta[2], n'a été isolé à l'état de pureté qu'en 1894 par M. Wolffenstein[3]. C'est un liquide incolore, dextrogyre, d'une densité de 0,8318 à 24° et bouillant à 173-174°.

Il constitue une conicine méthylée à l'azote,

$$
\begin{array}{c}
H^2 \\
C \\
H^2C \qquad CH^2 \\
H^2C \qquad CH\!-\!C^3H^7 \\
Az \\
CH^3
\end{array}
$$

On l'obtient, en effet, lorsqu'on chauffe la conicine à 100° avec une solution aqueuse de méthylsulfate de potassium (Passon[4]).

4. Conicéines.

Entre la conyrine, $C^8H^{11}Az$, et la conicine, $C^8H^{17}Az$, la théorie prévoit des produits de réduction intermédiaires, répondant aux formules $C^8H^{13}Az$ et $C^8H^{15}Az$. Ces corps pourront se présenter sous plusieurs formes isomériques, dont les unes seront des bases tertiaires et les autres des bases secondaires.

On ne connaît aucun dérivé possédant la formule $C^8H^{13}Az$; en revanche, Hofmann[5] et Lellmann[6] ont préparé, en partant soit de

[1] Wolffenstein, B. **27**, 2615 ; **29**, 1956.
[2] Kékulé et von Planta, A. **89**, 129.
[3] Wolffenstein, B. **27**, 2611.
[4] Passon, B. **24**, 1678.
[5] Hofmann, B. **18**, 5, 109 ; **16**, 558.
[6] Lellmann, B. **22**, 1000 ; **23**, 680, 2141 ; A. **259**, 193.

la conicine, soit de la conhydrine, cinq isomères de la formule $C^8H^{15}Az$, les *conicéines* (tétrahydroconyrines ou α-propylpipéridéines).

α-Conicéine. — Elle a été obtenue par Hofmann en chauffant la conhydrine à 220° avec de l'acide chlorhydrique concentré :

$$C^8H^{17}AzO = C^8H^{15}Az + H^2O$$
$$\text{Conhydrine.} \qquad \text{α-Conicéine.}$$

C'est un corps liquide, peu soluble dans l'eau, bouillant à 158°, plus toxique que la conicine; il constitue une base tertiaire. Il n'est pas réduit par l'amalgame de sodium. L'acide iodhydrique l'attaque à haute température (220°) et le transforme en conicine.

Le peu que l'on sait des réactions de l'α-conicéine ne suffit pas à établir sa constitution; il ne serait pas impossible qu'elle représentât un isomère stéréochimique des conicéines δ et ε (voyez plus bas).

β-Conicéine. — Elle a été également obtenue par Hofmann en partant de la conhydrine, soit directement en la traitant par l'anhydride phosphorique, soit indirectement en distillant avec de la chaux l'iodoconicine qui résulte du traitement de la conhydrine par l'acide iodhydrique :

$$C^8H^{17}AzO + HI = C^8H^{16}IAz + H^2O.$$
$$\text{Conhydrine.} \qquad \qquad \text{Iodoconicine.}$$

$$C^8H^{16}IAz = C^8H^{15}Az + HI.$$
$$\text{Iodoconicine.} \qquad \text{β-Conicéine.}$$

La β-conicéine est solide; elle forme des aiguilles fusibles à 41°; son point d'ébullition est situé à 168°. Elle est peu soluble dans l'eau, très soluble dans l'alcool et dans l'éther. Sa réaction est très alcaline et ses propriétés toxiques moins prononcées que celles de la conicine et de l'α-conicéine.

La β-conicéine est une base secondaire.

Etant donnée la constitution de la conhydrine (page 143), il

est très probable qu'elle possède l'une ou l'autre des deux formules
suivantes :

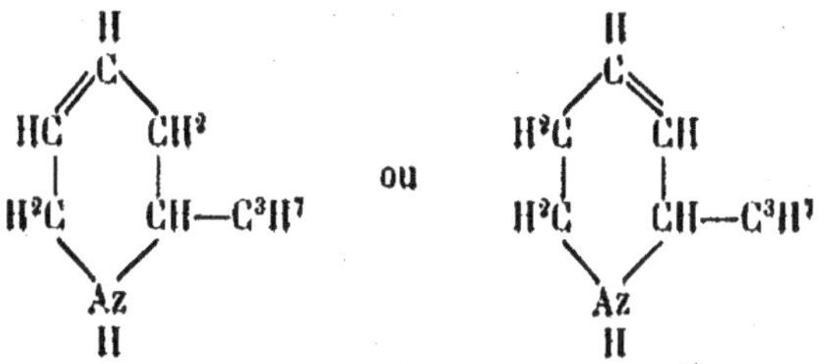

$$
\begin{array}{ccc}
\begin{array}{c}
H \\
\| \\
C \\
HC \diagup \quad \diagdown CH^2 \\
| \qquad | \\
H^2C \quad CH-C^3H^7 \\
\diagdown \diagup \\
Az \\
| \\
H
\end{array}
& \text{ou} &
\begin{array}{c}
H \\
\| \\
C \\
H^2C \diagup \quad \diagdown CH \\
| \qquad \| \\
H^2C \quad CH-C^3H^7 \\
\diagdown \diagup \\
Az \\
| \\
H
\end{array}
\end{array}
$$

β - Conicéine.

γ-Conicéine. — La γ-conicéine prend naissance par l'action des
alcalis sur la chloroconicine et la bromoconicine (page 130) (Hofmann, Lellmann) :

$$C^8H^{16}ClAz = C^8H^{15}Az + HCl$$
Chloroconicine.   γ - Conicéine.

Suivant une récente observation de M. Wolffenstein[1], elle existe
en petite quantité dans la conicine brute du commerce.

C'est un liquide très peu soluble dans l'eau, bouillant à 171-172°,
possédant une réaction très alcaline et constituant un poison des
plus violents ; sa toxicité serait, d'après M. Wolffenstein, 17 $^1/_2$ fois
plus forte que celle de la conicine.

La γ-conicéine est une base secondaire. Elle est inactive à la lumière polarisée. Elle est facilement réductible et se convertit par
l'action de l'étain et de l'acide chlorhydrique ou par celle du sodium et de l'alcool, en conicine inactive. Distillée sur la poudre de
zinc elle donne de la conyrine.

Ces faits permettent de fixer avec certitude sa constitution.

Son inactivité optique ne peut s'expliquer que par l'absence de
l'atome d'hydrogène lié, dans la conicine, au carbone asymétrique α. Sa facile réductibilité indique l'existence d'une double liaison ; celle-ci se trouve donc entre le carbone asymétrique et l'un
des atomes voisins ; elle n'est pas entre ce carbone et l'atome d'azote,
puisque la γ-conicéine renferme le groupe AzH ; elle est donc entre

---

[1] Wolffenstein, B. **28**, 802 ; **29**, 1956.

les atomes de carbone α et β, et la seule formule admissible est la suivante :

$$
\begin{array}{c}
H^3 \\
C \\
H^2C \quad\quad CH \\
H^2C \quad\quad C-C^3H^7 \\
Az \\
H
\end{array}
$$

γ-Conicéine.

Pour expliquer la formation d'un corps de cette structure à partir de la chloroconicine, il faut supposer une transposition intramoléculaire avec migration de l'atome de chlore en α. Rappelons qu'un phénomène en tous points semblable a été observé dans la transformation de la chloropipéridine en pipéridéine (page 24). Si la conicéine a une moins grande tendance à se polymériser que la pipéridéine, cela tient évidemment à la présence du groupe propylique.

δ-Conicéine. — Lellmann a obtenu cette base en traitant la bromoconicine par l'acide sulfurique. Elle bout à 158° ; c'est une base tertiaire et lévogyre ; elle n'est pas réductible par le sodium et l'alcool.

Ce dernier point indique l'absence d'une double liaison, dans la molécule de la δ-conicéine. Il est donc fort probable que, dans sa formation, l'atome de brome lié à l'azote est éliminé avec l'atome d'hydrogène γ, et que la δ-conicéine a pour formule :

$$
\begin{array}{c}
H \\
C \\
H^2C \quad\quad CH^2 \\
H^2C \quad\quad CH-C^3H^7 \\
Az \\
H
\end{array}
$$

δ-Conicéine.

ε-Conicéine. — Elle se forme par l'action des alcalis sur l'iodoconicine dérivant de la conhydrine (Lellmann). Ses propriétés sont très voisines de celles de l'isomère précédent. Son point d'ébullition est situé à 150-151°. Elle est tertiaire, dextrogyre, irréductible par le sodium et l'alcool. Elle constitue très vraisemblablement un stéréo-isomère de la δ-conicéine.

5. Conhydrine.

La conhydrine a été retirée de la ciguë, en 1856, par Wertheim[1] Elle possède la formule $C^8H^{17}AzO$ et cristallise dans l'éther en paillettes fusibles à 120°, sublimables, et distillables sans décomposition à 225-226°. Son odeur rappelle celle de la conicine; elle est très vénéneuse, moins cependant que la conicine. Elle est assez soluble dans l'eau, facilement soluble dans l'alcool et l'éther, et présente une réaction alcaline au tournesol.

Elle est, comme la conicine, une base secondaire, et dévie à droite le plan de polarisation.

L'atome d'oxygène de la conhydrine fait partie d'un hydroxyle. Ce dernier est facilement remplacé par un atome d'iode lorsqu'on chauffe la conhydrine à 150° avec de l'acide iodhydrique concentré (Hofmann[2]) :

$$C^8H^{16}(OH)Az \; + \; HI \; = \; C^8H^{16}IAz \; + \; H^2O$$

Ce même hydroxyle est éliminé avec un atome d'hydrogène lorsqu'on traite la conhydrine par les déshydratants (acide chlorhydrique fumant à 220°, anhydride phosphorique, etc.). On obtient ainsi un mélange des conicéines α et β (Hofmann[2], Lellmann[3]) :

$$C^8H^{16}(OH)Az \; = \; C^8H^{15}Az \; + \; H^2O$$

Conhydrine.   Conicéine.

[1] Wertheim, A. **100**, 328.
[2] Hofmann, B. **18**, 5.
[3] Lellmann, B. **23**, 2141 ; A. **259**, 193.

La relation qui existe entre la conhydrine et la conicine est établie par le fait que le corps $C^8H^{16}IAz$, mentionné ci-dessus, se transforme en conicine par réduction au moyen de l'étain et de l'acide chlorhydrique (Hofmann, Lellmann).

On doit donc considérer la conhydrine comme une conicine hydroxylée, et il ne reste plus, pour fixer sa constitution, qu'à déterminer la position occupée par l'hydroxyle.

Il ne se trouve pas dans la chaîne latérale, car les trois alcamines théoriquement possibles répondant à la formule

$$
\begin{array}{c}
H^2 \\
C \\
\diagup\ \diagdown \\
H^2C \qquad CH^2 \\
|\qquad\qquad | \\
H^2C \qquad CH{-}C^3H^0(OH) \\
\diagdown\ \diagup \\
Az \\
H
\end{array}
$$

ont été préparées synthétiquement (voyez page 53), et aucune d'elles n'est identique avec la conhydrine.

La déshydratation de la conhydrine au moyen de l'acide chlorhydrique fournit l'α-conicéine, qui est une base tertiaire. L'iodoconicine, $C^8H^{16}IAz$, traitée par les alcalis, donne, par départ d'une molécule d'acide chlorhydrique, l'ε-conicéine, qui est également une base tertiaire. On doit donc admettre que, dans ces deux réactions, l'atome d'hydrogène imidique de la conhydrine est éliminé avec l'hydroxyle, ou avec l'atome d'iode qui le remplace dans l'iodoconicine. Or, une réaction semblable ne peut s'effectuer que si cet hydroxyle ou cet atome d'iode occupe l'une des positions α, α' ou γ.

L'ε-conicéine est lévogyre ; l'atome d'iode de l'iodoconicine n'est donc pas lié au carbone asymétrique α, car, dans ce cas, son départ détruirait l'asymétrie, et l'on obtiendrait un composé inactif.

L'ε-conicéine est irréductible par le sodium et l'alcool ; elle ne renferme donc pas de double liaison. L'iodoconicine ne peut donc pas davantage posséder son atome d'iode dans la position α', car, dans ce cas, son départ avec l'hydrogène imidique donnerait naissance à une double liaison.

On arrive donc à cette conclusion, qui nous semble nécessaire, que l'iodoconicine est un dérivé γ, et que, par conséquent, la conhydrine possède la constitution suivante :

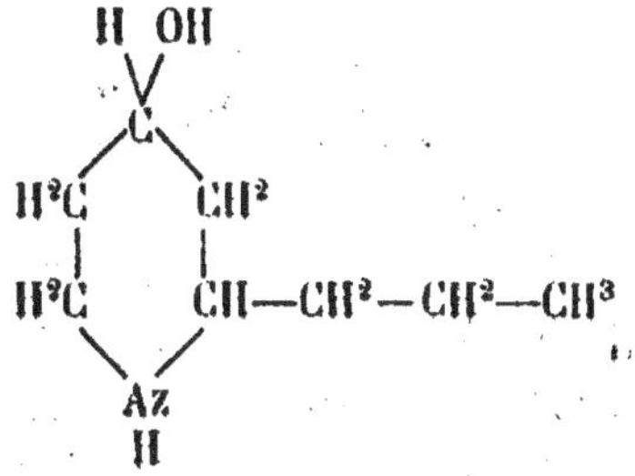

$$\begin{array}{c}
\text{H} \quad \text{OH} \\
\diagdown \diagup \\
\text{C} \\
\diagup \quad \diagdown \\
\text{H}^2\text{C} \qquad \text{CH}^2 \\
| \qquad\qquad | \\
\text{H}^2\text{C} \qquad \text{CH}-\text{CH}^2-\text{CH}^2-\text{CH}^3 \\
\diagdown \quad \diagup \\
\text{Az} \\
| \\
\text{H}
\end{array}$$

Conhydrine,

6. Pseudoconhydrine.

Cet alcaloïde a été découvert dans la ciguë, en 1891, par M. Merck[1], et a été étudié par MM. Ladenburg et Adam[2]. Il est isomérique avec la conhydrine et possède des propriétés très semblables. Il forme une poudre cristalline déliquescente, très soluble dans l'eau et dans les principaux dissolvants organiques, et présentant une réaction alcaline. Son point de fusion est situé à 101-102°, son point d'ébullition à 229-231°. Il est, comme la conhydrine, dextrogyre et secondaire.

MM. Engler et Kronstein[3] ont remarqué que la pseudoconhydrine se transforme, par cristallisation dans différents dissolvants, en une modification plus fusible (entre 52 et 69°), qui régénère la substance primitive sous l'influence de la chaleur.

Ils ont en outre observé que les deux modifications de la pseudoconhydrine se convertissent en conhydrine lorsqu'on fait bouillir longtemps leurs solutions dans la ligroïne. Il est donc infiniment probable que les trois corps possèdent la même constitution et que leur isomérie est d'ordre stéréochimique.

[1] Merck, B. **24**, 1671.
[2] Ladenburg et Adam, *ibid.*
[3] Engler et Kronstein, B. **27**, 1779.

II. PIPÉRINE

Les fruits du *Piper nigrum* L. (poivre noir et poivre blanc) et ceux du *Piper longum* L. (famille des Pipéracées) contiennent, à côté d'un terpène, une assez forte proportion (5-9 %) d'un alcaloïde, la *pipérine* (ou le *pipérin*). Celui-ci a été isolé en 1819 par Oersted[1]. Ses premières analyses, effectuées par un grand nombre de chimistes, donnèrent des résultats peu concordants. La formule de Regnault[2], $C^{17}H^{19}AzO^3$, est celle que les recherches subséquentes ont confirmée.

La pipérine se présente sous la forme de prismes fusibles à 128-129°; elle se décompose à une température plus élevée. Elle est presque insoluble dans l'eau froide, facilement soluble dans l'alcool et l'éther. Sa solution alcoolique possède une saveur âcre. Elle est sans action sur la lumière polarisée.

La pipérine est une base extrêmement faible; elle ne présente pas de réaction alcaline et ne se dissout pas dans les acides étendus. Elle ne forme de sels qu'avec les acides minéraux concentrés, et encore ceux-ci sont-ils facilement dissociés par l'eau.

La première observation importante sur la constitution de cet alcaloïde date de 1848. A cette époque Wertheim et Rochleder[3], remarquèrent qu'en distillant la pipérine avec de la chaux, on obtient une base volatile. Anderson[4] et Cahours[5] donnèrent peu après à cette base la formule $C^5H^{11}Az$ et le nom de *pipéridine*.

Quelques années plus tard, von Babo et Keller[6] complétèrent

[1] Oersted, *Schweigger's Journal für Chemie und Physik*, **29**, 80.
[2] Regnault, A. **24**, 315.
[3] Wertheim et Rochleder, A. **54**, 255; **70**, 58.
[4] Anderson, A. **75**, 82; **84**, 345.
[5] Cahours, A. ch. (3) **38**, 76.
[6] von Babo et Keller, J. pr. **72**, 53.

cette observation en annonçant que l'action de la potasse alcoolique sur la pipérine a pour effet de la dédoubler en une base, identique avec celle de Wertheim et Rochleder, et en un acide monobasique, qu'ils appelèrent *acide pipérique*:

$$C^{17}H^{19}AzO^3 + H^2O = C^5H^{11}Az + C^{12}H^{10}O^4$$
$$\text{Pipérine.} \qquad\qquad \text{Pipéridine. Acide pipérique.}$$

Cette réaction montre que la pipérine doit être regardée comme
de la pipéridine dans laquelle un atome d'hydrogène serait remplacé
par le radical de l'acide pipérique:

$$C^{11}H^9O^2 - CO - C^5H^{10}Az.$$

Nous avons déjà relaté les travaux qui ont fixé la constitution
de la pipéridine (page 26); il nous reste à montrer comment celle
de l'acide pipérique a été établie.

Acide pipérique, $C^{12}H^{10}O^4$. — Cet acide a été surtout étudié par
M. Fittig et ses élèves[1]. Il cristallise dans l'alcool en aiguilles fusibles à 215° et sublimables avec décomposition partielle; il est presque insoluble dans l'eau, peu soluble dans l'alcool et l'éther.

C'est un acide non saturé; il fixe en solution sulfocarbonique
4 atomes de brome; il donne également par réduction un acide
saturé de formule $C^{12}H^{14}O^4$, l'acide piperhydronique.

L'oxydation de l'acide pipérique au moyen du permanganate de
potassium le convertit successivement dans les deux composés
suivants:

$$\text{Pipéronal,} \qquad\qquad C^8H^6O^3.$$
$$\text{Acide pipéronylique,} \quad C^8H^6O^4.$$

Il se forme en même temps, selon M. Dœbner[2], de l'acide racémique.

L'acide pipéronylique est un acide monobasique saturé; il
fond à 228°. L'acide chlorhydrique à 170°, ou l'eau à 210°, le
décompose en donnant de l'acide protocatéchique et du charbon:

$$C^8H^6O^4 = C^7H^6O^4 + C$$
$$\text{Acide} \qquad\qquad \text{Acide}$$
$$\text{pipéronylique. protocatéchique.}$$

<hr>

[1] Fittig, A. **152**, 35, 56; **159**, 129; **168**, 94; **216**, 171; **227**, 31.
[2] Dœbner, B. **23**, 2375.

MM. Fittig et Remsen ont effectué sa synthèse en chauffant un mélange d'acide protocatéchique, de potasse et d'iodure de méthylène :

$$C^7H^6O^4 + 2KOH + CH^2I^2 = C^8H^6O^4 + 2KI + 2H^2O.$$

Ce mode de formation fait de l'acide pipéronylique l'éther méthylénique de l'acide protocatéchique :

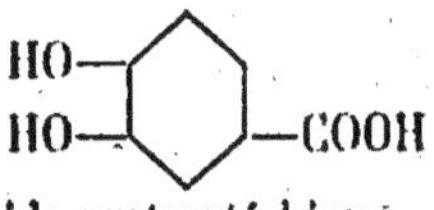

HO—◯—COOH   CH²<O—O—◯—COOH

Acide protocatéchique. 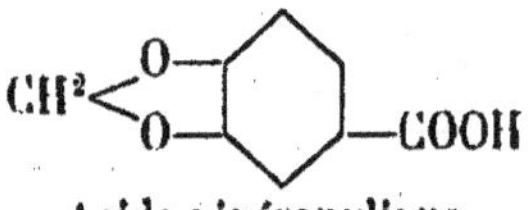   Acide pipéronylique.

Le *pipéronal* forme des prismes fusibles à 37° ; il distille à 263° et possède une odeur fort agréable d'héliotrope. C'est l'aldéhyde de l'acide pipéronylique ; il donne toutes les réactions caractéristiques de l'aldéhyde benzoïque ; le permanganate le convertit en acide pipéronylique.

Sa synthèse a été réalisée par M. Wegscheider[1] en chauffant l'aldéhyde protocatéchique, en solution alcaline, avec l'iodure de méthylène :

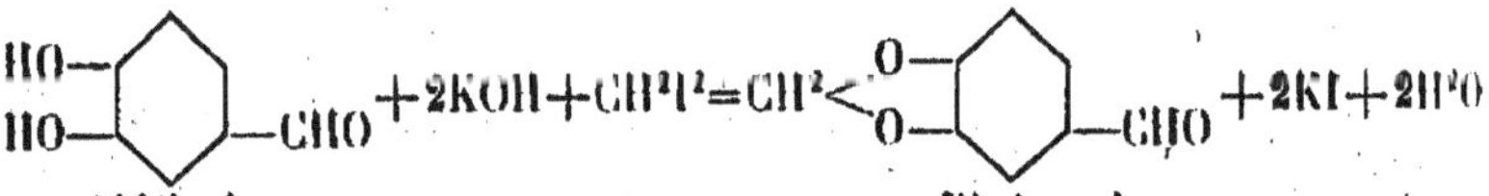

HO—◯—CHO $+2KOH+CH^2I^2=CH^2<$ O—O—◯—CHO $+2KI+2H^2O$

Aldéhyde   Pipéronal.
protocatéchique.

L'acide pipérique diffère de l'acide pipéronylique par le groupe C^4H^4 en plus. Ce groupe ne peut être introduit, dans la formule de l'acide pipéronylique, qu'entre le carboxyle et le noyau benzénique ; situé à toute autre place de la molécule, il se transformerait par oxydation en un second carboxyle. La constitution de ce groupe a été établie d'une manière à peu près certaine par les travaux de MM. Fittig et Weinstein sur les acides hydropipériques. D'après ces auteurs, l'acide pipérique répondrait à la formule :

CH²<O—O—◯—CH=CH—CH=CH—COOH.

[1] Wegscheider, M. **14**, 882.

Cette formule rend bien compte de la formation d'acide racémique et de pipéronal par oxydation . Elle a, du reste, reçu une entière confirmation par la synthèse de l'acide pipérique.

Constitution et synthèse de la pipérine. — En 1882, M. Rügheimer[1] effectua une synthèse partielle de la pipérine en partant de ses deux produits de dédoublement, l'acide pipérique et la pipéridine. Il prépara d'abord le chlorure de l'acide pipérique en traitant celui-ci par le perchlorure de phosphore; en chauffant ensuite ce corps, en solution benzénique, avec la pipéridine, il obtint, par élimination d'une molécule d'acide chlorhydrique, la pipérine :

$$C^{11}H^9O^2\text{—}COCl \; + \; C^5H^{11}Az \; = \; C^{11}H^9O^2\text{—}CO\text{—}(C^5H^{10}Az) \; + \; HCl$$

Chlorure pipérique.   Pipéridine.   Pipérine.

Etant données la nature de base secondaire que possède la pipéridine et la manière dont elle réagit sur les chlorures d'acides en général (voyez page 26), on peut admettre sans aucune hésitation que c'est son atome d'hydrogène imidique qui est remplacé par le radical de l'acide pipérique.

On a donc, comme expression de la constitution de la pipérine, la formule suivante :

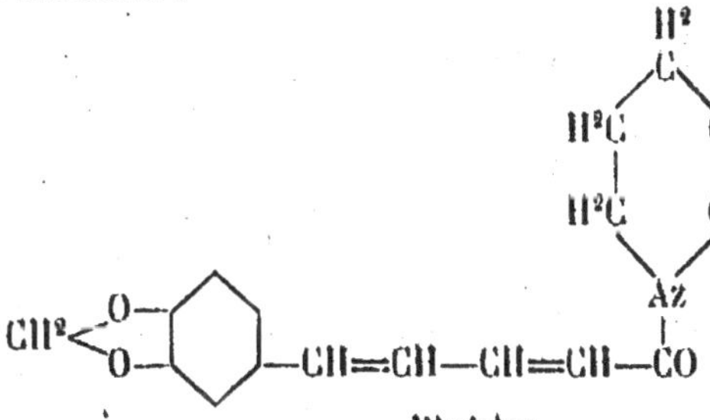

Pipérine.

La pipéridine ayant été obtenue synthétiquement par plusieurs procédé (page 27), il ne restait plus, après M. Rügheimer, pour réaliser la synthèse totale de la pipérine, qu'à effectuer celle de l'acide pipérique. MM. Ladenburg et Scholtz[2] y sont parvenus, en 1894, en prenant pour point de départ le pipéronal. En conden-

---

[1] Rügheimer, B. **15**, 1890.
[2] Ladenburg et Scholtz, B. **27**, 2958.

sant celui-ci avec l'aldéhyde acétique, au moyen de la soude diluée (procédé de Claisen), ils l'ont transformé d'abord en *pipéronylacroléine* (paillettes jaunes fusibles à 70°) :

$$CH^2O^2 = C^6H^3 - CHO \ + \ CH^3 - CHO \ =$$
Pipéronal. Aldéhyde acétique.

$$CH^2O^2 = C^6H^3 - CH = CH - CHO \ + \ H^2O$$
Pipéronylacroléine.

Cette dernière, chauffée ensuite avec de l'anhydride acétique et de l'acétate de soude (procédé de Perkin), leur a fourni un produit qui s'est montré identique avec l'acide pipérique :

$$CH^2O^2 = C^6H^3 - CH = CH - CHO \ + \ CH^3 - COOH \ =$$
Pipéronylacroléine. Acide acétique.

$$CH^2O^2 = C^6H^3 - CH = CH - CH = CH - COOH \ + \ H^2O$$
Acide pipérique.

On peut aussi, selon M. Scholtz[1], obtenir l'acide pipérique par condensation de la pipéronylacroléine avec l'acide malonique. L'acide pipéronylène-malonique ainsi formé,

$$CH^2O^2 = C^6H^3 - CH = CH - CH = C(COOH)^2$$

perd une molécule d'anhydride carbonique lorsqu'on le chauffe au-delà de son point de fusion, et se convertit en acide pipérique.

En remplaçant, dans l'une des réactions ci-dessus, l'anhydride acétique par les anhydrides propionique ou butyrique, ou par l'acide phénylacétique, M. Scholtz a préparé les homologues de l'acide pipérique ; ceux-ci, combinés à la pipéridine suivant le procédé de M. Rügheimer, lui ont fourni des pipérines méthylée, éthylée et phénylée ; ce sont des corps qui possèdent des propriétés tout à fait semblables à celles de la pipérine elle-même.

[1] Scholtz, B. **28**, 1187.

III. TRIGONELLINE

Cet alcaloïde a été découvert en 1885 par Jahns[1] dans les semences du fenu-grec *(Trigonella fœnum græcum* L., famille des Légumineuses). Il s'y trouve en fort petite quantité (0,13 %), à côté d'une huile essentielle, d'un principe amer et de traces de choline.

On l'a rencontré également dans les graines du chanvre *(Cannabis sativa* L.), du pois *(Pisum sativum* L.) et de l'avoine *(Avena sativa* L.) (Schulze[2]).

Sa composition répond à la formule $C^7H^7AzO^2$. Il cristallise dans l'alcool en prismes incolores qui renferment une molécule d'eau; soumis à l'action de la chaleur, il se décompose et noircit sans présenter de point de fusion net.

La trigonelline est extrêmement soluble dans l'eau, assez peu soluble dans l'alcool et insoluble dans l'éther. Ses solutions sont neutres au tournesol. Elle ne possède aucune propriété physiologique remarquable.

Peu de temps après la découverte de cet alcaloïde, M. Hantzsch[3] entreprit l'étude des bétaïnes des acides pyridiques (voyez page 71). Il prépara et décrivit, entre autres, les méthylbétaïnes des acides picolique et nicotique. Ces deux dérivés possèdent la même formule empirique que la trigonelline; M. Hantzsch fit remarquer cette isomérie, mais il ne chercha pas à pousser plus loin la comparaison.

L'année suivante, Jahns[4], ayant préparé à l'état de pureté une plus grande quantité de trigonelline, put poursuivre l'étude

[1] Jahns, B. **18**, 2518.
[2] Schulze, B. **27**, 769; **29**, Ref. 84.
[3] Hantzsch, B. **19**, 31.
[4] Jahns, B. **20**, 2840.

de cette base. Le résultat de ses recherches fut de démontrer sa complète identité avec la méthylbétaïne nicotique.

La constitution de la trigonelline est donc exprimée par la formule

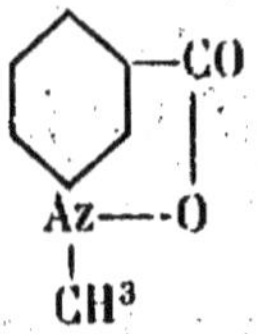

$$\text{Trigonelline.}$$

On a vu (page 72) qu'elle prend naissance, selon les expériences de M. Hantzsch, lorsqu'on chauffe le nicotate de potasse à 150° avec l'iodure de méthyle, et qu'on traite le produit par l'oxyde d'argent :

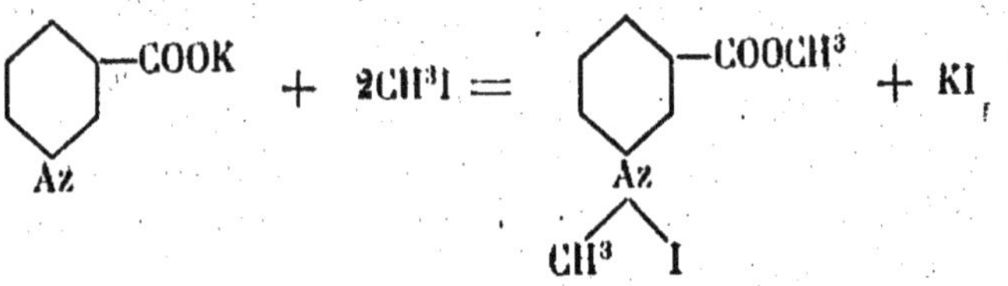

$$\text{Nicotate de potasse.} \qquad \text{Iodométhylate du nicotate de méthyle.}$$

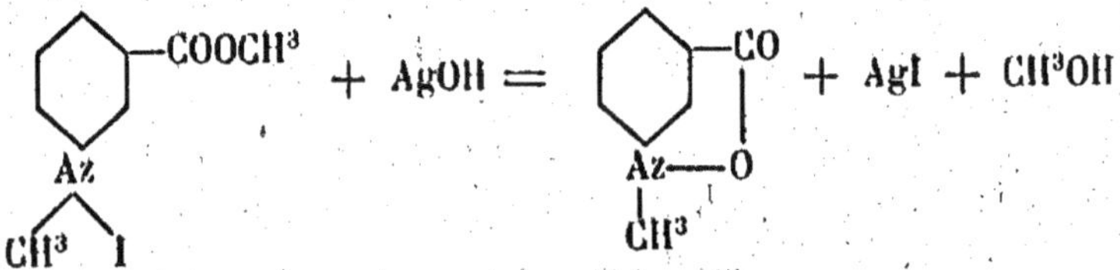

$$\text{Trigonelline.}$$

MM. Pictet et Genequand[1] ont obtenu récemment de la trigonelline en oxydant l'un des deux monométhylhydrates de nicotine au moyen du permanganate de potassium (voyez page 160).

La trigonelline est décomposée à chaud par la potasse ou la baryte en dégageant de la méthylamine. Traitée par l'acide chlorhydrique concentré à la température de 260—270°, elle fournit du chlorure de méthyle et de l'acide nicotique.

[1] Pictet et Genequand, *Chemiker Zeitung*, **21**, 246.

IV. ALCALOÏDES DE LA NOIX D'AREC

Jahns [1] a extrait en 1888-1891 de la noix d'Arec, fruit de l'*Areca Catechu* L. (famille des Palmiers), les quatre alcaloïdes suivants qui s'y trouvent à l'état de tannates, à côté d'une petite quantité de choline :

$$
\begin{array}{ll}
\text{Arécoline,} & C^6H^{13}AzO^2 \\
\text{Arécaïne,} & C^7H^{11}AzO^2 \\
\text{Arécaïdine,} & C^7H^{11}AzO^2 \\
\text{Guvacine,} & C^6H^9AzO^2
\end{array}
$$

1. Arécaïdine.

L'arécaïdine forme des tables qui renferment une molécule d'eau de cristallisation et fondent à 223-224° en se décomposant. Elle est facilement soluble dans l'eau, presque insoluble dans l'alcool absolu, insoluble dans l'éther, le chloroforme et le benzène. Elle est sans action sur l'organisme animal.

Elle forme des sels avec les acides et avec les bases ; sa solution aqueuse rougit faiblement le tournesol. Ce caractère acide est dû à la présence d'un carboxyle, car l'arécaïdine est éthérifiée par les alcools en présence d'acide chlorhydrique.

L'arécaïdine possède un groupe méthyle lié à l'azote ; traitée par l'acide chlorhydrique concentré à 240°, elle donne du chlorure de méthyle ; chauffée avec la chaux ou la baryte, elle fournit de la méthylamine.

[1] Jahns, B. **21**, 3404 ; **23**, 2972 ; **24**, 2615 ; A. Pharm. **220**, 669.

On peut donc écrire sa formule :

$$C^7H^{11}AzO^2 \ = \ CH^3\text{---}Az\text{=}C^5H^7\text{---}COOH.$$

L'arécaïdine est un composé non saturé. Traitée par le sodium et l'alcool amylique, elle fixe deux atomes d'hydrogène et se convertit en *dihydroarécaïdine*,

$$CH^3\text{---}Az\text{=}C^5H^9\text{---}COOH.$$

Celle-ci forme des cristaux hygroscopiques renfermant une molécule d'eau, fusibles après dessiccation à 162-163°, très solubles dans l'eau, l'alcool et le chloroforme, insolubles dans l'éther et présentant une réaction neutre.

Les formules brutes de l'arécaïdine et de son dihydrure pouvaient faire supposer que ces corps constituaient les dérivés carboxylés d'une méthylpipéridéine et d'une méthylpipéridine. Tel est en effet le cas : l'arécaïdine est l'*acide méthyltétrahydronicotique* et la dihydroarécaïdine l'*acide méthylnipécotique*. Jahns l'a prouvé en réalisant leur synthèse; il a obtenu les deux composés à la fois en réduisant le chlorométhylate de l'acide nicotique au moyen de l'étain et de l'acide chlorhydrique :

$$\begin{matrix} CH^3 \\ Cl \end{matrix}\Big> Az\text{≡}C^5H^4\text{---}COOH$$

Chlorométhylate
de l'acide nicotique.

$$+ \ 4H \ = \ CH^3\text{--}Az\text{=}C^5H^7\text{---}COOH \ + \ HCl$$
Arécaïdine.

$$+ \ 6H \ = \ CH^3\text{--}Az\text{=}C^5H^9\text{---}COOH \ + \ HCl$$
Dihydroarécaïdine.

La constitution des deux corps doit donc être exprimée par les formules suivantes :

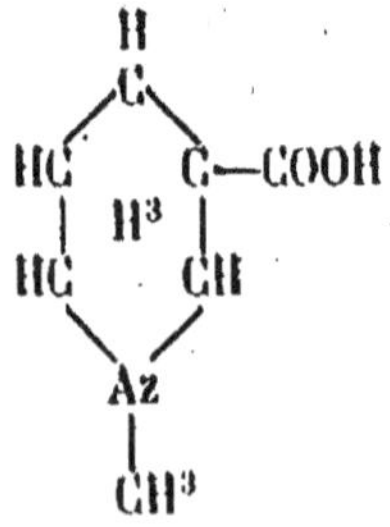

Arécaïdine.

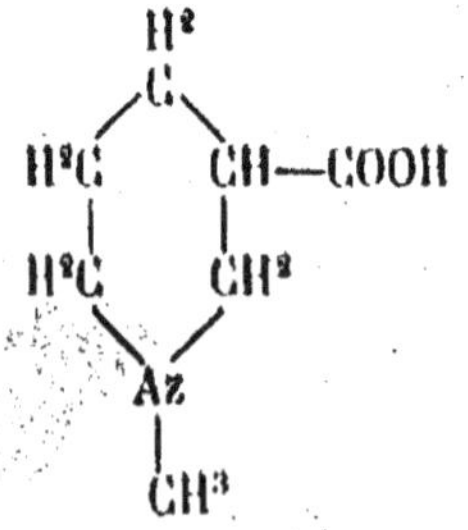

Dihydroarécaïdine.

ou peut-être par celles-ci :

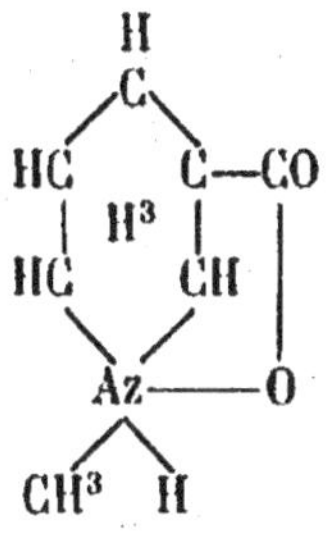

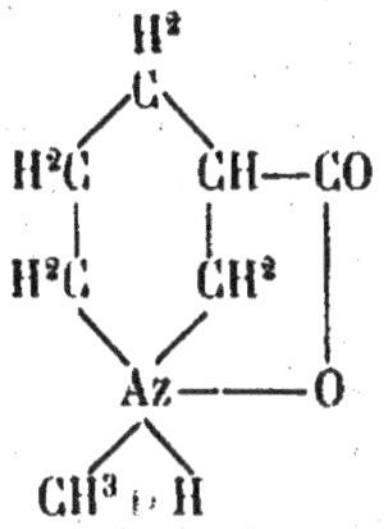

$$
\begin{array}{ccc}
& H & & & & H^2 \\
& C & & & & C \\
HC & & C\!-\!CO & \quad & H^2C & & CH\!-\!CO \\
& H^3 & & & & H^2 \\
HC & & CH & \quad & H^2C & & CH^2 \\
& Az\!-\!O & & & & Az\!-\!O \\
CH^3 \quad H & & & & CH^3 \quad H
\end{array}
$$

qui en font les dérivés tétrahydrogénés et hexahydrogénés de la trigonelline.

2. Arécoline.

L'arécoline est le principal alcaloïde de la noix d'Arec. Elle y existe en quantité à peu près égale à celle des trois autres bases réunies, soit environ 0,1 %. C'est un liquide huileux, incolore et inodore, volatil avec les vapeurs d'eau et bouillant à 209°. Elle se dissout en toutes proportions dans l'eau, l'alcool, le chloroforme et l'éther. Sa réaction est très alcaline.

Seule entre tous les alcaloïdes de la noix d'Arec, l'arécoline est vénéneuse; ses propriétés physiologiques se rapprochent à la fois de celles de la pilocarpine, de la pelletiérine et de la muscarine. C'est à elle que la noix d'Arec doit son action vermifuge.

L'arécoline est l'éther méthylique de l'arécaïdine,

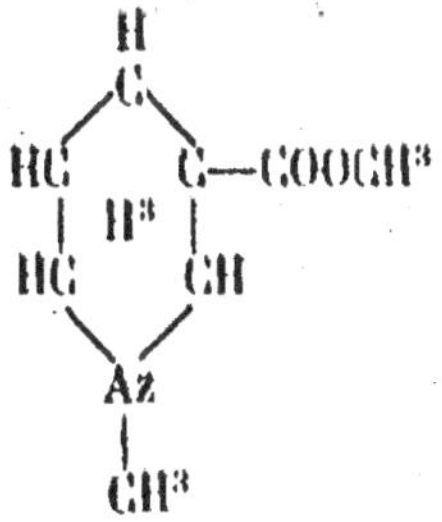

$$
\begin{array}{c}
H \\
C \\
HC \qquad C\!-\!COOCH^3 \\
H^3 \\
HC \qquad CH \\
Az \\
CH^3
\end{array}
$$

Chauffée avec les acides chlorhydrique ou iodhydrique, avec la potasse ou la baryte, elle se décompose en chlorure de méthyle (iodure de méthyle ou alcool méthylique) et arécaïdine.

Inversément, elle peut être reproduite en éthérifiant l'arécaïdine par l'alcool méthylique et l'acide chlorhydrique.

En employant, dans cette dernière opération, l'alcool éthylique, Jahns a obtenu l'*homarécoline*, $C^9H^{15}AzO^2$, ou méthyltétrahydronicotate d'éthyle, liquide très semblable à l'arécoline par toutes ses propriétés physiques et physiologiques.

3. Guvacine.

Cet alcaloïde se dépose de ses solutions alcooliques en cristaux brillants, fusibles à 271-272° en se décomposant; il est insoluble dans l'alcool, l'éther, le chloroforme et le benzène, facilement soluble dans l'eau, les acides et les alcalis. Sa réaction est neutre.

Malgré ses propriétés acides, la guvacine ne renferme pas de carboxyle, car elle n'est pas éthérifiée par les alcools en présence d'acide chlorhydrique.

Distillée avec de la baryte, elle fournit de l'ammoniaque; traitée par l'acide nitreux, elle donne une nitrosamine; chauffée avec de l'anhydride acétique et de l'acétate de soude, elle se transforme en un dérivé monoacétylé. Ces faits montrent qu'elle est une base secondaire, renfermant le groupe AzH.

En distillant la guvacine sur la poudre de zinc, Jahns a obtenu une base pyridique de formule C^6H^7Az, qu'il croit être la β-picoline.

Ces données ne sont pas suffisantes pour établir d'une façon certaine la constitution de la guvacine.

4. Arécaïne.

L'arécaïne cristallise dans l'alcool avec une molécule d'eau; elle fond à 213-214° en se décomposant. Elle est facilement soluble dans l'eau, très peu soluble dans l'alcool absolu, insoluble dans l'éther, le chloroforme et le benzène. Sa réaction est neutre et son caractère celui d'une base tertiaire.

L'arécaïne est de la guvacine méthylée à l'azote; Jahns l'a obtenue en traitant la guvacine, dissoute dans l'alcool méthylique, par le sodium et en chauffant le produit à 140-150° avec du méthylsulfate de potassium.

V. ACIDE CITRAZINIQUE

Ce composé, qui a pour formule $C^6H^5AzO^4$, a été retiré en 1893 de la betterave (*Beta vulgaris* L., famille des Chénopodées), par M. von Lippmann[1].

Il n'a pas de propriétés basiques, mais constitue au contraire un acide assez énergique. Il est insoluble dans les dissolvants neutres et on ne peut l'obtenir cristallisé que dans l'acide chlorhydrique concentré; il se présente alors en paillettes microscopiques qui se décomposent au-dessus de 300° sans entrer en fusion.

L'acide citrazinique était déjà connu au moment où M. von Lippmann constata sa présence parmi les nombreux composés azotés que contient la betterave. Behrmann et Hofmann[2] l'avaient obtenu, en 1884, en faisant réagir les acides sulfurique ou chlorhydrique sur les amides de l'acide citrique :

$$C^6H^5O^4(AzH^2)^3 = C^6H^5AzO^4 + 2AzH^3$$

Triamide citrique.   Acide citrazinique.

$$C^6H^5O^4(OH)(AzH^2)^2 = C^6H^5AzO^4 + AzH^3 + H^2O$$

Diamide citrique.

$$C^6H^5O^4(OH)^2(AzH^2) = C^6H^5AzO^4 + 2H^2O.$$

Monamide citrique.

Il se forme aussi lorsqu'on traite par l'ammoniaque aqueuse ou alcoolique l'éther triméthylique de l'acide aconitique (Ruhemann[3], Schneider[4]) :

$$C^6H^3O^6(CH^3)^3 + AzH^3 + H^2O = C^6H^5AzO^4 + 3CH^3OH$$

Aconitate de méthyle.   Acide citrazinique.

[1] von Lippmann, B. **26**, 3061.
[2] Behrmann et Hofmann, B. **17**, 2681.
[3] Ruhemann, B. **20**, 799, 3366; **21**, 1247; **23**, 881; **27**, 1271.
[4] Schneider, B. **21**, 670.

Chauffé à 180° avec de l'acide chlorhydrique, l'acide citrazinique est décomposé, par une réaction inverse, en ammoniaque et acide aconitique (Guthzeit et Dressel [1]). La réduction au moyen de l'étain et de l'acide chlorhydrique fournit de l'acide tricarballylique et de l'ammoniaque.

En traitant l'acide citrazinique par le perchlorure de phosphore, Behrmann et Hofmann ont obtenu un acide $C^6H^3Cl^2AzO^2$, qui, chauffé avec de l'acide iodhydrique, leur a fourni de l'acide isonicotique (page 59). Il résulte de ce fait que l'acide citrazinique est un *acide dioxyisonicotique ;* sa constitution doit être représentée par l'une des deux formules suivantes :

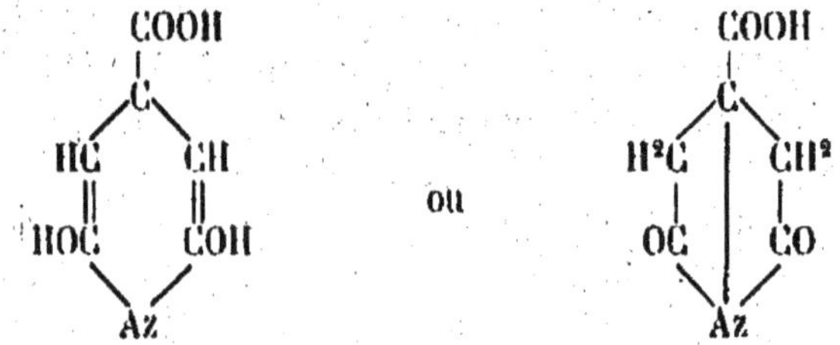

$$
\begin{array}{ccc}
\underset{\substack{| \\ \text{C} \\ / \,\backslash \\ \text{HC}\quad\text{CH} \\ \| \qquad \| \\ \text{HOC}\quad\text{COH} \\ \backslash \,/ \\ \text{Az}}}{\text{COOH}}
& \text{ou} &
\underset{\substack{| \\ \text{C} \\ / \,\backslash \\ \text{H}^2\text{C}\quad\text{CH}^2 \\ | \qquad | \\ \text{OC}\quad\text{CO} \\ \backslash \,/ \\ \text{Az}}}{\text{COOH}}
\end{array}
$$

La position $\alpha\alpha'$ des hydroxyles (ou des oxygènes carbonyliques) découle de la formation même de l'acide citrazinique à partir des dérivés citriques et aconitiques cités plus haut :

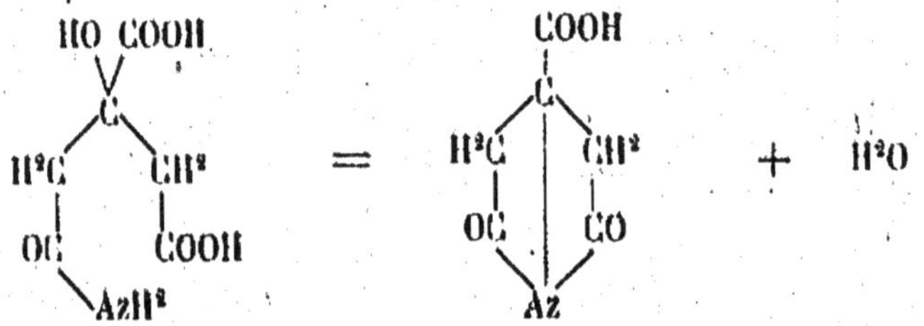

$$
\underset{\text{Monamide citrique.}}{\underset{\substack{\text{HO COOH} \\ \backslash / \\ \text{C} \\ / \,\backslash \\ \text{H}^2\text{C}\quad\text{CH}^2 \\ | \qquad | \\ \text{OC}\quad\text{COOH} \\ \backslash \,/ \\ \text{AzH}^2}}{}} \;=\;
\underset{\text{Acide citrazinique.}}{\underset{\substack{\text{COOH} \\ | \\ \text{C} \\ / \,\backslash \\ \text{H}^2\text{C}\quad\text{CH}^2 \\ | \qquad | \\ \text{OC}\quad\text{CO} \\ \backslash \,/ \\ \text{Az}}}{}} \;+\; H^2O
$$

[1] Guthzeit et Dressel, A. **262**, 89.

VI. NICOTINE

L'alcaloïde des feuilles du tabac (*Nicotiana Tabaccum* L., famille des Solanées) a été isolé en 1828 par Posselt et Reimann[1]. Il existe dans la plante à l'état de malate et de citrate ; sa quantité y est très variable (de 0,6 à 8 %), et en général d'autant plus faible que la qualité du tabac est meilleure.

Sa formule, établie en 1843 par Melsens[2], est $C^{10}H^{14}Az^2$.

La nicotine est un liquide incolore, possédant, lorsqu'il est pur, une odeur peu prononcée qui ne rappelle en rien celle du tabac et qui se rapproche de celle de la pipéridine; sa saveur est âcre et brûlante.

La densité de la nicotine est 1,01 à 20° ; elle ne se solidifie pas à — 30° et distille sans décomposition à 245°. Elle est très hygroscopique et miscible en toutes proportions à l'eau et aux dissolvants organiques usuels. Sa réaction est très alcaline. Elle dévie fortement à gauche le plan de polarisation ; ses sels sont, au contraire, dextrogyres. Elle constitue un des poisons les plus violents que l'on connaisse.

La nicotine est une base diacide; elle forme des sels avec un ou avec deux équivalents d'acide. Elle se combine avec deux molécules d'un iodure alcoolique (Kékulé et von Planta[3], Stahlschmidt[4]); elle fournit aussi avec l'iodure de méthyle deux monoiodométhylates isomériques; le premier s'obtient en mélangeant directement des quantités équimoléculaires des deux corps, le second en traitant le monoiodhydrate de nicotine par un excès d'iodure de

---

[1] Posselt et Reimann, *Magazin für Pharmacie*, **21**, 138.

[2] Melsens, A. ch. (3) **9**, 465.

[3] Kékulé et von Planta, A. **87**, 2.

[4] Stahlschmidt, A. **90**, 222.

méthyle et en éliminant ensuite l'acide iodhydrique au moyen du carbonate de soude (Pictet et Genequand [1]).

Ces faits montrent avec évidence que la nicotine est une base bitertiaire. Ils semblent en contradiction avec les observations de M. Etard [2], qui a trouvé que la nicotine réagit à 170° sur l'aldéhyde acétique et à 240-250° sur l'aldéhyde benzoïque en dégageant de l'eau, et qu'elle fournit avec l'anhydride acétique et avec le chlorure de benzoyle des dérivés monoacétylé et monobenzoylé. M. Pinner [3] a montré que cette contradiction n'est qu'apparente ; il a constaté que, si l'on soumet à la saponification l'acétylnicotine et la benzoylnicotine de M. Etard, ce n'est plus la nicotine que l'on obtient, mais une base isomérique, qu'il a appelée *métanicotine*. Celle-ci est un liquide huileux, optiquement inactif et bouillant à 275-278° ; elle constitue une base secondaire; mise en présence de l'anhydride acétique ou du chlorure de benzoyle, elle régénère les composés acétylé et benzoylé primitifs. M. Pinner en conclut que ceux-ci ne sont pas des dérivés de la nicotine elle-même, mais de la métanicotine, et que, dans la réaction qui leur donne naissance, il y a transformation préalable de la nicotine tertiaire en métanicotine secondaire. Nous reviendrons plus loin sur cette transformation.

La nicotine est une combinaison non saturée. Chauffée à 200° avec de l'acide iodhydrique et du phosphore, elle se convertit en *dihydronicotine*, $C^{10}H^{16}Az^2$, liquide lévogyre bouillant à 263-264° (Etard). Traitée par le sodium et l'alcool elle fixe 6 ou 8 atomes d'hydrogène et se transforme en hexahydronicotine et en octohydronicotine.

L'*hexahydronicotine*, $C^{10}H^{20}Az^2$, obtenue pour la première fois par M. Liebrecht [4], a été surtout étudiée par M. Blau [5]. C'est un corps solide qui fond vers 80° et distille à 245°,5; il possède l'odeur de la pipéridine et se dissout facilement dans l'eau, l'alcool et l'éther. Il est lévogyre et peu toxique. Il constitue une base diacide, à la fois tertiaire et secondaire (dérivé mononitrosé).

L'*octohydronicotine*, $C^{10}H^{22}Az^2$ (Blau [5]), est un liquide qui bout

[1] Pictet et Genequand, *Chemiker Zeitung*, **21**, 246.
[2] Etard, C. r. **97**, 1218; **117**, 170, 278; Bl. (2) **42**, 297; (3) **14**, 842.
[3] Pinner, B. **27**, 1053, 2861 ; **28**, 456.
[4] Liebrecht, B. **18**, 2969; **19**, 2587.
[5] Blau, B. **24**, 826; **26**, 628, 1020 ; **27**, 2585; M. **18**, 880.

à 259-260° ; elle donne avec l'acide nitreux un dérivé dinitrosé et constitue par conséquent une base bisecondaire.

En faisant passer les vapeurs de nicotine à travers un tube chauffé au rouge, MM. Cahours et Etard[1] ont obtenu de l'hydrogène, de l'ammoniaque, de l'acide cyanhydrique, du méthane, de l'éthane, de l'éthylène, du propylène et des bases pyridiques ; parmi ces dernières ils ont isolé de la *β-propylpyridine* (page 42), une lutidine, une picoline et de la pyridine. L'existence de ces mêmes bases a été constatée dans la fumée de tabac (Vohl et Eulenburg[2], Kissling[3], Le Bon et Noël[4]).

La distillation du chlorozincate de nicotine avec la chaux fournit des bases pyridiques et du *pyrrol* (Laiblin[5]).

Oxydation de la nicotine. — La nicotine est facilement oxydable ; elle brunit déjà à l'air en absorbant de l'oxygène. Soumise à l'action des oxydants, elle fournit divers produits dont l'étude a beaucoup contribué à établir sa constitution.

Huber[6] le premier fit agir, en 1867, l'acide chromique sur la nicotine ; il obtint comme unique produit un acide de formule $C^6H^5AzO^2$, qu'il nomma *acide nicotique*. Après lui MM. Weidel[7] et Laiblin[5] arrivèrent au même résultat en se servant de l'acide azotique ou du permanganate de potassium. Il fut démontré plus tard que l'acide nicotique est l'acide *β-pyridine-carbonique* (page 58) ; la nicotine est donc un dérivé de la pyridine possédant dans la position *β* une chaîne latérale unique :

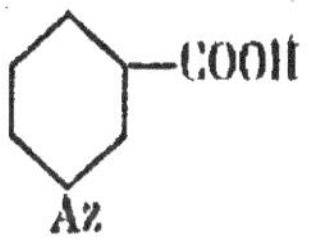

—COOH

Az

Acide nicotique.

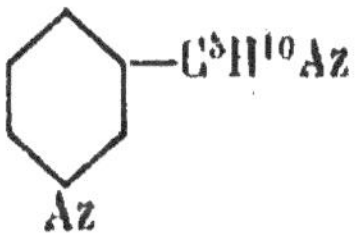

—$C^5H^{10}Az$

Az

Nicotine.

[1] Cahours et Etard, C. r. **88**, 999 ; **90**, 275 ; **92**, 1079 ; Bl. (2) **33**, 951 ; **34**, 449.

[2] Vohl et Eulenburg, A. Pharm. **147**, 180.

[3] Kissling, *Dingler's polytechnisches Journal*, **244**, 61, 234.

[4] LeBon et Noël, C. r. **90**, 1538.

[5] Laiblin, A. **196**, 120 ; B. **10**, 2136 ; **13**, 1212, 1996.

[6] Huber, A. **141**, 271 ; B. **3**, 849.

[7] Weidel, A. **165**, 328.

L'oxydation des dérivés quaternaires de la nicotine conduit à un résultat semblable. On a vu que la nicotine fournit deux monoiodo-méthylates; l'un de ces isomères prend naissance lorsqu'on fait agir sur la nicotine, d'abord une molécule d'acide iodhydrique, puis une molécule d'iodure de méthyle; il possède donc le groupe CH^3I lié à celui des atomes d'azote qui est le moins fortement basique. En transformant cet iodométhylate en hydrate et en oxydant celui-ci au moyen du permanganate de potassium, MM. Pictet et Genequand ont obtenu la trigonelline (méthylbétaïne nicotique) (page 149) :

$$\underset{\text{Monométhylhydrate de nicotine.}}{\begin{array}{c} \text{—}C^5H^{10}Az \\ \bigcirc \\ Az\text{—}OH \\ | \\ CH^3 \end{array}} \qquad \underset{\text{Trigonelline.}}{\begin{array}{c} \text{—}CO \\ \bigcirc \quad | \\ Az\text{—}O \\ | \\ CH^3 \end{array}}$$

Ce résultat montre que l'atome d'azote du noyau pyridique est moins basique que l'autre et que dans les monosels de nicotine l'acide sature l'azote du groupe $C^5H^{10}Az$.

Sous l'influence des agents oxydants faibles, la nicotine fournit d'autres produits d'oxydation. L'oxyde de mercure la transforme, à 240°, en *oxytrinicotine*, $C^{30}H^{27}Az^6O^2$ (Etard). L'eau oxygénée donne naissance à une base de formule $(C^{10}H^{14}Az^2O)^x$, l'*oxynicotine*. Celle-ci forme des cristaux déliquescents qui se décomposent sans fondre à 150°; traitée par l'acide chlorhydrique à 140°, elle donne le *nicotol*, $C^{10}H^{14}Az^2O$, qui bout à 265-270° en se décomposant en eau et en *déhydronicotine*, $C^{10}H^{12}Az^2$ (Pinner et Wolffenstein [1]).

Par oxydation au moyen du ferricyanure de potassium en solution alcaline (Cahours et Etard), de l'acide sulfurique à 300° (Liebrecht) de l'oxyde d'argent (Blau) ou de l'acétate d'argent (Tafel [2]), la nicotine perd quatre atomes d'hydrogène et se convertit en une base $C^{10}H^{10}Az^2$. MM. Cahours et Etard, qui l'ont obtenue les premiers, lui avaient donné le nom d'*isodipyridine;* les recherches plus récentes ayant montré que la nicotine n'est pas, comme on le

---

[1] Pinner et Wolffenstein, B. **24**, 61, 1878; **25**, 1428.
[2] Tafel, B. **25**, 1619.

croyait alors, un dérivé du bipyridyle, M. Blau a proposé de remplacer ce nom par celui de *nicotyrine*, qui ne préjuge en rien la constitution de la substance.

La nicotyrine est un liquide huileux, incolore, peu soluble dans l'eau et possédant une odeur caractéristique de champignons. Son point d'ébullition est situé à 280-281°. Sa solution alcoolique, additionnée de quelques gouttes d'acide chlorhydrique, colore le bois de sapin en bleu grisâtre. A l'inverse de la nicotine, la nicotyrine est une base monoacide et optiquement inactive.

Action du brome sur la nicotine. — Elle a été étudiée par M. Pinner[1]. Lorsqu'on traite la nicotine par le brome en solution acétique, on obtient un corps $C^{10}H^{11}Br^5Az^2O$, qui est transformé par l'eau bouillante, par l'ammoniaque ou par l'acide sulfureux en *dibromocotinine*, $C^5H^4Az—C^5H^6Br^2AzO$ (prismes fusibles à 125°). Celle-ci, réduite par la poudre de zinc et l'acide chlorhydrique, donne la *cotinine*, $C^5H^4Az—C^5H^8AzO$ (point de fusion 50°). L'acide chlorhydrique décompose la dibromocotinine à 150-160° avec formation de méthylamine, d'acide oxalique, d'*apocotinine*, $C^5H^4Az—C^4H^5O^3$ (acide cétonique fusible à 160°) et d'un corps $C^5H^4Az—C^2H^3O$, qui est probablement la *β-acétylpyridine*.

Le bromhydrate de nicotine, chauffé à 100° avec du brome, fournit la *dibromoticonine*, $C^5H^4Az—C^5H^4Br^2AzO^2$ (cristaux fusibles à 196°). La poudre de zinc en présence d'alcali transforme d'abord celle-ci en *bromoticonine*, $C^5H^4Az—C^5H^5BrAzO^2$, puis la dédouble en méthylamine et en un acide sirupeux $C^5H^4Az—C^4H^7O^4$ (acide pyridyldioxybutyrique?).

L'eau de baryte décompose à 100° la dibromoticonine, en donnant de l'acide nicotique, de l'acide malonique et de la méthylamine. Ce fait prouve que la nicotine contient le groupement d'atomes

$$\text{(cycle pyridine)}—C—C—C—C$$
$$Az$$

[1] Pinner, B. **25**, 2807 ; **26**, 292, 765 ; **27**, 2861 ; **28**, 1932.

Constitution de la nicotine. — Il résulte de ce qui précède que la nicotine est de la pyridine dans laquelle l'atome d'hydrogène β est remplacé par un groupe $C^5H^{10}Az$; il reste à déterminer quelle est la constitution de ce groupe.

Ce point a été l'objet de longues discussions ; nous passerons sous silence la plupart des hypothèses auxquelles il a donné lieu et des formules qui ont été successivement proposées. Disons seulement qu'on a pendant longtemps regardé le groupe $C^5H^{10}Az$ comme constitué par le radical pipéridyle. Ce qui semblait donner un certain poids à cette opinion, c'était la grande ressemblance qu'offraient les propriétés de la nicotine avec celles de deux pipéridylpyridines que MM. Skraup et Vortmann et MM. Weidel et Russo avaient préparées par réduction partielle des bipyridyles (voyez page 76).

Dans la première édition de ce livre, nous avions adopté cette manière de voir, et nous avions montré que, de toutes les pipéridylpyridines possibles, la seule dont la constitution pût convenir à la nicotine, était l'isomère $\alpha\beta$:

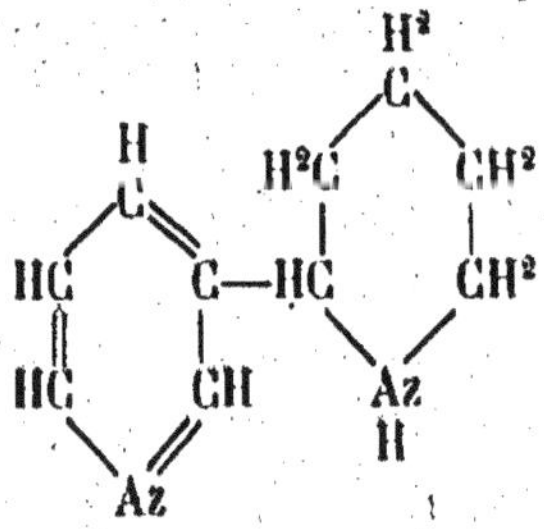

$$
\begin{array}{ccccc}
 & & & H^2 & \\
 & & & C & \\
 & H & H^2C & & CH^2 \\
 & C & & & \\
HC & & C\!-\!HC & & CH^2 \\
HC & & CH & & Az \\
 & Az & & H &
\end{array}
$$

Depuis lors, de nouvelles observations sont venues démontrer que cette formule est inadmissible ; voici les principales d'entre elles :

1° Cette formule suppose que la nicotine est une base secondaire ; or, le seul argument que l'on pût donner en faveur de cette opinion, à savoir l'existence d'une acétylnicotine et d'une benzoylnicotine, a été réfuté, comme on l'a vu, par M. Pinner. La manière dont la nicotine se comporte vis-à-vis des iodures alcooliques indique au contraire qu'elle est une base bitertiaire.

2° En réduisant l'$\alpha\beta$-bipyridyle au moyen du sodium et de l'alcool amylique, M. Blau a obtenu l'$\alpha\beta$-bipipéridyle (page 76),

Or, ce corps ne s'est pas montré identique avec l'hexahydronicotine.

3° MM. Herzig et Meyer [1] ont trouvé que la nicotine possède un
groupe méthyle lié à l'azote; son iodhydrate fournit par distillation la quantité calculée d'iodure de méthyle. On doit donc écrire
sa formule :

$$(C^5H^4Az)—C^4H^7=Az—CH^3,$$

ce qui exclut toute possibilité de l'existence d'un second noyau pyridique dans sa molécule.

Le groupe $C^5H^{10}Az$ n'est donc pas le radical de la pipéridine. Il
n'est pas davantage constitué par une chaîne ouverte, car, dans ce
cas, cette chaîne devrait renfermer une double liaison ; or l'indice
de réfraction de la nicotine (Pinner) et le fait qu'elle ne décolore
pas le permanganate en solution acide (Willstätter [2]) indiquent
l'absence de toute double liaison éthylénique.

Il ne reste donc plus qu'à admettre que le groupe $C^5H^{10}Az$ renferme une chaîne fermée autre que celle de la pipéridine. M. Pinner a émis l'hypothèse que cette chaîne pourrait être celle de la
méthylpyrrolidine, et il a proposé, comme formule constitutionnelle de la nicotine, l'expression suivante :

[1] Herzig et Meyer, B. **27**, 319 ; M. **15**, 618.
[2] Willstätter, B. **28**, 2277.

Cette formule rend bien compte de toutes les propriétés et décompositions de la nicotine; elle explique la formation constante de dérivés du pyrrol dans la distillation sèche de ses sels. Elle a trouvé sa complète confirmation dans l'étude de la nicotyrine.

La nicotyrine, qui prend naissance dans l'oxydation ménagée de la nicotine et qui en diffère par quatre atomes d'hydrogène en moins, serait, dans l'hypothèse de M. Pinner, un dérivé du pyrrol :

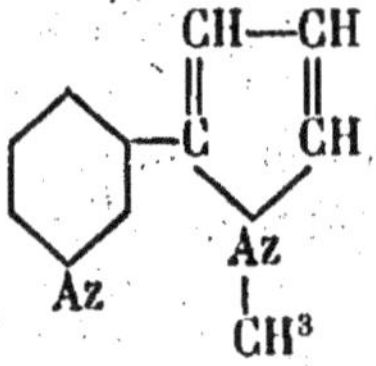

Or, toutes ses propriétés (inactivité optique, nature de base monoacide, réaction avec le bois de sapin), concordent bien avec cette dernière formule. Celle-ci a du reste été prouvée par la synthèse d'un de ses dérivés :

On sait par les travaux de M. Ciamician[1] que les dérivés du pyrrol qui renferment un radical carboné lié à l'atome d'azote, subissent à une température élevée une transposition moléculaire grâce à laquelle ce radical quitte l'azote pour venir se substituer à l'un des atomes d'hydrogène α :

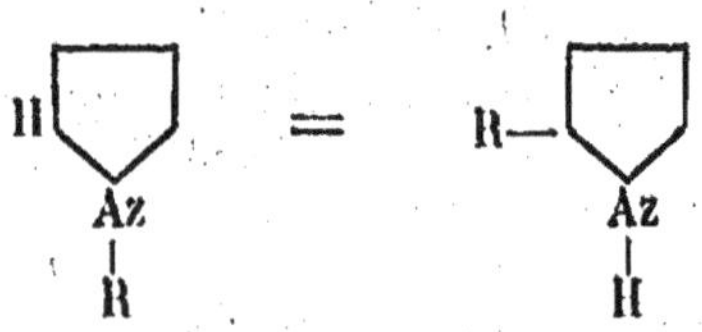

En soumettant le mucate de β-aminopyridine (page 18) à la distillation sèche, MM. Pictet et Crépieux[2] ont préparé le *az-β-pyridylpyrrol* (liquide bouillant à 251°); ils ont fait passer les vapeurs

[1] Ciamician, B. **18**, 1828; **20**, 698; **22**, 659, 2518.
[2] Pictet et Crépieux, B. **28**, 1904.

de cette substance à travers un tube chauffé au rouge sombre et ont obtenu ainsi un corps solide, fusible vers 72°, que, par analogie avec les réactions précédentes, on doit considérer comme l'*αβ-pyridylpyrrol* :

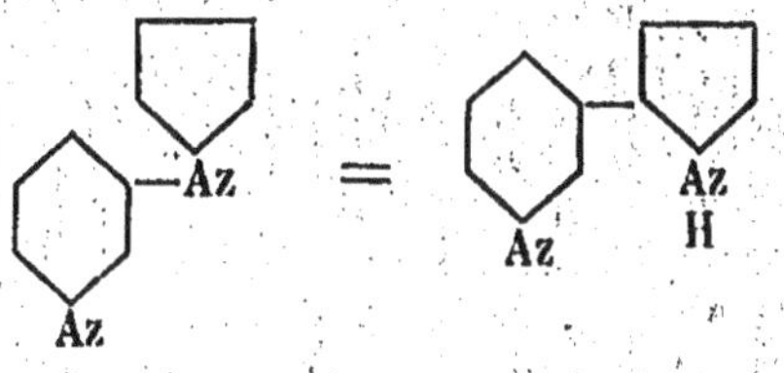

Az - β - Pyridylpyrrol.   αβ - Pyridylpyrrol.

Ce corps a des propriétés à la fois basiques et acides; il dissout le potassium avec dégagement d'hydrogène et formation d'un sel dans lequel un atome du métal est venu remplacer l'hydrogène lié à l'azote du noyau pyrrolique. Lorsqu'on chauffe ce sel avec de l'iodure de méthyle, le radical CH^3 vient à son tour se substituer à l'atome de potassium; mais il y a en même temps addition d'une molécule d'iodure de méthyle à l'azote du noyau pyridique, et l'on obtient l'*iodométhylate de l'az-méthyl-αβ-pyridylpyrrol* :

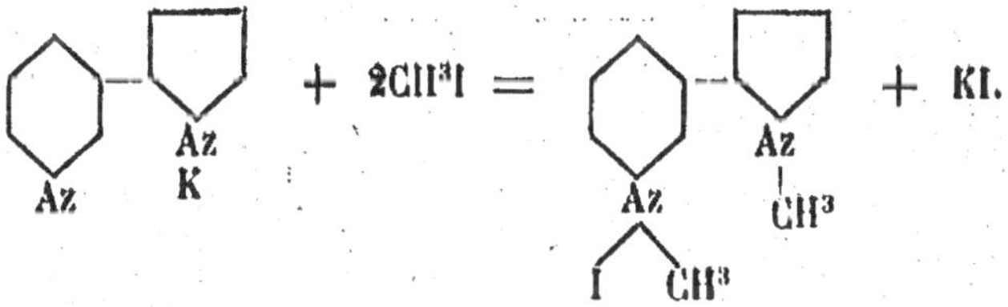

Or, la comparaison de cet iodométhylate avec celui de nicotyrine a démontré l'identité des deux substances; il est donc prouvé que la nicotyrine possède la formule que nous lui avons attribuée plus haut; et, bien que sa transformation en nicotine n'ait pu encore être réalisée, on peut admettre avec une certitude presque complète que cette dernière base est la modification gauche de l'*az-méthyl-αβ-pyridylpyrrolidine*, conformément à l'opinion émise par M. Pinner.

Dans la formation de la métanicotine et de l'octohydronicotine, il y a rupture du noyau pyrrolidique entre l'azote et l'atome de carbone asymétrique voisin, ce qui explique la nature secondaire et l'inactivité optique de ces deux bases :

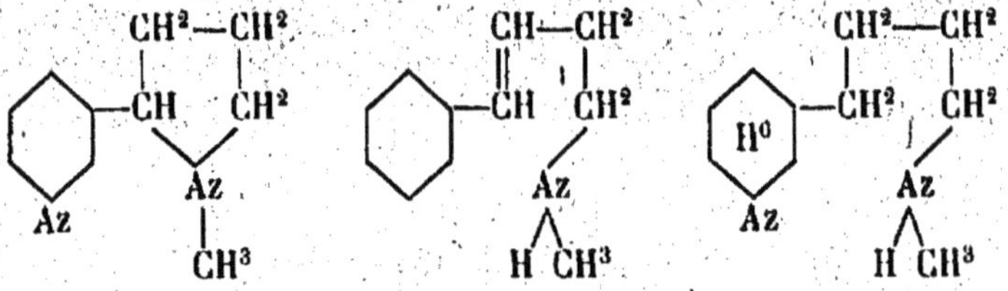
CH²—CH²
CH
CH²
Az
Az
CH³
CH—CH²
CH
CH²
Az
H CH³
CH²—CH²
H⁶
CH²
CH²
Az
Az
H CH³

Nicotine. Métanicotine. Octohydronicotine.

VII. ALCALOÏDES DU JABORANDI

Les feuilles du Jaborandi *(Pilocarpus pennatifolius* Lemaire, famille des Xanthoxylées) contiennent trois alcaloïdes :

$$
\begin{array}{lll}
\text{la pilocarpine,} & C^{11}H^{16}Az^2O^2, \\
\text{la jaborine,} & C^{11}H^{16}Az^2O^2, \\
\text{et la pilocarpidine,} & C^{10}H^{14}Az^2O^2.
\end{array}
$$

1. Pilocarpine.

La pilocarpine, découverte en 1875 par M. Hardy[1], a été étudiée principalement par MM. Hardy et Calmels[1], Chastaing[2] et Harnack et Meyer[3]. On l'obtient à l'état d'une masse amorphe, facilement soluble dans l'eau, l'alcool, l'éther et le chloroforme. A faible dose, elle excite la sécrétion de la sueur et de la salive; elle agit sur l'œil d'une manière inverse de l'atropine, en provoquant la contraction de la pupille (myosis). A dose plus forte, elle constitue un toxique énergique dont l'action est semblable à celle de la nicotine.

C'est une base monoacide tertiaire. Suivant MM. Herzig et Meyer[4], elle renferme un groupe méthyle lié à l'un des atomes d'azote. Elle est dextrogyre.

La pilocarpine se transforme facilement en son isomère, la *jabo-*

[1] Hardy et Calmels, Bl. (2) **46**, 479; **48**, 220; C. r. **102**, 1116, 1251, 1562; **103**, 277; **105**, 68.

[2] Chastaing, C. r. **94**, 223, 968; **97**, 1485; **100**, 1593; **101**, 507.

[3] Harnack et Meyer, A. **201**, 67.

[4] Herzig et Meyer, M. **15**, 613; **16**, 599.

rine; cela a lieu, en particulier, lorsqu'on la chauffe à 150°, ou lorsqu'on évapore au bain-marie ses solutions acides.

Soumise à l'ébullition avec l'eau ou avec les acides minéraux, elle subit une transformation plus profonde; elle perd un groupe méthyle et se convertit en son homologue inférieur, la *pilocarpidine* (Chastaing) :

$$C^{11}H^{16}Az^2O^2 + H^2O = C^{10}H^{14}Az^2O^2 + CH^3OH$$

    Pilocarpine.   Pilocarpidine.

Chauffée avec les alcalis caustiques, la pilocarpine fournit de la méthylamine, de l'anhydride carbonique, de l'acide butyrique et des bases pyridiques (Chastaing).

Les travaux de MM. Hardy et Calmels ont fourni des données intéressantes sur la constitution de la pilocarpine et de la pilocarpidine; voici quels en sont les principaux résultats :

1. La pilocarpine est soluble à chaud dans les alcalis en donnant des sels qui renferment $C^{11}H^{17}Az^2O^3M$; ils dérivent d'un acide $C^{11}H^{18}Az^2O^3$, qui diffère de la pilocarpine par les éléments d'une molécule d'eau en plus, et auquel on a donné le nom d'*acide pilocarpique*. L'acide lui-même ne peut être isolé, car lorsqu'on veut le mettre en liberté, il perd une molécule d'eau et régénère la pilocarpine.

2. Le pilocarpate de baryum fournit par distillation une base liquide, monoacide, bouillant à 235-240°, la *jabonine*, $C^9H^{11}Az^2$.

3. L'oxydation de la pilocarpine au moyen du permanganate de potassium fournit d'abord un corps $C^8H^7AzO^5$, l'*acide pyridine-tartronique*, puis de l'*acide nicotique*.

4. Chauffée avec de l'eau ou de l'acide chlorhydrique, la pilocarpine se dédouble en triméthylamine et en *acide pyridine-lactique*, $C^8H^9AzO^3$:

$$C^{11}H^{16}Az^2O^2 + H^2O = C^8H^9AzO^3 + Az(CH^3)^3$$

    Pilocarpine   Acide pyridine-   Triméthylamine.
                                                lactique.

5. Le sel de baryum de l'acide pyridine-lactique donne à la distillation une base liquide de formule C^7H^9AzO, l'*oxyéthylpyridine*.

Voici les formules constitutionnelles que MM. Hardy et Calmels attribuent à ces différents corps :

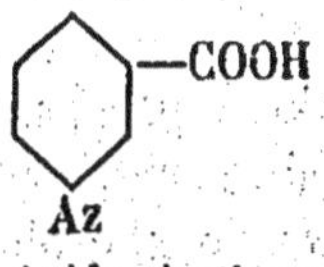

Acide nicotique,
$C^6H^5AzO^2$

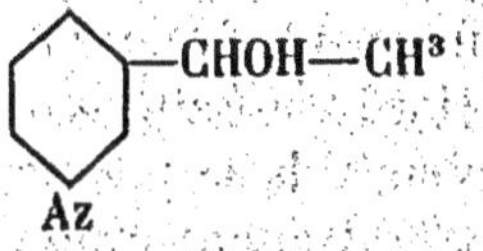

Oxyéthylpyridine,
C^7H^9AzO

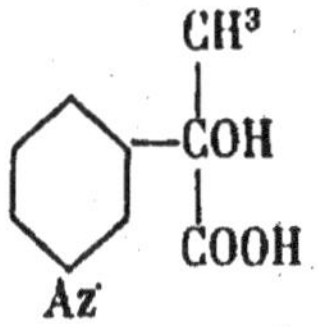

Acide
pyridine-lactique,
$C^8H^9AzO^3$

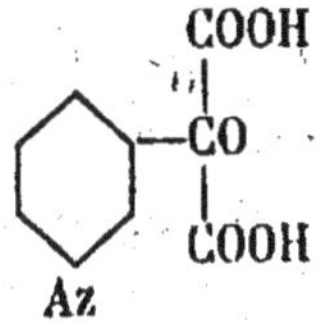

Acide pyridine-
tartronique,
$C^8H^7AzO^5$

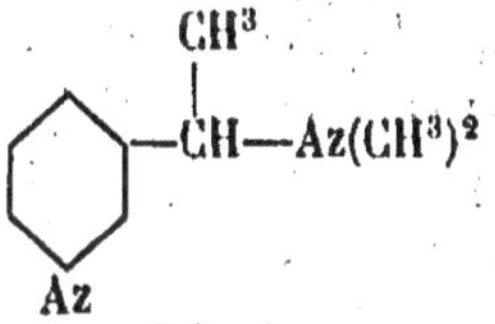

Jabonine,
$C^9H^{14}Az^2$

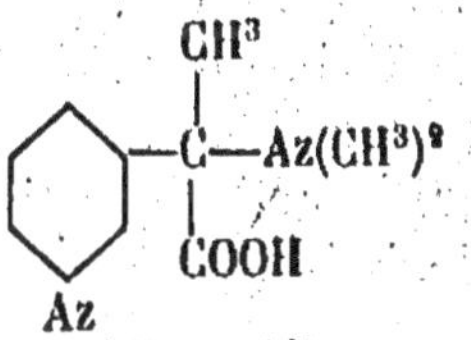

Pilocarpidine,
$C^{10}H^{14}Az^2O^2$

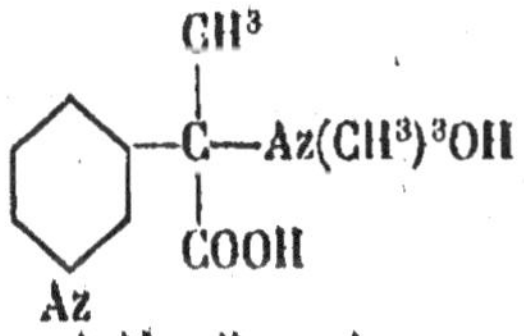

Acide pilocarpique,
$C^{11}H^{18}Az^2O^3$

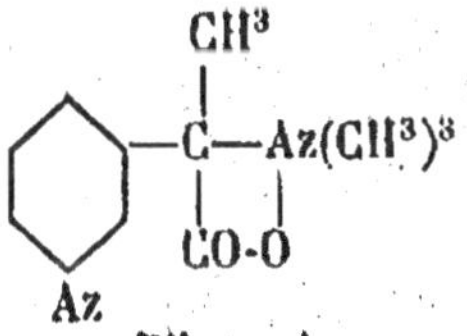

Pilocarpine,
$C^{11}H^{16}Az^2O^2$

D'après ces formules, la pilocarpine serait une bétaïne; sa constitution la rapprocherait beaucoup de la bétaïne proprement dite, dont elle représenterait le dérivé méthylé et pyridylé. Il faut reconnaître qu'il est difficile de concilier cette manière de voir avec le fait qu'elle n'est qu'une base monoacide, ainsi qu'avec l'observation de MM. Herzig et Meyer suivant laquelle elle ne posséderait qu'un groupe méthyle lié à l'azote. De nouvelles recherches seront nécessaires pour élucider ce point.

MM. Hardy et Calmels ont réalisé une synthèse partielle de la pilocarpine et de la pilocarpidine en partant de l'acide pyridine-lactique. En traitant celui-ci par le tribromure de phosphore, ils ont remplacé son hydroxyle alcoolique par un atome de brome. L'*acide pyridine-bromopropionique* ainsi obtenu a été chauffé à 150° avec de la triméthylamine ; le produit s'est trouvé identique avec la pilocarpidine :

$$(C^5H^4Az)\!-\!\overset{\displaystyle CH^3}{\underset{\displaystyle COOH}{C}}Br \; + \; Az(CH^3)^3 \; = \; (C^5H^4Az)\!-\!\overset{\displaystyle CH^3}{\underset{\displaystyle COOH}{C}}\!-\!Az(CH^3)^2 \; + \; CH^3Br$$

Acide pyridine-bromopropionique.

Pilocarpidine.

En traitant ensuite la pilocarpidine, dissoute dans l'alcool méthylique, par l'iodure de méthyle et la potasse caustique, ils ont obtenu un corps (probablement le diiodométhylate de méthylpilocarpidine), qui, soumis à l'action du permanganate d'argent, leur a donné de l'acide formique et de la pilocarpine :

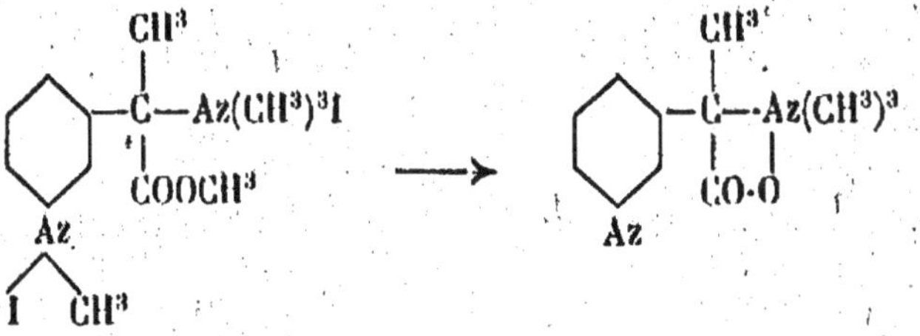

Diiodométhylate de méthylpilocarpidine.

Pilocarpine.

2. Jaborine.

La jaborine a été retirée en 1880 des feuilles du Jaborandi par MM. Harnack et Meyer[1]. Elle est isomérique avec la pilocarpine,

---

[1] Harnack et Meyer, A. **204**, 67.

et se forme toujours lorsqu'on évapore les solutions acides de ce dernier alcaloïde.

C'est un corps amorphe, facilement soluble dans l'alcool et dans l'éther, moins soluble dans l'eau que la pilocarpine. Ses propriétés physiologiques se rapprochent de celles de l'atropine; contrairement à son isomère, elle produit la dilatation de la pupille.

Comme la pilocarpine, la jaborine perd un groupe méthyle sous l'influence des acides minéraux ou des alcalis, et se transforme en pilocarpidine.

3. Pilocarpidine.

Elle a été découverte en 1887 par M. Harnack [1]. Elle forme une masse sirupeuse, déliquescente, à réaction très alcaline, assez soluble dans l'eau; elle se dissout facilement dans l'alcool et le chloroforme, peu dans l'éther et le benzène, et presque pas dans la ligroïne. Son chlorhydrate est lévogyre. Son action physiologique est la même que celle de la pilocarpine, quoique plus faible.

La pilocarpidine est une base monoacide tertiaire; elle possède aussi des propriétés acides et se combine avec les alcalis pour former des sels de formule $C^{10}H^{13}Az^2O^2M$, qui sont décomposés par l'acide carbonique.

Chauffée à 200° avec la potasse, elle donne de la diméthylamine (Merck [2]).

Elle constitue l'homologue inférieur de la pilocarpine. On a vu qu'elle prend naissance par l'action de l'eau ou des acides sur cette dernière base, et qu'elle la régénère lorsqu'on la traite par l'iodure de méthyle en présence d'alcali.

On a vu aussi quelle est la formule que lui attribuent MM. Hardy et Calmels.

[1] Harnack, A. **288**, 228.
[2] Merck, *Bericht für* 1890.

VIII. CYTISINE

La cytisine a été découverte en 1865 par MM. Husemann et Marmé[1] dans les graines du faux ébénier (*Cytisus Laburnum* L.). On l'a rencontrée aussi dans les semences de plusieurs autres cytises, dans celles du *Genista monosperma* Lam., du *Baptisia tinctoria* R. Br., du *Baptisia australis* R. Br., du *Sophora tomentosa* L., du *Sophora speciosa* Bentham, de l'*Anagyris fœtida* L., ainsi que dan l'*Ulex europaeus* L.; tous ces végétaux appartiennent à la famil. des Légumineuses.

La formule de la cytisine est $C^{11}H^{14}Az^2O$. Elle cristallise dans l'alcool en prismes fusibles à 152-153°; elle peut être sublimée dans le vide, mais ne distille pas sans décomposition. Elle est très soluble dans l'eau, l'alcool et le chloroforme, très peu soluble dans l'éther et le benzène et insoluble dans la ligroïne.

La cytisine est une base diacide; elle offre une réaction fortement alcaline et constitue une des bases végétales les plus énergiques; elle chasse l'ammoniaque de ses sels et précipite les oxydes des métaux lourds de leurs solutions salines. Sa saveur est à la fois amère et caustique. C'est un poison très violent. Elle dévie à gauche le plan de la lumière polarisée.

Elle a été surtout étudiée, au point de vue de ses propriétés chimiques et de sa constitution, par MM. Plugge[2], Partheil[3] et Buchka et Magalhaes[4]; ces auteurs ont établi les points suivants :

La cytisine est une base à la fois secondaire et tertiaire; elle fournit, en effet, une nitrosamine (aiguilles fusibles à 174°), un

[1] Husemann et Marmé, *Zeitschrift für Chemie*, **1865**, 161 ; **1869**, 677.

[2] Plugge, A. Pharm. **229**, 48, 561 ; **232**, 444 ; **233**, 294, 480, 441.

[3] Partheil, B. **23**, 3201 ; **24**, 634 ; A. Pharm. **231**, 448 ; **232**, 161, 480. *Apotheker Zeitung*, **10**, 908.

[4] Buchka et Magalhaes, B. **24**, 258, 674.

dérivé monoacétylé (pt. de fus. 208°), un dérivé méthylé bitertiaire (pt. de fus. 134°), ainsi que des produits d'addition avec les iodures alcooliques.

La *méthylcytisine*, $(C^{11}H^{13}AzO)=Az-CH^3$, donne avec l'iodure de méthyle un monoiodométhylate; lorsqu'on chauffe celui-ci avec la potasse, on obtient une nouvelle base tertiaire, la *diméthyl-cytisine* :

$$(C^{11}H^{13}AzO)Az(CH^3)^2I + KOH = (C^{11}H^{12}AzO)Az(CH^3)^2 + KI + H^2O$$

Iodométhylate
de méthylcytisine.　　　　Diméthylcytisine.

Celle-ci, transformée de nouveau en iodométhylate et traitée par la potasse, se décompose en donnant de la triméthylamine, de l'aldéhyde formique, et une base amorphe dont la formule est $C^{10}H^{13}AzO^2$, mais dont l'étude n'a pas été poursuivie (Partheil) :

$$(C^{11}H^{12}AzO)Az(CH^3)^3I + KOH + H^2O = C^{10}H^{13}AzO^2 + (CH^3)^3Az + CH^2O + KI$$

La cytisine ne renferme pas de groupe méthoxyle.

Distillée avec la poudre de zinc ou la chaux sodée, elle fournit du pyrrol et des bases pyridiques.

Son oxydation au moyen du permanganate de potassium ne donne que de l'acide oxalique et de l'ammoniaque.

Selon M. van de Moer[5], la cytisine serait, au point de vue de sa constitution, dans une relation étroite avec la pilocarpine, dont elle ne diffère que par les éléments d'une molécule d'eau en moins; il se formerait, en effet, de la cytisine, lorsqu'on soumet à l'action des rayons solaires une solution de chlorhydrate de pilocarpine dans l'eau de chlore. Cette curieuse observation demande à être confirmée.

---

[5] van de Moer, *Berichte der deutschen pharmaceutischen Gesellschaft*, **5**, 257.

IX. SPARTÉINE

La spartéine, $C^{15}H^{26}Az^2$, a été retirée en 1851 par Stenhouse[1] du genêt à balais (*Spartium Scoparium* L., famille des Légumineuses) C'est un alcaloïde liquide, de consistance huileuse, distillant sans altération à la température de 288° (311° suivant M. Bamberger[2]); il possède une odeur faible, rappelant celle de l'aniline, et une saveur très amère; il est vénéneux et agit comme narcotique.

L'alcool, l'éther, le chloroforme dissolvent facilement la spartéine; elle est, en revanche, insoluble dans le benzène et la ligroïne, et très peu soluble dans l'eau. Sa densité est un peu supérieure à celle de l'eau. Elle dévie à gauche le plan de polarisation et constitue une base énergique, diacide et bitertiaire, à réaction fortement alcaline.

Sa constitution est loin d'être établie; on sait cependant que sa molécule renferme un noyau pyridique, peut-être deux. En distillant la spartéine sur la chaux, ou en faisant passer ses vapeurs à travers un tube chauffé au rouge, M. Ahrens[3] a obtenu de la pyridine et de la γ-picoline, ainsi que de l'ammoniaque, de l'acide cyanhydrique, de l'éthylène, du propylène et d'autres hydrocarbures de la série grasse. En chauffant le sulfate de spartéine avec de la poudre de zinc, le même auteur a recueilli de la pyridine, de l'α-picoline, une triméthylpyridine ($\alpha\beta\alpha'$? voyez page 49), de la méthyldiéthylamine, etc.

L'oxydation de la spartéine au moyen du permanganate fournit, selon M. Bernheimer[4], un acide pyridine-carbonique, à côté d'une forte proportion d'acides oxalique et formique.

[1] Stenhouse, *Philosophical Transactions*, **1851** (2) 422 ; A. **78**, 15.
[2] Bamberger, A. **235**, 368.
[3] Ahrens, B. **20**, 2218 ; **21**, 825 ; **24**, 1095 ; **25**, 3607 ; **26**, 3035 ; **30**, 195.
[4] Bernheimer, G. **13**, 451.

Enfin la spartéine, chauffée à 170-180° avec de l'oxyde d'argent, se décompose en donnant de la pyridine et de l'anhydride carbonique (Peratoner[1]).

La spartéine renferme-t-elle un groupe méthyle lié à l'azote? MM. Herzig et Meyer[2] n'ont pu en déceler au moyen de leur procédé; M. Ahrens, au contraire, veut que l'acide iodhydrique, agissant à la température de 200°, fournisse une molécule d'iodure de méthyle, et donne naissance à une base liquide de formule $C^{14}H^{21}Az^2$, bouillant à 276° et présentant le caractère d'une base secondaire.

La spartéine est un corps non saturé; l'étain et l'acide chlorhydrique la convertissent en *hydrospartéine*, $C^{15}H^{28}Az^2$, liquide épais, peu soluble dans l'eau, entrant en ébullition à 281-284° et constituant une base secondaire (Ahrens).

En soumettant la spartéine à l'action des oxydants faibles (chlorure de chaux, eau oxygénée, peroxyde de plomb, oxydes d'argent et de mercure, etc.), M. Ahrens a obtenu une série de produits d'oxydation, dont les principaux sont :

1° La *déhydrospartéine*, $C^{15}H^{24}Az^2$, liquide bouillant à 314-315°.

2° Une *oxyspartéine*, $C^{15}H^{24}Az^2O$, soit $C^{14}H^{23}Az$ (CHO), aiguilles fusibles à 83-84°, base diacide à fonction aldéhydique. L'oxychlorure de phosphore lui enlève les éléments d'une molécule d'eau et la transforme en une base volatile de formule $C^{15}H^{22}Az^2$.

3° Deux bases huileuses isomériques, renfermant $C^{15}H^{26}Az^2O$.

4° Une *dioxyspartéine*, $C^{15}H^{24}Az^2O^2$, soit $C^{15}H^{22}Az^2(OH)^2$, prismes fusibles à 128-129°; chauffée à 200° avec de l'acide chlorhydrique concentré, elle fournit la déhydrospartéine.

5° Une *trioxyspartéine*, $C^{15}H^{24}Az^2O^3$, base monoacide, cristallisée et déliquescente.

[1] Peratoner, G. **22**, 555.
[2] Herzig et Meyer, M. **15**, 613; **16**, 599.

X. ALCALOÏDES DES LUPINS

On a retiré des semences du lupin jaune (*Lupinus luteus* L.,
famille des Légumineuses), avant ou après leur germination, un très
grand nombre de substances : des matières albuminoïdes (jusqu'à
49 %), un glucoside de formule $C^{39}H^{33}O^{16}$, des acides (malique,
citrique, oxalique) et toute une série de composés basiques : asparagine (17-19 %), leucine, phénylalanine, tyrosine, arginine, choline, xanthine, hypoxanthine, *lupinine*, *lupinidine*, etc. Nous ne
nous occuperons ici que de ces deux derniers alcaloïdes, qui se
différencient très nettement des autres, et sont seuls particuliers
au lupin jaune.

Les semences du lupin blanc (*Lupinus albus* L.) contiennent
deux autres alcaloïdes, la *lupanine droite* et la *lupanine inactive*.
Celles du lupin bleu (*Lupinus angustifolius* L.) et du *Lupinus
perennis* Rich., renferment la lupanine droite (Schmidt et Davis[1]).

1. Lupinine.

Entrevue en 1835 par Cassola[2], et isolée depuis lors, mais à
l'état plus ou moins impur, par différents observateurs, la lupinine
a été étudiée par M. Baumert[3], qui en a établi la composition,
$C^{21}H^{40}Az^2O^2$, et décrit les propriétés en 1881.

C'est une substance cristalline, qui fond à 67-68° et distille sans
décomposition dans une atmosphère d'hydrogène à la température

<hr>

[1] Schmidt et Davis, A. Pharm. **235**, 192.

[2] Cassola, A. **13**, 308.

[3] Baumert, B. **14**, 1150, 1321, 1880, 1882 ; **15**, 631, 634, 1951 ; A. **214**,
361 ; **224**, 313.

de 255-257°. Elle possède une odeur agréable de fruits et une saveur extrêmement amère. Elle est facilement soluble dans l'eau, l'alcool et l'éther, et se volatilise avec les vapeurs d'eau. Sa réaction est fortement alcaline, ses propriétés toxiques peu prononcées.

La lupinine est une base diacide et bitertiaire; elle ne semble pas posséder de groupe méthyle lié à l'azote.

Elle renferme deux hydroxyles; elle dissout le sodium avec dégagement d'hydrogène et donne avec le chlorure d'acétyle un dérivé diacétylé. Chauffée à 180-200° avec de l'acide chlorhydrique, elle perd successivement les éléments d'une et de deux molécules d'eau et se transforme en *anhydrolupinine*, $C^{21}H^{38}Az^2O$ (liquide huileux à odeur vireuse, non distillable sans décomposition), puis en *dianhydrolupinine*, $C^{21}H^{36}Az^2$ (liquide bouillant à 220°).

2. Lupinidine.

La lupinidine, $C^8H^{15}Az$, a été également étudiée par M. Baumert[1]. Elle constitue un liquide huileux très oxydable, plus lourd que l'eau, moins soluble dans l'eau chaude que dans l'eau-froide, facilement soluble dans l'alcool et l'éther. Elle est volatile avec les vapeurs d'eau et possède une odeur vireuse et une saveur très amère. C'est une base tertiaire à réaction alcaline et un poison faible, dont l'action est analogue à celle du curare.

3. Lupanine droite.

Cette base a été découverte en 1885 par M. Hagen[2] dans les graines du lupin bleu; elle se trouve aussi dans celles du lupin blanc. Son étude a été faite par MM. Soldaini[3], Schmidt et Siebert[4], et Schmidt et Davis. Le premier de ces auteurs la décrit comme une substance sirupeuse jaune pâle qui finit par se prendre en une masse déliquescente. MM. Schmidt et Davis ont réussi à l'obtenir, par cristallisation dans la ligroïne, sous la forme d'aiguilles fusibles à 44°. Sa composition répond à la formule $C^{15}H^{24}Az^2O$.

---

[1] Baumert, A. **224**, 321; **225**, 365; **227**, 207.

[2] Hagen, A. **230**, 367.

[3] Soldaini, A. Pharm. **230**, 61; **231**, 321, 481; G. **23** (1) 143; **25** (1) 352.

[4] Schmidt et Siebert, A. Pharm. **229**, 531.

Elle est facilement soluble dans l'eau froide et se précipite lorsqu'on chauffe cette solution; l'alcool, l'éther, le chloroforme et la ligroïne la dissolvent aisément. Elle ne peut être distillée. Elle possède une saveur amère et des propriétés vénéneuses. La base libre et ses sels sont dextrogyres.

La lupanine est une base forte, monoacide et tertiaire; elle ne renferme ni méthoxyle, ni hydroxyle, ni méthyle à l'azote, ni groupe carbonyle. Traitée par le sodium et l'alcool, elle fixe 4 et 6 atomes d'hydrogène.

L'action prolongée de la potasse la décompose avec formation d'ammoniaque, d'un carbure d'hydrogène et d'une base C^7H^9Az, qui est probablement une diméthylpyridine. Par distillation avec la chaux sodée on obtient de l'ammoniaque et une base pyridique.

Lorsqu'on chauffe la lupanine, en solution alcoolique, avec du brome, elle est dédoublée suivant l'équation

$$C^{15}H^{24}Az^2O + H^2O = C^8H^{15}AzO + C^7H^{11}AzO.$$

On obtient deux bases, dont l'une est isomérique avec la tropine, et qui renferment toutes deux un hydroxyle (dérivés acétylés) (Schmidt et Davis).

4. Lupanine inactive.

Découvert en 1892 par M. Soldaini, cet alcaloïde a été étudié par MM. Schmidt et Davis. Il cristallise dans la ligroïne en aiguilles fusibles à 99°, facilement solubles dans l'eau, l'alcool, l'éther, le chloroforme et la ligroïne. C'est une base monoacide tertiaire, à réaction fortement alcaline. Il répand lorsqu'on le chauffe l'odeur de la pyridine.

La lupanine inactive est un racémique. En préparant son sulfocyanate, MM. Schmidt et Davis ont obtenu deux sortes de cristaux hémimorphes, fusibles à 188° et dont les solutions déviaient le plan de polarisation. Ces sels, décomposés par un alcali, leur ont fourni deux bases actives, fusibles toutes deux à 44° et ne différant que par le signe de leur pouvoir rotatoire. La modification dextrogyre s'est montrée identique avec la lupanine droite retirée des lupins. En mélangeant, en solution aqueuse, des poids égaux des deux modifications, ils ont pu reproduire la lupanine inactive fusible à 99°.

XI. ALCALOÏDES DES SOLANÉES

Plusieurs plantes de la famille des Solanées sont caractérisées par la présence, dans leurs tissus, d'alcaloïdes très toxiques et très voisins les uns des autres par leurs propriétés chimiques et leur constitution. Ces plantes sont :

la belladone (*Atropa Belladona* L.),
la jusquiame (*Hyoscyamus niger* L. et *H. albus* L.),
la stramoine ou pomme épineuse (*Datura Strammonium* L.),
le *Duboisia myoporoïdes* R. Br.,
et différentes espèces du genre *Scopolia*.

Le principe actif de ces végétaux est répandu dans toute la plante, mais ce sont les semences et les racines qui en contiennent la plus forte proportion; celle-ci est du reste loin d'être considérable et ne dépasse jamais 0,6 %.

Les alcaloïdes des Solanées ont été pendant longtemps difficiles à caractériser et à différencier ; cela tient à la grande similitude de leurs propriétés et à la faculté qu'ils possèdent de se transformer les uns dans les autres. On peut aujourd'hui regarder comme très probables l'existence et l'individualité des 8 alcaloïdes suivants :

1.	Atropine,	$C^{17}H^{23}AzO^3$.
2.	Hyoscyamine,	»
3.	Pseudohyoscyamine,	»
4.	Hyoscine,	»
5.	Atropamine,	$C^{17}H^{21}AzO^2$.
6.	Belladonine,	»
7.	Scopolamine,	$C^{17}H^{21}AzO^4$.
8.	Atroscine,	»

De ces 8 alcaloïdes, trois se rencontrent dans tous les végétaux énumérés ci-dessus; ce sont l'atropine, l'hyoscyamine et la scopolamine. On retire cependant l'atropine surtout des baies de belladone, tandis que l'hyoscyamine et la scopolamine proviennent principalement des graines de jusquiame. L'atropamine et la belladonine n'ont été extraites jusqu'ici que de la belladone ; la pseudohyoscyamine a été observée dans le *Duboisia myoporoïdes*, l'hyoscine et l'atroscine dans la jusquiame.

1. Atropine.

L'atropine a été découverte dans la racine de belladone, en 1831, presque simultanément par Mein[1] et par Geiger et Hesse[2]. Elle cristallise dans l'alcool ou dans le chloroforme en prismes fusibles à 115-116° ; elle est très soluble dans ces deux dissolvants, moins soluble dans l'éther et le benzène, peu soluble dans l'eau froide. Ses solutions possèdent une saveur âcre et amère. Elle est, ainsi que ses sels, sans action sur la lumière polarisée (Ladenburg[3]). Elle constitue un poison redoutable et possède la propriété de dilater la pupille (mydriase).

Ainsi que l'ont constaté MM. Will[4] et Schmidt[5], l'atropine prend naissance par transformation de son isomère, l'hyoscyamine, lorsqu'on chauffe celui-ci à 110° à l'abri de l'air ou que l'on abandonne à elle-même sa solution alcoolique additionnée de quelques gouttes de soude caustique. Il est probable que cette transformation est une racémisation ; la structure des deux alcaloïdes étant, comme on le verra, identique, il est permis d'admettre avec M. Ladenburg[6] qu'ils constituent deux modifications optiques d'un seul et même corps, l'hyoscyamine étant la modification lévogyre et l'atropine la modification racémique. Le dédoublement de cette dernière n'a cependant pas été effectué.

La facile transformation de l'hyoscyamine en atropine a pu faire supposer (Will[4]) que cette dernière n'existe pas dans la plante et qu'elle ne prend naissance que pendant les opérations qu'exigent l'extraction et la purification des alcaloïdes, opérations au

[1] Mein, A. **6**, 67.
[2] Geiger et Hesse, A. **7**, 269.
[3] Ladenburg, B. **12**, 941.
[4] Will, B. **21**, 1717, 2777.
[5] Schmidt, B. **21**, 1829.
[6] Ladenburg, B. **21**, 3065.

cours desquelles ceux-ci se trouvent en contact avec des alcalis ou sont plus ou moins soumis à l'action de la chaleur. Il se peut, en effet, qu'une transformation partielle de l'hyoscyamine ait lieu de ce fait, mais les recherches de plusieurs chimistes, et en particulier celles de MM. Schmidt et Schütte[1] autorisent à admettre que l'atropine existe cependant dans le végétal à côté de l'hyoscyamine.

L'atropine peut à son tour, sous l'influence de divers agents, se convertir en d'autres alcaloïdes. M. Pesci[2] a observé, en 1882, que l'acide azotique fumant la transforme en une base qu'il appela *apoatropine* et qui fut reconnue plus tard pour être identique avec l'atropamine naturelle. Cette même transformation a lieu, suivant M. Hesse[3] par l'action de l'acide sulfurique à froid ou par celle des anhydrides acétique et phosphorique.

D'autre part, lorsqu'on soumet l'atropine à l'action de la chaleur (130°), on obtient une certaine quantité de belladonine (Hesse[3]).

Il ne s'agit plus, dans ces deux dernières réactions, d'une simple transformation isomérique, mais d'une déshydratation :

$$C^{17}H^{23}AzO^3 \;=\; C^{17}H^{21}AzO^2 \;+\; H^2O.$$

Atropine. Atropamine ou Belladonine.

L'atropine est une base tertiaire. Elle possède un groupe méthyle lié à l'azote (Herzig et Meyer[4]) et un hydroxyle (Schmidt[5]).

Elle constitue en même temps un éther ; ainsi que l'ont montré, en 1863, MM. Kraut[6] et Lossen[7], elle est saponifiée par les alcalis, l'eau de baryte ou l'acide chlorhydrique, en donnant un acide, l'*acide tropique inactif*, et une alcamine, la *tropine* :

$$C^{17}H^{23}AzO^3 \;+\; H^2O \;=\; C^9H^{10}O^3 \;+\; C^8H^{15}AzO$$

Atropine. Acide tropique. Tropine.

[1] Schmidt et Schütte, A. Pharm. **229**, 492.

[2] Pesci, G. **12**, 285, 329.

[3] Hesse, A. **277**, 290.

[4] Herzig et Meyer, B. **27**, 319 ; M. **15**, 613.

[5] Schmidt, A. Pharm. **232**, 409.

[6] Kraut, A. **128**, 273 ; **133**, 87 ; **148**, 236.

[7] Lossen, A. **131**, 43 ; **138**, 230.

Si l'action du réactif se prolonge, l'acide tropique subit lui-même une déshydratation et se transforme en un mélange d'*acide atropique*, $C^9H^8O^2$, et d'*acide isatropique*, $C^{18}H^{16}O^4$. Si, d'autre part, dans le traitement par l'acide chlorhydrique, la température s'élève à 180°, la tropine perd également une molécule d'eau et se convertit en *tropidine*, $C^8H^{13}Az$.

La synthèse partielle de l'atropine a été réalisée en 1879 par M. Ladenburg [1], en chauffant au bain-marie le tropate de tropine avec de l'acide chlorhydrique étendu. Il se produit alors une réaction inverse de la précédente, et qui peut être représentée par la même équation, lue de droite à gauche. La tropine et l'acide tropique s'unissent en perdant les éléments d'une molécule d'eau, et régénèrent l'atropine.

En combinant d'autres acides avec la tropine, M. Ladenburg a préparé toute une série d'éthers analogues, qu'il a nommé *tropéines* (voyez page 208), et dont quelques-uns sont doués comme l'atropine de propriétés mydriatiques.

2. Hyoscyamine.

L'hyoscyamine a été retirée de la jusquiame, en 1833, par Geiger et Hesse [2]. Ses propriétés offrent la plus grande ressemblance avec celles de l'atropine. Elle cristallise dans l'alcool en aiguilles fusibles à 108°,5; elle est très soluble dans l'alcool, un peu moins dans l'éther; l'eau la dissout un peu plus facilement que l'atropine. Elle possède la même saveur âcre et persistante et les mêmes propriétés physiologiques. La principale différence réside dans l'activité optique de l'hyoscyamine, qui est fortement lévogyre.

Les déshydratants convertissent l'hyoscyamine en atropamine et en belladonine, identiques à celles qui prennent naissance dans le traitement semblable de l'atropine (Hesse [3], Schmidt [4]).

L'hyoscyamine est saponifiée par l'eau de baryte et par les al-

[1] Ladenburg, B. **12**, 941.
[2] Geiger et Hesse, A. **7**, 270.
[3] Hesse, A. **277**, 290.
[4] Schmidt, A. Pharm. **232**, 409.

calis. MM. Höhn et Reichardt [1], qui observèrent ce fait en 1871, avaient donné aux deux produits de dédoublement les noms d'*acide hyoscique* et d'*hyoscine*; M. Ladenburg [2] a montré plus tard que l'acide hyoscique est identique à l'acide tropique inactif et l'hyoscine à la tropine; en traitant leur mélange par l'acide chlorhydrique étendu, il n'obtint cependant pas de l'hyoscyamine, mais de l'atropine.

L'explication de ce fait a été donnée en 1883 par M. Merck [3]. En opérant la saponification de l'hyoscyamine au moyen de l'eau chaude, il obtint, à côté de la tropine, un acide tropique actif, déviant à gauche le plan de polarisation. Cet acide tropique lévogyre constitue le produit direct de la saponification de l'hyoscyamine; si l'opération a lieu en solution acide ou alcaline, l'acide actif se racémise. Il n'est donc pas étonnant qu'après cette transformation il n'engendre plus que de l'atropine par sa combinaison avec la tropine.

Cette observation semble confirmer l'opinion émise page 180, d'après laquelle l'hyoscyamine serait la modification gauche de l'atropine. L'expérience suivante montre cependant que la relation qui existe entre les deux alcaloïdes n'est pas aussi simple qu'on pourrait le supposer.

MM. Ladenburg et Hundt [4] ont réussi, en 1889, à dédoubler l'acide tropique inactif par cristallisation de son sel de quinine. L'acide lévogyre ainsi obtenu devait être identique à celui de M. Merck, puisque la molécule de l'acide tropique ne contient, ainsi qu'il sera démontré plus loin, qu'un atome de carbone asymétrique. Or, en le combinant avec la tropine inactive, MM. Ladenburg et Hundt obtinrent une *atropine gauche*, qui, bien que fort semblable à l'hyoscyamine, n'était cependant pas identique avec elle.

Il faut en conclure que l'isomérie stéréochimique des deux alcaloïdes n'a pas son siège uniquement dans la partie de la molécule représentée par le reste de l'acide tropique, mais qu'elle réside aussi dans le groupement qui correspond à la tropine; celui-ci, comme

---

[1] Höhn et Reichardt, A. **157**, 98.

[2] Ladenburg, B. **13**, 109, 254, 607; A. **206**, 286.

[3] Merck, A. Pharm. **231**, 115.

[4] Ladenburg et Hundt, B. **22**, 2590.

on le verra plus bas, ne renferme pas moins de trois atomes de carbone asymétriques. Il est donc fort possible que le premier produit basique de la saponification de l'hyoscyamine ne soit pas la tropine inactive, mais une tropine active qui se racémiserait pendant l'opération ; ce n'est alors que par la combinaison de cette tropine active avec l'acide tropique gauche que l'on pourrait arriver à reconstituer l'hyoscyamine.

3. Pseudohyoscyamine.

Cet alcaloïde, encore peu connu, a été retiré en 1892 du *Duboisia myoporoïdes* par M. Merck [1]. Il cristallise dans un mélange d'éther et de chloroforme en aiguilles fusibles à 133-134° ; il est facilement soluble dans l'alcool et le chloroforme, peu soluble dans l'eau et l'éther, et dévie à gauche le plan de la lumière polarisée; il est peu toxique et dilate la pupille.

Sa saponification au moyen de la baryte fournit de l'acide tropique et une base $C^8H^{15}AzO$, différente de la tropine.

4. Hyoscine.

M. Ladenburg [2] a donné ce nom à un alcaloïde qu'il prétend avoir retiré des graines de jusquiame, et qui serait, selon lui, isomérique avec les alcaloïdes précédents. Il l'a obtenu à l'état d'une masse sirupeuse douée de propriétés mydriatiques. Il l'a dédoublé, au moyen des alcalis caustiques, en acide tropique et en une base $C^8H^{15}AzO$, différente de la tropine, qu'il a appelée *pseudotropine*.

D'après M. Schmidt et M. Hesse, l'hyoscine ne constituerait point un corps défini ; M. Ladenburg aurait eu entre les mains un mélange de scopolamine, $C^{17}H^{21}AzO^4$ (page 186), avec l'un des autres alcaloïdes que l'on rencontre dans la jusquiame. La pseudotropine ne serait elle-même que de la scopoline à l'état impur.

De nouvelles recherches élucideront sans doute ce point, qui a été l'objet de longues discussions entre les trois savants que nous venons de nommer.

[1] Merck, A. Pharm. **231**, 115.

[2] Ladenburg, B. **13**, 910, 1549 ; **14**, 1870 ; **17**, 151 ; **20**, 1661 ; **23**, 2338 ; A. **206**, 299.

5. Atropamine.

L'atropamine a été retirée en 1891 par M. Hesse[1] de la racine de belladone. Son étude, entreprise à la fois par M. Hesse et par M. Merck[2], démontra bientôt son identité avec l'*apoatropine*, $C^{17}H^{21}AzO^3$, que M. Pesci[3] avait obtenue précédemment en traitant l'atropine par l'acide azotique concentré.

MM. Hesse et Schmidt montrèrent plus tard qu'elle forme le produit constant de la déshydratation de l'atropine et de l'hyoscyamine sous l'influence de l'acide sulfurique ou des anhydrides phosphorique, benzoïque, acétique, etc.

L'atropamine se dépose de ses solutions dans l'éther en prismes fusibles à 60-62°; elle est très soluble dans l'alcool, l'éther et le chloroforme, assez soluble dans le benzène, peu soluble dans l'eau et dans la ligroïne. Sa saveur est amère et désagréable. Elle ne possède pas de propriétés mydriatiques et n'a pas d'action sur la lumière polarisée.

C'est un composé non saturé; traitée par l'amalgame de sodium, elle fixe deux atomes d'hydrogène et se transforme en une base huileuse, l'*hydroatropamine* ou *hydroapoatropine*, $C^{17}H^{23}AzO^2$ (Pesci[3]).

Soumise à l'action de la chaleur, l'atropamine se convertit en son isomère, la belladonine. Chauffée avec la baryte caustique ou l'acide chlorhydrique, elle subit d'abord cette même transformation, puis elle se saponifie; les produits de son dédoublement sont l'*acide atropique* et la *tropine* :

$$C^{17}H^{21}AzO^2 \quad = \quad C^9H^8O^2 \quad + \quad C^8H^{15}AzO$$

Atropamine.	Acide atropique.	Tropine.

La réaction inverse a été effectuée par M. Ladenburg[4]; en chauffant au bain-marie un mélange de tropine, d'acide atropique et d'acide chlorhydrique, il a obtenu l'atropamine. Celle-ci est donc la tropéine de l'acide atropique, comme l'atropine et l'hyoscyamine sont les tropéines de l'acide tropique.

[1] Hesse, A. **261**, 87; **271**, 100; **277**, 290.

[2] Merck, A. Pharm. **230**, 154; **231**, 110.

[3] Pesci, G. **11**, 538; **12**, 59, 285, 329.

[4] Ladenburg, A. **217**, 290.

6. Belladonine.

M. Kraut [1] le premier a isolé à l'état de pureté, en 1868, cet alcaloïde qui avait déjà été entrevu par quelques observateurs. Il lui attribua la formule $C^{17}H^{23}AzO^3$ et le regarda comme un isomère de l'atropine. MM. Merling [2] et Hesse [3] montrèrent plus tard que sa composition est $C^{17}H^{21}AzO^3$ et qu'il constitue un isomère de l'atropamine.

Il existe en très petite quantité (0,01-0,04 %) dans la belladone.

La belladonine prend naissance par l'action de la chaleur ou, dans certaines conditions, par celle des acides ou de la baryte sur l'atropamine, ainsi que par la déshydratation directe de l'atropine lorsqu'on chauffe celle-ci à 130° (Hesse [3], Merck [4]).

Elle forme une masse résineuse jaune, très peu soluble dans l'eau, facilement soluble dans les dissolvants organiques. Elle fournit par hydrolyse les mêmes produits que l'atropamine, à savoir l'acide atropique et la tropine. Les deux alcaloïdes sont très probablement des stéréo-isomères.

7. Scopolamine.

M. Schmidt [5] a extrait, en 1888, de la racine du *Scopolia atropoïdes* Bercht. et de celle du *Scopolia japonica* Maxim., un alcaloïde particulier, de formule $C^{17}H^{21}AzO^4$, auquel il donna le nom de *scopolamine*. Il put constater ensuite son existence dans les autres Solanées. Ses observations ont été confirmées par M. Hesse [6].

La scopolamine cristallise avec une molécule d'eau; son point de fusion est situé à 59°. Elle est assez soluble dans l'eau et très

[1] Kraut, A. **148**, 236; B. **13**, 165.
[2] Merling, B. **17**, 381.
[3] Hesse, A. **261**, 87; **271**, 100; **277**, 290.
[4] Merck, A. Pharm. **221**, 110.
[5] Schmidt, A. Pharm. **226**, 185; **228**, 435; **229**, 518; **230**, 207; **232**, 409; B. **25**, 2601; **29**, 2009; *Apotheker Zeitung*, **11**, 260, 321.
[6] Hesse, A. **271**, 100; **276**, 84; **277**, 304; B. **29**, 1771.

soluble dans les dissolvants organiques. C'est une base tertiaire, lévogyre, douée de propriétés mydriatiques.

Soumise à l'action des alcalis ou des carbonates alcalins, la scopolamine se convertit en un isomère, l'*isoscopolamine;* la même transformation a lieu lorsqu'on traite le bromhydrate de scopolamine par l'oxyde d'argent. L'isoscopolamine est cristallisée et fond à 55-56°; ses propriétés sont fort semblables à celles de la scopolamine, à cette différence près, qu'elle est, ainsi que ses sels, dextrogyre.

Les deux isomères sont saponifiés par les alcalis, la baryte ou l'acide chlorhydrique, et dédoublés en *acide tropique* et *scopoline:*

$$C^{17}H^{21}AzO^4 + H^2O = C^9H^{10}O^3 + C^8H^{13}AzO^2$$

Scopolamine et Isoscopolamine.	Acide tropique.	Scopoline.

8. Atroscine.

M. Hesse[1] a retiré de la scopolamine du commerce une petite quantité d'un alcaloïde isomérique, se distinguant principalement de la scopolamine et de l'isoscopolamine par son inactivité optique. Il lui a donné le non d'*atroscine* et le décrit comme un corps cristallisé en aiguilles renfermant 2 molécules d'eau, fusible à 36-37° à l'état hydraté et vers 50° après dessiccation. Cette base possède une réaction alcaline et des propriétes mydriatiques; elle se dissout facilement dans les principaux solvants organiques ainsi que dans l'eau bouillante. Ses sels sont inactifs comme elle.

Les alcalis dédoublent l'atroscine en donnant les mêmes produits que la scopolamine, c'est-à-dire l'acide tropique et la scopoline.

Suivant M. Schmidt, l'atroscine serait identique avec l'isoscopolamine; elle n'existerait pas dans le végétal et ne prendrait naissance que dans les opérations d'extraction.

On voit par ce qui précède que les alcaloïdes des Solanées sont des corps très voisins les uns des autres au point de vue de leurs propriétés chimiques. Ils sont, en particulier, tous dédoublés par hydrolyse en un acide en C^9 et un alcool basique en C^8:

[1] Hesse, B. **29**, 1776, 2439; *Apotheker Zeitung*, **11**, 312.

l'atropine et l'hyoscyamine en acide tropique, $C^9H^{10}O^3$, et tropine, $C^8H^{15}AzO$;

la pseudohyoscyamine en acide tropique, $C^9H^{10}O^3$, et une base $C^8H^{15}AzO$;

l'hyoscine en acide tropique, $C^9H^{10}O^3$, et pseudotropine, $C^8H^{15}AzO$;

l'atropamine et la belladonine en acide atropique, $C^9H^8O^2$, et tropine, $C^8H^{15}AzO$;

la scopolamine et l'atroscine en acide tropique, $C^9H^{10}O^3$, et scopoline, $C^8H^{13}AzO^2$.

Il nous reste maintenant à montrer quelle est la constitution de ces produits de dédoublement.

Acide atropique, $C^9H^8O^2$. — L'acide atropique se présente en cristaux tabulaires ; il fond à 106°,5 et distille à 267° en se décomposant. C'est un acide non saturé ; il fixe deux atomes d'hydrogène ou de brome, ainsi que les éléments d'une molécule d'acide chlorhydrique, bromhydrique ou hypochloreux. Oxydé au moyen du mélange chromique, il fournit de l'acide benzoïque et de l'anhydride carbonique. La potasse en fusion le convertit en acides phénylacétique et formique.

Sa composition en fait un isomère de l'acide cinnamique. La relation qui existe entre ces deux acides est exprimée par les formules suivantes :

$$C^6H^5-CH=\!\!=CH-COOH \qquad\qquad C^6H^5-C\!\!\diagup^{\textstyle CH^2}_{\textstyle COOH}$$

Acide cinnamique (β - phénylacrylique).   Acide atropique (α - phénylacrylique).

La constitution de l'acide atropique a été prouvée par sa synthèse, réalisée en 1880 par MM. Ladenburg et Rügheimer[1]. Cette synthèse repose sur les réactions suivantes :

1. L'acétophénone, chauffée avec du perchlorure de phosphore, échange son oxygène contre deux atomes de chlore, et fournit un *dichloréthylbenzène :*

$$C^6H^5-CO-CH^3 + PCl^5 = C^6H^5-CCl^2-CH^3 + POC.^3$$

2. Lorsqu'on traite ce dernier par le cyanure de potassium en

<hr>

[1] Ladenburg et Rügheimer, B. **13**, 876, 2041 ; A **217**, 74.

solution alcoolique, il se produit une double réaction : l'un des atomes de chlore est remplacé par le radical cyanogène et l'autre par l'éthoxyle. On obtient un nitrile, que l'on saponifie au moyen de la baryte :

$$C^6H^5\text{-}CCl^2\text{-}CH^3 + KCAz + C^2H^5OH = C^6H^5\text{—}C \underset{\overset{|}{CAz}}{\overset{CH^3}{\underset{|}{OC^2H^5}}} + KCl + HCl.$$

$$C^6H^5\text{—}C \underset{CAz}{\overset{CH^3}{OC^2H^5}} + 2H^2O = C^6H^5\text{—}C \underset{COOH}{\overset{CH^3}{OC^2H^5}} + AzH^3.$$

3. L'acide ainsi formé (*acide éthylatrolactique*) perd une molécule d'alcool lorsqu'on le chauffe avec de l'acide chlorhydrique concentré, et se transforme en *acide atropique :*

$$C^6H^5\text{—}C \underset{COOH}{\overset{CH^3}{OC^2H^5}} = C^6H^5\text{—}C \underset{COOH}{\overset{CH^2}{}} + C^2H^5OH.$$

Acide tropique, $C^9H^{10}O^3$. — Cet acide forme des prismes ou des tables fusibles à 117-118°. Il est optiquement inactif et n'a aucune action sur l'organisme animal. C'est un acide saturé ; il possède un hydroxyle alcoolique, que le perchlorure de phosphore remplace facilement par un atome de chlore. Traité par les agents déshydratants, il se convertit en acide atropique. Ces faits permettent de lui attribuer l'une ou l'autre des deux formules suivantes :

$$C^6H^5\text{—}CH \underset{COOH}{\overset{CH^2OH}{}} \qquad\qquad C^6H^5\text{—}COH \underset{COOH}{\overset{CH^3}{}}$$
$$\text{I} \qquad\qquad\qquad\qquad\qquad \text{II}$$

On connaît depuis 1879 un acide isomérique avec l'acide tropique ; MM. Fittig et Wurster [1] l'ont obtenu en chauffant avec du carbonate de soude le produit d'addition que l'acide atropique forme avec l'acide bromhydrique ; ils l'ont nommé *acide atrolactique.* C'est un corps cristallisé, renfermant une demi-molécule d'eau et fondant après dessiccation à 94° ; les agents déshydratants le transforment en acide atropique.

---

[1] Fittig et Wurster, A. **195**, 153.

La constitution de l'acide atrolactique ne peut également être exprimée que par l'une des deux formules ci-dessus; si donc l'on peut déterminer celle qui lui appartient, on aura fixé du même coup la constitution de l'acide tropique. Or, deux synthèses de l'acide atrolactique, publiées presque simultanément en 1881 par MM. Böttinger[1] et Spiegel[2] montrent qu'on doit lui attribuer la formule II.

M. Böttinger a trouvé que l'acide dibromopyruvique et le benzène fournissent, en présence de l'acide sulfurique, un produit d'addition; celui-ci n'est autre chose qu'un dérivé dibromé de l'acide atrolactique; il donne ce dernier par réduction au moyen de l'amalgame de sodium :

$$C^6H^6 + CO{<}{{CHBr^2}\atop{COOH}} = C^6H^5{-}COH{<}{{CHBr^2}\atop{COOH}}$$

$$C^6H^5{-}COH{<}{{CHBr^2}\atop{COOH}} + 4H = C^6H^5{-}COH{<}{{CH^3}\atop{COOH}} + 2HBr$$

M. Spiegel, en traitant l'acétophénone par l'acide prussique, a obtenu une cyanhydrine; celle-ci constitue le nitrile de l'acide atrolactique et le fournit par saponification :

$$C^6H^5{-}CO{-}CH^3 + CAzH = C^6H^5{-}COH{<}{{CH^3}\atop{CAz}}$$

$$C^6H^5{-}COH{<}{{CH^3}\atop{CAz}} + 2H^2O = C^6H^5{-}COH{<}{{CH^3}\atop{COOH}} + AzH^3$$

Ces deux modes de formation de l'acide atrolactique conduisant à la formule II, il en résulte que la formule I est celle de son isomère, l'acide tropique.

L'acide tropique a été obtenu synthétiquement, en 1880, par MM. Ladenburg et Rügheimer[3] en partant de l'acide atropique. Ce dernier, mis en présence d'une solution d'acide hypochloreux, se combine avec lui pour former l'*acide chlorotropique*. Lorsqu'on traite celui-ci par un agent réducteur (poudre de zinc et soude

[1] Böttinger, B. **14**, 1236.
[2] Spiegel, B. **14**, 1358.
[3] Ladenburg et Rügheimer, B. **13**, 876; A. **217**, 74.

caustique), son atome de chlore est remplacé par un atome d'hydrogène, et l'on obtient l'acide tropique :

$$C^6H^5 - C \left\langle \begin{matrix} CH^2 \\ COOH \end{matrix} \right. \quad + \quad ClOH \quad = \quad C^6H^5 - CCl \left\langle \begin{matrix} CH^2OH \\ COOH \end{matrix} \right.$$

Acide atropique.   Acide chlorotropique.

$$C^6H^5 - CCl \left\langle \begin{matrix} CH^2OH \\ COOH \end{matrix} \right. \quad + \quad 2H \quad = \quad C^6H^5 - CH \left\langle \begin{matrix} CH^2OH \\ COOH \end{matrix} \right. \quad + \quad HCl$$

Acide chlorotropique.   Acide tropique.

La formule de l'acide tropique renferme un atome de carbone asymétrique; l'acide inactif provenant de l'atropine doit donc pouvoir être scindé en deux modifications actives. Ce dédoublement a été réalisé par MM. Ladenburg et Hundt[1] au moyen de la cristallisation du sel de quinine. L'*acide tropique droit* fond à 127-128°, l'*acide tropique gauche* à 123°. Ce dernier est fort probablement identique avec l'acide lévogyre que M. Merck[2] a obtenu en saponifiant l'hyoscyamine au moyen de l'eau chaude (page 183).

Tropine, $C^8H^{15}AzO$. — La tropine, qui constitue le produit basique de la saponification de la plupart des alcaloïdes des Solanées, est une substance hygroscopique qui cristallise dans l'éther en tables incolores, très solubles dans l'eau, l'alcool et l'éther. Elle fond à 63° et distille sans altération à 233°. C'est une base tertiaire, à réaction fortement alcaline; elle n'attire cependant pas l'acide carbonique de l'air. Elle est sans action sur la lumière polarisée. Elle est beaucoup moins toxique que l'atropine et l'hyoscyamine, et les propriétés mydriatiques de ces deux alcaloïdes lui font entièrement défaut.

Chauffée à une température assez élevée avec du sodium et de l'alcool amylique, la tropine se convertit en une modification stéréo-isomérique qui est identique avec la pseudotropine de M. Liebermann, produit de saponification de l'un des alcaloïdes du Coca (voyez page 226) (Willstätter[3]).

---

[1] Ladenburg et Hundt, B. **22**, 2590.
[2] Merck, A. Pharm. **231**, 115.
[3] Willstätter, B. **29**, 936.

Depuis une vingtaine d'années, la tropine a été l'objet d'un nombre très considérable de recherches, entreprises dans le but d'arriver à la connaissance de sa constitution. Parmi ces recherches, il faut mentionner en première ligne celles de M. Ladenburg[1] et de M. Merling[2]. Le premier de ces savants, par une suite ininterrompue de remarquables expériences, a établi les grands traits de la structure moléculaire de ce composé, et les a fixés dans une formule que l'on trouvera plus loin. Les résultats obtenus après lui par M. Merling ont eu pour effet de modifier dans un certain sens cette formule.

Nous exposerons d'abord les travaux de M. Ladenburg; nous parlerons ensuite de ceux de M. Merling.

M. Ladenburg a montré, en premier lieu, que la tropine est un alcool. Elle est facilement éthérifiée par les acides en formant les *tropéines* (page 208); elle présente de grandes ressemblances avec les alcamines de synthèse[3]. L'atome d'oxygène qu'elle contient fait donc partie d'un hydroxyle.

La tropine possède, en second lieu, un groupe méthylique lié à l'azote. Cela résulte des réactions suivantes :

Lorsqu'on distille la tropine avec la chaux, la chaux sodée ou la baryte, elle se décompose en donnant de l'hydrogène, de la méthylamine, un peu de triméthylamine et des carbures d'hydrogène; parmi ces derniers se trouvent un valérylène C^5H^8, des carbures de formule $(C^5H^6)^x$ et du *tropilidène*, C^7H^8. La réaction principale peut être exprimée par l'équation :

$$C^8H^{15}AzO \;=\; CH^3{-}AzH^2 \;+\; C^7H^8 \;+\; H^2O.$$

Tropine. Méthylamine. Tropilidène.

Une décomposition analogue s'effectue au moyen du procédé de Hofmann. La tropine se combine facilement avec une molécule d'iodure de méthyle; le produit de cette combinaison, traité par l'oxyde d'argent, puis soumis à la distillation, se décompose en eau et en une nouvelle base, l'*α-méthyltropine*, $C^9H^{17}AzO$ (liquide

---

[1] Ladenburg, B. **12**, 942; **13**, 252; **14**, 227, 2126, 2403; **15**, 1028, 1140; **16**, 1408; **17**, 157; **20**, 1647; **23**, 1780, 2225; A. **217**, 74.

[2] Merling, B. **14**, 1829; **15**, 288; **16**, 1288; **24**, 3108; **25**, 3123; A. **216**, 329.

[3] Ladenburg, B. **14**, 1876, 2406; **22**, 2583.

huileux bouillant à 243°). Celle-ci est une base tertiaire ; elle fixe de nouveau une molécule d'iodure de méthyle ; le produit, traité par l'oxyde d'argent, donne à la distillation de l'eau, de la triméthylamine et du *tropilidène*.

M. Ladenburg n'a pas déterminé la constitution de ce dernier corps, qui est un liquide insoluble dans l'eau, bouillant à 117°, possédant une densité de 0,9129 à 0° et une odeur qui rappelle celle du toluène. Mais de la formation de triméthylamine dans la réaction précédente, on peut déduire avec certitude que la tropine possède un méthyle lié à l'azote.

En effet, il ne peut se produire de triméthylamine dans la distillation du méthylhydrate de méthyltropine que si celui-ci renferme trois groupes méthyle liés à l'azote ; il en résulte que la méthyltropine elle-même en possède deux et la tropine un.

Cela sera rendu plus clair par les équations suivantes, qui représentent la série des réactions successives :

$$C^7H^{12}O=Az-CH^3 \ + \ CH^3I \ = \ C^7H^{12}O=Az \underset{\displaystyle I}{\overset{\displaystyle CH^3}{<}} CH^3$$

Tropine.   Iodométhylate de tropine.

$$C^7H^{12}O=Az \underset{\displaystyle OH}{\overset{\displaystyle CH^3}{<}} CH^3 \ = \ C^7H^{11}O-Az {<}{\overset{\displaystyle CH^3}{\underset{\displaystyle CH^3}{}}} \ + \ H^2O$$

Méthylhydrate de tropine.   α - Méthyltropine.

$$C^7H^{11}O-Az \overset{\displaystyle CH^3}{\underset{\displaystyle OH}{\overset{\displaystyle |}{<}}}{\overset{}{CH^3}}{\overset{}{CH^3}} \ = \ C^7H^8 \ + \ Az{<}{\overset{\displaystyle CH^3}{\underset{\displaystyle CH^3}{}}}{CH^3} \ + \ 2H^2O$$

Méthylhydrate   Tropilidène.   Triméthylamine.
d'α - méthyltropine.

A côté de ces deux produits principaux, le tropilidène et la triméthylamine, on obtient, dans la distillation du méthylhydrate de méthyltropine, une petite quantité d'un corps $C^7H^{10}O$, le *tropilène*. La formation de ce composé est due à une réaction secondaire, que l'on peut exprimer par l'équation :

$$C^7H^{10}O-Az(CH^3)^3OH \ = \ Az(CH^3)^3 \ + \ C^7H^{10}O \ + \ H^2O$$

Le tropilène est un liquide presque insoluble dans l'eau ; sa densité à 0° est 1,0091, son point d'ébullition est situé à 186-188° et son odeur rappelle à la fois celle de l'acétone et celle de l'aldéhyde benzoïque.

M. Ladenburg a cherché à régénérer l'α-méthyltropine en combinant le tropilène avec la diméthylamine; il a obtenu ainsi un produit qui diffère de l'α-méthyltropine par son point d'ébullition, situé à 198-205°, et qu'il a nommé *β-méthyltropine.*

L'existence d'un groupe méthyle lié à l'azote de la tropine a été démontrée d'une autre manière par M. Merling[1]. En oxydant la tropine par le permanganate de potassium en présence d'alcali, ce savant a obtenu une base de formule $C^7H^{13}AzO$, à laquelle il a donné le nom de *tropigénine.* Elle se présente sous la forme d'aiguilles fusibles à 160°; c'est une base secondaire; M. Merling en conclut avec raison que sa formation est due à l'élimination d'un groupe méthyle attaché dans la tropine à l'atome d'azote:

$$C^7H^{12}O = Az - CH^3 \qquad\qquad C^7H^{12}O = AzH$$
$$\text{Tropine.} \qquad\qquad\qquad \text{Tropigénine.}$$

En effet, mise en présence d'iodure de méthyle, la tropigénine en fixe une molécule pour former l'iodhydrate de tropine, ou deux molécules pour former l'iodométhylate de tropine.

Tropidine, $C^8H^{13}Az.$ — Lorsqu'on chauffe la tropine à 150-180° avec de l'acide chlorhydrique ou iodhydrique, ou à 220° avec de de l'acide sulfurique, elle perd les éléments d'une molécule d'eau et se transforme en une base non oxygénée, la *tropidine:*

$$C^8H^{15}AzO \;=\; C^8H^{13}Az \;+\; H^2O$$
$$\text{Tropine.} \qquad\quad \text{Tropidine.}$$

Celle-ci est un liquide d'une densité de 0,9665 à 0°, bouillant à 162-163°; elle possède l'odeur de la conicine, ainsi que sa propriété d'être plus soluble dans l'eau froide que dans l'eau chaude; elle se dissout très facilement dans l'alcool; c'est une base tertiaire énergique.

La tropidine est un corps non saturé; elle forme des produits d'addition avec le brome, l'acide bromhydrique, l'acide hypochlo-

---

[1] Merling, B. **15**, 289; A. **216**, 329.

reux, etc. Elle peut, dans certaines conditions, sous l'influence de l'acide bromhydrique ou des alcalis, fixer aussi une molécule d'eau et régénérer la tropine. Le permanganate la transforme, par addition de deux hydroxyles en une *dihydroxytropidine* (Einhorn et L. Fischer [1]).

Ces réactions montrent que la tropidine renferme une double liaison et qu'elle prend naissance par la transformation d'un groupement -CH^2-CHOH- en -CH=CH-.

Traitée à haute température par l'acide iodhydrique, la tropidine se convertit en un heptane bouillant à 95° (Hofmann [2]).

Elle donne, par élimination de son atome d'azote, les mêmes produits que la tropine, à savoir le *tropilène* et le *tropilidène*. Le premier de ces corps prend déjà naissance lorsqu'on chauffe l'iodométhylate de tropidine avec la potasse :

$$C^7H^{10}=Az(CH^3)^2I \; + \; KOH \; = \; C^7H^{10}O \; + \; (CH^3)^2AzH \; + \; KI$$
Iodométhylate de tropidine.   Tropilène.   Diméthylamine.

Lorsqu'on soumet le méthylhydrate correspondant à la distillation, on n'obtient pas de tropilène, mais une base tertiaire, la *méthyltropidine;* celle-ci, transformée de nouveau en méthylhydrate, est décomposée par l'action de la chaleur avec formation de triméthylamine et de tropilidène :

$$C^7H^{10}=Az(CH^3)^2OH \; = \; C^7H^9-Az(CH^3)^2 \; + \; H^2O$$
Méthylhydrate de tropidine.   Méthyltropidine.

$$C^7H^9-Az(CH^3)^3OH \; = \; C^7H^8 \; + \; Az(CH^3)^3 \; + \; H^2O$$
Méthylhydrate de méthyltropidine.   Tropilidène.

Le chlorhydrate de méthyltropidine, chauffé à une température élevée, régénère le chlorométhylate de tropidine.

L'étude de l'action du brome sur la tropidine a fourni à M. Ladenburg la preuve que cette base, et par conséquent aussi la tropine et l'atropine, sont des dérivés de la pyridine. Le bromhydrate de tropidine, mis en présence du brome, donne d'abord un produit d'addition; mais si l'on chauffe à 170-180°, il y a décomposition complète de la molécule, avec formation d'acide bromhydrique, de

[1] Einhorn et L. Fischer, B. **26**. 2008.
[2] Hofmann, B. **16**, 586.

bromure d'éthylène et d'un corps de formule $C^6H^5Br^2Az$, que M. Ladenburg appelle *méthyldibromopyridine :*

$$C^8H^{13}Az.HBr + 8Br = C^6H^5Br^2Az + C^3H^4Br^2 + 5HBr$$

Si l'on emploie un grand excès de brome, on obtient, au lieu de ce dernier produit, la *dibromopyridine* de Hofmann (page 17).

Ces faits ont engagé M. Ladenburg à envisager la tropidine comme une pyridine tétrahydrogénée et secondaire, dans laquelle l'atome d'hydrogène imidique serait remplacé par le groupe méthyle, et un atome d'hydrogène du noyau par le radical vinyle :

$$CH^2=CH—C^5H^7=Az—CH^3$$
Tropidine.

Quelle est la position de la chaîne latérale dans le noyau pyridique? Cette question a été résolue par l'étude du produit de réduction de la tropidine, l'hydrotropidine.

Hydrotropidine, $C^8H^{15}Az$. — Il semblerait que la tropidine, corps non saturé, dût se transformer facilement, par addition de deux atomes d'hydrogène, en une base saturée $C^8H^{15}Az$. La réduction directe de la tropidine ne réussit cependant pas. M. Ladenburg est arrivé toutefois, en prenant comme point de départ la tropine, à obtenir indirectement le composé en question.

On a vu que l'acide iodhydrique, agissant sur la tropine à une température supérieure à 150°, la convertit par déshydratation en tropidine. Si l'on chauffe moins haut, jusqu'à 140° seulement, on peut isoler un produit intermédiaire, de formule $C^8H^{15}AzI^2$, que M. Ladenburg a nommé improprement *iodure de tropine :*

$$C^8H^{15}AzO + 2HI = C^8H^{15}AzI^2 + H^2O$$
Tropine.   Iodure
de tropine.

Ce corps doit probablement être considéré comme l'iodhydrate d'une base dérivant de la tropine par substitution d'un atome d'iode à son hydroxyle. Traité par l'oxyde d'argent, il ne régénère cependant pas la tropine, mais donne une base isomérique, la *métatropine* (liquide bouillant à 238°).

La réduction de l'iodure de tropine au moyen du zinc et de l'acide chlorhydrique a fourni à M. Ladenburg l'*hydrotropidine:*

$$C^8H^{15}AzI^2 \ + \ 2H \ = \ C^8H^{15}Az \ + \ 2HI$$

Iodure de tropine.   Hydrotropidine.

Plus tard, M. Merling[1] a réussi à obtenir cette même base en partant de la tropidine, mais toujours d'une manière indirecte; il a préparé d'abord le produit d'addition de la tropidine avec l'acide bromhydrique, et l'a traité ensuite par le zinc et l'acide sulfurique.

L'hydrotropidine est un liquide peu soluble dans l'eau froide, encore moins dans l'eau chaude, possédant à 0° un poids spécifique de 0,9366 et entrant en ébullition à 167-169°.

Lorsqu'on soumet son chlorhydrate à la distillation sèche, il se décompose en chlorure de méthyle et en une nouvelle base de formule $C^7H^{13}Az$, à laquelle M. Ladenburg a donné le nom de *norhydrotropidine.* Celle-ci est un corps solide; elle fond à 60° et distille à 161°; elle est facilement soluble dans l'eau, l'alcool et l'éther. Elle n'est réductible ni par l'étain et l'acide chlorhydrique, ni par le sodium et l'alcool. Ses propriétés sont celles d'une base secondaire; on doit donc la considérer comme de l'hydrotropidine dans laquelle le groupe méthyle attaché à l'azote serait remplacé par un atome d'hydrogène :

$$C^7H^{12}{=}Az{-}CH^3 \qquad\qquad C^7H^{12}{=}AzH$$

Hydrotropidine.   Norhydrotropidine.

M. Ladenburg a soumis le chlorhydrate de norhydrotropidine à la distillation sur la poudre de zinc. Le résultat de cette opération a été tout à fait analogue à celui qu'avait obtenu Hofmann avec la conicine (voyez page 130); il y a eu dégagement d'hydrogène et formation d'une base pyridique de formule C^7H^9Az. L'étude de cette base a montré son identité avec l'*α-éthylpyridine* (page 40).

M. Ladenburg conclut de ces expériences que la norhydrotropidine est une α-éthylpyridine tétrahydrogénée et l'hydrotropidine son dérivé méthylé à l'azote, conformément aux formules suivantes :

---

[1] Merling, B. **25**, 3123.

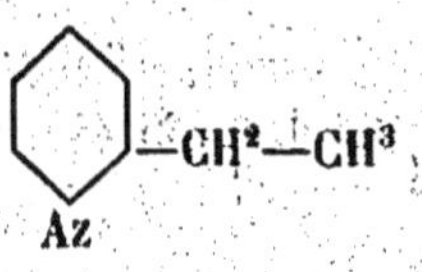

α-Éthylpyridine.   Norhydrotropidine. 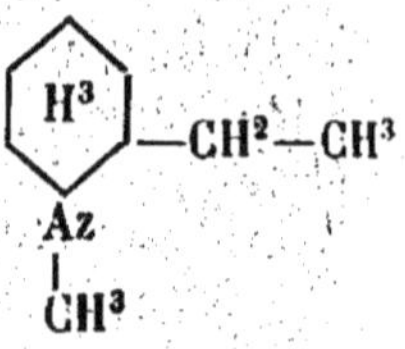   Hydrotropidine.

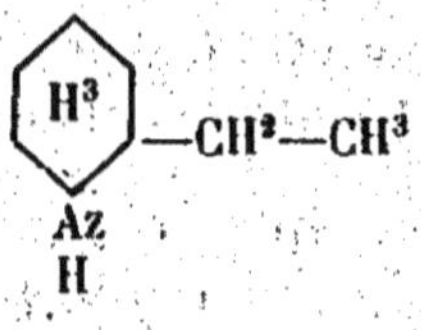

De ces formules découle pour la tropidine, qui renferme, comme on l'a vu, une chaîne latérale constituée par le groupe vinyle, le schéma

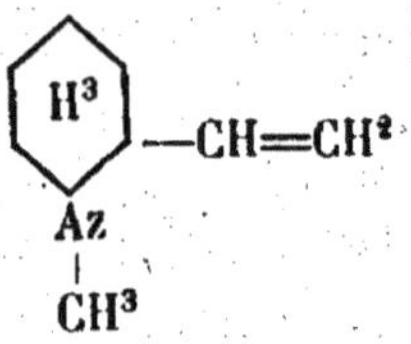

Tropidine.

et pour la tropine, qui en diffère par les éléments d'une molécule d'eau en plus, l'une des deux expressions :

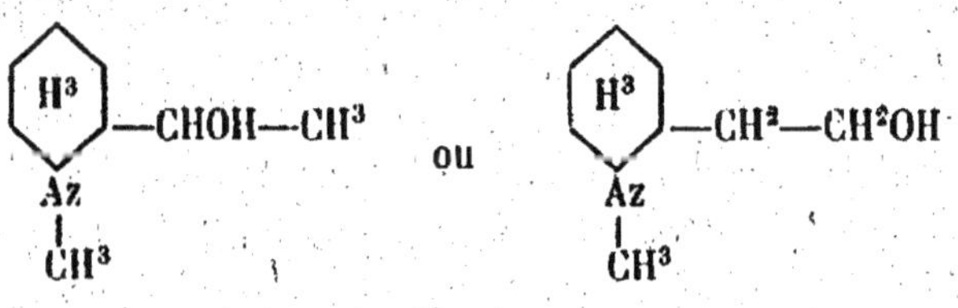

ou

Tropine.

Tels sont les résultats des longues recherches de M. Ladenburg. Il a cherché à les compléter en reproduisant par synthèse les différents composés dont il vient d'être question, mais il n'est arrivé jusqu'ici qu'à des isomères (voyez page 52).

Aux formules constitutionnelles proposées par M. Ladenburg pour la tropine et ses dérivés, on peut faire *a priori* plusieurs objections. Voici, à notre avis, les quatre principales :

1° Il paraît étrange que l'oxydation ménagée de la tropine au moyen du permanganate de potassium attaque en premier lieu le groupe méthyle lié à l'azote (pour donner naissance à la tropigénine), et laisse intacte la chaîne latérale hydroxylée.

2° Il est difficile de comprendre pourquoi la tropidine, dont la

molécule renfermerait, selon M. Ladenburg, une double liaison
extracyclique, résiste à l'action des réducteurs, alors que, par exemple, l'α-allylpyridine, de structure analogue, a pu être facilement
transformée par hydrogénation en conicine.

3° Le fait que la norhydrotropidine est un corps solide, tandis
que l'α-éthylpyridine et l'α-éthylpipéridine sont toutes deux liquides à la température ordinaire, est en contradiction avec la formule de M. Ladenburg qui en fait une α-éthylpipéridéine; la comparaison des points d'ébullition des trois substances conduit au
même résultat (α-éthylpyridine 148°,5; α-éthylpipéridine 142-145°;
norhydrotropidine 161°).

4° M. Lipp a préparé synthétiquement une alcamine (voyez page
52) dont la constitution répond à l'une des formules proposées par
M. Ladenburg pour la tropine; or, on observe de grandes différences dans les propriétés physiques et chimiques des deux substances.

Mais il y a plus; les formules de M. Ladenburg sont impuissantes
à expliquer certains faits expérimentaux qui ont été observés par
M. Merling. Ce savant a établi, entre autres, les deux points suivants:

1° la tropine donne par oxydation un acide bibasique;

2° elle se transforme par des réactions simples en corps appartenant à la série aromatique.

Voici un résumé de ses travaux :

En oxydant la tropine par l'acide chromique, M. Merling a obtenu un acide $C^8H^{13}AzO^4$, qu'il a appelé *acide tropinique :*

$$C^8H^{15}AzO \;+\; 4O \;=\; C^8H^{13}AzO^4 \;+\; H^2O$$

Tropine.   Acide tropinique.

Ce corps, très peu soluble à froid dans l'eau, l'alcool et l'éther,
cristallise dans l'eau bouillante ou dans l'alcool chaud en aiguilles.
Il fond vers 248° en perdant une molécule d'anhydride carbonique;
distillé avec la chaux, il fournit une base facilement soluble dans
l'eau, que M. Merling n'a pu complètement caractériser, mais qu'il
suppose être une méthylpipéridine.

L'acide tropinique est optiquement inactif; il possède un groupe
méthyle lié à l'azote (Liebermann et Cybulski [1]).

---

[1] Liebermann et Cybulski, B. **28**, 578.

L'étude de ses sels et de ses éthers a montré qu'il constitue un acide bibasique, $C^6H^{11}Az(COOH)^2$. M. Merling le considère comme un acide dicarboxylé de la méthylpipéridine et admet (pour des raisons qui seront exposées plus loin) que ses carboxyles occupent les positions α et β' :

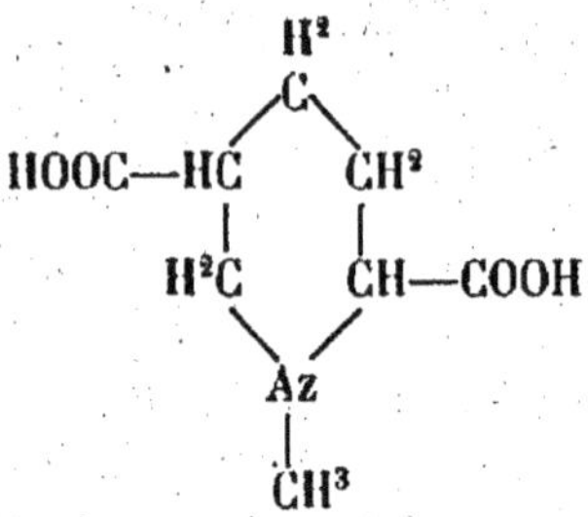

$$
\begin{array}{c}
H^2 \\
C \\
HOOC-HC \qquad CH^2 \\
H^2C \qquad CH-COOH \\
Az \\
CH^3
\end{array}
$$

Acide tropinique.

La formation d'un acide bibasique par oxydation de la tropine n'infirme pas d'une façon absolue la formule de M. Ladenburg. Ainsi que l'a fait remarquer ce dernier[1], on pourrait admettre que l'acide tropinique prend naissance par rupture du noyau pyridique :

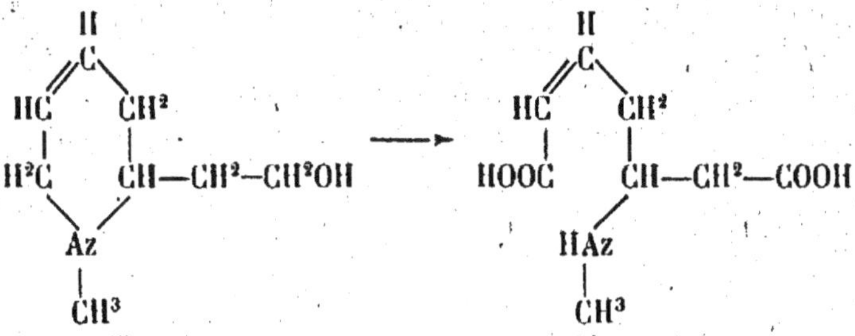

$$
\begin{array}{c}
H \\
C \\
HC \qquad CH^2 \\
H^2C \qquad CH-CH^2-CH^2OH \\
Az \\
CH^3
\end{array}
\qquad \longrightarrow \qquad
\begin{array}{c}
H \\
C \\
HC \qquad CH^2 \\
HOOC \qquad CH-CH^2-COOH \\
HAz \\
CH^3
\end{array}
$$

Tropine.   Acide tropinique.

Cependant les observations suivantes, dues à M. Willstätter[2] ne parlent pas en faveur de cette interprétation :

1° L'acide tropinique ne décolore pas le permanganate en solution acide; il ne doit donc pas renfermer de double liaison éthylénique.

[1] Ladenburg, B. **29**, 421.
[2] Willstätter, B. **28**, 2277, 3271.

2° Ses éthers ont le caractère de bases tertiaires.

3° L'iodométhylate de son éther diméthylique est décomposé par fusion avec la potasse en donnant de l'acide adipique normal.

4° Ce même iodométhylate se comporte absolument comme la pipéridine (voyez page 31) lorsqu'on le soumet à la réaction de Hofmann.

Nous croyons donc que la formule proposée par M. Merling représente bien la constitution de l'acide tropinique. Il en résulte nécessairement que la tropine renferme deux chaînes latérales attachées au noyau pyridique.

M. Merling a ensuite dirigé ses recherches sur le tropilidène et le tropilène ; il a fait à leur sujet les curieuses observations suivantes :

Le *tropilidène*, C^7H^8, isomère du toluène, doit posséder une structure très voisine de celle de cet hydrocarbure; il fournit, en effet, par oxydation au moyen de l'acide chromique, un mélange d'aldéhyde et d'acide benzoïques. Traité par le brome il donne un dibromure, et lorsqu'on chauffe celui-ci, il se décompose en acide bromhydrique et chlorure de benzyle.

Se basant sur ces faits, M. Merling attribue au tropilidène la constitution suivante :

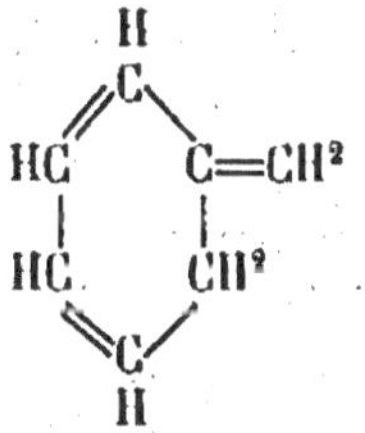

$$
\begin{array}{c}
H \\
C \\
HC \quad\quad C=CH^2 \\
HC \quad\quad CH^2 \\
C \\
H
\end{array}
$$

qui en fait un *méthylène-dihydrobenzène*.

Cette formule explique fort bien la décomposition du dibromure de tropilidène en bromure de benzyle et acide bromhydrique:

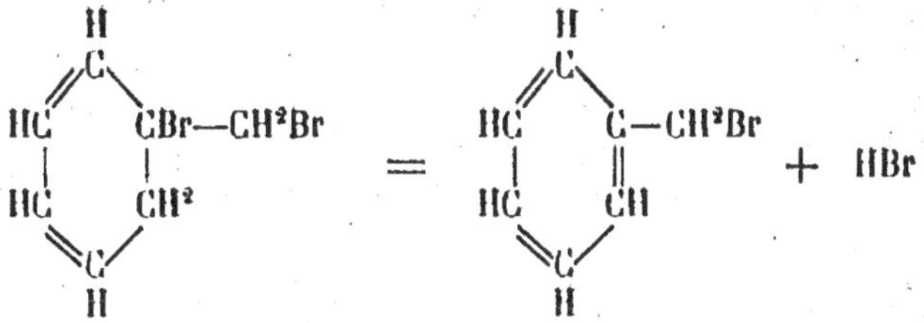

$$
\begin{array}{ccc}
H & & H \\
C & & C \\
HC\quad CBr-CH^2Br & = & HC\quad C-CH^2Br \quad + \quad HBr \\
HC\quad CH^2 & & HC\quad CH \\
C & & C \\
H & & H
\end{array}
$$

Dibromure de tropilidène.   Bromure de benzyle.

Quant au *tropilène*, $C^7H^{10}O$, il serait aussi, selon M. Merling, un composé aromatique réduit et constituerait *l'aldéhyde tétrahydrobenzoïque* :

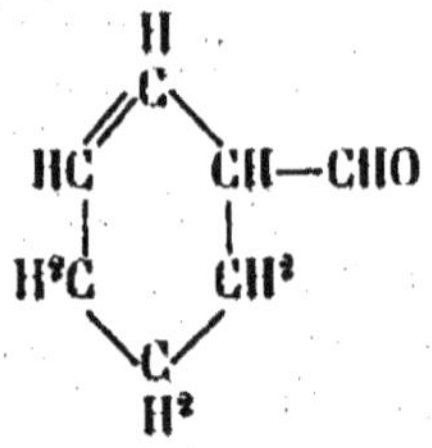

$$\begin{array}{c}
\text{H} \\
\text{C} \\
\text{HC} \quad\quad \text{CH—CHO} \\
\text{H}^2\text{C} \quad\quad \text{CH}^2 \\
\text{C} \\
\text{H}^2
\end{array}$$

Il présente, en effet, tous les caractères des aldéhydes ; il réduit la liqueur de Fehling et la solution ammoniacale d'argent, il se combine avec les bisulfites alcalins et réagit avec élimination d'eau sur l'hydroxylamine et la phénylhydrazine. D'après son indice de réfraction il ne renferme qu'une double liaison (Eykman[1]). On n'a pu cependant le transformer par oxydation en acide benzoïque ; le permanganate le convertit en acide adipique normal (Ciamician et Silber[2]).

La chaîne fermée de 6 atomes de carbone que renferment le tropilidène et le tropilène préexiste-t-elle dans la tropine ou se forme-t-elle seulement au moment de sa décomposition, par une sorte de condensation intramoléculaire? M. Merling s'est prononcé pour la première alternative qui seule permet d'expliquer la formation de l'acide tropinique bibasique.

On arrive, en effet, à une formule qui satisfait à ces deux exigences : existence d'une chaîne fermée de 6 atomes de carbone et présence de deux chaînes latérales dans le noyau pyridique, en admettant que dans la molécule de la tropine, telle qu'elle est représentée par la formule de M. Ladenburg, le second atome de carbone du groupe oxyéthylique, au lieu d'être à l'extrémité libre d'une chaîne ouverte, est lié au carbone β' du noyau. Ce changement entraîne une autre répartition des atomes d'hydrogène dans le noyau pipéridéique, qui devient un noyau pipéridique.

[1] Eykman, B. **25**, 3069.
[2] Ciamician et Silber, B. **29**, 481.

On obtient ainsi, comme expression de la constitution de la tropine, les deux schémas suivants:

$$\text{Tropine}$$

que l'on peut écrire aussi :

Tropine.

En considérant ces schémas, on voit qu'ils sont formés par l'association d'un noyau benzénique et d'un noyau pyridique, tous deux
complètement réduits; on se trouve donc en présence d'un groupement d'atomes qui rappelle jusqu'à un certain point celui de la
quinoléine et de l'isoquinoléine. Seulement, tandis que dans ces
deux derniers corps les noyaux pyridique et benzénique ont deux
atomes de carbone communs, ils en possèdent ici quatre.

Ce groupement, que l'on pourrait désigner, suivant la proposition de M. Ciamician, sous le nom de noyau de la *tropanine,* n'a pas
encore été obtenu par synthèse.

De la formule de M. Merling pour la tropine, découlent les suivantes pour ses dérivés immédiats:

$$
\begin{array}{cc}
\text{Tropigénine.} & \text{Tropidine,} \\
\end{array}
$$

$$
\begin{array}{cc}
\text{Hydrotropidine.} & \text{Norhydrotropidine (Tropanine).} \\
\end{array}
$$

Ces formules rendent aussi bien compte que celles de M. Ladenburg des principales propriétés de ces corps et de leurs relations les uns avec les autres. Elles répondent aux objections que nous avons formulées page 198, en montrant pourquoi le groupement hydroxylé de la tropine est plus résistant à l'oxydation que le méthyle lié à l'azote, pourquoi la tropidine est plus difficile à réduire que l'allylpyridine, pourquoi enfin la norhydrotropidine possède un point de fusion et un point d'ébullition plus élevés que l'éthylpyridine et l'éthylpipéridine.

Elles fournissent enfin l'explication de ce fait que la tropine puisse donner par oxydation un acide azoté bibasique et par élimination de l'azote des composés hydroaromatiques. Dans les décompositions de la tropine et de ses dérivés, c'est, en effet, tantôt l'un, tantôt l'autre des deux noyaux qui est détruit, et celui qui subsiste donne au produit son caractère aromatique ou son caractère pyridique.

Ainsi la formation de l'α-éthylpyridine par distillation de la norhydrotropidine sur la poudre de zinc s'explique par la rupture du noyau hydrobenzénique :

$$\text{Norhydrotropidine} \quad = \quad \alpha\text{-Ethylpyridine} \quad + \quad 4H.$$

Dans l'oxydation de la tropine au moyen de l'acide chromique, c'est aussi le noyau hydroaromatique qui se montre le moins résistant; il s'ouvre entre le groupe carbinol et le méthylène voisin, lesquels se transforment en deux carboxyles, et l'on obtient l'acide $\alpha\beta'$-méthylpipéridine-dicarbonique ou tropinique:

$$\text{Tropine} \quad + \quad 4O \quad = \quad \text{Acide tropinique} \quad + \quad H^2O$$

Dans d'autre cas, au contraire, c'est le noyau pipéridique qui est rompu, et il se forme des dérivés hydroaromatiques. La décomposition de la tropine par le procédé de Hofmann, par exemple, peut être représentée par les équations suivantes:

$$\text{Méthylhydrate de tropine} \quad = \quad \alpha\text{-Méthyltropine} \quad + \quad H^2O$$

Méthylhydrate de tropine.

α-Méthyltropine
(Oxytétrahydrodiméthylbenzylamine).

Méthylhydrate
d'α - méthyltropine.   Triméthylamine.   Tropilidène
(méthylène-dihydrobenzène).

La formation du tropilène par l'action de la potasse sur l'iodométhylate de tropidine s'explique d'une manière analogue :

Iodométhylate
de tropidine.   Diméthylamine.   Tropilène (aldéhyde
tétrahydrobenzoïque).

Les alcaloïdes naturels qui sont les éthers de la tropine reçoivent
enfin les formules constitutionnelles suivantes :

Atropine et Hyoscyamine.

Atropamine et Belladonine.

Tropinone, C⁸H¹³AzO. — On connaît depuis peu un produit d'oxydation intermédiaire entre la tropine et l'acide tropinique. Il a été obtenu en 1896, presque simultanément par M. Willstätter[1] et par MM. Ciamician et Silber[2], et a reçu du premier de ces auteurs le nom de *tropinone*.

La tropinone prend naissance par l'action de l'acide chromique sur la tropine. M. Willstätter l'a aussi obtenue en soumettant au même traitement la pseudotropine de M. Liebermann (voyez page 227). C'est un corps solide, qui cristallise dans la ligroïne en aiguilles; il fond à 42° et distille sans décomposition à 224-225°. Il est extrêmement soluble dans l'eau ainsi que dans les principaux dissolvants organiques. L'acide chromique le convertit en acide tropinique.

La tropinone renferme deux atomes d'hydrogène de moins que la tropine; elle se combine avec l'hydroxylamine et la phénylhydrazine pour donner une oxime et une hydrazone. On doit donc admettre qu'elle dérive de la tropine par transformation du groupe CHOH en CO :

$$
\begin{array}{ccc}
 & \overset{\text{H}}{\underset{|}{\text{C}}} & \\
\text{H}^2\text{C} & & \text{CH}^2\text{CO} \\
\text{CH}^3\!-\!\text{Az} & & \text{CH}^2\text{CH}^2 \\
 & \underset{\text{H}}{\overset{|}{\text{C}}} &
\end{array}
$$

Tropinone.

Cette formule est confirmée par les observations suivantes, dues à M. Willstätter[1] :

Comme la tropine, la tropinone fournit, par rupture de l'un ou de l'autre noyau, des dérivés pyridiques et des dérivés hydroaromatiques. Lorsqu'on traite son bromhydrate par le brome, on obtient un produit tétrabromé qui, par oxydation au moyen de l'acide azotique, fournit une *tribromopyridine* (page 18).

D'autre part, l'iodométhylate de tropinone, soumis à l'action de l'oxyde d'argent ou à celle des carbonates alcalins, se décompose en diméthylamine et *aldéhyde dihydrobenzoïque*.

[1] Willstätter, B. **29**, 393, 936, 1575, 1636, 2228.
[2] Ciamician et Silber, B. **29**, 490.

Ayant cherché à regénérer la tropine par réduction de la tropinone au moyen de l'amalgame de sodium ou du sodium et de l'alcool, M. Willstätter n'a pas obtenu cette base, mais son isomère, la pseudotropine de M. Liebermann.

En oxydant la tropigénine au moyen de l'acide chromique. M. Willstätter a obtenu la *nortropinone*, $C^7H^{11}AzO$; elle forme des aiguilles plates, très solubles dans l'eau et dans tous les dissolvants organiques à l'exception de la ligroïne; elle fond à 69-70° et ne distille pas sans décomposition. Elle possède les caractères d'une base secondaire et d'une cétone. Réduite par le sodium et l'alcool, elle se convertit en pseudotropigénine (page 227).

Tropéines. — Après avoir obtenu artificiellement l'atropine par combinaison de la tropine avec l'acide tropique sous l'influence de l'acide chlorhydrique étendu, M. Ladenburg[1] eut l'idée de remplacer dans cette opération l'acide tropique par d'autres acides aromatiques. Il put préparer de cette manière une série d'éthers analogues à l'atropine qu'il nomma *tropéines*. Après lui d'autres chimistes, et en particulier M. Merck[2], ont étendu cette réaction aux acides de la série grasse.

Les tropéines sont des corps cristallisés, de nature basique; quelques-unes se rapprochent de l'atropine par leurs propriétés physiologiques. Voici les plus intéressantes d'entre elles :

1° *Tropéine benzoïque*, $(C^8H^{14}Az) \text{-} O \text{-} CO \text{-} C^6H^5$, paillettes fusibles à 41—42°; toxique mais sans action mydriatique.

2° *Tropéine salicylique*, $(C^8H^{14}Az) \text{-} O \text{-} CO \text{-} C^6H^4 \text{-} OH$, paillettes fusibles à 58—60°; sans action mydriatique.

3° *Tropéine phénylglycolique*, $(C^8H^{14}Az)\text{-}O\text{-}CO\text{-}CHOH\text{-}C^6H^5$, (*homatropine*) prismes fusibles à 95-98°; a été employée en médecine pour remplacer l'atropine; son action sur la pupille, tout aussi énergique que celle de l'alcaloïde naturel, a l'avantage de disparaître plus rapidement : en outre l'homatropine est moins toxique que l'atropine.

---

[1] Ladenburg, B. **13**, 106, 1080, 1137, 1349; **15**, 1025; **22**, 2590; A. **217**, 74.

[2] Merck, Bl. (3) **14**, 837.

4° *Tropéine cinnamique*, $(C^8H^{11}Az)$-O-CO-CH=CH-C^6H^5, paillettes fusibles à 70° ; très toxique, mais sans action mydriatique.

5° *Tropéine atropique*, $(C^8H^{11}Az)$-O-CO-C(C^6H^5)=CH^2, identique à l'atropamine; sans action mydriatique.

6° *Tropéine atrolactique*, $(C^8H^{11}Az)$-O-CO-COH(C^6H^5)(CH^3), (*pseudo-atropine*) aiguilles fusibles à 119-120° ; mydriatique.

7° *Tropéine lactique*, $(C^8H^{11}Az)$-O-CO-CHOH-CH^3, aiguilles fusibles à 74-75° ; excite les mouvements du cœur et de la respiration.

Il faut remarquer que les tropéines qui ont la faculté de produire la mydriase renferment toutes un hydroxyle alcoolique ; celles qui ne possèdent pas d'hydroxyle ou qui possèdent un hydroxyle phénolique sont sans action sur la pupille.

Pseudotropine, $C^8H^{15}AzO$. — Cet isomère de la tropine constitue suivant M. Ladenburg[1] le produit basique de la saponification de l'hyoscine. Il se présente en cristaux fusibles à 106°, et bout à 242° ; il se dissout très facilement dans l'eau ; il est moins hygroscopique que la tropine et a le caractère d'une base tertiaire. Sa constitution doit être très voisine de celle de la tropine, mais on ne sait encore en quoi consiste l'isomérie des deux bases.

Il ne faut pas confondre la pseudotropine de M. Ladenburg avec celle que M. Liebermann a obtenue en saponifiant la tropacocaïne, un des alcaloïdes du Coca (page 226) ; il est probable que ces deux substances, regardées autrefois comme identiques, ne le sont pas.

Scopoline, $C^8H^{10}AzO^2$. — La scopoline est le produit du dédoublement de la scopolamine et de l'atroscine. Elle a été obtenue pour la première fois par M. Schmidt[2]. M. Hesse[3], qui en a fait aussi l'étude, la désigne sous le nom d'*oscine*.

Elle cristallise dans la ligroïne ou dans le chloroforme en prismes fusibles à 110° ; son point d'ébullition est situé à 242°. Elle est facilement soluble dans l'eau, tertiaire et inactive à la lumière polarisée.

La scopoline possède un groupe méthyle lié à l'azote; sous l'influence des permanganates de potassium ou de baryum, elle se

---

[1] Ladenburg, B. **13**, 1549 ; **14**, 1870 ; **17**, 151 ; **25**, 2388 ; A. **276**, 345.

[2] Schmidt, A. Pharm. **230**, 207 ; **232**, 409 ; B. **25**, 2601 ; **29**, 2009 ; *Apotheker Zeitung*, **11**, 260, 321.

[3] Hesse, A. **271**, 100 ; **276**, 84 ; **277**, 304 ; B. **29**, 1771.

transforme en une base secondaire, la *scopoligénine*, $C^7H^{11}AzO^2$, qui régénère la scopoline par l'action de l'iodure de méthyle (Schmidt).

Malgré la présence de deux atomes d'oxygène dans sa molécule la scopoline ne renferme qu'un hydroxyle; elle est éthérifiée par les acides organiques en présence d'acide chlorhydrique, en donnant les *scopoléines*, analogues aux tropéines (Merck [1]).

En comparant les formules brutes de la scopoline et de la tropine, on pourrait être tenté de supposer que la première de ces bases dérive de la seconde par transformation d'un groupe CH^2 en CO; tel ne semble cependant pas être le cas, car la scopoline, suivant les observations de M. Schmidt, ne se combine ni avec l'hydroxyl-amine ni avec la phénylhydrazine.

[1] Merck, B. **28**, Ref. 520.

XII. ALCALOÏDES DU COCA

Les feuilles de l'*Erythroxylon Coca* Lam. (famille des Erythro-xylées) contiennent un nombre assez considérable d'alcaloïdes; on a isolé jusqu'ici les suivants :

1. Cocaïne . . . . $C^{17}H^{21}AzO^4$
2. Cinnamylcocaïne . . . . $C^{19}H^{23}AzO^4$
3. α-Truxilline . . . . $(C^{19}H^{23}AzO^4)^2$
4. β-Truxilline . . . . $(C^{19}H^{23}AzO^4)^2$
5. Benzoylecgonine . . . . $C^{16}H^{19}AzO^4$
6. Tropacocaïne . . . . $C^{15}H^{19}AzO^2$
7. Hygrine . . . . $C^{8}H^{15}AzO$
8. Cuscohygrine . . . . $C^{13}H^{24}AzO^2$

Les quatre premiers sont de beaucoup les plus abondants et se rencontrent dans toutes les variétés de Coca; on peut les désigner sous le nom général de *cocaïnes*. Ils constituent les éthers d'une seule et même substance, l'*ecgonine*. Saponifiés par les alcalis ou par les acides, ils donnent tous de l'ecgonine, de l'alcool méthyli-que et un acide aromatique; ce dernier produit varie seul, tandis-que les deux premiers sont constants. Ainsi la cocaïne fournit de l'acide benzoïque, la cinnamylcocaïne de l'acide cinnamique et les truxillines deux acides truxilliques isomériques.

En soumettant à la saponification le mélange brut des alcaloïdes du Coca, tel qu'il est extrait directement de la plante, on a obtenu encore d'autres acides (isocinnamique, allocinnamique, homococa-mique, homoisococamique, etc.); cela permet de supposer que les feuilles du Coca contiennent d'autres cocaïnes, qui seraient les éthers de ces acides; on n'a cependant pas réussi jusqu'à présent à les isoler.

De toutes ces cocaïnes, la première seule, la cocaïne proprement dite, est cristallisée et possède une valeur thérapeutique ; les autres sont des corps amorphes, sans propriétés physiologiques spéciales.

1. Cocaïne.

La cocaïne existe en petite quantité (1 °/₀ au maximum) dans les feuilles du Coca. Elle en a été retirée en 1860 par Niemann[1]. Sa formule est $C^{17}H^{21}AzO^4$ (Lossen[2]). Elle cristallise dans l'alcool en prismes fusibles à 98° et peu solubles dans l'eau. Ses solutions possèdent une saveur amère et une réaction alcaline, et dévient à gauche le plan de polarisation. Elle est employée en médecine, généralement sous la forme de son chlorhydrate, comme anesthésique local.

La cocaïne est une base tertiaire. Elle renferme un méthoxyle et un groupe méthyle lié à l'azote (Herzig et Meyer[3]).

Elle est en même temps un éther ; l'ébullition avec l'eau suffit à la saponifier ; elle se dédouble alors en *benzoylecgonine* et alcool méthylique (Paul[4], Einhorn[5]) :

$$C^{17}H^{21}AzO^4 + H^2O = C^{16}H^{19}AzO^4 + CH^3OH$$

Cocaïne. Benzoylecgonine. Alcool méthylique.

Si l'on remplace, dans cette opération, l'eau par les acides minéraux, ou par l'eau de baryte, ou par les alcalis, la benzoylecgonine est elle-même décomposée, et l'on obtient de l'ecgonine, de l'acide benzoïque et de l'alcool méthylique (Lossen[2], Calmels et Gossin[6]) :

$$C^{17}H^{21}AzO^4 + 2H^2O = C^9H^{15}AzO^3 + C^7H^6O^2 + CH^4O$$

Cocaïne. Ecgonine Acide benzoïque. Alcool méthylique.

[1] Niemann, A. **114**, 213.

[2] Lossen, A. **133**, 351.

[3] Herzig et Meyer, B. **27**, 319 ; M. **15**, 613.

[4] Paul, *Pharmaceutical Journal*, **3**, 325.

[5] Einhorn, B. **21**, 47.

[6] Calmels et Gossin, C. r. **100**, 1143.

La cocaïne est donc de l'ecgonine dans laquelle un atome d'hydrogène est remplacé par le radical benzoyle et un autre par le radical méthyle :

Ecgonine $C^9H^{15}AzO^3$
Benzoylecgonine $C^9H^{14}AzO^3(COC^6H^5)$
Cocaïne (méthylbenzoylecgonine) $C^9H^{13}AzO^3(COC^6H^5)(CH^3)$.

Différents procédés permettent de reproduire la cocaïne en partant de l'ecgonine. MM. Merck[1] et Skraup[2] ont les premiers, en 1885, obtenu artificiellement la cocaïne en chauffant la benzoylecgonine avec l'iodure de méthyle :

$$C^{16}H^{19}AzO^4 \; + \; CH^3I \; = \; C^{17}H^{21}AzO^4.HI$$

Benzoylecgonine.   Iodhydrate de cocaïne.

M. Merck[3] a pu aussi convertir l'ecgonine elle-même en cocaïne, dans une seule opération, en la traitant en même temps par l'anhydride benzoïque et l'iodure de méthyle :

$$2C^9H^{15}AzO^3 \; + \; (C^7H^5O)^2O \; + \; 2CH^3I \; =$$

Ecgonine   Anhydride
benzoïque.

$$C^{17}H^{21}AzO^4.HI \; + \; C^9H^{15}AzO^3.HI \; + \; C^7H^5O^2CH^3$$

Iodhydrate   Iodhydrate   Benzoate
de cocaïne.   d'ecgonine.   de méthyle.

MM. Einhorn[4] et Liebermann[5] ont perfectionné ces mé   des; d'après leurs indications, la synthèse partielle de la cocaïne peut être effectuée en introduisant successivement, mais dans un ordre quelconque, les deux radicaux méthyle et benzoyle dans la molécule de l'ecgonine. On peut préparer d'abord l'éther méthylique de l'ecgonine en traitant sa solution dans l'alcool méthylique par le gaz chlorhydrique et chauffer le chlorhydrate ainsi obtenu avec du chlorure de benzoyle. On peut inversément préparer la benzoylecgonine en chauffant l'ecgonine avec de l'anhydride benzoïque

---

[1] Merck, B. **18**, 2264.
[2] Skraup, M. **6**, 556.
[3] Merck, B. **18**, 2952.
[4] Einhorn, B. **21**, 47, 3335; **22**, Réf. 619.
[5] Liebermann, B. **21**, 3196; **27**, 1523, 2051, 2960, Réf. 953.

et de l'eau, et la méthyler ensuite en faisant agir un acide minéral (chlorhydrique ou sulfurique) sur sa solution dans l'esprit de bois.

L'industrie utilise aujourd'hui ces deux derniers procédés pour transformer en cocaïne la totalité des alcaloïdes que contient le Coca. On a vu que, de tous ces alcaloïdes, la cocaïne seule a une valeur pharmaceutique. Sa séparation des autres bases est longue et pénible. On préfère retirer du mélange, par saponification, toute l'ecgonine qu'il renferme, et transformer ensuite, par une nouvelle éthérification, cette ecgonine en cocaïne. On obtient ainsi une quantité de cette dernière base de beaucoup supérieure à celle que produit naturellement la plante.

Si, dans les opérations qui précèdent, on remplace l'alcool méthylique par d'autres alcools, on peut obtenir la série des homologues supérieurs de la cocaïne. Ces substances possèdent à peu près les mêmes propriétés physiologiques que la cocaïne; aucune d'elles ne paraît cependant offrir d'avantage sur l'alcaloïde naturel au point de vue de l'application thérapeutique. Le dérivé éthylique, ou *coca-éthyline*, préparé pour la première fois par M. Merck, forme des prismes fusibles à 109°.

2. Cinnamylcocaïne.

Cette base se trouve dans toutes les variétés de Coca, mais principalement dans celui de Java, où elle forme la moitié de la quantité totale des alcaloïdes. Son existence a été constatée en 1889 par M. Giesel[1]. Elle a été étudiée par M. Liebermann[2] qui en a fait la synthèse partielle en traitant successivement l'ecgonine par l'anhydride cinnamique et par l'alcool méthylique.

La cinnamylcocaïne est donc la *méthylcinnamylecgonine*,

$$C^9H^{13}AzO^3(CH^3)\,(CO—CH=CH—C^6H^5).$$

C'est de la cocaïne dans laquelle le radical de l'acide benzoïque est remplacé par celui de l'acide cinnamique; le nom qu'on lui a donné n'est donc pas absolument correct.

Elle peut être obtenue à l'état cristallisé par refroidissement de sa solution dans un mélange bouillant de benzène et de ligroïne;

[1] Giesel, *Pharmaceutische Zeitung*, **34**, 516.
[2] Liebermann, B. **21**, 3372.

elle forme alors des aiguilles qui fondent à 121°. Elle est presque insoluble dans l'eau et dans l'éther, facilement soluble dans l'alcool. Ses solutions sont lévogyres.

3 et 4. α-et β-Truxillines.

M. Hesse[1] retira, en 1887, d'un échantillon de Coca provenant de Truxillo (Pérou), un alcaloïde amorphe qu'il nomma *cocamine* et auquel il attribua la formule $C^{19}H^{23}AzO^4$. L'année suivante, M. Liebermann[2] montra que ce produit était un mélange de deux cocaïnes isomériques répondant à la formule double $C^{38}H^{46}Az^2O^8$. En le saponifiant au moyen de la baryte, il obtint de l'ecgonine, de l'alcool méthylique et deux acides de formule $C^{18}H^{16}O^4$; il donna à ces derniers les noms d'*acides α- et β-truxilliques*, et aux alcaloïdes ceux d'*α-* et de *β-truxillines :*

$$C^{38}H^{46}Az^2O^8 + 4H^2O = C^{18}H^{16}O^4 + 2C^9H^{15}AzO^3 + 2CH^4O$$

Truxillines.	Acides truxilliques.	Ecgonine.	Alcool méthylique.

Peu après, MM. Liebermann et Drory[3] réussirent à préparer les deux truxillines à l'état de pureté en traitant l'ecgonine par les anhydrides truxilliques et en méthylant le produit. La constitution de ces bases est donc semblable à celle des autres cocaïnes; elles représentent deux *méthyltruxilleegonines*,

$$(C^9H^{13}AzO^3)^2 (CH^3)^2 C^{18}H^{14}O^2.$$

L'*α-truxilline* est amorphe et fond à 80°; elle est lévogyre, peu soluble dans l'eau et dans la ligroïne, très soluble dans les autres dissolvants; elle a une saveur amère très prononcée.

La *β-truxilline* possède des propriétés semblables; elle est également amorphe et commence à fondre à 45°; elle se distingue aussi de son isomère par une solubilité moins grande dans l'alcool.

Acides truxilliques. — La constitution de ces acides a été dévoi-

[1] Hesse, *Pharmaceutische Zeitung*, **32**, 407, 668; B. **22**, 665; A. **271**, 180.
[2] Liebermann, B. **21**, 2342; **22**, 672.
[3] Liebermann et Drory, B. **22**, 130, 680.

léo par les travaux de M. Liebermann et de ses élèves[1]. Ce sont des polymères de l'acide cinnamique, $(C^9H^8O^2)^2$; ils se transforment par distillation en cet acide. Comme ils ne fixent pas de brome et ne fournissent pas d'aldéhyde benzoïque sous l'influence du permanganate de potassium, on doit admettre qu'ils ne renferment pas de double liaison éthylénique. Ils sont, sans aucun doute, des dérivés du tétraméthylène, répondant aux formules suivantes:

$$C^6H^5-CH-CH-COOH \qquad\qquad C^6H^5-CH-CH-COOH$$
$$HOOC-CH-CH-C^6H^5 \qquad\qquad C^6H^5-CH-CH-COOH$$
$$\text{I} \qquad\qquad\qquad\qquad \text{II}$$

L'*acide α-truxillique* cristallise dans l'alcool en aiguilles fusibles à 274°, très peu solubles dans l'eau bouillante et dans tous les dissolvants organiques. La fusion potassique le transforme en acides benzoïque et acétique. Traité par le perchlorure de phosphore, il fournit un chlorure; en chauffant celui-ci avec l'α-truxillate de sodium, on obtient un anhydride de formule $(C^{36}H^{30}O^7)^3$. Il est probable que la constitution de l'acide α-truxillique doit être exprimée par la formule I.

L'*acide β-truxillique* est plus soluble dans l'eau chaude que son isomère; il fond à 206°. Son oxydation au moyen du permanganate donne du benzile,

$$C^6H^5-CO$$
$$C^6H^5-CO$$

Chauffé avec de l'anhydride acétique, il se convertit en un anhydride de formule simple $C^{18}H^{14}O^3$, lequel fournit une fluorescéine par condensation avec la résorcine. Ces faits montrent qu'il faut lui attribuer la formule II.

Les deux acides truxilliques retirés du Coca sont transformés par les alcalis en d'autres acides (δ- et ε-truxilliques) qui sont des isomères stéréochimiques. La théorie ne prévoit, en effet, pas moins de 5 modifications stéréo-isomériques correspondant à la formule I, et de 6 correspondant à la formule II.

[1] Liebermann, B. **21**, 2342; **22**, 124, 180, 680, 782, 2240, 2256, 2261; **23**, 817, 2516; **24**, 2589; **25**, 90; **26**, 834; **27**, 1410, 1416.

5. Benzoylecgonine.

Ce produit de la saponification particlle de la cocaïne existe tout formé, bien qu'en très petite quantité, dans les feuilles du Coca, ainsi que l'ont montré en 1885 MM. Skraup[1] et Merck[2]. Sa formule est $C^{16}H^{19}AzO^4$, soit $C^9H^{14}AzO^3(COC^6H^5)$. Il cristallise dans l'eau chaude en prismes qui contiennent 4 molécules d'eau; le point de fusion de la substance hydratée est situé à 92°; après dessiccation on observe 195°.

La benzoylecgonine se distingue des autres alcaloïdes du Coca par ses propriétés acides; elle se dissout dans les alcalis. Elle est facilement soluble dans l'eau et dans l'alcool, insoluble dans l'éther.

On a vu plus haut qu'elle est dédoublée par hydrolyse en ecgonine et acide benzoïque. MM. Liebermann et Giesel[3] l'ont obtenue au moyen de la réaction inverse, en chauffant l'ecgonine avec l'anhydride benzoïque en présence d'eau. Ethérifiée par les alcools et l'acide chlorhydrique, elle fournit la cocaïne et ses homologues.

Ecgonine, $C^9H^{15}AzO^3$. — Ce composé constitue le produit de la saponification de toutes les cocaïnes, lesquelles doivent être considérées comme ses éthers. Il cristallise avec une molécule d'eau en prismes fusibles après dessiccation à 198-199°; il est facilement soluble dans l'eau et lévogyre.

L'ecgonine est un corps à triple fonction; c'est à la fois une base tertiaire, un alcool monoatomique et un acide monobasique. Sa nature de base tertiaire se manifeste par le fait qu'elle fixe une molécule de chlorure, bromure ou iodure alcoolique pour former des sels quaternaires ; la propriété qu'elle a de donner des éthers (tels que la benzoylecgonine) avec les anhydrides et les chlorures d'acides, indique l'existence d'un hydroxyle alcoolique dans sa molécule; enfin sa solubilité dans les alcalis avec formation de sels

[1] Skraup, M. **6**, 556.
[2] Merck, B. **18**, 1594.
[3] Liebermann et Giesel, B. **21**, 3196.

qui ne sont pas décomposés par l'acide carbonique, ainsi que la faculté qu'elle possède d'être éthérifiée par les alcools en présence des acides minéraux, montrent qu'elle renferme un groupe carboxyle. On peut donc développer l'expression $C^9H^{15}AzO^3$ et l'écrire :

$$HO—C^8H^{13}\equiv Az$$
$$|$$
$$COOH$$

Cependant le fait que les solutions de l'ecgonine offrent une réaction neutre au tournesol peut laisser supposer, ainsi que l'a fait remarquer M. Einhorn, que, dans l'ecgonine libre, les fonctions basique et acide se saturent réciproquement; on aurait alors une sorte de bétaïne,

$$HO—C^8H^{13}\equiv AzH$$
$$|\qquad\qquad|$$
$$CO——O$$

Il va sans dire que, dans la formation des sels, le noyau bétaïnique est rompu, et que l'on doit revenir à la première formule.

L'ecgonine possède un groupe méthyle attaché à l'atome d'azote. Cela résulte, en premier lieu, d'une observation de M. Merck [1], qui a obtenu de la méthylamine en faisant bouillir l'ecgonine avec de l'eau de baryte. Cela découle ensuite du fait, publié par M. Einhorn [2], que, soumise à une oxydation ménagée au moyen du permanganate de potassium, l'ecgonine se transforme en un corps $C^8H^{13}AzO^3$, la *norecgonine* (aiguilles fusibles à 233°), dont les éthers ont le caractère de bases secondaires.

On peut donc formuler l'ecgonine :

$$HO—C^7H^{10}\equiv Az—CH^3 \qquad\qquad HO—C^7H^{10}\equiv AzH—CH^3$$
$$|\qquad\qquad\qquad ou \qquad\qquad |\qquad\qquad\qquad|$$
$$COOH \qquad\qquad\qquad\qquad\qquad CO——O$$

Quelle est la constitution du groupement $C^7H^{10}Az$?

On sait, en premier lieu, qu'il renferme un noyau pyridique possédant une chaîne latérale en α. M. Stœhr [3], en distillant l'ec-

---

[1] Merck, B. **19**, 3002,

[2] Einhorn, B. **21**, 3029.

[3] Stœhr, B. **22**, 1126.

gonine sur la poudre de zinc, a obtenu de l'*α-éthylpyridine*
(page 40).

On sait, de plus, que la structure de ce groupement doit être,
sinon identique, du moins très semblable à celle de la tropine. En
effet, l'oxydation de l'ecgonine au moyen de l'acide chromique
fournit, d'après M. Liebermann [1], le même produit que l'oxydation
de la tropine, à savoir l'*acide tropinique* (page 199); seulement,
tandis que l'acide provenant de la tropine est optiquement inactif,
celui qui dérive de l'ecgonine est dextrogyre.

Cette relation a été mise en pleine lumière par l'étude de
l'anhydroecgonine, produit de la déshydratation de l'ecgonine.

Anhydroecgonine, $C^9H^{13}AzO^2$. — M. Merck [2] observa en 1886
que l'ecgonine, chauffée avec le pentachlorure de phosphore, perd
les éléments d'une molécule d'eau, et se transforme en une nouvelle base à laquelle il donna le nom d'*anhydroecgonine :*

$$C^9H^{15}AzO^3 \quad = \quad C^9H^{13}AzO^2 \quad + \quad H^2O$$
Ecgonine.　　Anhydroecgonine.

M. Einhorn et ses élèves [3] ont repris, après M. Merck, l'étude de
ce dérivé; ils en ont fait l'objet d'une longue série de travaux qui
ont eu pour résultat de fixer d'une manière à peu près complète la
constitution de l'ecgonine et de la cocaïne. Ce sont ces travaux
que nous allons résumer brièvement.

L'anhydroecgonine prend naissance, non seulement par l'action
du perchlorure de phosphore, mais aussi par celle d'autres déshydratants (acide sulfurique, acide chlorhydrique, etc.) sur l'ecgonine. Elle forme des cristaux fusibles à 235°, facilement solubles
dans l'eau et dans l'alcool, presque insolubles dans l'éther. Ses solutions sont lévogyres.

Elle possède des propriétés basiques et acides ; on doit admettre
dans sa molécule, comme dans celle de l'ecgonine, l'existence d'un
carboxyle, car ses sels alcalins ne sont pas décomposés par l'acide

[1] Liebermann, B. **23**, 2518 ; **24**, 606.

[2] Merck, B. **19**, 3002.

[3] Einhorn, B. **20**, 1221 ; **21**, 47, 3029 ; **22**, 399 ; **23**, 1388, 2870 ; **25**,
1394 ; **26**, 324, 451, 2000 ; **27**, 2489, 2823 ; A. **280**, 96.

carbonique et elle est elle-même éthérifiée par les alcools et l'acide chlorhydrique.

En revanche, l'anhydroecgonine ne possède plus la fonction alcoolique de l'ecgonine; elle n'est pas attaquée par les anhydrides et chlorures d'acides. Elle a par contre, en perdant l'hydroxyle alcoolique, acquis le caractère d'un composé non saturé; elle fixe par addition deux atomes de brome, d'iode ou d'hydrogène, une molécule d'acide bromhydrique, deux hydroxyles, etc. Elle prend donc naissance par transformation d'un groupement -CH^2-CHOH- en -CH=CH-, réaction absolument semblable à celle qui convertit la tropine en tropidine.

Oxydée au moyen du permanganate de potassium ou de l'acide azotique, l'anhydroecgonine fournit de l'acide succinique; elle renferme donc aussi le groupement -CH^2-CH^2- qui existe dans cet acide.

Chauffée à 280° avec de l'acide chlorhydrique, l'anhydroecgonine est décomposée en anhydride carbonique et en une base $C^8H^{13}Az$; celle-ci est identique avec la *tropidine* (page 194) :

$$C^9H^{13}AzO^2 \quad = \quad C^8H^{13}Az \quad + \quad CO^2$$
Anhydroecgonine.   Tropidine.

Cette réaction est de première importance ; elle établit le lien qui unit les alcaloïdes du Coca à ceux des Solanées; elle montre la possibilité de la transformation de la cocaïne en atropine, puisque cette dernière a été obtenue par synthèse partielle en partant de la tropidine; elle conduit enfin à cette conception fort simple de la constitution de l'anhydroecgonine, que celle-ci est un *acide tropidine-monocarbonique*. Il ne reste plus qu'à déterminer la position occupée par le carboxyle.

Une première série d'expériences avait conduit M. Einhorn à admettre que ce groupe remplace l'atome d'hydrogène du groupe CH qui dans la tropine est voisin de l'atome d'azote :

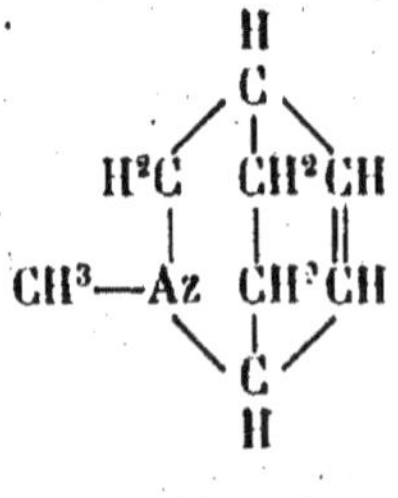

$$\begin{array}{ccc}
 & H & \\
 & | & \\
 & C & \\
 & \diagup\,|\,\diagdown & \\
H^2C & CH^2 & CH \\
| & | & \| \\
CH^3\!-\!Az & CH^2 & CH \\
 & \diagdown\,|\,\diagup & \\
 & C & \\
 & | & \\
 & H & \\
\end{array}$$
Tropidine.

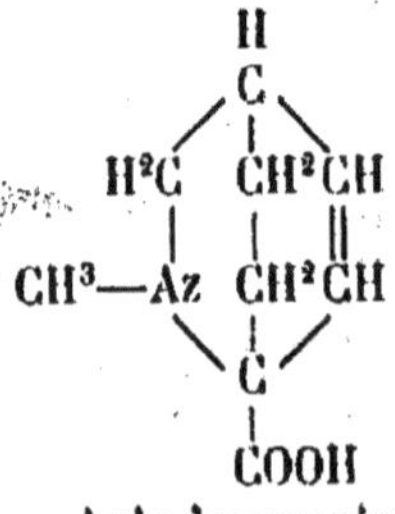

$$\begin{array}{ccc}
 & H & \\
 & | & \\
 & C & \\
 & \diagup\,|\,\diagdown & \\
H^2C & CH^2 & CH \\
| & | & \| \\
CH^3\!-\!Az & CH^2 & CH \\
 & \diagdown\,|\,\diagup & \\
 & C & \\
 & | & \\
 & COOH & \\
\end{array}$$
Anhydroecgonine.

Cette opinion était basée sur les faits suivants :

L'éther éthylique de l'anhydroecgonine fixe une molécule d'iodure de méthyle pour donner un iodométhylate. Lorsqu'on fait bouillir celui-ci avec une solution de soude caustique, il y a à la fois saponification de l'éther et rupture du noyau pyridique avec production de diméthylamine et d'un acide aromatique non saturé. Cette dernière décomposition est tout à fait analogue à la formation du tropilidène par dédoublement de la tropidine. Aussi M. Einhorn avait-il été porté à considérer le composé aromatique comme un *acide tropilidène-carbonique* ou *méthylène-dihydrobenzoïque*. En admettant provisoirement comme prouvée la formule attribuée plus haut à l'anhydroecgonine, on pouvait représenter la réaction de la manière suivante :

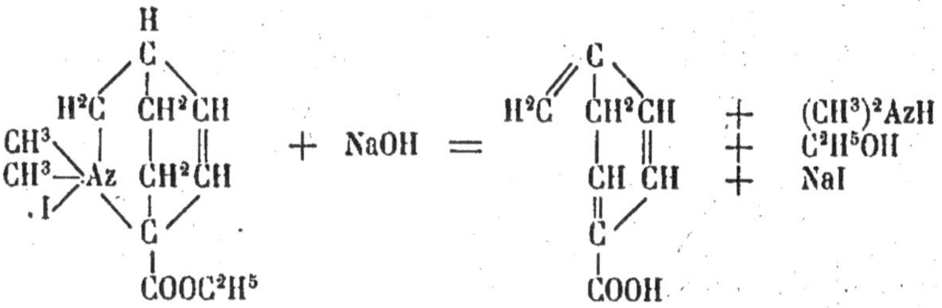

$$\text{Iodométhylate} + \text{NaOH} = \text{Acide méthylène-dihydrobenzoïque} + (CH^3)^2 AzH + C^2H^5OH + NaI$$

Iodométhylate de l'éther éthylique de l'anhydroecgonine.   Acide méthylène-dihydrobenzoïque.

Or, l'étude de l'acide méthylène-dihydrobenzoïque a montré que les deux chaînes latérales y sont bien, ainsi que dans la formule ci-dessus, en *para* l'une par rapport à l'autre. Traité successivement par l'acide bromhydrique et par la soude, il se convertit, en effet, en *acide paratoluïque* :

$$\text{Acide méthylène-dihydrobenzoïque} + 2HBr = \ldots = \text{Acide paratoluïque} + 2HBr$$

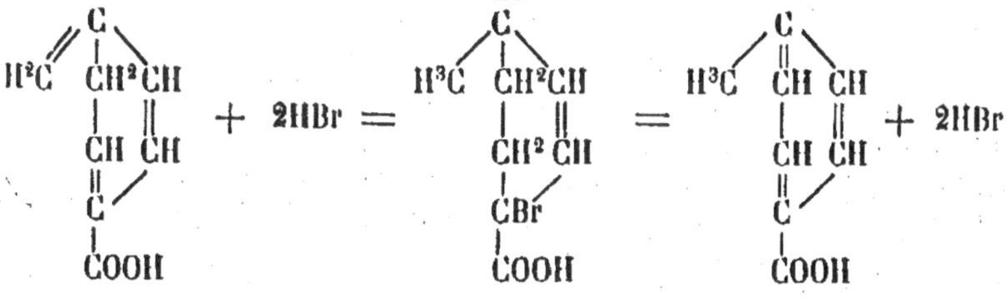

Acide méthylène-dihydrobenzoïque.   Acide paratoluïque.

La position respective du carboxyle et du groupe CH^2 se trouvant ainsi fixée dans l'acide méthylène-dihydrobenzoïque, il en résultait nécessairement pour l'anhydroecgonine la constitution que nous avons donnée.

Dans un mémoire plus récent, MM. Einhorn et Willstätter[1] sont revenus sur la formule de l'acide méthylène-dihydrobenzoïque. L'étude de ses produits d'hydrogénation leur ayant paru indiquer qu'il ne renferme que deux doubles liaisons, ils admettent aujourd'hui que le groupe méthylène n'est pas libre, mais lié à l'atome de carbone *para* du noyau, suivant l'une ou l'autre des formules suivantes :

La formation d'acide paratoluique serait alors due à la rupture de l'une des liaisons transversales.

Il résulte de cette manière de voir que la position du carboxyle de l'anhydroecgonine devient incertaine, car les deux schémas

expliqueraient aussi bien l'un que l'autre la formation de l'acide méthylène-dihydrobenzoïque par élimination de l'azote.

La constitution de ce dernier acide ne nous semble cependant

---

[1] Einhorn et Willstätter, A. **280**, 96.

pas encore définitivement prouvée par les recherches de MM. Einhorn et Willstätter; nous croyons donc devoir, en attendant leur complète confirmation, conserver la formule I pour l'anhydroecgonine.

De cette formule on peut remonter à celle de l'ecgonine en remplaçant le groupement —CH=CH—par—CH²—CHOH—. Cette addition des éléments d'une molécule d'eau a été réalisée expérimentalement; M. Einhorn a pu reproduire l'ecgonine en traitant l'anhydroecgonine par le permanganate de potasse. Il ne resterait plus qu'à déterminer auquel des deux groupes CH de l'anhydroecgonine vient se fixer l'hydroxyle. Or, aucune observation ne permet jusqu'ici de résoudre cette question, et la position de cet hydroxyle reste aussi indécise pour l'ecgonine que pour la tropine; rien ne prouve, en outre, qu'elle soit la même dans les deux cas.

On peut donc hésiter, pour l'ecgonine, (en tenant compte de la forme bétaïnique adoptée par M. Einhorn) entre les deux formules constitutionnelles suivantes :

$$
\begin{array}{ccc}
& H & \\
& C & \\
H^2C & CH^2 & CHOH \\
CH^3—HAz & CH^2 & CH^2 \\
& C & \\
& O—CO &
\end{array}
\qquad\qquad
\begin{array}{ccc}
& H & \\
& C & \\
H^2C & CH^2 & CH^2 \\
CH^3—HAz & CH^2 & CHOH \\
& C & \\
& O—CO &
\end{array}
$$

Ecgonine.

Quant aux cocaïnes, qui dérivent de l'ecgonine par la double substitution d'un méthyle à l'hydrogène carboxylique et d'un acyle à l'hydrogène hydroxylique, leurs formules découleront fort simplement des précédentes. La cocaïne elle-même sera représentée par l'un des schémas :

$$
\begin{array}{ccc}
& H & \\
& C & \\
H^2C & CH^2 & CH—O—CO—C^6H^5 \\
CH^3—Az & CH^2 & CH^2 \\
& C & \\
& COOCH^3 &
\end{array}
\qquad\qquad
\begin{array}{ccc}
& H & \\
& C & \\
H^2C & CH^2 & CH^2 \\
CH^3—Az & CH^2 & CH—O—CO—C^6H^5 \\
& C & \\
& COOCH^3 &
\end{array}
$$

Cocaïne.

On aura les formules de la cinnamylcocaïne et des truxillines en remplaçant dans ces schémas le radical de l'acide benzoïque par celui des acides cinnamique ou truxilliques.

Ecgonine droite. — La formule de l'ecgonine, telle qu'elle vient d'être établie, renferme 3 atomes de carbone asymétriques; cela laisse prévoir l'existence d'un grand nombre de stéréo-isomères de l'ecgonine naturelle. On n'en a obtenu jusqu'à présent qu'un seul, qui est connu sous le nom d'*ecgonine droite*. MM. Einhorn et Marquardt[1] l'ont préparé en faisant agir les alcalis bouillants sur l'ecgonine gauche ou sur les diverses cocaïnes naturelles. Il diffère de son isomère, outre le sens du pouvoir rotatoire, par un point de fusion plus élevé (257°) et par les principales propriétés de ses sels. Il s'en rapproche au contraire par tous ses caractères chimiques. M. Einhorn et ses élèves[2] l'on soumis au mêmes réactions que l'ecgonine gauche et ont obtenu une série de dérivés dont les uns sont identiques avec ceux de la base naturelle et dont les autres n'en diffèrent que par leurs propriétés optiques.

C'est ainsi que l'ecgonine droite fournit par déshydratation et par oxydation une anhydroecgonine et un acide tropinique qui sont identiques avec ceux qui proviennent de l'ecgonine naturelle, et qui possèdent le même pouvoir rotatoire. Cela montre que l'interversion de l'ecgonine n'affecte que l'un des carbones asymétriques, celui du groupe CHOH.

Soumise à des réactions moins énergiques, l'ecgonine droite donne, en revanche, des dérivés qui sont différents de ceux de l'ecgonine gauche. Le permanganate la transforme en une norecgonine droite; avec les alcools et l'acide chlorhydrique on obtient des éthers également dextrogyres. Enfin, en traitant l'éther méthylique par le chlorure de benzoyle, MM. Einhorn et Marquardt ont préparé une *cocaïne droite*. Celle-ci est un corps cristallisé qui fond à 46-47°; ses propriétés physiologiques sont tout à fait semblables à celles de la cocaïne ordinaire; elle semble cependant avoir une action anesthésique un peu plus rapide.

---

[1] Einhorn et Marquardt, B. **23**, 468; **24**, Ref. 485.
[2] Einhorn, B. **23**, 468, 079; **24**, 7, Ref. 485; **26**, 962, 1482; **27**, 1874.

MM. Liebermann et Giesel[1] ont obtenu la cocaïne droite comme produit accessoire de l'éthérification de l'ecgonine naturelle; ils en concluent que celle-ci devait contenir un peu de la modification dextrogyre et que, par conséquent, il doit exister de faibles quantités de cocaïne droite dans les feuilles de Coca. Cette conclusion n'est pas nécessaire; il est possible qu'une petite partie de l'ecgonine gauche soit intervertie pendant sa transformation en cocaïne et fournisse ainsi l'alcaloïde dextrogyre.

α-Ecgonine. — Si la transformation de l'ecgonine en tropine a pu être réalisée, il n'en est pas de même de la réaction inverse. M. Willstätter[2] a réussi cependant à introduire un carboxyle dans la molécule de la tropine; il a obtenu ainsi un isomère de l'ecgonine, qu'il a nommé *α-ecgonine*.

Il est parti pour cela de la tropinone, produit d'oxydation de la tropine (page 207); en traitant le chlorhydrate de cette cétone par le cyanure de potassium, il a obtenu une cyanhydrine, qu'il a saponifiée au moyen de l'acide chlorhydrique :

```
        H                              H
        C                              C
      /   \                          /   \
   H²C    CH²CO                   H²C    CH²C<CAz
    |      |                       |      |    OH
  CH³—Az  CH²CH²       →        CH³—Az  CH²CH²        →
      \   /                          \   /
        C                              C
        H                              H
     Tropinone.                 Tropinone-cyanhydrine.
```

```
        H
        C
      /   \
   H²C    CH²C<COOH
    |      |    OH
  CH³—Az  CH²CH²
      \   /
        C
        H
      α-Ecgonine.
```

----

[1] Liebermann et Giesel, B. **23**, 508.
[2] Willstätter, B. **29**, 1575, 2216.

On voit que l'α-ecgonine diffère de l'ecgonine par la position du carboxyle, qui est attaché dans le nouveau dérivé au même carbone que l'hydroxyle.

L'α- ecgonine cristallise dans l'eau chaude, avec ½ ou 1 molécule d'eau, en tables fusibles à 305° ; elle est assez soluble dans l'eau froide, très peu soluble dans l'alcool et insoluble dans l'éther.

En traitant l'α-ecgonine par l'alcool méthylique et l'acide chlorhydrique et en chauffant le produit avec de l'anhydride benzoïque et de l'eau, M. Willstätter a préparé l'α-cocaïne; elle forme des prismes fusibles à 87-88° et est absolument dépourvue de propriétés anesthésiques.

6. Tropacocaïne (Benzoylpseudotropéine).

Cet alcaloïde a été découvert en 1891 par M. Giesel[1] dans le Coca de Java, et étudié par M. Liebermann[2]. Il a pour formule $C^{15}H^{19}AzO^2$ et cristallise dans l'éther en tables fusibles à 49°, insolubles dans l'eau, très solubles dans l'alcool et dans l'éther. Il est inactif à la lumière polarisée.

L'ébullition avec l'acide chlorhydrique le dédouble en acide benzoïque et en une base $C^9H^{19}AzO$; M. Liebermann crut reconnaître dans ce composé la *pseudotropine* de M. Ladenburg (page 209), produit de saponification de l'hyoscine. Bien que les recherches ultérieures aient rendu improbable l'identité des deux corps, ils sont restés cependant désignés sous le même nom.

Pseudotropine. — La pseudotropine du Coca se dépose de ses solutions dans le benzène ou dans le chloroforme en prismes fusibles à 108°; elle distille à 240-241° et se dissout facilement dans l'eau, l'alcool et l'éther; elle offre une réaction alcaline au tournesol et ne possède pas le pouvoir rotatoire. Sa molécule renferme un hydroxyle alcoolique.

Les premiers travaux de M. Liebermann avaient déjà montré que la pseudotropine est très voisine de la tropine au point de vue de sa constitution. Elle fournit, en effet, la tropidine par déshy-

[1] Giesel, *Pharmaceutische Zeitung*, **1891**, 419.
[2] Liebermann, B. **24**, 2886, 2587; **25**, 927.

dratation au moyen des alcalis ou des acides, et l'acide tropinique par oxydation au moyen de l'acide chromique. Ces observations avaient engagé leur auteur à voir la cause de l'isomérie des deux bases dans la position différente de leur hydroxyle, conformément aux deux formules de la page 203.

Les recherches plus récentes de M. Willstätter[1] n'ont pas confirmé cette manière de voir; elles ont montré, au contraire, que la tropine et la pseudotropine sont des isomères stéréochimiques.

M. Willstätter a observé que la pseudotropine, traitée par l'acide chromique fournit la *tropinone,* identique au produit d'oxydation de la tropine; on doit donc admettre que l'hydroxyle de la pseudotropine est attaché au même atome de carbone que celui de la tropine, et non à un atome voisin.

De plus, lorsqu'on fait agir l'amalgame de sodium, ou mieux le sodium et l'alcool ou le sodium et l'éther aqueux, sur la tropinone provenant de l'oxydation de la tropine, on obtient la pseudotropine; il y a ainsi transformation de l'un des stéréo-isomères dans l'autre.

Cette même transformation s'opère enfin directement lorsqu'on chauffe la tropine, à une température élevée, avec de l'amylate de sodium.

Soumise à l'oxydation au moyen du permanganate de potassium, la pseudotropine se convertit, par perte du groupe méthyle lié à l'azote, en une base secondaire, la *pseudotropigénine,* $C^7H^{13}AzO$ (aiguilles déliquescentes, très solubles dans l'eau et l'alcool, assez peu solubles dans l'éther). Ce corps est un stéréo-isomère de la tropigénine (page 194); il fournit, comme elle, la nortropinone par oxydation, et celle-ci, quelle que soit sa provenance, régénère la pseudotropigénine par réduction au moyen du sodium.

La pseudotropine, comme la tropine, fournit des éthers (*pseudotropéines*) lorsqu'on la chauffe avec les anhydrides d'acides, ou avec les acides eux-mêmes en présence d'acide chlorhydrique. M. Liebermann a préparé quelques-uns de ces dérivés. Celui que l'on obtient avec l'anhydride benzoïque est identique avec la benzoylpseudotropéine ou tropacocaïne naturelle; on doit donc assigner à cet alcaloïde la formule suivante :

---

[1] Willstätter, B. **29**, 936, 1636, 2281.

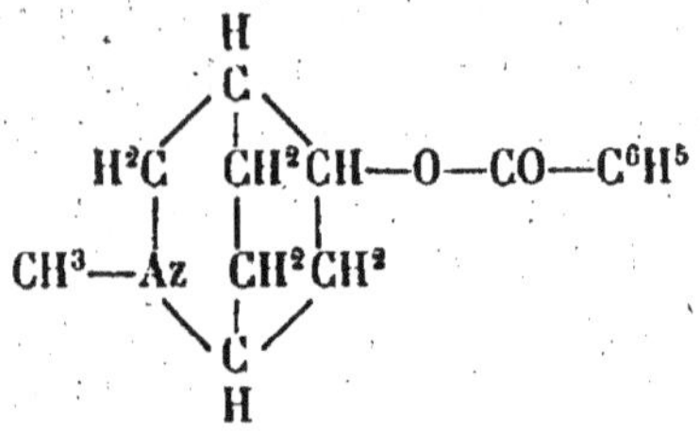

$$
\begin{array}{c}
\text{H} \\
\text{C} \\
\text{H}^2\text{C} \quad \text{CH}^2\text{CH}-\text{O}-\text{CO}-\text{C}^6\text{H}^5 \\
\text{CH}^3-\text{Az} \quad \text{CH}^2\text{CH}^2 \\
\text{C} \\
\text{H}
\end{array}
$$

Tropacocaïne.

Les pseudotropéines des acides amygdalique et tropique n'ont pas de propriétés mydriatiques, comme les tropéines correspondantes. La tropylpseudotropéine (cristaux fusibles à 86-88°) n'est pas identique avec l'hyoscine de M. Ladenburg.

7. Hygrine.

On a décrit sous ce nom plusieurs bases liquides retirées des feuilles de Coca par différents observateurs, mais étudiées pour la plupart d'une manière très superficielle; il n'est même pas démontré que certaines d'entre elles existent réellement dans le végétal et qu'elles n'aient pas été introduites accidentellement dans le mélange des alcaloïdes grâce au dissolvant impur employé dans leur extraction (Hesse[1]).

Nous réserverons le nom d'hygrine à un alcaloïde retiré en 1889 par M. Liebermann[2] du Coca de Cusco (Pérou). Sa composition répond à la formule $C^8H^{15}AzO$; c'est donc un isomère de la tropine, mais sa constitution est, comme on va le voir, absolument différente.

L'hygrine est liquide; elle bout à 193-195° et possède à 17° une densité de 0,935. Elle est lévogyre et constitue une base tertiaire; elle ne possède pas de méthoxyle, mais bien un méthyle lié à l'azote; elle donne une oxime, ce qui indique la présence dans sa molécule d'un carbonyle cétonique ou aldéhydique.

Oxydée au moyen de l'acide chromique, l'hygrine fournit un acide monobasique, $C^5H^{10}Az(COOH)$, *l'acide hygrique*. Celui-ci cristallise avec une molécule d'eau et fond à 164°; il est très soluble dans

---

[1] Hesse, A. **271**, 95.

[2] Liebermann, B. **22**, 675; **24**, 407; **26**, 851; **28**, 578; **29**, 2050, **30**, 1118.

l'eau et dans l'alcool, insoluble dans l'éther; chauffé avec de l'acide sulfurique ou du chlorure d'or, il se décompose avec formation d'une base volatile possédant l'odeur de la pipéridine.

M. Liebermann avait d'abord supposé que l'acide hygrique était un acide pipéridine-carbonique; mais M. Ladenburg ayant préparé les trois acides pipéridine-monocarboniques isomériques par réduction des acides pyridiques correspndants (voyez page 60), il se trouva qu'aucun d'eux n'était identique avec l'acide hygrique.

M. Liebermann reprit alors l'étude de ce dernier acide. Il constata d'abord, au moyen du procédé de MM. Herzig et Meyer, qu'il renferme un groupe méthyle à l'azote, ce qui excluait toute possibilité de l'existence d'un noyau pipéridique. Il trouva ensuite que, soumis à l'action de la chaleur, il dégage de l'anhydride carbonique et se transforme en une base tertiaire de formule $C^5H^{11}Az$, bouillant à 81-83°. L'examen des propriétés de cette base établit son identité avec la *méthylpyrrolidine*,

$$
\begin{array}{c}
CH^2\!-\!CH^2 \\
|\qquad| \\
CH^2\quad CH^2 \\
\diagdown\ \diagup \\
Az \\
| \\
CH^3
\end{array}
$$

préparée par M. Ciamician [1] en réduisant le méthylpyrrol.

L'acide hygrique est donc un *acide méthylpyrrolidine-carbonique*. La position du carboxyle reste à déterminer; il est probable cependant, vu la facilité avec laquelle il s'élimine sous l'influence de la chaleur, qu'il occupe la position α.

Quant à l'hygrine, sa formule découle de celle de l'acide hygrique en remplaçant le carboxyle par le groupe C^3H^5O; ce groupe doit contenir un carbonyle; M. Liebermann propose provisoirement la formule

$$
\begin{array}{c}
CH^2\!-\!CH^2 \\
|\qquad| \\
CH^2\quad CH\!-\!CO\!-\!C^2H^5 \\
\diagdown\ \diagup \\
Az \\
| \\
CH^3
\end{array}
$$

Hygrine.

<hr>

[1] Ciamician, B. **18**, 2080.

8. Cuscohygrine.

Cet alcaloïde accompagne le précédent dans le Coca de Cusco et a été découvert en même temps que lui par M. Liebermann. Il possède la formule $C^{13}H^{24}Az^2O$; il est liquide à la température ordinaire, et ne distille sans décomposition que sous pression réduite (à 185° sous 32^{mm}). Sa densité est 0,9767 à 17°. Il est très soluble dans l'eau et optiquement inactif.

La cuscohygrine est une base diacide et bitertiaire; elle possède un groupe méthyle attaché à chacun de ses atomes d'azote. Sa constitution est sans doute très voisine de celle de l'hygrine, car elle fournit aussi par oxydation l'acide hygrique.

XIII. ALCALOÏDES DE L'ÉCORCE DE GRENADIER

L'écorce du grenadier (*Punica Granatum* L., famille des Granatées), connue par ses propriétés anthelmintiques, contient les quatre alcaloïdes suivants, qui ont été isolés en 1877 par M. Tanret[1] :

Pelletiérine,	$C^8H^{13}AzO$
Isopelletiérine,	$C^8H^{15}AzO$
Méthylpelletiérine,	$C^9H^{17}AzO$
Pseudopelletiérine,	$C^9H^{15}AzO$

1. Pelletiérine.

La pelletiérine est une substance liquide, d'une densité de 0,988 à 0°, assez soluble dans l'eau, facilement soluble dans l'alcool et l'éther, très soluble dans le chloroforme. Son point d'ébullition est situé à 195°. Elle est dextrogyre et présente une réaction fortement alcaline. Son sulfate est lévogyre.

2. Isopelletiérine.

Elle ressemble beaucoup à la base précédente, dont elle constitue probablement un stéréo-isomère ; la base libre et le sulfate sont sans action sur la lumière polarisée.

[1] Tanret, C. r. **86**, 1270 ; **87**, 858 ; **88**, 716 ; **90**, 695.

3. Méthylpelletiérine.

Liquide bouillant à 215°, assez soluble dans l'eau, facilement soluble dans l'alcool, l'éther et le chloroforme. Son chlorhydrate est dextrogyre.

4. Pseudopelletiérine.

La pseudopelletiérine cristallise dans l'eau ou dans la ligroïne en prismes qui contiennent 2 molécules d'eau. Elle fond à 48° et bout à 246°. Elle est très soluble dans l'eau, l'alcool, l'éther et le chloroforme; la ligroïne la dissout plus difficilement. C'est une base tertiaire énergique et optiquement inactive.

De tous les alcaloïdes de l'écorce de grenadier, la pseudopelletiérine est le seul qui ait été jusqu'ici l'objet d'une étude approfondie. MM. Ciamician et Silber[1] ont publié à son sujet une série d'observations qui montrent qu'elle est dans une relation étroite avec les corps du groupe de la tropine. Les principaux résultats de ces recherches sont les suivants :

La pseudopelletiérine ne renferme ni hydroxyle, ni méthoxyle ; son atome d'oxygène fait partie d'un carbonyle CO, car elle se combine avec l'hydroxylamine pour former une oxime; ses propriétés ont du reste une grande analogie avec celles de la tropinone (page 207).

Elle possède un groupe méthyle lié à l'azote (Herzig et Meyer[2]).

Traitée par le sodium et l'alcool, la pseudopelletiérine fixe deux atomes d'hydrogène; le groupe CO se transforme en un groupe CHOH, et l'on obtient une alcamine, $C^8H^{13}(OH)=Az-CH^3$, à laquelle MM. Ciamician et Silber ont donné le nom de *méthylgranatoline*.

Celle-ci forme des cristaux fusibles à 100°, solubles dans l'eau, l'alcool et l'éther; elle bout à 251°. Elle est éthérifiée par les acides. Par oxydation au moyen de l'acide chromique, elle régénère d'abord

----

[1] Ciamician et Silber, B. **25**, 1601; **26**, 156, 2738; **27**, 2850; **29**, 481, 490.

[2] Herzig et Meyer, M. **15**, 613.

la pseudopelletiérine, puis se transforme en un acide bibasique, de formule $C^9H^{15}AzO^4$, l'*acide méthylgranatique* (prismes fusibles à 240-245° en se décomposant).

Le permanganate de potassium en solution alcaline enlève à la méthylgranatoline le groupe méthyle attaché à son atome d'azote et la convertit en une base secondaire, la *granatoline*, $C^8H^{15}AzO$, soit $C^8H^{13}(OH)=AzH$. Celle-ci cristallise dans l'éther en aiguilles fusibles à 134°. Lorsqu'on distille son chlorhydrate avec de la poudre de zinc, on obtient de la pyridine.

Chauffée avec de l'acide iodhydrique, la méthylgranatoline fournit en premier lieu un iodure $C^9H^{17}I^2Az$, puis une base $C^9H^{15}Az$, soit $C^8H^{12}=Az-CH^3$, la *méthylgranaténine* (point d'ébullition 186°). L'acide iodhydrique et le phosphore attaquent cette dernière à la température de 240° en donnant naissance à deux bases saturées, la *méthylgranatanine*, $C^8H^{14}=Az-CH^3$ (point de fusion 49-50°, point d'ébullition 192-193°) et la *granatanine*, $C^8H^{14}=AzH$ (aiguilles fusibles à 50-60°).

La distillation du chlorhydrate de granatanine sur la poudre de zinc donne de la *conyrine* (α-propylpyridine) (page 41).

Cette dernière observation montre que la pseudopelletiérine et ses dérivés renferment un noyau hydropyridique possédant en a une chaîne latérale d'au moins trois atomes de carbone. Les deux expériences suivantes indiquent qu'il faut admettre aussi dans leur molécule l'existence d'un noyau hydroaromatique.

Lorsqu'on chauffe l'iodométhylate de pseudopelletiérine avec de la baryte, il se décompose en diméthylamine et *granatone*, $C^8H^{10}O$ (liquide bouillant à 197-198°). Celle-ci donne, par oxydation au moyen du permanganate de potassium, l'acide phénylglyoxylique, $C^6H^5-CO-COOH$; il est donc probable qu'elle constitue une *dihydroacétophénone*, $C^6H^7-CO-CH^3$.

D'autre part, lorsqu'on distille le méthylhydrate de méthylgranaténine et que l'on chauffe le produit avec de l'acide chlorhydrique, on obtient de la diméthylamine et du *granatal*, $C^8H^{12}O$, liquide bouillant à 200-201°. Ce composé a des propriétés aldéhydiques ou cétoniques; il fournit par oxydation l'acide adipique normal. MM. Ciamician et Silber le considèrent comme une *tétrahydroacétophénone* ou comme une *aldéhyde tétrahydrophénylacétique*.

On voit par ce qui précède que le parallélisme le plus complet règne, au point de vue des propriétés chimiques, entre les dérivés de la pseudopelletiérine et les corps du groupe de la tropine ; les mêmes réactions fournissent dans les deux cas des produits absolument analogues ; on a les deux séries suivantes :

Pseudopelletiérine	$C^9H^{15}AzO$	Tropinone	$C^8H^{13}AzO$
Méthylgranatoline	$C^9H^{17}AzO$	Tropine	$C^8H^{15}AzO$
Méthylgranaténine	$C^9H^{15}Az$	Tropidine	$C^8H^{13}Az$
Méthylgranatanine	$C^9H^{17}Az$	Hydrotropidine	$C^8H^{15}Az$
Acide méthylgranatique	$C^9H^{15}AzO^4$	Acide tropinique	$C^8H^{13}AzO^4$
Granatoline	$C^8H^{15}AzO$	Tropigénine	$C^7H^{13}AzO$
Granatanine	$C^8H^{15}Az$	Norhydrotropidine	$C^7H^{13}Az$
Propylpyridine	$C^8H^{11}Az$	Ethylpyridine	C^7H^9Az
Granatal	$C^8H^{12}O$	Tropilène	$C^7H^{10}O$

En considérant les formules de ces deux séries de corps, on voit que les dérivés de la pseudopelletiérine sont les homologues supérieurs de ceux de la tropinone, et l'on est porté tout d'abord à attribuer au premier de ces corps la constitution d'une méthyltropinone. Mais si l'on veut, en se basant sur la formule de la tropinone (page 207), substituer un méthyle à l'un des atomes d'hydrogène, on se trouve fort embarrassé pour introduire ce groupe dans une position telle, qu'elle permette d'expliquer à la fois la formation de l'α-propylpyridine et celle de dérivés hydrogénés de l'acétophénone ou de l'aldéhyde phénylacétique. La conyrine ne peut, en effet, prendre naissance par la rupture du noyau benzénique que si le méthyle fait partie de ce noyau ; la formation d'un dérivé aromatique avec une chaîne latérale de deux atomes de carbone exige, au contraire, que ce méthyle soit dans le noyau pyridique. Il y a donc là une impossibilité qui interdit d'envisager la pseudopelletiérine comme une tropinone méthylée et d'admettre dans la molécule de ces deux corps le même groupement fondamental des atomes de carbone et d'azote.

Pour expliquer cependant la relation qui existe entre les dérivés de la pseudopelletiérine et ceux de la tropine, MM. Ciamician et Silber ont eu recours à une hypothèse ingénieuse. Selon eux, la molécule des corps qui nous occupent serait formée, comme celle de la tropine et comme celle des bases quinoléiques, de l'association d'un noyau pyridique et d'un noyau benzénique ; seulement, tandis que pour la quinoléine la condensation a lieu en *ortho*, et pour la tropine en *para*, elle se ferait ici en *méta*, les deux noyaux ayant, non plus 2 ou 4 atomes de carbone communs, mais 3. Dans cette hypothèse la pseudopelletiérine aurait la formule :

$$H^2C \!-\!\!-\! CH \!-\! CO$$
$$H^2C \quad CH^1 \; CH^2$$
$$CH^3 \!-\! Az \!-\!\!-\! CH \!-\! CH^2$$

Pseudopelletiérine.

Il faut reconnaître que ce schéma rend parfaitement bien compte de tous les faits observés jusqu'à présent ; il en découle les formules suivantes pour les principaux produits de décomposition de l'alcaloïde :

$$H^2C \!-\!\!-\! CH \!-\! CHOH$$
$$H^2C \quad CH^2 \; CH^2$$
$$CH^3 \!-\! Az \!-\!\!-\! CH \!-\! CH^2$$

Méthylgranatoline.

$$H^2C \!-\!\!-\! CH \!-\! COOH$$
$$H^2C \quad CH^2 \; COOH$$
$$CH^3 \!-\! Az \!-\!\!-\! CH \!-\! CH^2$$

Acide méthylgranatique.

$$H^2C \!-\!\!-\! CH \!-\! CH$$
$$H^2C \quad CH^2 \; CH$$
$$CH^3 \!-\! Az \!-\!\!-\! CH \!-\! CH^2$$

Méthylgranaténine.

$$H^2C \!-\!\!-\! CH \!-\! CH$$
$$OHC \quad CH^2 \; CH$$
$$CH^2 \!-\! CH^2$$

Granatal.

$$H^2C \!-\!\!-\! CH \!-\! CH^2$$
$$H^2C \quad CH^2 \; CH^2$$
$$HAz \!-\! CH \!-\! CH^2$$

Granatanine.

$$HC \!-\!\!-\! CH \quad CH^3$$
$$HC \quad CH \; CH^2$$
$$Az \!=\! CH \!-\! CH^2$$

α - Propylpyridine.

XIV. ALCALOÏDES DES QUINQUINAS

Les écorces de divers arbres appartenant aux deux genres *Cinchona* et *Remijia* (famille des Rubiacées) ont été employées comme fébrifuges, en Europe, dès le milieu du XVII° siècle; elles renferment une série d'alcaloïdes très voisins les uns des autres au point de vue chimique. Le nombre de ceux dont l'existence et l'individualité sont aujourd'hui certaines, s'élève à 21. On peut les classer en six groupes distincts, en se basant, soit sur leur composition, soit sur la nature des produits qu'ils fournissent par l'action des acides minéraux. Aux trois premiers de ces groupes se rattachent trois sous-groupes constitués par des bases plus riches en hydrogène.

1er groupe: $C^{19}H^{22}Az^2O$ soit $C^{19}H^{21}Az^2(OH)$.
1. Cinchonine.
2. Cinchonidine.

Sous-groupe : $C^{19}H^{24}Az^2O$.
3. Cinchotine.
4. Cinchamidine.
5. Cinchonamine.

2me groupe: $C^{19}H^{22}Az^2O^2$ soit $C^{19}H^{20}Az^2(OH)^2$.
6. Cupréine.

Sous-groupe: $C^{19}H^{24}Az^2O^2$.
7. Quinamine.
8. Conquinamine.

3me groupe : $C^{20}H^{24}Az^2O^2$ soit $C^{19}H^{20}Az^2(OH)(OCH^3)$.
9. Quinine.
10. Quinidine.

Sous-groupe: $C^{20}H^{26}Az^2O^2$.
11. Hydroquinine.
12. Hydroquinidine.

4me groupe : $C^{23}H^{26}Az^2O^4$.
13. Chairamine.
14. Chairamidine.
15. Conchairamine.
16. Conchairamidine.

5ᵐᵉ groupe : $C^{23}H^{26}Az^3O^4$.
17. Aricine.
18. Cusconine.
19. Concusconine.

6ᵐᵉ groupe :
20. Homoquinine, $C^{39}H^{46}Az^4O^4$.
21. Diquinidine, $C^{40}H^{46}Az^4O^3$.

A côté de ces alcaloïdes les écorces de quinquina contiennent :

1° des acides (quinique, quinovique, quinotannique, quinovatannique, caféique, oxalique);

2° des substances neutres (quinovine, rouge quinique, rouge quinovique, cinchocérotine, cinchol, cupréol, etc.).

1. Cinchonine.

La cinchonine a été retirée du quinquina gris (*Cinchona Condaminea* Humb.), en 1820, par Pelletier et Caventou[1]. Elle existe dans l'écorce de la plupart des *Cinchona* et des *Remijia*. On hésita d'abord, pour cet alcaloïde, entre la formule de Laurent, $C^{19}H^{22}Az^2O$, et celle de Regnault, $C^{20}H^{24}Az^2O$, puis cette dernière fut généralement adoptée et le resta jusqu'en 1879, époque à laquelle M. Skraup[2] montra par de nouvelles analyses qu'il fallait revenir à la formule $C^{19}H^{22}Az^2O$; c'est celle qui est admise aujourd'hui.

La cinchonine cristallise dans l'alcool en prismes anhydres dont le point de fusion est situé à 255°,4 ; elle peut être sublimée dans un gaz indifférent. Elle est presque insoluble dans l'eau et dans les alcalis, peu soluble dans l'éther, le chloroforme et le benzène, un peu plus facilement dans l'alcool ; son meilleur dissolvant est un mélange d'alcool et de chloroforme.

C'est une base forte, diacide et bitertiaire. Ses solutions salines ne possèdent pas de fluorescence. Elle ne fournit aucune réaction colorée avec l'ammoniaque et l'eau de chlore. Elle est dextrogyre

---

[1] Pelletier et Caventou, A. ch. (2) **15**, 291, 337.
[2] Skraup, A. **197**, 353.

ainsi que ses sels. Son action physiologique est à peu près la même que celle de la quinine, quoique bien plus faible.

La cinchonine ne renferme pas de groupe méthoxyle; l'acide chlorhydrique ne l'attaque pas à 150°. Son atome d'oxygène fait partie d'un hydroxyle; M. Schutzenberger[1] a préparé une *monobenzoylcinchonine* et M. Hesse[2] une *monoacétylcinchonine*.

Transformations isomériques de la cinchonine.— Lorsqu'on fait bouillir la cinchonine pendant 15-16 heures avec une solution de potasse dans l'alcool amylique, elle se convertit en partie en *cinchonidine* (Königs et Husmann[3]).

Pasteur[4] a montré, en 1853, qu'elle fournit un autre isomère, la *cinchonicine*, quand on la chauffe à 130° avec de l'acide sulfurique très étendu; cette transformation s'opère plus facilement lorsqu'on soumet son sulfate ou son tartrate à l'action de la chaleur. La cinchonicine a été étudiée surtout par MM. Hesse[5], Howard[6] et Roques[7]; elle forme des cristaux fusibles à 49-50°, facilement solubles dans l'alcool, le benzène et le chloroforme, peu solubles dans l'eau et l'éther; elle offre une réaction fortement alcaline et dévie à droite le plan de polarisation.

Ces deux corps sont loin d'être les seuls isomères de la cinchonine que l'on connaisse; on n'en a pas décrit jusqu'à présent moins de 18, qui ont été obtenus, soit par l'action des acides chlorhydrique et sulfurique de différentes concentrations et à diverses températures sur l'alcaloïde lui-même, soit par celle des alcalis ou de l'eau à 140-160° sur les produits d'addition qu'il forme avec les hydracides, soit enfin par transformation de ces isomères les uns dans les autres. Il ne saurait rentrer dans notre plan de décrire tous ces corps, qui ont été désignés sous les noms de *pseudocinchonine, isocinchonine, apocinchonine, homocinchonine, dicinchonine,*

[1] Schutzenberger, C. r. **47**, 233.
[2] Hesse, A. **205**, 321.
[3] Königs et Husmann, B. **29**, 2185.
[4] Pasteur, C. r. **32**, 110.
[5] Hesse, A. **166**, 277; **178**, 253.
[6] Howard, Soc. **25**, 102.
[7] Roques, C. r. **120**, 1170; A. ch. (7) **10**, 234.

etc. et qui ont fait l'objet des recherches de MM. Hesse[1], Skraup[2], Comstock et Königs[3], Jungfleisch et Léger[4], Pum[5], Lippmann et Fleissner[6] et d'autres encore. Leur étude n'est du reste point terminée et l'on ne sait rien sur la nature de leur isomérie. Il est très probable que les travaux futurs restreindront leur nombre en démontrant l'identité de plusieurs d'entre eux.

Produits d'addition de la cinchonine. — La cinchonine renferme une double liaison éthylénique. Elle fournit, lorsqu'on la soumet, à froid, à l'action du chlore ou du brome, des produits d'addition contenant deux atomes d'halogène ; le dichlorure et le dibromure sont des corps cristallisés, mais peu stables, et ont le caractère de bases diacides (Laurent[7], Comstock et Königs[8]).

Traitée à froid par les acides chlorhydrique, bromhydrique ou iodhydrique, la cinchonine donne les sels de nouvelles bases qui sont des produits d'addition renfermant une molécule de l'hydracide. Celle-ci est éliminée par les alcalis, mais alors la cinchonine n'est jamais régénérée qu'en partie et il se forme des isomères.

La cinchonine fixe enfin de l'hydrogène sous l'influence de l'amalgame de sodium ou du sodium et de l'alcool (Zorn[9], Skraup[10], Konek von Norwall[11], Hesse[12]) ; les corps qui prennent ainsi naissance (*dihydrocinchonine, tétrahydrocinchonine*) sont encore peu

[1] Hesse, A. **205**, 390 ; **227**, 153 ; **248**, 181 ; **260**, 213 ; **266**, 245 ; **267**, 142 ; **276**, 88.

[2] Skraup, A. **301**, 291 ; B. **25**, 2009 ; M. **12**, 431.

[3] Comstock et Königs, B. **20**, 2510.

[4] Jungfleisch et Léger, C. r. **105**, 1255 ; **106**, 357, 657, 1410 ; **108**, 952 ; **112**, 942 ; **113**, 651 ; **114**, 1192 ; **117**, 42 ; **118**, 29, 536 ; **119**, 1268 ; **120**, 325

[5] Pum, M. **12**, 582 ; **13**, 676 ; **15**, 446.

[6] Lippmann et Fleissner, M. **12**, 661 ; **13**, 429 ; **14**, 371 ; B. **24**, 2827 ; **26**, 2005.

[7] Laurent, C. r. **20**, 1586.

[8] Comstock et Königs, B. **17**, 1984 ; **19**, 2853 ; **20**, 2510 ; **25**, 1539.

[9] Zorn, J. pr. (2) **8**, 279.

[10] Skraup, B. **11**, 311.

[11] Konek von Norwall, M. **16**, 321 ; B. **28**, 1637, 1843.

[12] Hesse, B. **28**, 1424.

étudiés; ils paraissent constituer des bases secondaires. Aucun d'eux n'est identique avec l'un des alcaloïdes naturels, cinchotine, cinchamidine et cinchonamine.

Action des alcalis sur la cinchonine. — Elle a été étudiée déjà en 1842 par Gerhardt[1], puis en 1855 par Williams[2], et plus récemment par MM. Butlerow[3], Wischnegradsky[4], Oechsner[5], Hoogewerff et van Dorp[6]. Lorsqu'on distille la cinchonine avec la potasse, il passe d'abord une certaine quantité de *quinoléine* et il reste dans la cornue un produit solide, qui se décompose lui-même à une température plus élevée en donnant de la *β-lutidine* (β-éthylpyridine, page 38) et en laissant un résidu formé d'acétate, de propionate et de butyrate de potassium.

La quinoléine et la β-lutidine ne sont cependant pas les deux seuls produits volatils de l'opération. Williams a montré qu'il se forme en même temps une quantité notable de *lépidine* (γ-méthylquinoléine, page 91), ainsi que du pyrrol, des bases pyridiques (pyridine, picoline, collidine) et toute une série d'homologues supérieurs de la lépidine.

M. Oechsner a isolé du produit de la distillation : deux collidines (l'*α-collidine* ou *αα'*-méthyléthylpyridine, et la *β-collidine* ou γ-méthyl-α-éthylpyridine, page 43) une *parvoline* dont la constitution est restée inconnue, et une base $C^9H^{11}Az$, bouillant à 215°.

Ajoutons encore que Wischnegradsky a observé que, dans la distillation de la cinchonine avec la potasse, il ne se forme que de la quinoléine si l'on ajoute au mélange de l'oxyde de cuivre; que MM. Hoogewerff et van Dorp n'ont obtenu que de la lépidine en distillant la cinchonine avec de l'oxyde de plomb; enfin que M. Michael[7] a annoncé que la cinchonine, chauffée avec de la potasse

[1] Gerhardt, A. **42**, 310; **44**, 279.

[2] Williams, *Chemical News*, **44**, 307; J. **1855**, 550; **1864**, 437.

[3] Butlerow, B. **11**, 1258.

[4] Wischnegradsky, B. **12**, 1480; **13**, 2810.

[5] Oechsner, C. r. **91**, 296; **92**, 413; **94**, 87; **95**, 298; **96**, 200, 437; **98**, 235, 1488; **99**, 1077; **100**, 806.

[6] Hoogewerff et van Dorp, R. **2**, 1.

[7] Michael, *American chemical Journal*, **7**, 183.

alcoolique, se convertit en un corps de formule $C^{20}H^{26}Az^2$, soit $C^{18}H^{21}Az^2(C^2H^5)$, lequel donne par fusion avec la potasse le mélange des mêmes bases que l'on obtient avec la cinchonine elle-même.

La distillation de la cinchonine sur la poudre de zinc fournit de la quinoléine et un peu de picoline (Fileti [1]).

Oxydation de la cinchonine. — 1. Lorsqu'on traite le dibromure de cinchonine (page 239) par la potasse alcoolique, on obtient, par départ de deux molécules d'acide bromhydrique, une base qui possède deux atomes d'hydrogène de moins que la cinchonine et que MM. Comstock et Königs [2] ont nommée *déhydrocinchonine* :

$$C^{19}H^{22}Br^2Az^2O \; + \; 2KOH \; = \; C^{19}H^{20}Az^2O \; + \; 2KBr \; + \; 2H^2O.$$

Dibromure de cinchonine.   Déhydrocinchonine.

Ce corps fond à 202-203° ; il est probable qu'il renferme une liaison acétylénique $-C{\equiv}C-$ à la place de la liaison éthylénique de la cinchonine, car les deux bases fournissent le même produit (cinchoténine) par l'action du permanganate de potassium.

2. MM. Jungfleisch et Léger [3], ayant chauffé pendant 2 jours le sulfate de cinchonine avec 14 parties d'acide sulfurique étendu de son poids d'eau, ont obtenu (à côté de trois isomères de la cinchonine qu'ils ont appelés *cinchonifine*, *cinchonigine* et *cinchoniline*) deux produits d'oxydation de formule $C^{19}H^{22}Az^2O^2$, l'*α-oxycinchonine* et la *β-oxycinchonine*. Le premier de ces corps cristallise dans l'alcool en prismes qui fondent à 252° en se décomposant ; il est dextrogyre et fournit un dérivé diacétylé ; il renferme donc deux hydroxyles. Le second forme des aiguilles fusibles à 273° et dévie aussi à droite le plan de la lumière polarisée.

3. Le permanganate de potassium, agissant à froid sur une solution de sulfate de cinchonine en présence d'acide sulfurique, enlève à l'alcaloïde un atome de carbone à l'état d'acide formique et le convertit en *cinchoténine* :

$$C^{19}H^{22}Az^2O \; + \; 4O \; = \; C^{18}H^{20}Az^2O^5 \; + \; CH^2O^2$$

Cinchonine.   Cinchoténine.   Acide formique.

[1] Fileti, G. **11**, 20.
[2] Comstock et Königs, B. **19**, 2853 ; **20**, 2510 ; **25**, 1539 ; **28**, 1986.
[3] Jungfleisch et Léger, loc. cit.

La cinchoténine, obtenue pour la première fois par MM. Caventou et Willm[1], a été étudiée par M. Skraup[2]. Elle cristallise en aiguilles ou en paillettes qui contiennent 3 molécules d'eau ; elle est assez soluble dans l'eau, fond à 197-198° et dévie à droite le plan de polarisation. Elle possède une réaction neutre et se dissout aussi bien dans les alcalis et dans l'eau de baryte que dans les acides. Son caractère est celui d'une base bitertiaire.

Elle renferme encore l'hydroxyle alcoolique de la cinchonine ; en effet, lorsqu'on soumet la benzoylcinchonine à l'action du permanganate, on obtient une *benzoylcinchoténine*, qui est dédoublée par hydrolyse en acide benzoïque et cinchoténine.

Il faut admettre, en outre, dans la cinchoténine l'existence d'un carboxyle, car elle est éthérifiée par les alcools et l'acide chlorhydrique.

La cinchoténine ne forme pas de produits d'addition avec l'acide iodhydrique ; elle ne renferme donc plus la double liaison éthylénique de la cinchonine. Il devient dès lors très vraisemblable que la réaction qui lui donne naissance réside dans la transformation d'une chaîne latérale —CH=CH² en un carboxyle :

$$C^{17}H^{18}Az^2(OH)(CH=CH^2) \qquad C^{17}H^{18}Az^2(OH)(COOH)$$
$$\text{Cinchonine.} \qquad\qquad \text{Cinchoténine.}$$

Par une oxydation plus énergique la cinchoténine donne les mêmes produits que la cinchonine.

4. Traitée par l'acide chromique, la cinchonine fournit 50 % d'*acide cinchoninique* (γ-quinoléine-carbonique, page 101) (Königs[3], Skraup[4]).

Le permanganate de potassium, en solution acide et chaude, donne naissance aux acides *cinchoninique, α-carbocinchoméronique* et *cinchoméronique* (Caventou et Willm[1], Hesse[5], Dobbie et Ramsay[6]).

[1] Caventou et Willm, Bl. (2) **12**, 214.
[2] Skraup, A. **197**, 376 ; B. **28**, 12 ; M. **16**, 159.
[3] Königs, B. **12**, 97.
[4] Skraup, B. **12**, 230 ; A. **201**, 291.
[5] Hesse, A. **176**, 232.
[6] Dobbie et Ramsay, Soc. **35**, 189.

M. Weidel [1], ayant soumis la cinchonine à l'action de l'acide azotique étendu, a isolé du produit de l'oxydation les trois corps suivants:

1° Une base de formule $C^{15}H^{18}Az^2O^5$.

2° Une *nitrodioxyquinoléine*, $C^9H^4Az(AzO^2)(OH)^2$, (acide quinolique).

3° Les acides *cinchoninique, α-carbocinchoméronique, cinchoméronique* et *quinoléique.*

La constitution de ces trois derniers acides répond, comme il a été dit pages 61 et 66, aux formules:

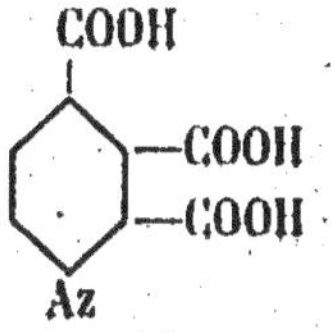

$$
\begin{array}{ccc}
\text{COOH} & \text{COOH} & \text{COOH} \\
\text{—COOH} & \text{—COOH} & \text{—COOH} \\
\text{—COOH} & & \text{—COOH} \\
\text{Az} & \text{Az} & \text{Az} \\
\text{Acide} & \text{Acide} & \text{Acide,} \\
\text{α-carbocinchoméronique.} & \text{cinchoméronique.} & \text{quinoléique,}
\end{array}
$$

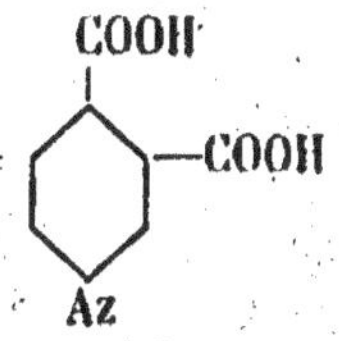

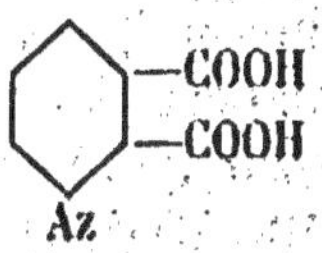

Ils représentent donc des produits d'oxydation ultérieure de l'acide cinchoninique. Ce dernier prend seul naissance, d'une manière constante et directe, dans l'action de tous les oxydants énergiques sur la cinchonine. Il en résulte que celle-ci est un dérivé de la quinoléine possédant dans la position γ une chaîne latérale que l'oxydation transforme en un carboxyle. Cette chaîne latérale renferme l'hydroxyle de la cinchonine, car si celui-ci faisait partie du noyau, il se retrouverait dans le produit d'oxydation et l'on obtiendrait un acide oxycinchoninique au lieu de l'acide cinchoninique.

On arrive ainsi aux expressions suivantes:

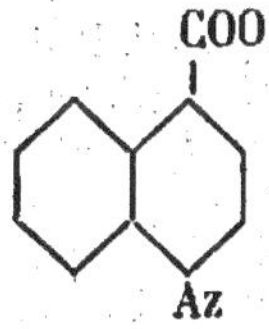

$$
\begin{array}{cc}
\text{COOH} & C^{19}H^{15}(OH)Az \\
\text{Az} & \text{Az} \\
\text{Acide cinchoninique.} & \text{Cinchonine.}
\end{array}
$$

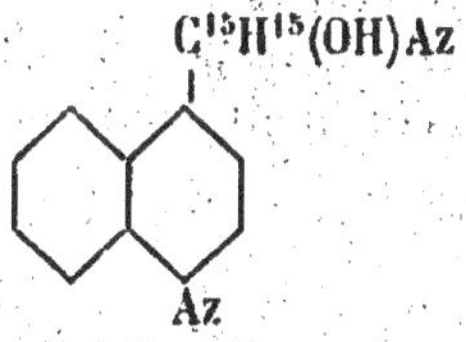

[1] Weidel, A. **173**, 76.

5. L'oxydation de la cinchonine au moyen de l'acide chromique, ne fournit, comme on vient de le voir, qu'une quantité d'acide cinchoninique équivalant à la moitié du poids de l'alcaloïde. Le reste du produit de la réaction constitue une matière sirupeuse qui ne montre aucune tendance à la cristallisation. Il renferme évidemment les produits d'oxydation du groupe $C^{10}H^{15}(OH)Az$. Aussi a-t-on cherché à plusieurs reprises à en retirer des corps définis qui puissent fournir quelque indication sur la constitution de ce groupe, qu'on a appelé la « seconde moitié » de la cinchonine.

MM. Weidel et Hazura [1] ont distillé 580 gr. de ce sirop sur la poudre de zinc ; ils ont obtenu un mélange de corps liquides dont ils ont pu retirer 80 gr. de quinoléine, 35 gr. de β-lutidine, 1 gr. de pyridine et des traces de pyrrol.

MM. Comstock et Königs [2] ont extrait de la substance sirupeuse un corps qui, traité par le brome, leur a donné les dérivés $C^9H^{16}Br^2AzO^2$ et $C^{10}H^6Br^3AzO$.

M. Skraup [3] est arrivé à des résultats plus précis ; il est parvenu à isoler les quatre composés suivants :

1° de la *cynurine* (γ-oxyquinoléine, page 85), C^9H^7AzO.

2° une base de formule $C^9H^{17}AzO^2$, la *cincholœpone ;*

3° un acide bibasique $C^8H^{13}AzO^4$ auquel il a donné le nom d'*acide cincholœponique ;*

4° un second acide bibasique, de formule $C^7H^{11}AzO^4$, qu'il a nommé *acide lœponique.*

Mais de ces quatre substances, les deux dernières seules doivent être considérées comme résultant de l'oxydation de la seconde moitié de la cinchonine. Il a en effet été reconnu, d'une part que la cynurine est un produit de décomposition de l'acide cinchoninique, dont une petite quantité serait restée mélangée à la matière sirupeuse, et d'autre part que la formation de la cincholœpone est due à la présence d'un peu de cinchotine dans la cinchonine du commerce ; la cinchonine pure ne donne pas de cincholœpone par oxydation.

[1] Weidel et Hazura, M. **3**, 770 ; B. **16**, 84.
[2] Comstock et Königs, B. **17**, 1984.
[3] Skraup, M. **7**, 517 ; **9**, 788 ; **10**, 89, 220 ; **16**, 159 ; **17**, 865 ; B. **28**, 12

Enfin M. Königs [1] a retiré du produit sirupeux un corps dont la composition est $C^9H^{15}AzO^2$ et qu'il a appelé *méroquinène*.

Le méroquinène, l'acide cincholœponique et l'acide lœponique sont donc les vrais produits d'oxydation du groupe $C^{10}H^{15}AzO$ de la cinchonine, et la détermination de leur constitution prend dès lors une grande importance.

Le *méroquinène* cristallise dans l'alcool méthylique en aiguilles fusibles à 222°; il est dextrogyre et présente une réaction neutre au tournesol. C'est une base secondaire; il fournit une nitrosamine et un dérivé acétylé. C'est en même temps un véritable acide, possédant un groupe carboxylique, car il est éthérifié par les alcools en présence d'acide chlorhydrique et il dégage de l'anhydride carbonique lorsqu'on le chauffe à haute température avec les acides chlorhydrique ou bromhydrique.

Distillé sur la poudre de zinc, il fournit une base pyridique qui est probablement la *β-lutidine*.

En traitant le méroquinène à 250° par l'acide chlorhydrique, seul ou additionné de chlorure mercurique, M. Königs a obtenu une base de formule $C^8H^{11}Az$, qu'il regarde comme identique avec la *β-collidine* (γ-méthyl-β-éthylpyridine, page 43); elle donne, en effet, par oxydation au moyen du permanganate, les acides homonicotique (γ-picoline-β-carbonique) et cinchoméronique.

Il résulte de ces observations que le méroquinène est un dérivé pyridique réduit, possédant un méthyle dans la position γ, une chaîne de 2 atomes de carbone dans la position β, et un carboxyle.

L'oxydation du méroquinène au moyen du permanganate de potassium fournit de l'acide cincholœponique et de l'acide formique :

$$C^9H^{15}AzO^2 \quad + \quad 4O \quad = \quad C^8H^{13}AzO^4 \quad + \quad CH^2O^2$$
Méroquinène.　　　　　　　　Acide cincholœponique.　Acide formique.

L'*acide cincholœponique* se dépose de ses solutions aqueuses en prismes contenant une molécule d'eau de cristallisation ; il fond à l'état hydraté à 126-127°, et à 225-226° après dessiccation; il est dextrogyre.

Il constitue à la fois une base secondaire (nitrosamine, dérivés

---

[1] Königs, B, **27**, 900, 1501; **28**, 1986, 3143, 3148.

acétylé et benzoylé) et un acide bibasique : $AzH = C^6H^{10} = (COOH)^2$. Il est probable que ses deux carboxyles sont situés en *ortho* l'un par rapport à l'autre, car l'acide, chauffé avec la résorcine en présence de chlorure de zinc ou d'acide sulfurique, donne une fluorescéine.

L'acide cincholœponique est un corps entièrement saturé et très stable ; il n'est attaqué ni par l'acide chromique ni par l'amalgame de sodium et ne réagit qu'à très haute température avec le brome ou l'acide iodhydrique.

Lorsqu'on chauffe son chlorhydrate à 260-270° avec de l'acide sulfurique étendu, on obtient de la *γ-picoline*, et deux acides isomériques de formule $C^7H^{13}AzO^2$ (acides pipécoline-monocarboniques ?).

On peut conclure de ces faits que l'acide cincholœponique est un *acide γ-pipécoline-dicarbonique*.

Traité par le permanganate en solution alcaline, il se convertit en son homologue inférieur, l'acide lœponique :

$$C^8H^{13}AzO^4 \;+\; 3O \;=\; C^7H^{11}AzO^4 \;+\; CO^2 \;+\; H^2O$$

Acide   Acide
cincholœponique.   lœponique.

L'*acide lœponique* cristallise dans l'eau en prismes qui fondent à 259-260° en se décomposant ; c'est un acide bibasique ; il renferme, comme les deux acides précédents, le groupe AzH (dérivé acétylé).

Si l'on réunit les données qui ont été fournies par MM. Skraup et Königs sur les trois produits d'oxydation de la seconde moitié de la cinchonine, on arrive, avec un très haut degré de vraisemblance, aux formules constitutionnelles suivantes :

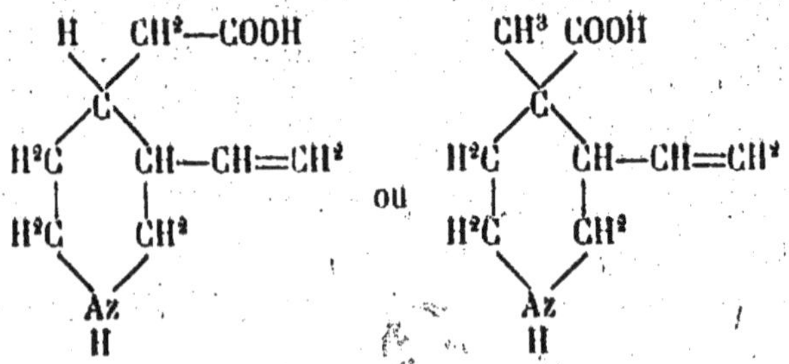

H CH²—COOH   CH³ COOH
     C   C
H²C   CH—CH=CH²   H²C   CH—CH=CH²
                  ou
H²C   CH³   H²C   CH²
    Az   Az
    H   H

Méroquinène.

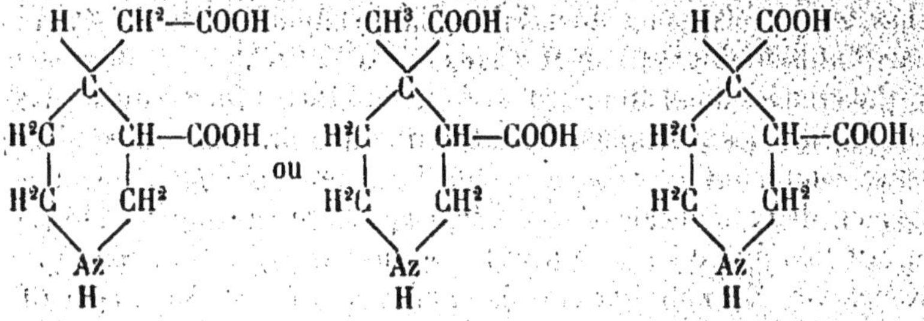

$$
\begin{array}{ccc}
\text{H} \quad \text{CH}^2-\text{COOH} & \text{CH}^3 \ \text{COOH} & \text{H} \quad \text{COOH} \\
\diagdown \diagup & \diagdown \diagup & \diagdown \diagup \\
\text{C} & \text{C} & \text{C} \\
\text{H}^2\text{C} \quad \text{CH}-\text{COOH} & \text{H}^2\text{C} \quad \text{CH}-\text{COOH} & \text{H}^2\text{C} \quad \text{CH}-\text{COOH} \\
| \qquad | & | \qquad | & | \qquad | \\
\text{H}^2\text{C} \quad \text{CH}^2 & \text{H}^2\text{C} \quad \text{CH}^2 & \text{H}^2\text{C} \quad \text{CH}^2 \\
\diagdown \diagup & \diagdown \diagup & \diagdown \diagup \\
\text{Az} & \text{Az} & \text{Az} \\
\text{H} & \text{H} & \text{H}
\end{array}
$$

Acide   Acide lœponique
cincholœponique.   (hexahydrocinchoméronique).

ou

Ce qui peut paraître surprenant dans ces formules, c'est l'existence du groupe secondaire AzH alors que la cinchonine elle-même est une base bitertiaire. On ne peut rapprocher ce fait de la transformation de la tropine en tropigénine, par exemple, et l'expliquer par l'élimination d'un alcoyle lié à l'azote, car la cinchonine ne renferme aucun groupe de cette nature. On trouvera plus loin une autre explication proposée par MM. von Miller et Rohde.

En résumé, les indications fournies sur la constitution de la cinchonine par l'étude de ses produits d'oxydation, sont les suivantes :

La molécule de la cinchonine renferme un noyau quinoléique et un noyau pipéridique. Ces deux noyaux sont reliés par une chaîne de 2 ou de 3 atomes de carbone, qui est attachée, d'un côté au carbone γ de la quinoléine, de l'autre au carbone γ de la pipéridine. C'est cette chaîne qui est rompue dans l'oxydation en se transformant en 2 carboxyles, dont l'un se retrouve dans l'acide cinchoninique et l'autre dans le méroquinène. C'est dans cette chaîne que doit se trouver également l'hydroxyle alcoolique de la cinchonine puisque celui-ci n'existe plus ni dans l'un ni dans l'autre des produits d'oxydation.

Dérivés quaternaires de la cinchonine. — La cinchonine, base bitertiaire, forme des produits d'addition avec deux molécules d'un chlorure, bromure ou iodure alcoolique ; mais elle peut aussi n'en fixer qu'une molécule en donnant des monoalcoylates ; ceux-ci se forment en général à la température ordinaire, tandis qu'il faut chauffer à 150° pour obtenir les dialcoylates. Ils ont été étudiés par Stahlschmidt[1] et par M. Claus et ses élèves[2].

Puisque les deux atomes d'azote de la cinchonine occupent dans la molécule des positions différentes, il était à présumer que la base, en se combinant avec une molécule d'un iodure alcoolique, pourrait former deux monoalcoylates isomériques, suivant que l'addition aurait lieu à l'un ou à l'autre des atomes d'azote. MM. Skraup et Konek von Norwall[3] ont réussi, en effet, à préparer un monoiodéthylate isomérique avec celui qui se forme par union directe de la cinchonine et de l'iodure d'éthyle. Ils sont partis pour cela du monoiodhydrate de cinchonine et l'ont chauffé avec de l'iodure d'éthyle en excès; il s'est formé un sel $C^{19}H^{22}Az^2O.HI.C^2H^5I$, qui traité par l'ammoniaque ou par le carbonate de soude, a donné un iodéthylate (cristaux jaunes fusibles à 184°) différent de celui de M. Claus, lequel est incolore et fond à 259-260°.

Cet *isoiodéthylate* renferme nécessairement l'iode et l'éthyle attachés à celui des atomes d'azote qui est le moins fortement basique. En l'oxydant au moyen du permanganate de potassium, M. Skraup[4] a obtenu l'iodéthylate de l'acide cinchoninique. Il en résulte que l'azote du noyau quinoléique est moins basique que l'autre, et que dans les monosels de cinchonine, ainsi que dans les monoalcoylates obtenus directement, l'acide ou l'alcoyle sature l'azote de la seconde moitié.

Les monoalcoylates engendrés par union directe sont décomposés par les alcalis (Claus et Müller[5]); il se forme des *alcoylcinchonines*, bases diacides et bitertiaires comme l'alcaloïde primitif. Exemple :

$$(C^{19}H^{22}AzO)\equiv Az<^{CH^3}_{I}+KOH = (C^{19}H^{21}AzO)=Az--CH^3+H^2O+KI$$

Monoiodométhylate   Méthylcinchonine.
de cinchonine.

La *méthylcinchonine* cristallise dans l'éther ou dans l'acétone en

[1] Stahlschmidt, A. **90**, 218.
[2] Claus et Kemperdick, B. **18**, 2286. — Claus et Müller, B. **18**, 2290. — Claus et Treupel, B. **18**, 2294.
[3] Skraup et Konek von Norwall, B. **26**, 1968; M. **15**, 37.
[4] Skraup, M. **15**, 488.
[5] Claus et Müller, B. **18**, 2290.

tables fusibles à 74-75°. MM. Freund et Rosenstein[1] lui ont appliqué la méthode de décomposition de Hofmann. En la transformant en son monoiodométhylate et en chauffant celui-ci avec de la potasse, ils ont obtenu une base huileuse ayant la composition d'une *diméthylcinchonine*:

$$(C^{19}H^{21}AzO)=Az\underset{I}{\overset{CH^3}{\diagdown}}CH^3 + KOH = (C^{19}H^{20}AzO)-Az\underset{CH^3}{\overset{CH^3}{<}} + KI + H^2O$$

Monoiodométhylate
de méthylcinchonine.   Diméthylcinchonine.

Celle-ci peut encore fixer une molécule d'iodure de méthyle; lorsqu'on traite le produit par les alcalis, il y a alors scission de la molécule, avec production de triméthylamine et d'un corps doué de propriétés basiques peu prononcées et ne contenant plus qu'un atome d'azote; son étude n'a pas été poursuivie.

MM. Freund et Rosenstein se sont assurés, en oxydant tous ces dérivés, que l'introduction des 3 méthyles a bien lieu à l'azote de la seconde moitié; ils ont obtenu dans tous les cas l'acide cinchoninique.

Ces faits montrent qu'il n'y a pas de groupe méthyle lié à l'azote de la seconde moitié de la cinchonine, puisque la formation de triméthylamine n'a lieu qu'après l'introduction successive de trois méthyles.

Cinchotoxine. — MM. von Miller et Rohde[2] ont fait en 1894 l'observation inattendue que la méthylcinchonine s'unit à la phénylhydrazine pour former une hydrazone. Comme la cinchonine elle-même ne donne pas cette réaction, il fallait admettre que la transformation de l'iodométhylate de cinchonine en méthylcinchonine est accompagnée d'une transformation simultanée du groupe COH en un carbonyle CO.

Cette observation amena ses auteurs à reprendre l'étude de l'action de la phénylhydrazine sur la cinchonine; ils trouvèrent que si l'on chauffe longtemps à 100° le mélange de ces deux substances en solution dans l'acide acétique faible, elles finissent

[1] Freund et Rosenstein, B. **25**, 880; A. **277**, 277.
[2] von Miller et Rohde, B. **27**, 1187, 1279; **28**, 1056.

par se combiner en donnant une hydrazone. Il devait donc y avoir transposition de la cinchonine sous l'influence de l'acide acétique. L'expérience fut répétée sans adjonction de phénylhydrazine, et MM. von Miller et Rohde obtinrent ainsi une nouvelle base, isomérique avec la cinchonine. Ils la nommèrent *cinchotoxine*, à cause de ses propriétés physiologiques qui en font un poison des plus violents.

La cinchotoxine cristallise difficilement dans l'éther ; elle fond à 58-59° et se dissout aisément dans les solvants organiques usuels, à l'exception de la ligroïne ; elle est peu soluble dans l'eau. C'est une base diacide énergique qui chasse l'ammoniaque de ses sels et se combine avec l'acide carbonique.

Il existe de grandes ressemblances entre la cinchotoxine et la cinchonicine (page 238) ; il se pourrait que ces deux corps fussent identiques.

La cinchotoxine renferme le groupe AzH et constitue une base à la fois tertiaire et secondaire ; elle fournit une nitrosamine ; traitée par l'iodure de méthyle, elle en fixe une molécule pour former l'iodhydrate de la méthylcinchonine de MM. Claus et Müller. Il en résulte que cette dernière, ainsi que le faisait déjà présumer sa réaction avec la phénylhydrazine, ne doit pas être regardée comme un dérivé de la cinchonine, mais comme une méthylcinchotoxine.

La cinchotoxine donnant une hydrazone et une oxime, renferme le groupe CO. Constitue-t-elle une aldéhyde ou une cétone ? On doit se décider pour cette dernière alternative, car la méthylcinchotoxine ne fournit pas d'acide par oxydation au moyen de l'oxyde d'argent, ni de nitrile par déshydratation de son oxime.

La transformation de la cinchonine (base tertiaire à fonction alcoolique) en cinchotoxine (base secondaire à fonction cétonique) ne peut s'expliquer que par la transposition d'un groupement

$$C^x\!\!-\!\!COH\!\!-\!\!R \underset{Az}{\big|\big|}\diagup \qquad en \qquad C^x\!\!-\!\!CO\!\!-\!\!R \underset{AzH}{\big|\big|}$$

Ce résultat est de la plus haute importance pour la constitution de la cinchonine. Il montre, en effet, que l'atome de carbone auquel est attaché l'hydroxyle est lié directement à l'atome d'azote de la seconde moitié. Or, comme il a été prouvé (page 247) que cet hydroxyle fait partie d'une chaîne latérale attachée au carbone γ du noyau pipéridique, il devient nécessaire d'admettre, dans la seconde moitié de la molécule de la cinchonine, l'existence d'un groupement :

$$
\begin{array}{ccc}
 & \text{C} & \\
\text{C} & | & \text{C} \\
| & \text{COH} & | \\
\text{C} & & \text{C} \\
 & \text{Az} &
\end{array}
\qquad \text{ou} \qquad
\begin{array}{ccc}
 & \text{C} & \\
\text{C} & \text{C} & \text{C} \\
\text{C} & \text{COH} & \text{C} \\
 & \text{Az} &
\end{array}
$$

analogue jusqu'à un certain point à celui qui se trouve dans la tropine et dans l'ecgonine.

Se basant sur ces considérations, ainsi que sur les résultats obtenus dans l'oxydation de la cinchonine (page 247), MM. von Miller et Rohde proposent pour cet alcaloïde la formule constitutionnelle suivante :

$$
\begin{array}{c}
\text{CH}^3 \\
| \\
\text{C} \\
\text{H}^2\text{C} \quad | \quad \text{CH}-\text{CH}=\text{CH}^2 \\
(\text{C}^9\text{H}^6\text{Az})-\text{CH}^2-|-\text{COH}| \\
\text{H}^2\text{C} \quad | \quad \text{CH}^2 \\
\text{Az}
\end{array}
$$

que l'on peut écrire aussi :

$$
\begin{array}{c}
\text{CH}^3 \\
| \\
\text{C} \\
\text{CH}^2 \ \text{CH}-\text{CH}=\text{CH}^2 \\
(\text{C}^9\text{H}^6\text{Az})-\text{CH}^2-\text{COH} \\
\text{CH}^2 \ \text{CH}^2 \\
\text{Az}
\end{array}
$$

Pour des raisons qui seront développées plus loin, nous croyons devoir lui préférer l'expression suivante (qui a été également discutée par MM. von Miller et Rohde):

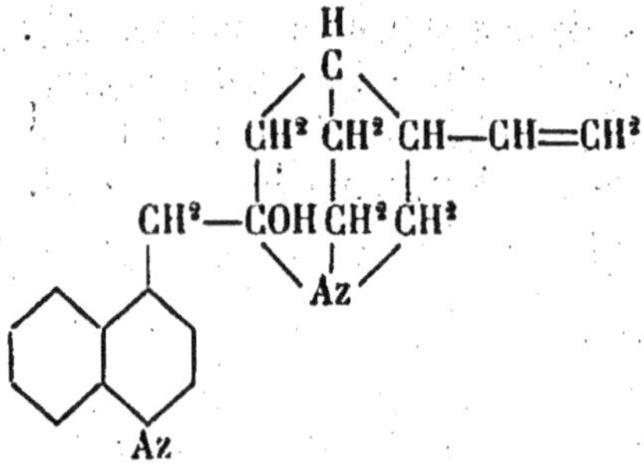

$$
\begin{array}{c}
H \\
C \\
CH^2\ CH^2\ CH-CH=CH^2 \\
CH^2-COH\ CH^2\ CH^2 \\
Az
\end{array}
$$

Cinchonine.

La cinchotoxine devient alors :

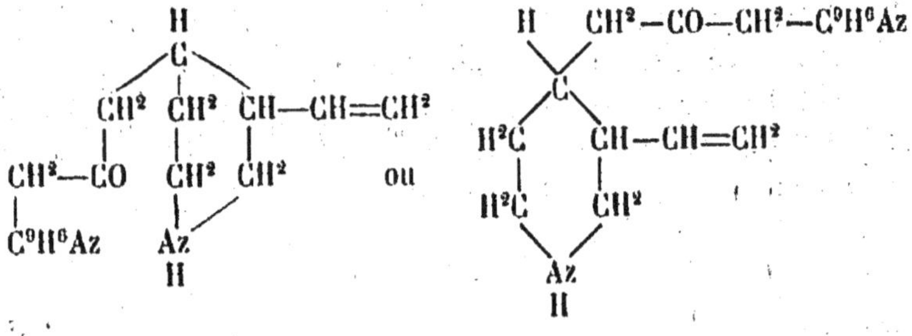

$$
\begin{array}{c}
H \\
C \\
CH^2\ CH^2\ CH-CH=CH^2 \\
CH^2-CO\quad CH^2\ CH^2 \\
C^9H^6Az\qquad Az \\
H
\end{array}
\qquad ou \qquad
\begin{array}{c}
H\quad CH^2-CO-CH^2-C^9H^6Az \\
C \\
H^2C\qquad CH-CH=CH^2 \\
H^2C\qquad CH^2 \\
Az \\
H
\end{array}
$$

Ces formules donnent une explication satisfaisante du fait que la cinchonine puisse fournir par oxydation des corps possédant le caractère de bases secondaires, tels que le méroquinène, l'acide cincholœponique et l'acide lœponique. Il y aurait, dans la réaction de l'acide chromique, transformation préalable de la cinchonine en cinchotoxine, et c'est cette dernière qui se dédoublerait en acide cinchoninique et méroquinène :

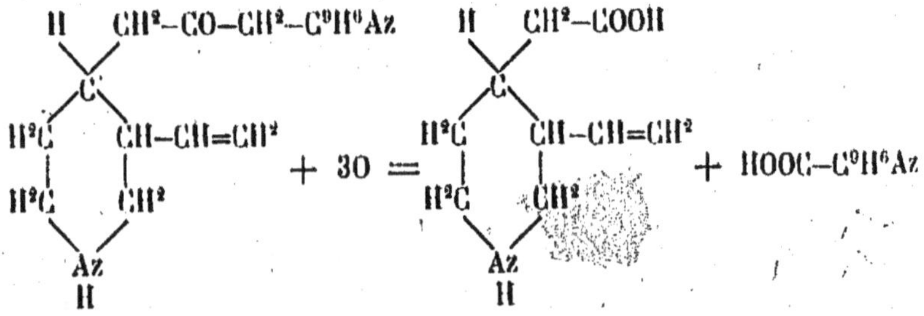

$$
\begin{array}{c}
H\quad CH^2-CO-CH^2-C^9H^6Az \\
C \\
H^2C\qquad CH-CH=CH^2 \\
H^2C\qquad CH^2 \\
Az \\
H
\end{array}
+\ 3O\ =\
\begin{array}{c}
H\quad CH^2-COOH \\
C \\
H^2C\qquad CH-CH=CH^2 \\
H^2C\qquad CH^2 \\
Az \\
H
\end{array}
+\ HOOC-C^9H^6Az
$$

Cinchotoxine.   Méroquinène.   Acide cinchoninique.

Cinchène. — M. Königs et ses élèves [1] ont publié depuis 1880 une série de travaux dont le but était également de résoudre la question de la constitution de la seconde moitié de la cinchonine.

Ils ont pris pour point de départ le *chlorure de cinchonine*, $C^{19}H^{21}ClAz^2$, que l'on obtient en traitant le chlorhydrate de cinchonine par un mélange de perchlorure et d'oxychlorure de phosphore; ce corps dérive de la cinchonine par substitution d'un atome de chlore à son hydroxyle :

$$C^{19}H^{21}(OH)Az^2 \qquad\qquad C^{19}H^{21}ClAz^2$$

Cinchonine.   Chlorure de cinchonine.

C'est une substance dextrogyre, cristallisant en prismes fusibles à 72°.

En la réduisant à froid par la limaille de fer et l'acide sulfurique étendu, M. Königs a obtenu une *désoxycinchonine*, $C^{19}H^{22}Az^2$, fusible à 90-92° et dextrogyre.

Traité par la potasse alcoolique, le chlorure de cinchonine perd une molécule d'acide chlorhydrique, selon l'équation :

$$C^{19}H^{21}ClAz^2 \; + \; KOH \; = \; C^{19}H^{20}Az^2 \; + \; KCl \; + \; H^2O.$$

Le corps $C^{19}H^{20}Az^2$, qui peut être envisagé comme dérivant, en définitive, de la cinchonine par élimination d'une molécule d'eau, a reçu de M. Königs le nom de *cinchène*. Il cristallise dans l'éther ou dans la ligroïne en paillettes dont le point de fusion est situé à 123-125°. Il constitue, comme la cinchonine, une base bitertiaire, et fournit l'acide cinchoninique par oxydation au moyen de l'acide chromique.

Le cinchène est dextrogyre; cela montre que l'activité optique de la cinchonine ne provient pas uniquement de l'asymétrie du carbone auquel est lié l'hydroxyle, et qu'il doit y avoir d'autres carbones asymétriques dans sa molécule.

Le cinchène est un composé non saturé. Il semblerait qu'il doive renfermer deux doubles liaisons, puisque la cinchonine en possède

---

[1] Comstock et Königs, B. **13**, 286; **14**, 103, 1854; **17**, 1084; **18**, 1210, 2370; **19**, 2858; **20**, 2510, 2674; **25**, 1589. — Königs et Nef, B. **20**, 622. — Königs et Heymann, B. **21**,1424. — Königs, B. **23**, 2669, 3144; **26**, 718; **27**, 900; **28**, 3148.

déjà une; il ne fixe cependant qu'une molécule d'acide bromhydrique ou deux atomes de brome.

Le dibromure de cinchène, traité par la potasse alcoolique, perd deux molécules d'acide bromhydrique et se convertit en *déhydrocinchène* :

$$C^{19}H^{20}Br^2Az^2 \quad = \quad C^{19}H^{18}Az^2 \quad + \quad 2HBr.$$

Dibromure de cinchène.   Déhydrocinchène.

Ce même corps peut être obtenu en partant de la déhydrocinchonine (page 241) et en la traitant successivement par le perchlorure de phosphore et par la potasse alcoolique. Il cristallise dans l'alcool en aiguilles qui renferment 3 molécules d'eau et qui fondent vers 160°. Soumis à l'action du brome il en fixe de nouveau deux atomes ; le dibromure ainsi obtenu se transforme, lorsqu'on le chauffe avec de la potasse alcoolique, en *tétradéhydrocinchène* :

$$C^{19}H^{18}Br^2Az^2 \quad = \quad C^{19}H^{16}Az^2 \quad + \quad 2HBr.$$

Dibromure de   Tétradéhydrocinchène.
déhydrocinchène.

Chauffé à 180° avec une solution aqueuse d'acide phosphorique, le cinchène est dédoublé par hydrolyse en *lépidine* et *méroquinène :*

$C^{10}H^{14}Az$ (Cinchène, avec Az) $\quad + 2H^2O = \quad$ CH^3 (Lépidine, avec Az) $\quad + \quad C^9H^{15}AzO^2$ (Méroquinène).

Cette décomposition est tout à fait comparable à celle que subit la cinchonine sous l'influence des agents oxydants.

Apocinchène. — Si cette dernière réaction ne fait que confirmer les résultats déjà acquis sur la constitution et le mode de liaison des deux moitiés de la molécule cinchoninique, en revanche l'étude de l'action des hydracides sur le cinchène a conduit M. Königs à des observations non moins intéressantes, mais qu'il est difficile de concilier d'une manière absolument satisfaisante avec les précédentes.

Lorsqu'on chauffe le cinchène à 180-190° avec de l'acide chlorhydrique ou bromhydrique, il perd un de ses atomes d'azote à l'état d'ammoniaque et se transforme en un corps oxygéné de formule $C^{10}H^{12}AzO$, l'*apocinchène*. Ce composé, qui cristallise dans l'alcool ou dans l'éther acétique en aiguilles fusibles à 209°, renferme son oxygène sous la forme d'un hydroxyle, car l'anhydride acétique le convertit en un dérivé acétylé. Traité par l'acide chromique, il fournit de l'acide cinchoninique. La réaction qui lui donne naissance laisse donc intact le noyau quinoléique et c'est l'atome d'azote de la seconde moitié qui est éliminé et remplacé par un hydroxyle :

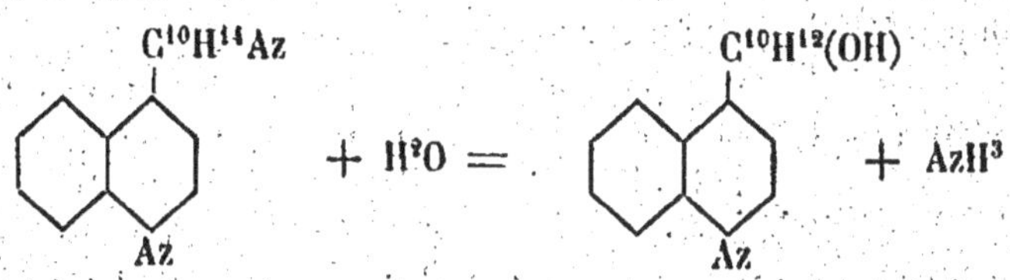

$$C^{10}H^{14}Az \quad + H^2O = \quad C^{10}H^{12}(OH) \quad + AzH^3$$

Az   Az

Cinchène.   Apocinchène.

L'apocinchène possède le caractère d'un phénol; il se dissout dans les alcalis caustiques et est précipité de cette solution par l'acide carbonique; traité par les iodures alcooliques et la potasse, il fournit des éthers; fondu avec la potasse, il se transforme en un oxyapocinchène; soumis à l'action du nitrite de soude et de l'acide acétique il donne un dérivé nitré que la réduction convertit en aminoapocinchène. Ces propriétés phénoliques indiquent que l'hydroxyle de l'apocinchène fait partie d'un noyau aromatique, et comme il est prouvé qu'il n'est pas contenu dans le noyau benzénique du groupement quinoléique, il faut nécessairement admettre l'existence d'un second noyau de même nature dans le groupement $C^{10}H^{12}(OH)$.

Les recherches de M. Königs sur les dérivés de l'apocinchène ont montré que ce second noyau benzénique est relié directement au carbone γ de la quinoléine; elles ont rendu, de plus, extrêmement probable qu'il possède deux chaînes latérales constituées par le radical éthyle. L'apocinchène serait donc un *quinoléyl-diéthylphénol* :

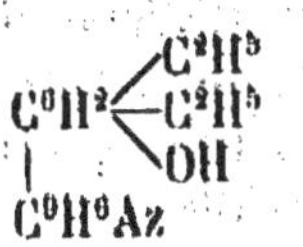

$$C^6H^2 {\Large\langle} \begin{matrix} C^2H^5 \\ C^2H^5 \\ OH \end{matrix}$$
$$| $$
$$C^9H^6Az$$

Pour point de départ de ces recherches, M. Königs a pris, non pas l'apocinchène lui-même, mais ses éthers, et surtout son éther éthylique, que l'on obtient facilement en traitant l'apocinchène par l'iodure d'éthyle et la potasse.

L'*éthylapocinchène*, $C^{21}H^{23}AzO$, cristallise dans l'alcool en prismes fusibles à 70-71°; il possède encore des propriétés basiques, mais il n'a plus celle de se dissoudre dans les alcalis. Oxydé par l'acide azotique ou par le permanganate, il se transforme en un acide monobasique de formule $C^{20}H^{19}AzO^3$, l'*acide éthylapocinchénique* (aiguilles fusibles à 163-164°); il y a remplacement de l'un des groupes éthyle par un carboxyle :

$$(C^9H^6Az)-C^6H^2\!\!<\!\!\begin{array}{l}C^2H^5\\C^2H^5\\OC^2H^5\end{array} \qquad\qquad (C^9H^6Az)-C^6H^2\!\!<\!\!\begin{array}{l}COOH\\C^2H^5\\OC^2H^5\end{array}$$

Ethylapocinchène.   Acide éthylapocinchénique.

On peut éliminer le carboxyle de l'acide éthylapocinchénique en chauffant celui-ci à 130° avec de l'acide chlorhydrique ou bromhydrique; mais il y a alors, en même temps, saponification du groupe éthoxyle et formation d'un homologue inférieur de l'apocinchène, auquel M. Königs a donné le nom d'*homapocinchène* :

$$(C^9H^6Az)-C^6H^2\!\!<\!\!\begin{array}{l}COOH\\C^2H^5\\OC^2H^5\end{array} + HCl = (C^9H^6Az)-C^6H^3\!\!<\!\!\begin{array}{l}C^2H^5\\OH\end{array} + C^2H^5Cl + CO^2$$

Acide éthylapocinchénique.   Homapocinchène.

L'homapocinchène a des propriétés très semblables à celles de l'apocinchène; il se dépose de ses solutions alcooliques en cristaux fusibles à 184-185°.

Afin d'éliminer de sa molécule le second groupe éthyle, M. Königs l'a d'abord éthérifié puis traité par un agent oxydant (ici le bioxyde de plomb ou de manganèse et l'acide sulfurique). Il a obtenu ainsi l'*acide éthylhomapocinchénique* (point de fusion 253-254°) :

$$(C^9H^6Az)-C^6H^3\!\!<\!\!\begin{array}{l}COOH\\OC^2H^5\end{array}$$

En chauffant à 290° le sel d'argent de cet acide, il a obtenu un *quinoléyl-phénétol*, $(C^9H^6Az)-C^6H^4-OC^2H^5$, et celui-ci, saponifié au moyen de l'acide bromhydrique, lui a enfin fourni un *quinoléyl-phénol*, $(C^9H^6Az)-C^6H^4-OH$ (point de fusion 208°).

Un corps de cette formule peut exister sous trois formes isomériques suivant la position qu'occupe l'hydroxyle par rapport au radical quinoléyle. On a vu (page 97) que MM. Besthorn et Jæglé[1] ont préparé par voie synthétique ces trois isomères, et que c'est le dérivé *ortho*,

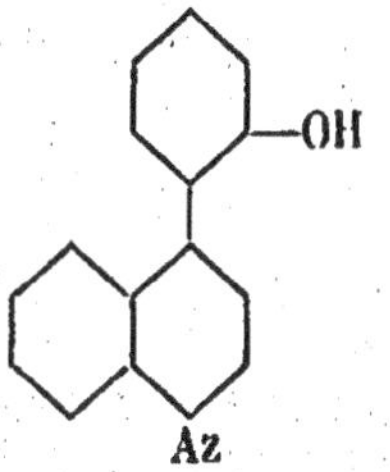

$$(\text{structure: quinoléyle—OH, Az})$$

qui s'est trouvé identique avec le produit de décomposition de l'apocinchène.

La position de l'hydroxyle étant ainsi déterminée, il restait à fixer celle des deux chaînes latérales de l'apocinchène. L'observation suivante fournit une première indication à cet égard.

· Lorsqu'on oxyde l'acide éthylapocinchénique au moyen du bioxyde de plomb et de l'acide sulfurique, on obtient une lactone,

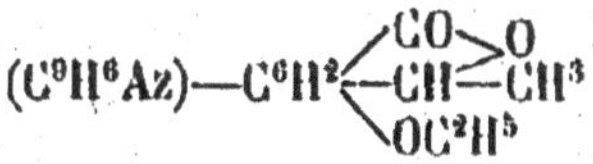

$$(C^9H^6Az)—C^6H^2 {\overset{\displaystyle CO>O}{\underset{\displaystyle OC^2H^5}{—CH=CH^3}}}$$

Celle-ci, traitée en solution alcaline par le brome, est décomposée avec formation de tétrabromure de carbone et d'un acide bibasique, fusible à 230-240°, lequel ne peut être que l'*acide quinoléyl-phénétol-dicarbonique*,

$$(C^9H^6Az)—C^6H^2 {\overset{\displaystyle COOH}{\underset{\displaystyle OC^2H^5}{—COOH}}}$$

Or, cet acide est converti par le chlorure d'acétyle en un anhydride, et celui-ci, combiné avec la résorcine, fournit une fluorescéine. On peut en conclure que ses deux carboxyles, et par conséquent les deux groupes éthyle de l'apocinchène sont en *ortho*.

[1] Besthorn et Jæglé, B. **27**, 907, 3035.

Il n'en reste pas moins encore trois formules par lesquelles on peut exprimer la constitution de l'apocinchène :

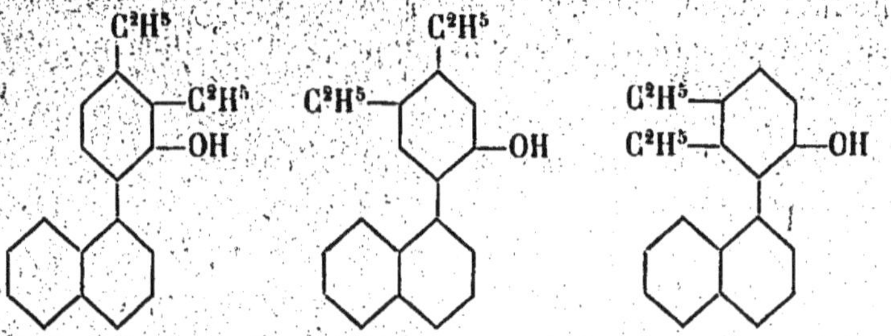

Le groupement d'atomes de l'apocinchène existe-t-il dans la molécule de la cinchonine ? C'est l'opinion de M. Königs qui pense que l'alcaloïde lui-même est un dérivé de la γ-phénylquinoléine. Dans ce cas, il faudrait admettre dans la « seconde moitié » la présence d'un groupement formé par l'association du noyau benzénique et du noyau pipéridique. Il faut reconnaître que l'existence d'un double noyau de cette nature, que ce soit celui de la quinoléine, de l'isoquinoléine, de la tropanine, ou tel autre que l'on voudra imaginer, est bien difficile à concilier avec les résultats des expériences de MM. von Miller et Rohde.

Ne serait-il pas plus plausible d'admettre que le noyau benzénique de l'apocinchène ne préexiste ni dans la cinchonine, ni dans le cinchène, mais qu'il prend seulement naissance dans l'action des hydracides sur ce dernier composé ? Il se formerait alors, par une sorte de condensation intramoléculaire, aux dépens des débris du noyau pipéridique rompu par le départ de l'atome d'azote.

On ne peut guère, il est vrai, se rendre compte de cette réaction si l'on adopte pour la cinchonine la formule de M. von Miller. Elle devient au contraire très explicable, croyons-nous, si l'on prend pour base celle que nous avons proposée (page 252) :

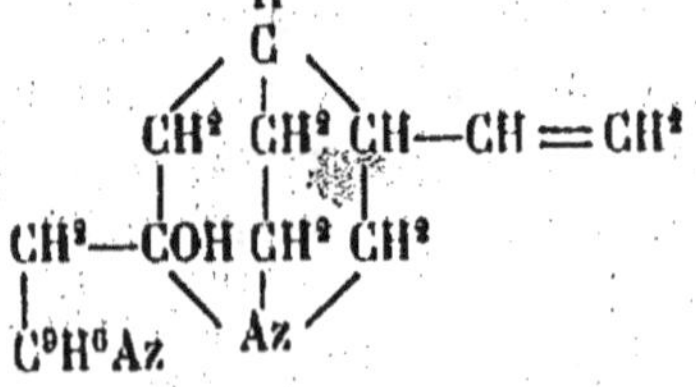

De cette formule découle, pour le cinchène, le schéma

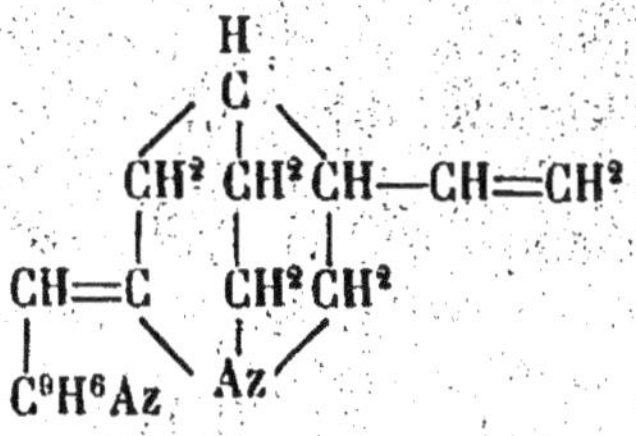

$$
\begin{array}{c}
H \\
C \\
CH^2\ CH^2\ CH{-}CH{=}CH^2 \\
CH{=}C\quad CH^2\ CH^2 \\
C^9H^6Az\quad Az
\end{array}
$$

Cinchène.

Supposons maintenant que, dans la transformation du cinchène en apocinchène, trois molécules d'eau prennent part à la réaction ; trois atomes d'hydrogène s'empareront de l'azote pour l'éliminer à l'état d'ammoniaque; les trois hydroxyles restants satureront nécessairement les valences qui deviennent ainsi libres aux trois atomes de carbone auxquels était lié l'azote, et l'on aura comme premier produit de la décomposition le corps

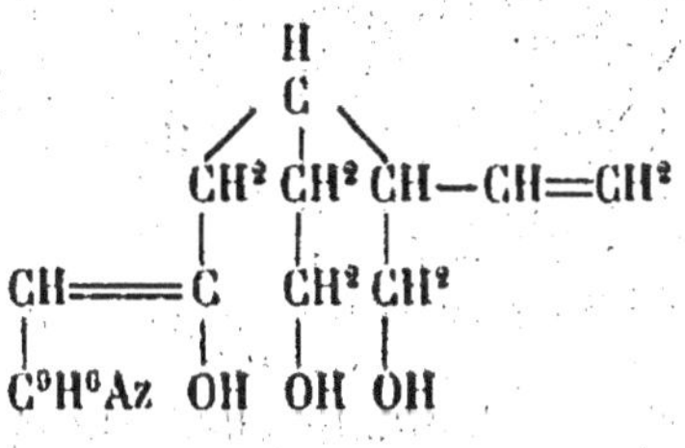

$$
\begin{array}{c}
H \\
C \\
CH^2\ CH^2\ CH{-}CH{=}CH^2 \\
CH{=}C\quad CH^2\ CH^2 \\
C^9H^6Az\ \ OH\ \ OH\ \ OH
\end{array}
$$

que l'on peut écrire aussi :

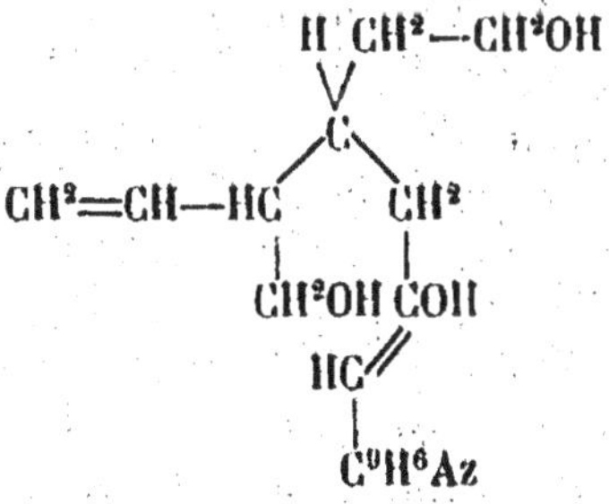

$$
\begin{array}{c}
H\ CH^2{-}CH^2OH \\
C \\
CH^2{=}CH{-}HC\quad CH^2 \\
CH^2OH\ COH \\
HC \\
C^9H^6Az
\end{array}
$$

Ce corps est instable; en perdant deux molécules d'eau, il donnera le composé suivant :

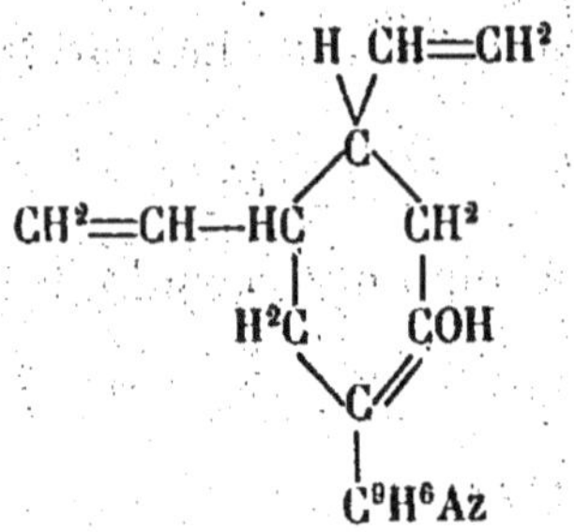

$$\begin{array}{c}
\text{H CH}=\text{CH}^2 \\
\text{C} \\
\text{CH}^2=\text{CH}-\text{HC} \qquad \text{CH}^2 \\
\text{H}^2\text{C} \qquad \text{COH} \\
\text{C} \\
\text{C}^9\text{H}^6\text{Az}
\end{array}$$

Or, il n'est point invraisemblable de supposer que ce composé cyclohexénique muni de deux chaînes latérales non saturées aura une tendance à se transformer spontanément, par migration de 4 atomes d'hydrogène, en un composé benzénique à chaînes latérales saturées. On arrive ainsi à la formule

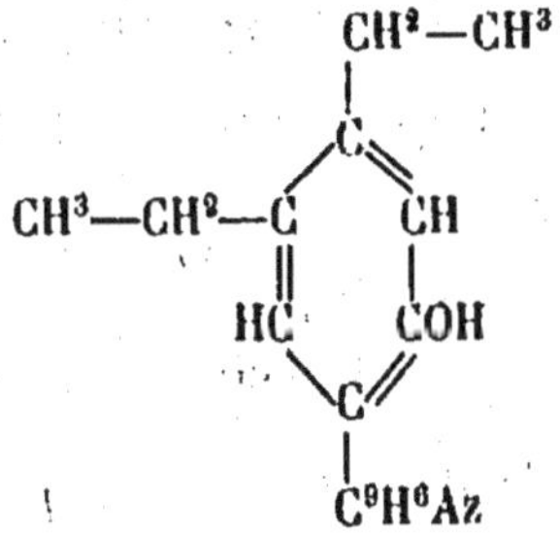

$$\begin{array}{c}
\text{CH}^2-\text{CH}^3 \\
\text{C} \\
\text{CH}^3-\text{CH}^2-\text{C} \qquad \text{CH} \\
\text{HC} \qquad \text{COH} \\
\text{C} \\
\text{C}^9\text{H}^6\text{Az}
\end{array}$$

qui est une de celles que M. Königs a proposées pour l'apocinchène.

2. Cinchonidine.

La cinchonidine a été découverte en 1848 par Winckler[1]; on la confondit d'abord avec la quinidine. Ce fut Pasteur[2] qui le premier fit la distinction entre les deux alcaloïdes, donna à la cinchonidine son nom et montra son isomérie avec la cinchonine.

La cinchonidine accompagne la quinine dans toutes les écorces de quinquina ; pendant l'extraction des alcaloïdes, elle se rassemble dans le produit qui constitue la quinidine du commerce.

---

[1] Winckler, *Repertorium der Pharmacie*, **85**, 392; **98**, 384; **99**, 1.
[2] Pasteur, *Journal de pharmacie*, (3) **23**, 123.

Elle cristallise dans l'alcool en prismes fusibles à 207° et très peu solubles dans l'eau. Ses solutions sont lévogyres. Ses propriétés fébrifuges sont presque aussi prononcées que celles de la quinine, mais elle est plus toxique. Elle ne se colore pas en présence d'eau de chlore et d'ammoniaque; ses sels ne sont pas fluorescents. C'est une base diacide et bitertiaire; elle renferme un hydroxyle (dérivé monoacétylé) (Hesse [1]).

La cinchonidine est un stéréo-isomère de la cinchonine. MM. Königs et Husmann [2] ont montré récemment que la cinchonine est transformée en partie en cinchonidine par une ébullition prolongée avec une solution de potasse dans l'alcool amylique. L'étroite relation qui existe entre les deux alcaloïdes se manifeste du reste par la similitude de leurs réactions et par l'identité de la plupart de leurs produits de transformation et de décomposition.

Chauffée à 200° avec de la glycérine, ou à 130° avec de l'acide sulfurique étendu, la cinchonidine se convertit en *cinchonicine*, identique à celle que fournit la cinchonine dans les mêmes conditions (Pasteur). D'autres isomères (*β-cinchonidine, γ-cinchonidine, homocinchonidine, apocinchonidine, isocinchonidine,* etc.) prennent naissance par l'action des acides minéraux ou des alcalis (Hesse [3], Skraup [4], Neumann [5]).

La cinchonidine renferme une double liaison éthylénique; elle fixe les éléments d'une molécule d'acide chlorhydrique ou iodhydrique; par réduction au moyen du sodium et de l'alcool amylique, elle fournit un dérivé tétrahydrogéné qui est une base secondaire (Konek von Norwall [6]).

La fusion potassique donne de la quinoléine (Leers [7]).

L'oxydation au moyen du permanganate en solution acide fournit de l'acide formique et de la *cinchoténidine*, $C^{18}H^{20}Az^2O^3$, isomère de la cinchoténine (prismes contenant 3 molécules d'eau, fusibles à

[1] Hesse, A. **205**, 196.
[2] Königs et Husmann, B. **29**, 2185.
[3] Hesse, A. **205**, 196; **243**, 131; **253**, 133; **276**, 125.
[4] Skraup, B. **25**, 2909.
[5] Neumann, M. **13**, 651.
[6] Konek von Norwall, B. **29**, 801.
[7] Leers, A. **82**, 147.

256° ; base lévogyre, soluble dans les alcalis) (Skraup et Vortmann[1]; Schniderschitsch[2]).

Par une oxydation plus énergique (acide azotique ou chromique), la cinchonidine donne les mêmes produits que la cinchonine, à savoir les acides cinchoninique et cincholœponique (Skraup[3], Skraup et Würstl[4]).

En traitant la cinchonidine par le perchlorure de phosphore, MM. König et Comstock[5] ont obtenu un *chlorure de cinchonidine*, $C^{19}H^{21}ClAz^2$ (point de fusion 108-109°) qui est isomérique avec celui de cinchonine, mais qui fournit le même *cinchène* par l'action de la potasse alcoolique. Réduit par la limaille de fer et l'acide sulfurique étendu, le chlorure de cinchonidine se convertit en *désoxycinchonidine*, $C^{19}H^{22}Az^2$ (point de fusion 61°, lévogyre), différente de la désoxycinchonine (Königs[6]).

Ces dernières observations montrent que l'isomérie qui existe entre la cinchonidine et la cinchonine a pour cause unique l'asymétrie de l'atome de carbone auquel est attaché l'hydroxyle. Elles montrent, en outre, que les deux alcaloïdes sont des alcools tertiaires, renfermant le groupement $\equiv C—OH$ (et non $=CH—OH$), puisque leur isomérie persiste après le remplacement de l'hydroxyle par l'hydrogène, remplacement qui aurait pour effet de détruire l'asymétrie du carbone si celui-ci était déjà lié à un atome d'hydrogène.

3. Cinchotine.

La cinchotine, ou *hydrocinchonine*, a été isolée en 1869 par MM. Caventou et Willm[7]. Elle existe dans la cinchonine brute du commerce, qui peut en contenir jusqu'à 10 %; on l'en retire en traitant le mélange, à froid, par le permanganate de potassium

[1] Skraup et Vortmann, A. **197**, 226.
[2] Schniderschitsch, M. **10**, 51.
[3] Skraup, A. **201**, 300.
[4] Skraup et Würstl, M. **10**, 220.
[5] Königs et Comstock, B. **17**, 1984.
[6] Königs, B. **29**, 372.
[7] Caventou et Willm, Bl. (2) **12**, 215.

qui détruit la cinchonine, tandis qu'il n'attaque que très lentement la cinchotine.

La cinchotine se présente sous la forme de prismes fusibles à 268°; elle est dextrogyre et bitertiaire.

A l'inverse de la cinchonine, c'est une base saturée; ses sels ne forment pas de produits d'addition avec les acides chlorhydrique et iodhydrique (Skraup[1], Hesse[2]).

Oxydée par le mélange chromique elle fournit de l'acide cinchoninique et de la *cincholœpone*, $C^9H^{17}AzO^2$ (Skraup[3]).

Le perchlorure de phosphore transforme la cinchotine en un chlorure $C^{19}H^{23}ClAz^2$ (point de fusion 85-87°) qui est converti par la potasse alcoolique en *dihydrocinchène*, $C^{19}H^{22}Az^2$ (cristaux fusibles à 145°). Ce dernier est différent de la désoxycinchonine (page 253); il est dédoublé par l'acide phosphorique en lépidine et cincholœpone (Königs[4]).

La cincholœpone se dépose de ses solutions dans l'alcool méthylique en cristaux qui fondent à 236° en se décomposant; elle est lévogyre et a les caractères d'une base secondaire (nitrosamine, dérivé acétylé) et d'un acide monobasique; elle est éthérifiée par les alcools et l'acide chlorhydrique (Skraup[5]).

La cincholœpone est, comme la cinchotine, un composé saturé; elle n'est réduite ni par l'amalgame de sodium, ni par l'acide iodhydrique à 180°; le mélange chromique la convertit en acide cincholœponique; la distillation de son chlorhydrate avec la poudre de zinc fournit de la β-lutidine.

On voit que les réactions de la cinchotine et celles de la cinchonine offrent le parallélisme le plus complet; aux divers produits de décomposition de cette dernière base correspond une série de dérivés analogues de la cinchotine, différant des premiers par deux atomes d'hydrogène en plus:

Cinchonine,	$C^{19}H^{22}Az^2O$	Cinchotine,	$C^{19}H^{24}Az^2O$
Cinchène,	$C^{19}H^{20}Az^2$	Dihydrocinchène,	$C^{19}H^{22}Az^2$
Méroquinène,	$C^9H^{15}AzO^2$	Cincholœpone,	$C^9H^{17}AzO^2$

---

[1] Skraup, B. **28**, 12.
[2] Hesse, B. **28**, 1298.
[3] Skraup, M. **9**, 783; **10**, 89, 220.
[4] Königs, B. **27**, 1501, 2290.
[5] Skraup, M. **10**, 159.

Ces relations s'expliquent fort simplement si l'on suppose que le groupe $-CH=CH^2$ de la cinchonine est remplacé dans la cinchotine par le groupe $-CH^2-CH^3$, ce qui conduit aux formules suivantes :

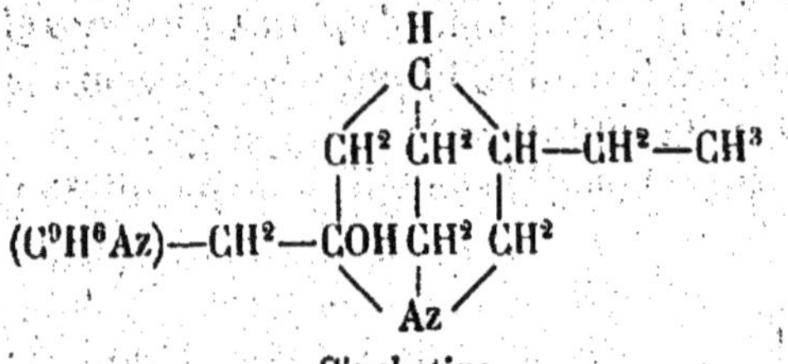

$$
\begin{array}{c}
H \\
| \\
C \\
\end{array}
$$

$$
CH^2\ CH^2\ CH-CH^2-CH^3
$$

$$
(C^9H^6Az)-CH^2-COH\ CH^2\ CH^2
$$

$$
Az
$$

Cinchotine.

$$
CH^2\ CH^2\ CH-CH^2-CH^3 \qquad CH^2\ CH^2\ CH-CH^2-CH^3
$$

$$
(C^9H^6Az)-CH=C\ \ CH^2\ CH^2 \qquad HOOC\ \ CH^2\ CH^2
$$

$$
Az \qquad\qquad Az
$$

$$
\qquad\qquad\qquad\qquad H
$$

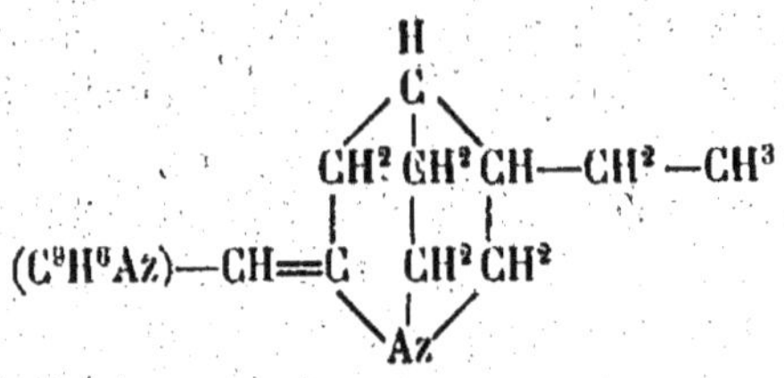

Dihydrocinchène. 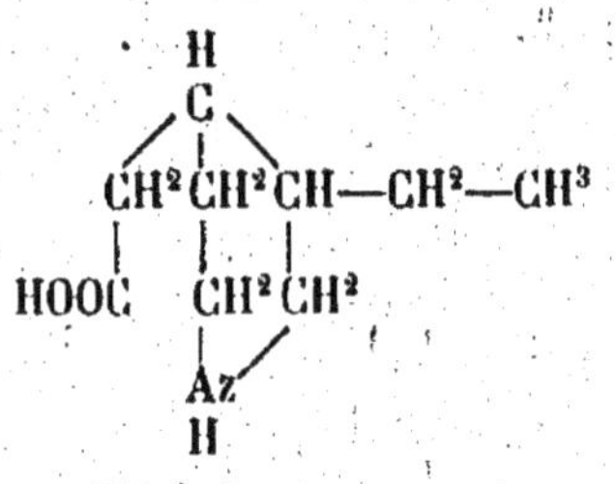   Cincholœpone.

4. Cinchamidine.

La cinchamidine, ou *hydrocinchonidine*, a été isolée en 1881 par M. Hesse [1]. Elle se présente en paillettes fusibles à 230° ; elle est lévogyre et renferme un hydroxyle (dérivé acétylé) ; elle ne donne pas de produit d'addition avec l'acide chlorhydrique. L'acide chromique la transforme en acide cinchoninique.

5. Cinchonamine.

Elle existe surtout dans les écorces des *Remijia*, principalement dans celle du *R. purdieana* Wedd. Elle en a été retirée en 1881 par M. Arnaud [2]. C'est un corps cristallisé en aiguilles, fusible à

[1] Hesse, A. **214**, 1.
[2] Arnaud, C. r. **93**, 593 ; **97**, 174 ; **98**, 1488 ; **99**, 190 ; A. ch. (6) **19**,93.

184-185°, dextrogyre, hydroxylé et très toxique. Il est facilement attaqué à froid par le permanganate de potassium ; il doit donc posséder une constitution fort différente des deux alcaloïdes précédents, bien qu'il ait la même composition.

6. Cupréine.

La cupréine, $C^{19}H^{22}Az^2O^2$, a été découverte en 1884 par MM. Paul et Cownley[1] dans l'écorce du *Remijia pedunculata* Flueck. ; elle s'y trouve en petite quantité sous la forme d'une combinaison moléculaire avec la quinine (voyez page 274). Elle cristallise dans l'éther en prismes qui contiennent 2 molécules d'eau, et qui fondent après dessiccation à 198° ; elle est très peu soluble dans l'éther et dans le chloroforme, plus soluble dans l'alcool. C'est une base diacide et bitertiaire ; elle est lévogyre et peu toxique ; elle donne avec le chlore et l'ammoniaque la réaction de la quinine, mais sa solution dans l'acide sulfurique n'est pas fluorescente.

L'existence d'une *diacétylcupréine*, obtenue par M. Hesse[2], montre que les deux atomes d'oxygène de la cupréine font partie d'hydroxyles. L'un de ces hydroxyles a le caractère phénolique, car, seule parmi tous les alcaloïdes des quinquinas, la cupréine se dissout dans les alcalis et forme avec eux des sels qui renferment un atome du métal et qui sont décomposés par l'acide carbonique.

Chauffée à 140° avec de l'acide chlorhydrique, la cupréine se convertit en un isomère, l'*apoquinine* (Hesse), que l'on obtient également, avec dégagement de chlorure de méthyle, lorsqu'on soumet la quinine au même traitement. Cette réaction permet de supposer, entre la cupréine et la quinine, la relation de phénol à éther ; la quinine serait l'anisol de la cupréine :

$$\text{Cupréine} \quad C^{19}H^{22}Az^2(OH)^2$$
$$\text{Quinine} \quad C^{19}H^{22}Az^2(OH)(OCH^3).$$

Cette relation a du reste été établie avec certitude par les travaux de MM. Grimaux et Arnaud[3]. Ces savants ont obtenu en

---

[1] Paul et Cownley, *Pharmaceutical Journal*, (8) **15**, 221, 401.

[2] Hesse, A. **230**, 57.

[3] Grimaux et Arnaud, C. r. **112**, 766, 1364 ; **114**, 548, 672.

1891 la quinine en chauffant à 100° la cupréine, dissoute dans l'alcool méthylique, avec du sodium et du chlorure de méthyle; ce dernier peut être remplacé par le bromure, l'iodure, le nitrate ou le sulfate :

$$C^{19}H^{22}Az^2(OH)(ONa) + CH^3Cl = C^{19}H^{22}Az^2(OH)(OCH^3) + NaCl$$
$$\text{Cupréine sodique.} \qquad\qquad \text{Quinine.}$$

Ce que nous dirons plus loin de la constitution de la quinine peut donc s'appliquer à celle de la cupréine; celle-ci est fort probablement une cinchonine parahydroxylée dans le noyau quinoléique.

7. Quinamine.

Cette base a été trouvée en 1872 par M. Hesse[1] dans diverses écorces; sa composition est $C^{19}H^{24}Az^2O^2$; elle cristallise dans l'alcool en longs prismes, fusibles à 172°; elle est dextrogyre et facilement oxydable.

Les acides chlorhydrique et sulfurique lui enlèvent une molécule d'eau et la convertissent en *apoquinamine*, $C^{19}H^{22}Az^2O$, base faible, inactive en solution neutre, lévogyre en solution acide, et cristallisant en lamelles ou en prismes fusibles à 114°. Une déshydratation semblable a lieu sous l'influence de l'anhydride acétique, mais on obtient alors le dérivé monoacétylé de l'apoquinamine, à l'état d'une substance amorphe. Ce fait montre que la quinamine renferme deux hydroxyles.

8. Conquinamine.

Elle accompagne son isomère, la quinamine, dans l'écorce du *Remijia pedunculata*, d'où elle a été retirée en 1877 par M. Hesse[2]. C'est un corps cristallisé, dextrogyre, facilement oxydable et fusible à 121-123°.

9. Quinine.

La quinine, grâce à ses remarquables propriétés antithermiques, antiseptiques et toniques, est de beaucoup le plus précieux et le

[1] Hesse, A. **166**, 266; **207**, 288.
[2] Hesse, A. **209**, 62.

plus important de tous les alcaloïdes des écorces de quinquina.
Elle a été isolée en 1820 par Pelletier et Caventou [1], en même
temps que la cinchonine. Sa composition, fixée en 1854 par Strecker [2],
répond à la formule $C^{20}H^{24}Az^2O^2$.

En 1891, MM. Grimaux et Arnaud [3] ont réalisé, ainsi que nous
l'avons dit page 265, une synthèse partielle de la quinine en partant de la cupréine et en substituant un groupe méthyle à l'hydrogène de son hydroxyle phénolique. La cupréine ne se rencontrant
qu'en fort petites quantités dans certaines écorces, cette synthèse
ne présente jusqu'ici qu'un intérêt purement théorique.

La quinine est précipitée de ses solutions salines par les alcalis
à l'état amorphe et anhydre, mais elle prend bientôt la forme cristalline en se convertissant en un hydrate à 3 molécules d'eau.
Dans certaines conditions, elle peut aussi former des combinaisons avec 1 ou 2, ainsi qu'avec 8 ou 9 molécules d'eau (Hesse [4]).

On peut aussi obtenir la quinine anhydre à l'état cristallisé
(sous la forme de petites aiguilles) en précipitant à chaud la solution d'un de ses sels par le carbonate de soude (Hesse [5]).

La quinine anhydre fond à 172°,8, le trihydrate à 57°.

Très peu soluble dans l'eau et dans la ligroïne, la quinine se
dissout bien dans l'alcool et l'éther, assez facilement dans le
chloroforme et mal dans le benzène. Ses solutions possèdent une
saveur amère et une réaction alcaline; elles dévient le plan de
polarisation vers la gauche.

Certains de ses sels, principalement le sulfate, ont en solution
aqueuse une fluorescence bleue. La base libre donne avec l'ammoniaque et l'eau de chlore une coloration verte.

La quinine est une base diacide et bitertiaire; elle fournit un
diiodéthylate (Strecker [2], Claus et Mallmann [6]) et deux monoiodo-
méthylates isomériques (Skraup et Konek von Norwall [7]).

[1] Pelletier et Caventou, A. ch. (2) **15**, 291, 337.
[2] Strecker, C. r. **39**, 58.
[3] Grimaux et Arnaud, C. r. **112**, 774; **114**, 672.
[4] Hesse, A. **135**, 325.
[5] Hesse, B. **10**, 2153.
[6] Claus et Mallmann, B. **14**, 76.
[7] Skraup et Konek von Norwall, B. **26**, 1968; M. **15**, 87.

Elle possède un hydroxyle et un méthoxyle. La présence de l'hydroxyle est prouvée par l'existence d'une *monobenzoylquinine* (Schutzenberger[1]) et d'une *monoacétylquinine* (Hesse[2]); celle du méthoxyle par le dégagement de chlorure ou d'iodure de méthyle qui a lieu lorsqu'on chauffe la quinine à 140-150° avec les acides chlorhydrique ou iodhydrique concentrés (Hesse[2], Lippmann et Fleissner[3]); le produit de cette réaction, l'*apoquinine*, $C^{19}H^{22}Az^2O^2 + 2H^2O$, est un corps cristallisé et lévogyre, fusible à 210°; il donne encore la réaction de la quinine avec le chlore et l'ammoniaque, mais ses solutions salines ne sont pas fluorescentes.

L'apoquinine est soluble dans les alcalis et fournit un dérivé diacétylé; cela prouve qu'elle possède deux hydroxyles, dont un phénolique. La décomposition de la quinine par l'acide chlorhydrique peut donc être exprimée par l'équation:

$$C^{19}H^{20}Az^2(OH)(OCH^3) \;+\; HCl \;=\; C^{19}H^{20}Az^2(OH)^2 \;+\; CH^3Cl$$

$$\text{Quinine.} \qquad\qquad\qquad\qquad \text{Apoquinine.}$$

L'apoquinine est un isomère de la cupréine (page 265); elle se forme aussi lorsqu'on chauffe celle-ci à 140° avec de l'acide chlorhydrique (Hesse[4]). Il est fort probable que le premier produit de la décomposition de la quinine au moyen de l'acide chlorhydrique est en réalité la cupréine, mais que celle-ci s'isomérise ensuite.

La quinine est un composé non saturé. Le zinc et l'acide sulfurique la convertissent en une *dihydroquinine*, $C^{20}H^{26}Az^2O^2$, (Schutzenberger[5]), le sodium et l'alcool en une *tétrahydroquinine*, $C^{20}H^{28}Az^2O^2$ (Lippmann et Fleissner[6], Konek von Norwall[7]). Elle fixe une molécule de brome ou d'acide chlorhydrique, bromhydrique ou iodhydrique (Comstock et Königs[8]). Les combinaisons avec les hydracides sont décomposées par les alcalis; mais la quinine n'est

[1] Schutzenberger, C. r. **47**, 81, 283.
[2] Hesse, A. **205**, 314.
[3] Lippmann et Fleissner, M. **16**, 84.
[4] Hesse, A. **230**, 55.
[5] Schutzenberger, A. **108**, 347.
[6] Lippmann et Fleissner, M. **16**, 680.
[7] Konek von Norwall, B. **29**, 801.
[8] Comstock et Königs, B. **20**, 2510; **25**, 1539.

alors régénérée qu'incomplètement; la majeure partie est transformée en isomères (*isoquinine, pseudoquinine, niquine,* etc.) (Hesse [1], Skraup [2], Comstock et Königs [3], Lippmann et Fleissner [4]).

D'autres isomères se forment par l'action de l'acide sulfurique ou de la chaleur sur la quinine elle-même; le plus connu est la *quinicine*, obtenue en 1853 par Pasteur [5] en chauffant la quinine à 120-130° avec de l'acide sulfurique très dilué; elle forme une masse résineuse, fusible vers 60°, possédant une saveur amère et des propriétés fébrifuges, et donnant la même réaction que la quinine avec le chlore et l'ammoniaque; mais elle s'en distingue par l'absence de fluorescence de ses solutions salines et par son action sur le plan de la lumière polarisée, qu'elle dévie à droite.

M. Howard [6] prétend avoir rencontré la quinicine dans certaines écorces.

La fusion avec la potasse décompose la quinine en donnant des produits analogues à ceux que fournit la cinchonine; il se forme de la *β-lutidine* et des acides gras inférieurs, mais au lieu de quinoléine et de lépidine on obtient de la *quinolidine* (*p*-méthoxyquinoléine, page 84) (Butlerow et Wischnegradsky [7]) et de la *p-méthoxylépidine* (page 92) (Königs [8]).

L'oxydation ménagée de la quinine au moyen du permanganate à basse température lui enlève un atome de carbone à l'état d'acide formique et la convertit en *quiténine*, $C^{19}H^{22}Az^2O^4 + 4H^2O$ (Kerner [9], Skraup [10]). Celle-ci est en prismes fusibles après dessiccation à 265°. C'est une base faible, lévogyre, soluble dans les alcalis; elle est éthérifiée par les alcools et l'acide chlorhydrique et ne forme plus de produits d'addition avec l'acide iodhy-

[1] Hesse, A. **276**, 125.

[2] Skraup, M. **12**, 667; **14**, 428; B. **25**, 2909.

[3] Comstock et Königs, B. **20**, 2510.

[4] Lippmann et Fleissner, B. **24**, 2827; M. **12**, 827; **13**, 429; **14**, 553.

[5] Pasteur, C. r. **37**, 110, 166.

[6] Howard, Soc. **24**, 61; **25**, 101.

[7] Butlerow et Wischnegradsky, B. **11**, 1254; **12**, 2094.

[8] Königs, B. **23**, 2669.

[9] Kerner, *Zeitschrift für Chemie*, **5**, 593.

[10] Skraup, B. **12**, 1104; A. **199**, 848; M. **10**, 89.

drique. On doit donc lui attribuer une constitution semblable à celle de la cinchoténine et admettre qu'elle prend naissance par la transformation d'un groupement $-CH=CH_2$ en un carboxyle (Skraup[1]).

Chauffée avec de l'acide iodhydrique, la quiténine est décomposée en iodure de méthyle et *quiténol*, $C_{16}H_{20}Az_2O_1$, lequel est à la quiténine ce que l'apoquinine est à la quinine.

Une oxydation plus énergique de la quinine (acide azotique ou permanganate à chaud) donne, comme celle de la cinchonine (page 242), les acides cinchoméronique et α-carbocinchoméronique (Ramsay et Dobbie[2], Weidel et Schmidt[3]).

En oxydant la quinine au moyen de l'acide chromique, M. Skraup[4] a obtenu de l'*acide cincholœponique* et un acide de formule $C_{11}H_9AzO_3$ qu'il a appelé *acide quininique*. On a vu (page 102) que ce dernier constitue le dérivé paraméthoxylé de l'acide cinchoninique.

L'action du perchlorure de phosphore sur la quinine fournit aussi des dérivés analogues à ceux que donne la cinchonine (Comstock et Königs[5], Königs[6]). On obtient un *chlorure de quinine*, $C_{20}H_{23}ClAz_2O$, (cristaux fusibles à 151°) que la potasse alcoolique transforme en *quinène*, $C_{20}H_{22}Az_2O$ (pt de fusion 81-82°). Celui-ci est le dérivé paraméthoxylé du cinchène ; il est dédoublé par l'acide phosphorique en méroquinène et p-méthoxylépidine ; traité par l'acide bromhydrique à 180°, il fournit l'*apoquinène* (oxyapocinchène), $C_{19}H_{19}AzO_2$.

On voit par ce qui précède que toutes les réactions de la quinine, comparées à celles de la cinchonine, tendent à prouver l'absolue identité de la « seconde moitié » de la molécule des deux alcaloïdes. Leur différence ne réside que dans la première moitié, qui est un radical quinoléyle dans la cinchonine, tandis qu'il est constitué, dans la quinine, par ce même radical renfermant un groupe CH_3O dans

[1] Skraup, B. **28**, 12.
[2] Ramsay et Dobbie, Soc. **35**, 189.
[3] Weidel et Schmidt, B. **12**, 282, 1101, 1146.
[4] Skraup, M. **2**, 591 ; **4**, 695 ; **10**, 89, 220.
[5] Comstock et Königs, B. **17**, 1984 ; **18**, 1210 ; **20**, 2510, 2674.
[6] Königs, B. **28**, 2669 ; **27**, 900 ; **29**, 872.

la position *para*. La quinine est donc la *paraméthoxycinchonine*, et on peut lui assigner la formule constitutionnelle suivante :

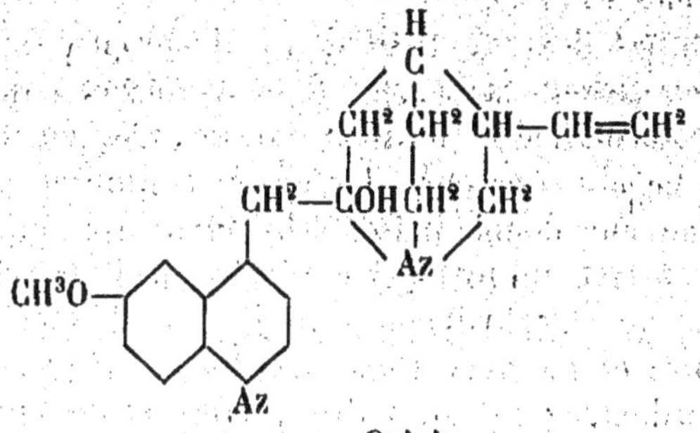

$$\begin{array}{c}
\text{H}\\
\text{C}\\
\text{CH}^2\ \text{CH}^2\ \text{CH}-\text{CH}=\text{CH}^2\\
\text{CH}^2-\text{COH}\ \text{CH}^2\ \text{CH}^2\\
\text{Az}
\end{array}$$

CH³O— (noyau naphtalénique) Az

Quinine.

En remplaçant, dans la préparation artificielle de la quinine par éthérification de la cupréine, le chlorure ou le nitrate de méthyle par les dérivés analogues des autres radicaux alcooliques, MM. Grimaux et Arnaud [1] ont obtenu une série de bases qui sont les homologues de la quinine. Ces corps sont pour la plupart amorphes et possèdent des propriétés fébrifuges et toxiques plus prononcées que la quinine elle-même. Ce sont :

la *quinéthyline* $C^{19}H^{22}Az^2.OH.OC^2H^5$, point de fusion 160°
la *quinopropyline* $C^{19}H^{22}Az^2.OH.OC^3H^7$ »   164°
la *quinoisopropyline* $C^{10}H^{22}Az^2.OH.OC^3H^7$ »   154°
la *quinamyline* $C^{19}H^{22}Az^2.OH.OC^5H^{11}$ »   167°

10. Quinidine.

Découverte en 1833 par Henry et Delondre [2], la quinidine a été caractérisée par Pasteur [3] et étudiée surtout par M. Hesse [4]; ce dernier la désigne sous le nom de *conquinine*.

Ce stéréo-isomère de la quinine cristallise dans l'alcool en prismes qui renferment une molécule du dissolvant; par cristallisa-

[1] Grimaux et Arnaud, C. r. **112**, 766, 1864; **114**, 548, 672; **118**, 1803.
[2] Henry et Delondre, *Journal de pharmacie* (2), **19**, 623; **20**, 157.
[3] Pasteur, C. r. **32**, 110; **36**, 26; **37**, 110.
[4] Hesse, A. **146**, 857; **166**, 232; **205**, 318; **243**, 131.

tion dans l'eau ou dans l'éther on obtient des hydrates avec 1, 1 $\frac{1}{2}$ ou 2 $\frac{1}{2}$ molécules d'eau ; dans le benzène il se dépose des aiguilles anhydres, fusibles à 171°,5.

La quinidine est dextrogyre et douée de propriétés antithermiques ; elle se dissout facilement dans l'éther et dans l'alcool, peu dans le chloroforme et dans la ligroïne, très peu dans l'eau. Elle donne les mêmes réactions colorées que la quinine.

Elle renferme une double liaison éthylénique (produits d'addition avec HCl et HJ), un hydroxyle (dérivé monoacétylé) et un méthoxyle ; l'acide chlorhydrique concentré la décompose à 140-150° en chlorure de méthyle et *apoquinidine*, $C^{19}H^{22}Az^2O + 2H^2O$, corps amorphe, dextrogyre et dihydroxylé (dérivé diacétylé).

L'acide sulfurique étendu ou la glycérine à 180° la transforment en quinicine (Pasteur) ; le perchlorure de phosphore et la potasse alcoolique en quinène (Comstock et Königs [1]) ; l'acide chromique en acides quininique et cincholœponique (Skraup [2]). Tous ces produits sont identiques avec ceux qui proviennent de la quinine.

11. Hydroquinine.

L'hydroquinine, $C^{20}H^{26}Az^2O^2$, reste mélangée à la quinine dans l'extraction des alcaloïdes ; elle peut en être séparée par le permanganate de potassium qui détruit la quinine et n'attaque pas son hydrure. Elle a été isolée en 1882 par M. Hesse [3].

L'hydroquinine cristallise avec deux molécules d'eau ; elle fond à l'état anhydre à 172° ; elle est lévogyre et renferme un hydroxyle et un méthoxyle ; traitée par l'anhydride acétique, elle fournit un dérivé monoacétylé ; chauffée à 150° avec de l'acide chlorhydrique elle se transforme en *hydrocupréine*, $C^{19}H^{22}Az^2(OH)^2$, base fusible à 168-170°, soluble dans les alcalis.

12. Hydroquinidine.

Cet alcaloïde existe dans la quinidine du commerce et peut en être retiré par un traitement au permanganate. Il a été découvert

---

[1] Comstock et Königs, B. **18**, 1219.
[2] Skraup, M. **2**, 587 ; **10**, 65, 220.
[3] Hesse, A. **241**, 255 ; B. **15**, 856 ; **28**, 1298.

en 1881 par MM. Forst et Böhringer [1] et possède la formule $C^{20}H^{26}Az^{2}O^{3}+2^{1}/_{2}H^{2}O$. Il cristallise en tables ou en aiguilles prismatiques fusibles à 166-167°; il est dextrogyre. L'acide chlorhydrique lui enlève à 150° un groupe méthyle sous la forme de chlorure de méthyle; l'oxydation au moyen de l'acide chromique le convertit en acide quininique.

13. Chairamine.

$C^{22}H^{26}Az^{2}O^{4}+H^{2}O$. Aiguilles ou prismes qui fondent à l'état hydraté à 140°, à l'état anhydre à 233°. Dextrogyre.

14. Chairamidine.

$C^{22}H^{26}Az^{2}O^{4}+H^{2}O$. Amorphe. Point de fusion 126-128°. Dextrogyre.

15. Conchairamine.

$C^{22}H^{26}Az^{2}O^{4}+H^{2}O$. Prismes fusibles à 120°. Dextrogyre.

16. Conchairamidine.

$C^{22}H^{26}Az^{2}O^{4}+H^{2}O$. Aiguilles fusibles à 114-115°. Lévogyre.

Ces quatre derniers alcaloïdes ont été retirés en 1884 par M. Hesse [2] de l'écorce du *Remijia purdieana* Wedd.

17. Aricine.

L'aricine a été découverte en 1829 par Pelletier et Corriol [3] dans l'écorce de Cusco (*Cinchona pubescens* Wedd.) Sa formule, établie par Gerhardt, est $C^{23}H^{26}Az^{2}O^{4}$. Elle cristallise dans l'alcool en prismes fusibles à 188°; elle est lévogyre en solution neutre et inactive en solution chlorhydrique (Hesse [4]).

---

[1] Forst et Böhringer, B. **14**, 1955; **15**, 519, 1656.
[2] Hesse, A. **225**, 211.
[3] Pelletier et Corriol, *Journal de pharmacie*, **15**, 575; A. ch. (2) **51**, 585
[4] Hesse, A. **181**, 58; **185**, 320.

18. Cusconine.

$C^{23}H^{26}Az^2O^4+2H^2O$. Dans l'écorce de Cusco (Leverköhn[1]). Prismes fusibles à 110°. Lévogyre.

19. Concusconine.

$C^{23}H^{26}Az^2O^4+H^2O$. Dans l'écorce des *Remijia* (Hesse[2]). Point de fusion 206-208°. Dextrogyre.

20. Homoquinine.

Elle se trouve dans l'écorce du *Remijia pedunculata* où elle a été découverte par MM. Paul et Cownley[3]; elle a été aussi étudiée par M. Hesse[4], qui a montré qu'elle est une combinaison à molécules égales de quinine et de cupréine, $C^{19}H^{22}Az^2O^2.C^{20}H^{24}Az^2O^2$. Elle fournit par l'action de la soude un mélange de ces deux bases, et celles-ci régénèrent l'homoquinine lorsqu'on traite leur mélange en proportions équimoléculaires par l'acide sulfurique étendu.

L'homoquinine cristallise dans l'éther en paillettes ou en prismes, ceux-ci renfermant quatre molécules d'eau, celles-là deux. Elle est lévogyre et fond après dessiccation à 177°.

21. Diquinidine.

$C^{40}H^{46}N^4O^3$. Se trouve dans toutes les espèces de quinquinas, et forme la majeure partie de la *quinoïdine*, mélange d'alcaloïdes amorphes que l'on obtient comme résidu de la cristallisation des sulfates. La base et ses sels sont incristallisables et dextrogyres (Hesse[5]).

[1] Leverköhn, *Repertorium der Pharmacie*, **33**, 353.
[2] Hesse, B. **16**, 58; A. **225**, 211.
[3] Paul et Cownley, *Pharmaceutical Journal*, **1881**, 599; **1884**, 221; 279.
[4] Hesse, B. **15**, 854; A. **225**, 95; **226**, 240; **230**, 55.
[5] Hesse, B. **10**, 2155; **16**, 58.

XV. ALCALOÏDES DE L'OPIUM.

L'opium est le produit de l'évaporation du suc laiteux fourni par les capsules de diverses espèces de pavots, et surtout du pavot somnifère (*Papaver somniferum* L., famille des Papavéracées), produit très complexe, qui contient du caoutchouc, de la graisse, de la résine, du sucre, des matières pectiques et albuminoïdes, des sels minéraux, certains acides organiques (lactique, acétique, méconique), des substances neutres (méconine, méconoiosine, opionine), et un grand nombre d'alcaloïdes.

Ces derniers peuvent être classés, d'après leurs propriétés et leur composition, en 3 groupes distincts :

1er groupe, groupe de la *morphine*. — Bases fortes, très toxiques, renfermant 3 atomes d'oxygène:

1. Morphine	$C^{17}H^{19}AzO^3$	soit	$C^{17}H^{17}AzO(OH)^2$
2. Codéine	$C^{18}H^{21}AzO^3$	»	$C^{17}H^{17}AzO(OH)(OCH^3)$
3. Pseudomorphine	$(C^{17}H^{18}AzO^3)^2$	»	$[C^{17}H^{16}AzO(OH)^2]^2$
4. Thébaïne	$C^{19}H^{21}AzO^3$	»	$C^{17}H^{15}AzO(OCH^3)^2$

2me groupe, groupe de la *papavérine*. — Bases renfermant 4 ou 5 atomes d'oxygène ; plusieurs d'entre elles donnent par oxydation l'acide métahémipinique :

5. Papavérine	$C^{20}H^{21}AzO^4$	soit	$C^{16}H^9Az(OCH^3)^4$
6. Codamine	$C^{20}H^{25}AzO^4$	»	$C^{18}H^{18}AzO(OH)(OCH^3)^2$
7. Laudanine	»	»	$C^{17}H^{15}Az(OH)(OCH^3)^3$
8. Laudanidine	»	»	»
9. Laudanosine	$C^{21}H^{27}AzO^4$	»	$C^{17}H^{15}Az(OCH^3)^4$
10. Tritopine	$(C^{21}H^{27}AzO^3)^2O$	»	—
11. Méconidine	$C^{21}H^{23}AzO^5$	»	—
12. Lanthopine	$C^{23}H^{25}AzO^4$	»	—

13. Protopine . . . $C^{20}H^{17}AzO^5$ soit $C^{17}H^{15}Az(OCH^3)^4$
14. Cryptopine . . $C^{21}H^{23}AzO^5$ » $C^{19}H^{17}AzO^5(OCH^3)^2$
15. Papavéramine . $C^{21}H^{21}AzO^5$ »   —

3me groupe, groupe de la *narcotine.* — Bases faibles, peu toxiques, renfermant 7 ou 8 atomes d'oxygène et donnant par oxydation l'acide hémipinique :

16. Narcotine . . . $C^{22}H^{23}AzO^7$ soit $C^{19}H^{11}AzO^4(OCH^3)^3$
17. Gnoscopine . .   »   »   »
18. Oxynarcotine. . $C^{22}H^{23}AzO^8$ » $C^{19}H^{11}AzO^5(OCH^3)^3$
19. Narcéine . . . $C^{23}H^{31}AzO^8$ » $C^{20}H^{18}AzO^5(OCH^3)^3$

A cette liste il faut ajouter encore les deux bases suivantes, dont l'une est un produit de dédoublement de la narcotine et dont l'autre n'est pas encore suffisamment connue pour que l'on puisse savoir dans quel groupe la classer :

20. Hydrocotarnine. $C^{12}H^{15}AzO^3$
21. Xanthaline . . $C^{37}H^{36}Az^2O^9$.

La proportion moyenne des principales substances contenues dans l'opium peut être représentée approximativement par les chiffres suivants :

Morphine	9 %
Narcotine	5
Papavérine.	0,8
Thébaïne	0,4
Codéine.	0,3
Narcéine	0,2
Cryptopine	0,08
Pseudomorphine. . .	0,02
Laudanine.	0,01
Lanthopine	0,006
Protopine	0,003
Codamine	0,002
Tritopine	0,0015
Laudanosine	0,0008
Acide méconique. . .	4
Acide lactique. . . .	1,2
Méconine	0,3

1. Morphine.

La morphine est, comme nous l'avons dit page 3, la première substance basique qui ait été retirée du règne végétal. Elle fut isolée, en 1806, par Sertürner[1]; sa composition, fixée par Laurent[2], répond à la formule $C^{17}H^{19}AzO^3$.

C'est, de tous les alcaloïdes de l'opium, celui qui s'y trouve en plus forte proportion (jusqu'à 23 % dans certains échantillons). On l'a rencontré aussi dans quelques autres végétaux, tels que l'*Argemone mexicana* L. (famille des Papavéracées) et le houblon sauvage d'Amérique (*Humulus Lupulus* L., famille des Cannabinées) (Ladenburg[3]).

La morphine cristallise dans l'alcool en prismes qui renferment une molécule d'eau. Elle fond vers 230° en se décomposant. Très peu soluble dans l'eau, l'éther, le benzène et le chloroforme, elle se dissout assez facilement dans l'alcool. Ses solutions sont lévogyres et présentent une réaction alcaline. Elle possède une saveur amère et constitue un poison énergique; à faible dose, son action est soporifique et calmante.

La morphine est à la fois une base tertiaire et un phénol monoatomique; elle se dissout dans les alcalis en formant des sels qui contiennent un atome de métal et sont décomposables par l'acide carbonique; elle fournit par l'action des iodures alcooliques en présence de potasse des éthers dans lesquels un atome d'hydrogène est remplacé par un alcoyle.

Elle donne, en revanche, des dérivés diacétylé et dibenzoylé (Beckett et Wright[4], Hesse[5]). On doit en conclure qu'elle possède deux hydroxyles, dont l'un a le caractère phénolique et l'autre le caractère alcoolique.

La morphine est très oxydable; elle réduit à froid les sels d'or et

[1] Sertürner, *Trommsdorff's Journal der Pharmacie*, **13**, 1, 234; **14**, 1, 47; **20**, 99.

[2] Laurent, *Journal de pharmacie*, (3) **14**, 302.

[3] Ladenburg, B. **19**, 783.

[4] Beckett et Wright, Soc. **27**, 1038; **28**, 23, 315.

[5] Hesse, A. **222**, 203.

d'argent, ainsi que l'acide iodique; l'oxygène de l'air l'oxyde en solution alcaline; il en est de même de l'acide nitreux, du permanganate et du ferricyanure de potassium, de l'oxyde de cuivre ammoniacal, etc. Il se forme dans toutes ces réactions un corps soluble dans les alcalis et dépourvu de propriétés toxiques, qui, sous les noms d'*oxymorphine*, d'*oxydimorphine* et de *déhydromorphine*, a été successivement étudié par MM. Schutzenberger [1], Mayer [2], Nadler [3] et Polstorff [4]. M. Hesse [5] a montré qu'il est identique avec la *pseudomorphine* qui existe dans l'opium (voyez page 287). Sa composition, longtemps indécise, semble, d'après les derniers travaux de M. Polstorff [6], devoir répondre à l'expression $C^{34}H^{36}Az^2O^6$, soit $(C^{17}H^{18}AzO^3)^2$. L'action des oxydants faibles sur la morphine a donc lieu selon l'équation :

$$2C^{17}H^{19}AzO^3 \;+\; O \;=\; (C^{17}H^{18}AzO^3)^2 \;+\; H^2O$$

Morphine.   Pseudomorphine.

Une oxydation plus énergique, au moyen de l'acide azotique étendu, transformerait la morphine, suivant M. Chastaing [7], en un acide bibasique de formule $C^{16}H^9AzO^9$, que l'acide azotique fumant convertirait en acide picrique.

Fondue avec la potasse, la morphine fournit, d'après MM. Barth et Weidel [8], de l'acide protocatéchique.

Chauffée avec de l'acide chlorhydrique concentré, elle ne dégage pas de chlorure de méthyle; elle ne possède donc pas de groupe méthoxyle.

Les acides sulfurique, chlorhydrique, phosphorique, oxalique, les alcalis, le chlorure de zinc, exercent une double action sur la morphine (Matthiessen et Wright [9], Wright [10], Mayer [11]; Mayer et

[1] Schutzenberger, Bl. (2) 4, 176.
[2] Mayer, B. 4, 121.
[3] Nadler, Bl. (2) 21, 826.
[4] Polstorff, B. 13, 86, 88, 91, 92, 93.
[5] Hesse, A. 141, 87; Suppl. 8, 267.
[6] Polstorff, B. 19, 1760.
[7] Chastaing, C. r. 94, 44.
[8] Barth et Weidel, M. 4, 700.
[9] Matthiessen et Wright, A. Suppl. 7, 172, 864.
[10] Wright, Soc. 25, 653.
[11] Mayer, B. 4, 121.

Wright[1], Beckett et Wright[2]). Tantôt ils la transforment en produits de condensation (*trimorphine*, *tétramorphine*, etc.), tantôt ils lui enlèvent une molécule d'eau, d'après l'équation :

$$C^{17}H^{19}AzO^3 = C^{17}H^{17}AzO^3 + H^2O$$

Le produit de cette réaction, l'*apomorphine*, est une base amorphe, facilement oxydable, peu soluble dans l'eau, soluble dans l'alcool, l'éther et le chloroforme, et douée de propriétés physiologiques fort différentes de celles de la morphine; ce n'est plus un narcotique, mais un vomitif énergique. L'apomorphine ne renferme qu'un hydroxyle: traitée par le chlorure d'acétyle, elle fournit un dérivé monoacétylé (Danckwortt[3]).

Pour la constitution de la morphine, voyez plus loin.

2. Codéine.

La codéine a été isolée en 1832 par Robiquet[4]. Elle se trouve dans l'opium en beaucoup moins grande quantité que la morphine (0,2 à 0,8 %). Sa formule, fixée en 1843 par Gerhardt[5], est $C^{18}H^{21}AzO^3$. Elle cristallise, ou à l'état anhydre, ou avec une molécule d'eau, et fond à 155° ; elle est peu soluble dans l'eau, facilement soluble dans l'alcool, le chloroforme et l'éther et presque insoluble dans les alcalis. C'est une base tertiaire; ses solutions présentent une réaction alcaline et une saveur amère et dévient à gauche le plan de polarisation. Son action physiologique est semblable à celle de la morphine.

La codéine ne possède qu'un hydroxyle ; traitée par le chlorure d'acétyle, elle ne fournit qu'un dérivé monoacétylé (Wright[6]).

La méthode de Zeisel décèle dans sa molécule l'existence d'un méthoxyle (Herzig et Meyer[7]).

[1] Mayer et Wright, Soc. **26**, 215, 1082.
[2] Beckett et Wright, Soc. **28**, 698.
[3] Danckwortt, A. Pharm. **228**, 572.
[4] Robiquet, A. ch. (2) **51**, 259.
[5] Gerhardt, A. ch. (3) **7**, 253.
[6] Wright, Soc. **27**, 1031.
[7] Herzig et Meyer, M. **15**, 613.

Elle donne avec les halogènes, l'acide azotique, etc. des produits de substitution à la manière des composés aromatiques (Anderson [1]). Elle présente certains rapports dans ses réactions avec la diméthylaniline ; elle fournit, par exemple, avec la nitrosodiméthylaniline un colorant violet qui semble appartenir à la classe des indamines (Cazeneuve [2]), et avec l'aldéhyde formique un produit de condensation, le *dicodéylméthane*, $CH^2(C^{18}H^{20}AzO^3)^2$, analogue au tétraméthyldiaminodiphénylméthane. Ces faits semblent indiquer que l'atome d'azote de la codéine est lié directement à un noyau benzénique.

Traitée par les oxydants faibles, la codéine ne donne point de dérivé analogue à la pseudomorphine (Vongerichten [3]).

L'acide sulfurique dilué la transforme en un isomère, la *pseudocodéine*, base lévogyre, fusible à 180° (Merck [4], Schmidt et Göhlich [5]).

Soumise à l'action des déshydratants (chlorure de zinc, acides sulfurique, oxalique, phosphorique), elle se comporte comme la morphine, et se convertit, ou en produits de condensation (*dicodéine, tricodéine, tétracodéine*) (Wright [6]) ou, par élimination d'une molécule d'eau, en *apocodéine*, $C^{18}H^{19}AzO^2$ (Matthiessen et Burnside [7]).

L'ensemble de ces observations montre que la morphine et la codéine présentent des réactions tout à fait semblables, ce qui paraît impliquer une grande analogie dans leur constitution. En effet, on sait aujourd'hui que les deux alcaloïdes sont l'un à l'autre ce que l'anisol est au phénol, et que la codéine est l'éther monométhylique de la morphine :

$$\text{Morphine} \quad C^{17}H^{17}AzO(OH)^2$$
$$\text{Codéine} \quad C^{17}H^{17}AzO(OH)(OCH^3).$$

Cette relation fut rendue probable, déjà en 1869, par Mat-

[1] Anderson, A. **77**, 341.
[2] Cazeneuve, Bl. (3) **5**, 857 ; C. r. **112**, 805.
[3] Vongerichten, A. **294**, 206.
[4] Merck, A. Pharm. **229**, 161.
[5] Schmidt et Göhlich, A. Pharm. **231**, 285.
[6] Wright, Soc. **25**, 506.
[7] Matthiessen et Burnside, A. **158**, 131.

thiessen et Wright [1]. Ces auteurs, ayant fait réagir l'acide chlorhydrique concentré sur la codéine, à la température de 100°, obtinrent un produit chloré qu'ils nommèrent *chlorocodide :*

$$C^{18}H^{21}AzO^3 \ + \ HCl \ = \ C^{18}H^{20}ClAzO^2 \ + \ H^2O$$
Codéine.   Chlorocodide.

Ce corps, qui cristallise en paillettes fusibles à 148°, régénère la codéine lorsqu'on le chauffe à 130° avec de l'eau ; si on le traite par l'acide chlorhydrique à 150°, il se décompose en chlorure de méthyle et *apomorphine :*

$$C^{18}H^{20}ClAzO^2 \ = \ C^{17}H^{17}AzO^2 \ + \ CH^3Cl.$$
Chlorocodide.   Apomorphine.

En réunissant ces deux dernières équations en une seule, on voit que l'action de l'acide chlorhydrique à 150° sur la codéine a pour effet de lui enlever un groupe méthyle et une molécule d'eau. Le produit de cette décomposition est le même que celui qui résulte de la déshydratation de la morphine. On est donc autorisé à admettre que la morphine et la codéine diffèrent en ceci, que l'un des hydroxyles de la première est remplacé dans la seconde par un méthoxyle.

Cette manière de voir a reçu une confirmation complète par la transformation de la morphine en codéine, réalisée en 1881 par M. Grimaux [2]. Ce savant a obtenu la codéine en traitant la morphine par l'iodure de méthyle en présence de potasse caustique ou d'éthylate de sodium :

$$C^{17}H^{17}AzO(OH)^2 \ + \ CH^3I \ + \ KOH \ = \ C^{17}H^{17}AzO(OH)(OCH^3) \ + \ KI \ + \ H^2O$$
Morphine.   Codéine.

Ce mode de formation, ainsi que l'insolubilité presque complète de la codéine dans les alcalis, montrent que, des deux hydroxyles de la morphine, c'est l'hydroxyle phénolique qui a été éthérifié.

En employant l'iodure d'éthyle, M. Grimaux a préparé l'homologue supérieur de la codéine, ou *codéthyline,* $C^{17}H^{17}AzO(OH)(OC^2H^5)$; c'est un corps fusible à 83°, doué comme la codéine de propriétés très toxiques.

---

[1] Matthiessen et Wright, A. Suppl. **7**, 364.
[2] Grimaux. C. r. **92**, 1140, 1228 ; **93**, 67, 217.

Constitution de la morphine et de la codéine. — La détermination de la structure du groupement $C^{17}H^{17}AzO$, commun à la morphine et à la codéine, a été l'objet des travaux de MM. Vongerichten et Schrötter [1], Grimaux [2], Hesse [3], O. Fischer et Vongerichten [4], Knorr [5], Skraup et Weigmann [6]. Ces travaux, qui n'ont point encore abouti à un résultat définitif, ont eu pour point de départ une observation curieuse faite en 1881 par MM. Vongerichten et Schrötter. Ces savants, ayant soumis la morphine à la distillation sur la poudre de zinc, obtinrent, comme produit principal de l'opération, du *phénanthrène;* ils constatèrent en outre la formation d'ammoniaque, de triméthylamine, de pyrrol, de pyridine, d'un peu de quinoléine (?) et d'une base de formule $C^{17}H^{11}Az$ dont ils ne purent déterminer la nature.

Cette observation semblait faire de la morphine un dérivé du phénanthrène; il était nécessaire cependant de contrôler ce résultat au moyen de réactions s'effectuant à basse température, la distillation sur la poudre de zinc pouvant toujours laisser supposer la formation de certains produits par condensation pyrogénée.

MM. Vongerichten et Schrötter cherchèrent à utiliser pour cela la méthode de décomposition de Hofmann (voyez page 118); ils s'adressèrent, non pas à la morphine elle-même, mais à ses éthers (codéine, codéthyline) et à leurs dérivés bromés. M. Grimaux avait déjà fait voir que le méthylhydrate de codéine fournit par distillation une base tertiaire, la *méthocodéine* (appelée plus tard *méthylmorphiméthine* par M. Hesse); celle-ci est une substance lévogyre, toxique, fusible à 118°,5 et renfermant toujours l'hydroxyle de la codéine, car elle donne un dérivé monoacétylé :

$$\frac{HO}{CH^3O}\!\!>\!\!C^{17}H^{17}O\!\!\equiv\!\!Az\!\!<\!\!\frac{CH^3}{OH} = \frac{HO}{CH^3O}\!\!>\!\!C^{17}H^{16}O\!\!=\!\!Az\!\!-\!\!CH^3 + H^2O$$

Méthylhydrate de codéine.   Méthocodéine.

MM. Vongerichten et Schrötter transformèrent de la même

[1] Vongerichten et Schrötter, B. **15**, 1484, 2179; A. **210**, 396.

[2] Grimaux, C. r. **93**, 591.

[3] Hesse, A. **222**, 203.

[4] O. Fischer et Vongerichten, B. **19**, 792.

[5] Knorr, B. **22**, 181, 1113; **27**, 1144.

[6] Skraup et Weigmann, M. **10**, 101, 732.

manière les éthylhydrates de codéine, de bromocodéine et de codéthyline en

$$éthocodéine, \qquad \frac{HO}{CH^3O}{>}C^{17}H^{16}O=Az—C^2H^5,$$

$$éthobromocodéine, \qquad \frac{HO}{CH^3O}{>}C^{17}H^{15}BrO=Az—C^2H^5,$$

$$éthocodéthyline, \qquad \frac{HO}{C^2H^5O}{>}C^{17}H^{16}O=Az—C^2H^5.$$

Ils combinèrent ensuite ces trois bases avec l'iodure de méthyle, convertirent les produits en hydrates' et soumirent de nouveau ceux-ci à la distillation. Ils obtinrent ainsi de l'eau, une base volatile, un corps oxygéné non azoté et de l'éthylène. Ils crurent reconnaître dans la base volatile la *méthyléthylpropylamine* et exprimèrent la décomposition du méthylhydrate d'éthocodéine par l'équation suivante:

$$CH^3O-C^{17}H^{17}O^3=Az{<}^{C^2H^5}_{CH^3}_{OH} = CH^3O-C^{11}H^7O + C^2H^7-Az{<}^{C^2H^5}_{CH^3} + H^2O$$

Les méthylhydrates d'éthobromocodéine et d'éthocodéthyline leur fournirent les composés, $CH^3O-C^{11}H^6BrO$ et $C^2H^5O-C^{11}H^7O$.

Quelque temps après, MM. Hesse et Knorr, ayant soumis le méthylhydrate de méthocodéine à un traitement semblable, obtinrent le même composé non azoté, $CH^3O-C^{11}H^7O$, que MM. Vongerichten et Schrötter, mais ils trouvèrent que la base qui l'accompagnait était la *triméthylamine;* ils représentèrent la réaction par l'équation :

$$CH^3O-C^{17}H^{71}O^2=Az{<}^{CH^3}_{CH^3}_{OH} =$$

$$CH^3O-C^{14}H^7O \;+\; CH^3—Az{<}^{CH^3}_{CH^3} \;+\; C^2H^4 \;+\; 2H^2O$$

En présence de ces résultats contradictoires M. Vongerichten [1] répéta ses premières expériences, et constata que la base qu'il avait prise pour de la méthyléthylpropylamine était en réalité de la *diméthyléthylamine.*

---

[1] Vongerichten, B. **29**, 65.

La décomposition du méthylhydrate d'éthocodéine doit par conséquent être exprimée comme suit :

$$CH^3O - C^{17}H^{17}O^2 = Az {\Large\langle} {\small\begin{matrix} C^2H^5 \\ CH^3 \\ OH \end{matrix}} =$$

$$CH^3O - C^{14}H^7O + CH^3 - Az {\Large\langle} {\small\begin{matrix} C^2H^5 \\ CH^3 \end{matrix}} + C^2H^4 + 2H^2O$$

Elle a donc lieu d'une manière analogue à celle du méthylhydrate de méthocodéine ; il en est de même pour les autres dérivés (éthobromocodéine et éthocodéthyline) étudiés par MM. Vongerichten et Schrötter.

Ces expériences prouvent que la morphine et la codéine possèdent un groupe méthyle lié à l'azote ; cela résulte du dégagement de triméthylamine et de diméthyléthylamine après addition de deux alcoyles seulement. Mais elles montrent aussi que la décomposition au moyen du procédé de Hofmann ne s'effectue pas pour ces deux alcaloïdes comme pour les autres composés azotés cycliques, en ce sens qu'elle est accompagnée d'une production d'éthylène.

L'existence d'un méthyle lié à l'azote de la morphine et de la codéine est confirmée par le dosage direct au moyen de la méthode de MM. Herzig et Meyer[1], ainsi que par une observation de Wertheim[2] qui a obtenu de la méthylamine en chauffant la morphine avec une solution très concentrée de potasse. Remarquons toutefois que MM. Skraup et Weigmann ont observé la formation de *méthyléthylamine* dans l'action des alcalis à haute température sur la morphine et la codéine.

Quant aux corps non azotés $CH^3O - C^{14}H^7O$ et $C^2H^5O - C^{14}H^7O$ qui prennent naissance dans les réactions ci-dessus, ce sont des dérivés du phénanthrène ; ils donnent, par saponification au moyen de l'acide iodhydrique, des composés phénoliques qui se transforment en phénanthrène par distillation sur la poudre de zinc.

MM. O. Fischer et Vongerichten sont arrivés à un résultat semblable en partant des dérivés acétylés de la morphine et de là

[1] Herzig et Meyer, M. **10**, 101.
[2] Wertheim, A. **37**, 210.

codéine. En chauffant l'iodométhylate de diacétylmorphine avec de l'acétate d'argent et de l'anhydride acétique, ils ont obtenu une amine volatile et un corps de formule $C^{14}H^{11}O^4$ qui est très probablement un *diacétoxyphénanthrène*, $C^{14}H^8(OCOCH^3)^2$:

$$C^{17}H^{11}O (OCOCH^3)^2 Az{<}^{CH^3}_{I} + CH^3COOAg + (CH^3CO)^2O =$$

$$C^{14}H^8 (OCOCH^3)^2 + C^4H^9Az + AgI + 3CH^3COOH$$

L'iodométhylate d'acétylcodéine, traité de la même manière, fournit un *acétoxyméthoxyphénanthrène*, $C^{14}H^8(OCH^3)(OCOCH^3)$.

MM. O. Fischer et Vongerichten ont observé aussi la formation de ce dernier composé dans l'action de l'anhydride acétique sur la méthocodéine et sur l'éthocodéine.

De l'ensemble de ces expériences on peut conclure que le groupe $C^{17}H^{17}AzO$, commun à la morphine et à la codéine, renferme un noyau de 14 atomes de carbone, qui est un noyau de phénanthrène partiellement réduit ; que des 3 autres atomes de carbone, un est attaché à l'azote sous la forme d'un radical méthyle ; et qu'enfin cet azote est lié directement au noyau du phénanthrène.

Mais ces expériences n'indiquent rien sur la fonction de l'atome d'oxygène, et fort peu de chose sur le mode de liaison des deux derniers atomes de carbone.

La formation d'éthylène dans la décomposition de la codéine par le procédé de Hofmann, et celle de méthyléthylamine dans son traitement par les alcalis, pourraient faire supposer que ces deux atomes de carbone sont liés, eux aussi, à l'azote. La molécule de la morphine et de la codéine contiendrait alors le groupement suivant des atomes de carbone et d'azote :

$$C^{14}—Az{<}^{CH^3}_{C—C—}.$$

Tel était l'état de la question lorsqu'en 1889 M. Knorr soumit à une nouvelle étude les réactions découvertes par MM. O. Fischer et Vongerichten, et fut amené à émettre, au sujet de la constitution des deux alcaloïdes, une hypothèse, qui, si elle n'a pas été encore entièrement vérifiée par l'expérience, rend cependant compte des faits d'une manière très satisfaisante. M. Knorr admet, dans la molécule de la morphine, l'existence du noyau de l'*oxazine* :

lequel serait condensé en *ortho* avec l'un des noyaux benzéniques du phénanthrène.

Voici sur quelles observations repose cette hypothèse :

Lorsqu'on chauffe la méthocodéine avec de l'anhydride acétique, il se forme (à côté de l'acétoxyméthoxyphénanthrène signalé par MM. O. Fischer et Vongerichten) une base oxygénée de formule $C^4H^{11}AzO$ (liquide bouillant à 128-130°). Cette base est identique avec l'*oxyéthyldiméthylamine*,

$$(CH^3)^2Az—CH^2—CH^2OH,$$

préparée en 1881 par M. Ladenburg [1] en faisant agir la chlorhydrine éthylénique sur la diméthylamine. Sa constitution est du reste confirmée par le fait qu'elle se combine avec l'iodure de méthyle pour former l'*iodhydrate de choline* :

$$I(CH^3)^3Az—CH^2—CH^2OH.$$

M. Knorr admet que, dans la méthocodéine, le groupe qui fournit l'oxyéthyldiméthylamine est lié au noyau du phénanthrène par l'intermédiaire de son atome d'oxygène. Il représente comme suit la décomposition de la méthocodéine sous l'influence de l'anhydride acétique :

$$\frac{HO}{CH^3O}{>}C^{14}H^9—O—CH^2—CH^2—Az(CH^3)^2 \; + \; (CH^3CO)^2O \; =$$

Méthocodéine.   Anhydride acétique.

$$\frac{CH^3—CO—O}{CH^3—O}{>}C^{14}H^8 \; + \; HO—CH^2—CH^2—Az(CH^3)^2 \; + \; CH^3—COOH$$

Acétoxyméthoxyphénanthrène.   Oxyéthyldiméthylamine.   Acide acétique.

[1] Ladenburg, B. **14**, 2406.

Dans la codéine et la morphine l'azote serait lié, d'autre part, au carbone *ortho* du groupement phénanthrénique, formant ainsi avec lui la chaîne fermée de l'oxazine :

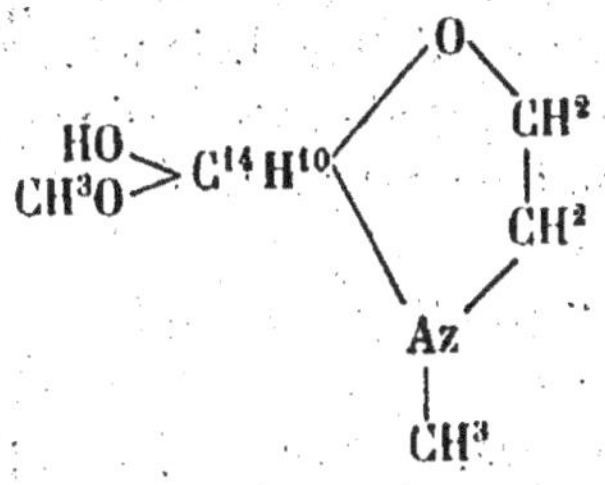

$$\begin{array}{ccc}
\text{HO} & & \text{O} \\
\text{CH}^3\text{O} & > \text{C}^{14}\text{H}^{10} & \overset{\text{CH}^2}{\underset{\text{CH}^2}{\big|}} \\
& & \text{Az} \\
& & \text{CH}^3
\end{array}
\qquad
\begin{array}{ccc}
\text{HO} & & \text{O} \\
\text{HO} & > \text{C}^{14}\text{H}^{10} & \overset{\text{CH}^2}{\underset{\text{CH}^2}{\big|}} \\
& & \text{Az} \\
& & \text{CH}^3
\end{array}$$

Codéine. 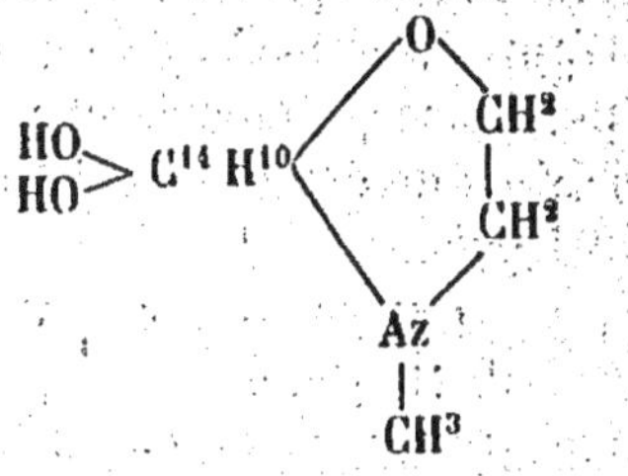   Morphine.

Dans ces formules, la position du méthoxyle et des hydroxyles reste incertaine. La formation d'acide protocatéchique (page 278) par fusion de la morphine avec la potasse ne prouve pas d'une manière absolue que les deux hydroxyles doivent se trouver en *ortho* dans un même noyau benzénique du phénanthrène ; le fait que l'un est un hydroxyle phénolique et l'autre un hydroxyle alcoolique indiquerait au contraire qu'ils appartiennent à deux noyaux différents dont l'un serait réduit.

On ne sait pas davantage auquel des 3 noyaux du phénanthrène est attachée la chaîne oxazique.

3. Pseudomorphine.

Cet alcaloïde a été retiré de l'opium en 1835 par Pelletier et Thibouméry [1]. M. Hesse [2] lui attribua d'abord la formule $C^{17}H^{19}AzO^4$ et établit son identité avec le produit d'oxydation ménagée de la morphine, obtenu par M. Schutzenberger (page 278). M. Polstorff [3] a montré plus récemment que sa composition répond à l'expression $C^{34}H^{36}Az^2O^6$, soit $(C^{17}H^{18}AzO^3)^2$.

La pseudomorphine se présente en cristaux tabulaires qui se décomposent avant d'entrer en fusion ; elle est insoluble dans l'eau,

[1] Pelletier et Thibouméry, *Journal de pharmacie*, (2) **21**, 569.
[2] Hesse, A. **141**, 87 ; Suppl. **8**, 267.
[3] Polstorff, B. **19**, 1760.

l'alcool, l'éther et les carbonates alcalins, soluble dans les alcalis
fixes ; elle est lévogyre et dépourvue de propriétés toxiques. C'est
une base bitertiaire faible. Elle possède 4 hydroxyles ; M. Danckwortt [1] en a préparé un dérivé tétracétylé, $C^{34}H^{32}Az^2O^6(C^2H^3O)^4$.

D'après son mode de formation par oxydation de la morphine,
la pseudomorphine doit être regardée comme le produit de la condensation de deux molécules de morphine avec départ de 2 atomes
d'hydrogène :

$$2C^{17}H^{19}AzO^3 \;+\; O \;=\; (C^{17}H^{18}AzO^3)^2 \;+\; H^2O$$
Morphine.   Pseudomorphine.

Le fait qu'elle renferme encore 4 groupes hydroxyliques indique que la liaison des deux molécules a lieu, non pas par l'intermédiaire d'un atome d'oxygène, mais entre deux atomes de carbone.

On n'a pas réussi à reproduire la morphine par réduction de la
pseudomorphine.

4. Thébaïne.

La thébaïne, ou *paramorphine*, a été découverte en 1835 par
Pelletier et Thibouméry [2]. Sa composition répond à la formule
$C^{19}H^{21}AzO^3$. Elle cristallise dans l'alcool en lamelles fusibles à 199° ;
elle est lévogyre, insoluble dans l'eau et dans les alcalis, peu soluble
dans l'éther, facilement soluble dans l'alcool, le chloroforme et le
benzène. C'est une base tertiaire et un poison tétanique violent.

Elle ne possède pas d'hydroxyle, car elle n'est attaquée ni par
l'anhydride acétique, ni par le perchlorure de phosphore (Hesse [3]).
M. Howard [4] a montré qu'elle renferme, en revanche, deux méthoxyles ; chauffée avec les acides halogénés concentrés, elle se
décompose en deux molécules de chlorure, bromure ou iodure de
méthyle, et une molécule d'un corps dihydroxylé, la *morphothébaïne :*

$$C^{17}H^{15}AzO(OCH^3)^2 \;+\; 2HCl \;=\; C^{17}H^{15}AzO(OH)^2 \;+\; 2CH^3Cl$$
Thébaïne.   Morphothébaïne.

[1] Danckwortt, A. Pharm. **228**, 572.
[2] Pelletier et Thibouméry, *Journal de pharmacie*, (2) **21**, 569.
[3] Hesse, A. **153**, 47.
[4] Howard, B. **17**, 527 ; **19**, 1596.

Ce dernier composé cristallise dans le benzène en tables fusibles à 190-191°; c'est une base tertiaire, peu toxique, insoluble dans l'alcool et l'éther, peu soluble dans l'eau et facilement soluble dans les alcalis. Ses propriétés la rapprochent beaucoup de la morphine, dont elle ne diffère dans sa composition que par deux atomes d'hydrogène en moins.

L'acide chlorhydrique étendu transforme la thébaïne en un corps amorphe, soluble dans les alcalis et s'oxydant facilement à l'air. M. Hesse [1], qui a le premier observé sa formation, l'avait appelé *thébénine* et l'avait considéré comme un isomère de la thébaïne. M. Freund [2], qui a repris récemment son étude, a trouvé que sa formule est $C^{18}H^{19}AzO^3$ et qu'il renferme un méthoxyle et un hydroxyle. On pourrait d'après cette observation l'envisager comme l'éther monométhylique de la morphotébaïne, $C^{17}H^{15}AzO(OH)(OCH^3)$, si M. Freund ne lui avait reconnu le caractère d'une base secondaire. Il faut donc admettre qu'il y a, dans sa formation, non seulement saponification d'un méthoxyle, mais aussi rupture d'une chaîne fermée renfermant l'atome d'azote.

La méthode de Hofmann a été appliquée à la décomposition de la thébaïne. M. Howard [3] a annoncé que le méthylhydrate de thébaïne donne déjà par distillation de la triméthylamine et un corps $C^{14}H^{12}O^3$ qui est peut-être un dérivé du phénanthrène. Il résulterait de cette observation que la thébaïne possède deux groupes méthyle liés à son atome d'azote, et que par conséquent cet atome fait partie d'une chaîne ouverte. Mais M. Freund [2], après avoir répété l'expérience, dit avoir obtenu, non pas de la triméthylamine, mais une base très voisine comme composition centésimale, la *tétraméthyléthylène-diamine*,

$$(CH^3)^2=Az-CH^2-CH^2-Az=(CH^3)^2.$$

La formation de ce produit n'est pas en contradiction avec l'existence d'un noyau cyclique azoté.

Les travaux de MM. Freund et Göbel [4] ont, au contraire, rendu

[1] Hesse, A. **153**, 47.
[2] Freund, B. **27**, 2961.
[3] Howard, B. **17**, 527; **19**, 1596.
[4] Freund et Göbel, B. **28**, 941.

extrêmement probable que la thébaïne contient, comme la morphine le noyau de l'oxazine. En chauffant la thébaïne avec de l'anhydride acétique, ces auteurs ont obtenu une base oxygénée, qui est selon eux la *méthyloxyéthylamine*, $CH^3–AzH–CH^2–CH^2OH$, et un corps de formule $C^{18}H^{16}O^4$; celui-ci est le dérivé acétylé d'un phénol $C^{16}H^{14}O^3$, le *thébaol* (cristaux fusibles à 94°).

L'iodométhylate de thébaïne, traité par l'anhydride acétique et l'acétate d'argent, fournit ce même acétylthébaol, et de la *diméthyloxyéthylamine*, identique à celle que M. Knorr a obtenue par décomposition de la codéine.

Le thébaol est très probablement un *diméthoxyphénanthrol* $(CH^3O)^2=C^{14}H^7–OH$; il donne, par oxydation au moyen de l'acide chromique, une orthoquinone qui a les plus grands rapports avec la phénanthrène-quinone.

Ces faits montrent que la thébaïne a une constitution très semblable à celle de la morphine et de la codéine. Seulement, tandis que ces deux derniers alcaloïdes sont les dérivés d'un phénanthrène tétrahydrogéné, la thébaïne serait celui d'un phénanthrène dihydrogéné :

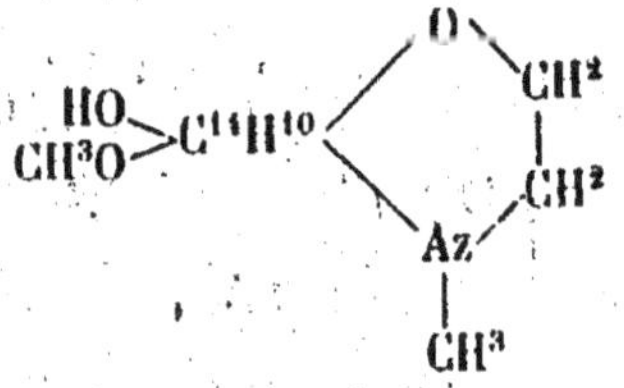

Codéine. 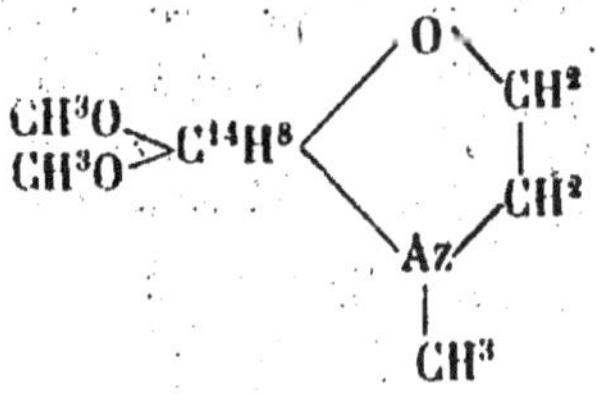   Thébaïne.

5. Papavérine.

La papavérine a été isolée en 1848 par G. Merck [1], qui lui assigna la formule $C^{20}H^{21}AzO^4$. Elle cristallise dans le benzène ou dans un mélange d'alcool et d'éther en prismes qui entrent en fusion à 147°. Elle est insoluble dans l'eau et dans les alcalis, peu soluble dans l'alcool, l'éther et le benzène, un peu plus soluble dans le chloroforme.

La papavérine est une base tertiaire faible, optiquement inactive

---

[1] G. Merck, A. **60**, 125; **72**, 50.

et neutre au tournesol; elle possède des propriétés narcotiques peu accentuées.

Elle ne renferme pas d'hydroxyle; l'anhydride acétique est sans action sur elle.

La constitution de cet alcaloïde a été dévoilée par les importants travaux que M. Goldschmiedt[1] a publiés à son sujet de 1883 à 1889. Ces travaux ont établi les points suivants :

1. Chauffée avec l'acide iodhydrique, la papavérine fournit 4 molécules d'iodure de méthyle et un corps de formule $C^{16}H^{13}AzO^4$, la *papavéroline*, soluble dans les alcalis et facilement oxydable; il en résulte que la papavérine renferme 4 groupes méthoxyle.

2. Traitée à 130° par l'acide chlorhydrique très concentré, elle se décompose en donnant du chlorure de méthyle et de l'*homopyrocatéchine*.

3. Sa fusion avec la potasse donne naissance aux corps suivants

Diméthylhomopyrocatéchine,
Acide protocatéchique,
Acide vératrique,
Une base $C^{11}H^{11}AzO^2$.

4. Le permanganate de potassium transforme la papavérine en un mélange très complexe, duquel M. Goldschmiedt a pu retirer :

de l'*acide vératrique,*
de l'*acide α-carbooinohoméronique,*
de l'*acide métahémipinique,* $C^6H^2O^2(COOH)^2$,
de la *métahémipinimide* $C^6H^2O^2(CO)^2AzH$,
un corps $C^{20}H^{19}AzO^5$, la *papavéraldine,*
un acide $C^{16}H^{13}AzO^7$, l'*acide papavérique,*
un acide $C^{11}H^{10}AzO^2(COOH)$.

Il résulte de la nature de ces nombreux produits de décomposition que la molécule de la papavérine est formée par l'union de deux groupes d'atomes, l'un aromatique et diméthoxylé, l'autre azoté et également diméthoxylé.

Le premier de ces groupes se retrouve dans l'acide protocaté-

---

[1] Goldschmiedt, M. **4**, 704; **6**, 372, 667, 954; **7**, 485; **8**, 510; **9**, 42, 327, 349, 762, 778; **10**, 156, 673, 692; **13**, 697; **17**, 491.

chique, l'acide vératrique, l'homopyrocatéchine et la diméthylhomopyrocatéchine, qui possèdent les formules suivantes :

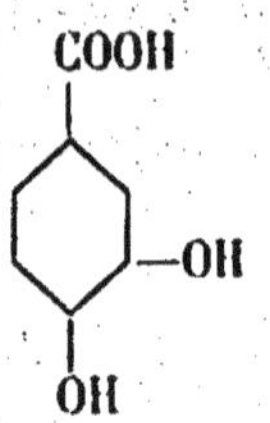

Acide
protocatéchique.

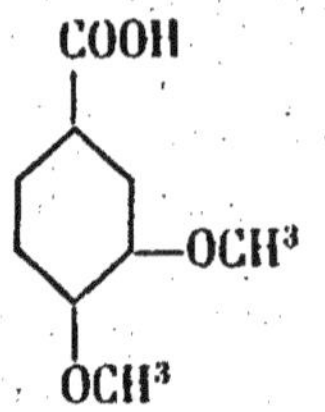

Acide
vératrique.

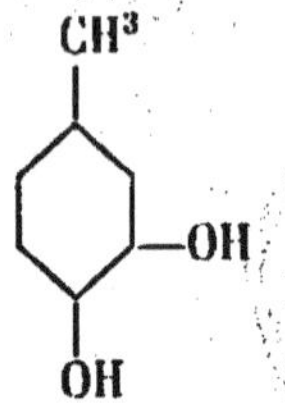

Homopyro-
catéchine.

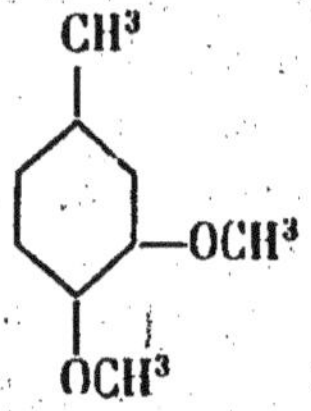

Diméthylhomo-
pyrocatéchine.

Ce premier groupe sera donc :

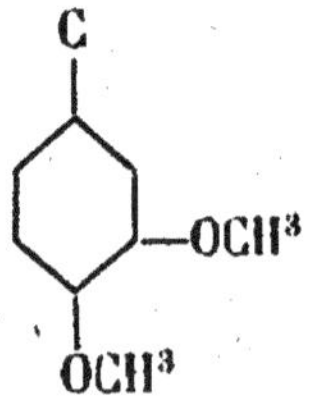

Le groupe azoté se retrouve dans la base $C^{11}H^{11}AzO^2$ et dans
l'acide $C^{11}H^{10}AzO^2(COOH)$. Les propriétés de ces deux corps les
avaient d'abord fait considérer par M. Goldschmiedt comme une
diméthoxyquinoléine et un acide diméthoxycinchoninique. Mais
l'étude de leurs produits d'oxydation lui montra qu'ils dérivent en
réalité de l'*isoquinoléine*.

La base $C^{11}H^{11}AzO^2$ fournit par oxydation deux acides, l'*acide
cinchoméronique* (page 62) et un acide bibasique et diméthoxylé de
formule $C^6H^2(OCH^3)^2(COOH)^2$. Ce dernier, qui fond à 174-175°, est
un isomère de l'acide hémipinique, produit de l'oxydation de la
narcotine et d'autres alcaloïdes (page 307) ; M. Goldschmiedt lui a
donné le nom d'*acide métahémipinique,* et a établi sa constitution
sur les données suivantes :

L'acide métahémipinique donne facilement un anhydride et
une imide ; ses deux carboxyles sont donc en *ortho.*

Par fusion avec la potasse il fournit de la pyrocatéchine ; cela
indique que ses deux méthoxyles sont également voisins.

D'où les deux seules formules possibles :

$$CH^3O\text{—}\underset{\text{—COOH}}{\overset{OCH^3}{\bigcirc}}\text{—COOH} \qquad et \qquad CH^3O\text{—}\underset{CH^3O\text{—}}{\bigcirc}\overset{\text{—COOH}}{\text{—COOH}}$$

Or, la première de ces formules appartient à l'acide hémipinique, ainsi qu'il sera démontré plus loin ; c'est donc la seconde qui doit revenir à son isomère.

La base $C^{11}H^{11}AzO^2$ donnant par oxydation les deux corps suivants :

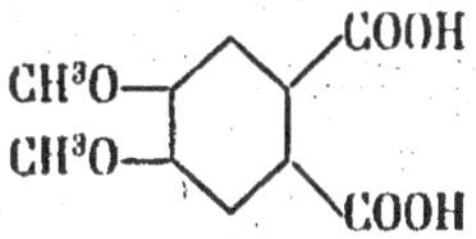

$$CH^3O\text{—}\underset{CH^3O\text{—}}{\bigcirc}\overset{\text{—COOH}}{\text{—COOH}} \qquad\qquad HOOC\text{—}\underset{HOOC}{\bigcirc}\text{—}Az$$

Acide métahémipinique. 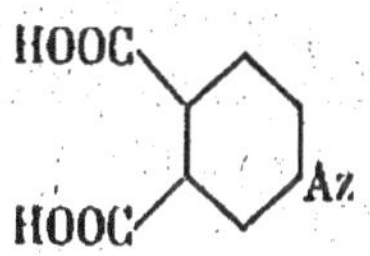   Acide cinchoméronique.

ne peut être elle-même que la *diméthoxyisoquinoléine* (page 107),

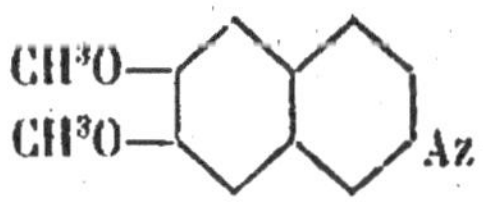

$$CH^3O\text{—}\underset{CH^3O\text{—}}{\bigcirc\bigcirc}Az$$

Son oxydation s'effectue d'une manière absolument analogue à celle de l'isoquinoléine elle-même, qui fournit, ainsi qu'il a été dit page 104, les acides phtalique et cinchoméronique.

L'existence de la métahémipinimide parmi les produits d'oxydation de la papavérine complète encore cette analogie; on a vu, en effet, qu'il se forme aussi de la phtalimide dans l'oxydation de l'isoquinoléine.

Quant à l'acide $C^{11}H^{10}AzO^2(COOH)$, il constitue le dérivé α-carboxylé de la diméthoxyisoquinoléine, car il donne par oxydation les acides métahémipinique et α-carbocinchoméronique (page 66):

Acide diméthoxy-
isoquinoléine-carbonique.

Acide
métahémipinique.

Acide
α-carbocinchoméronique.

Le second groupe contenu dans la molécule de la papavérine est donc :

En réunissant les schémas des deux groupes, on arrive pour la papavérine à la formule :

Papavérine.

La *papavéraldine*, $C^{20}H^{19}AzO^5$, diffère de la papavérine par deux atomes d'hydrogène en moins et un atome d'oxygène en plus. Elle forme des cristaux fusibles à 210°, insolubles dans l'eau et dans les alcalis. Elle se combine avec l'hydroxylamine et avec la phénylhydrazine et est décomposée par fusion avec la potasse en acide vératrique et diméthoxyisoquinoléine.

L'*acide papavérique*, $C^{16}H^{13}AzO^7$, cristallise avec une molécule d'eau en cristaux tabulaires qui fondent à 238°. C'est un acide bibasique à fonction cétonique (oxime, hydrazone). Il possède deux méthoxyles et fournit un anhydride; fondu avec la potasse, il donne de l'acide protocatéchique.

La constitution de ces deux composés est la suivante :

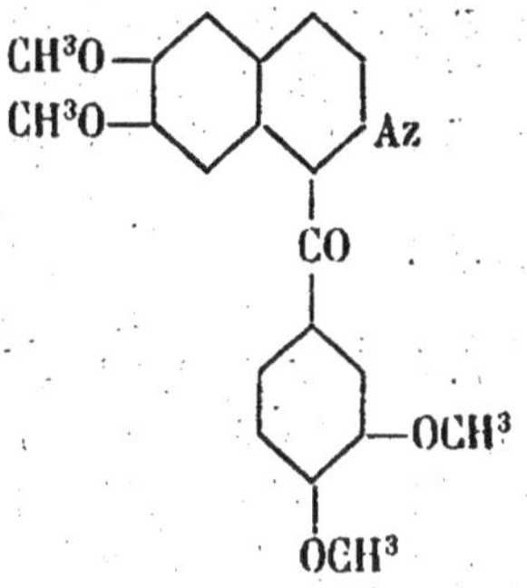

Papavéraldine.
Acide papavérique. 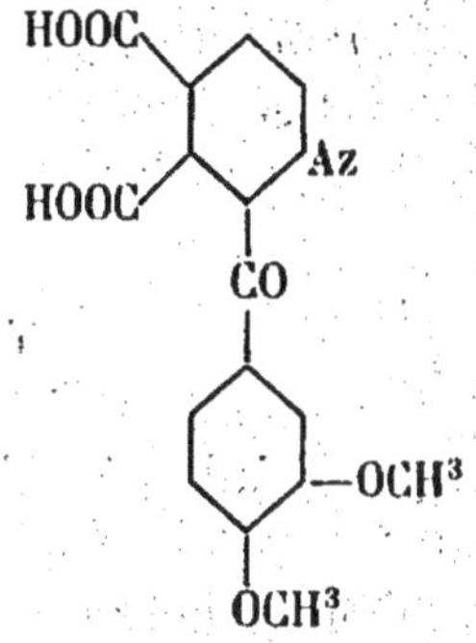

6. Codamine.

$C^{20}H^{23}AzO^4$, soit $C^{16}H^{18}AzO(OH)(OCH^3)^2$. Découverte en 1870 par M. Hesse[1]. Cristallise dans l'éther en prismes fusibles à 126°, peu solubles dans l'eau, facilement solubles dans l'alcool, l'éther, le chloroforme et les alcalis.

Renferme un hydroxyle (solubilité dans les alcalis) et 2 méthoxyles (méthode de Zeisel).

7. Laudanine.

$C^{20}H^{25}AzO^4$, soit $C^{17}H^{15}Az(OH)(OCH^3)^3$. Découverte en 1870 par M. Hesse[1]. Cristallise dans l'alcool ou dans le chloroforme en prismes fusibles à 166°, facilement solubles dans le benzène, le chloroforme et les alcalis, peu solubles dans l'alcool et l'éther.

Violent poison convulsivant. Optiquement inactive.

Renferme un hydroxyle et 3 méthoxyles et donne l'acide métahémipinique par oxydation au moyen du permanganate (Goldschmiedt[2]).

---

[1] Hesse, A. **153**, 53 ; Suppl. **8**, 272 ; **282**, 208.
[2] Goldschmiedt, M. **13**, 691.

8. Laudanidine.

$C^{20}H^{25}AzO^4$, soit $C^{17}H^{15}Az(OH)(OCH^3)^3$. Découverte en 1894 par M. Hesse[1]. Point de fusion 177°. Lévogyre. Renferme 3 méthoxyles. Propriétés et réactions en tous points semblables à celles de la laudanine, dont elle constitue probablement la modification gauche.

9. Laudanosine.

$C^{21}H^{27}AzO^4$, soit $C^{17}H^{15}Az(OCH^3)^4$. Découverte en 1871 par M. Hesse[2]. Aiguilles fusibles à 89°, solubles dans l'alcool, l'éther et le chloroforme, insolubles dans l'eau et dans les alcalis. Dextrogyre. Poison tétanique.

Possède 4 méthoxyles (méthode de Zeisel).

N'est pas l'éther méthylique de la laudanine; en traitant celle-ci par la potasse et l'iodure de méthyle, on obtient un isomère de la laudanosine, fusible à 113° (Kauder[3]).

10. Tritopine.

$C^{18}H^{21}Az^2O^7$, soit probablement $(C^{17}H^{17}AzO^3)^2O$. Découverte en 1890 par M. Kauder[3]. Cristallise dans l'alcool en prismes ou dans l'éther en paillettes fusibles à 182°. Facilement soluble dans les alcalis et dans le chloroforme, peu soluble dans l'éther et dans la ligroïne.

Se rapproche par ses réactions, et sans doute aussi par sa constitution, des trois alcaloïdes précédents.

11. Méconidine.

$C^{21}H^{23}AzO^4$. Découverte en 1870 par M. Hesse[4]. Amorphe. Point de fusion 58°. Insoluble dans l'eau, facilement soluble dans l'alcool, l'éther, le benzène, le chloroforme et les alcalis.

[1] Hesse, A. **232**, 208.
[2] Hesse, A. Suppl. **8**, 318.
[3] Kauder, A. Pharm. **228**, 419.
[4] Hesse, A. **153**, 47; Suppl. **8**, 261.

12. Lanthopine.

$C^{23}H^{25}AzO^4$. Découverte en 1870 par M. Hesse [1]. Cristallise dans le chloroforme en petits prismes qui fondent vers 200°. Très peu soluble dans l'alcool, le benzène et l'éther, plus soluble dans le chloroforme. Se dissout dans les alcalis.

13. Protopine.

Cet alcaloïde a été retiré de l'opium, en 1870, par M. Hesse [1] qui lui attribua la formule $C^{20}H^{19}AzO^5$. Il cristallise dans l'éther ou dans le chloroforme en aiguilles fusibles à 202°. Il est insoluble dans l'eau et dans les alcalis, très peu soluble dans l'alcool, l'éther et le benzène, assez soluble dans le chloroforme.

D'après de nouvelles recherches de MM. Schmidt et Selle [2], la protopine aurait la formule $C^{20}H^{17}AzO^5$, ne renfermerait pas de méthoxyle (méthode de Zeisel), fondrait à 207° et serait identique avec la *macleyine* qui a été rencontrée en 1885 par M. Eykman [3] dans la racine du *Macleya cordata* R.Br. (famille des Papavéracées) et qui existe aussi, avec la chélidonine, la sanguinarine et d'autres alcaloïdes, dans la racine du *Chelidonium majus* L. et du *Sanguinaria canadensis* L. (même famille) (voyez page 409).

14. Cryptopine.

$C^{21}H^{23}AzO^5$, soit $C^{19}H^{17}AzO^3(OCH^3)^2$. Découverte en 1857 par MM. T. et H. Smith [4]. Etudiée par M. Hesse [5]. Cristallise dans l'alcool ou dans l'éther en prismes fusibles à 219°. Insoluble dans l'eau et les alcalis, peu soluble dans l'alcool, l'éther et le benzène. Inactive. Propriétés narcotiques.

Présente de grands rapports avec la protopine. Possède deux méthoxyles et donne l'acide métahémipinique par oxydation au moyen du permanganate.

[1] Hesse, A. **153**, 47; Suppl. **8**, 261.
[2] Schmidt et Selle, A. Pharm. **228**, 441 ; **231**, 136.
[3] Eykman, R. **3**, 182.
[4] T. et H. Smith, *Pharmaceutical Journal*, (2) **8**, 595, 716.
[5] Hesse, A. Suppl. **8**, 299; **176**, 200.

15. Papavéramine.

$C^{21}H^{21}AzO^5$. Découverte en 1886 par M. Hesse [1]. Prismes fusibles à 142°, facilement solubles dans l'alcool et le chloroforme, peu solubles dans l'éther, insolubles dans l'eau et dans les alcalis.

16. Narcotine.

La narcotine a été isolée en 1817 par Robiquet [2]. Elle se trouve dans l'opium (0,75—9,6 %) à l'état libre et peut en être retirée par un simple traitement à l'éther.

Sa composition, établie par Matthiessen et Foster [3], répond à la formule $C^{22}H^{23}AzO^7$.

Elle se dépose de ses solutions alcooliques ou éthérées en prismes qui fondent à 176°; elle est insoluble dans l'eau froide, très peu soluble dans l'eau bouillante, peu soluble dans l'alcool et l'éther; elle se dissout facilement dans le benzène et dans le chloroforme.

C'est une base tertiaire faible et peu toxique, lévogyre en solution neutre, dextrogyre en solution acide (Hesse [4]).

La narcotine est insoluble à froid dans les alcalis, mais elle s'y dissout à chaud en formant des sels instables (*narcotates*) (Wöhler [5], Hesse [4]). Ces sels, qui régénèrent l'alcaloïde par l'action des acides ou de l'eau chaude, ne prennent naissance que grâce à une modification de la molécule, car la narcotine ne renferme pas d'hydroxyle; elle n'est attaquée ni par l'anhydride acétique ni par le chlorure d'acétyle (Beckett et Wright [6]).

Elle ne se combine pas davantage avec la phénylhydrazine.

L'action des acides chlorhydrique et iodhydrique indique qu'elle possède 3 méthoxyles; chauffée avec ces acides, elle fournit succes-

---

[1] Hesse, J. **1886**, 1721.

[2] Robiquet, A. ch. (2) **5**, 575.

[3] Matthiessen et Foster, A. Suppl. **1**, 330; Suppl. **2**, 337; Suppl. **5**, 332.

[4] Hesse, A. **176**, 192.

[5] Wöhler, A. **50**, 25.

[6] Beckett et Wright, Soc. **29**, 167.

sivement les trois corps suivants, qui sont amorphes, facilement oxydables et solubles à froid dans les alcalis (Matthiessen[1]):

$$\textit{Diméthylnornarcotine,} \quad C^{19}H^{11}AzO^{1}(OH)(OCH^{3})^{2},$$
$$\textit{Méthylnornarcotine,} \quad C^{19}H^{11}AzO^{1}(OH)^{2}(OCH^{3}),$$
$$\textit{Nornarcotine,} \quad C^{19}H^{11}AzO^{1}(OH)^{3}.$$

La chaleur, l'eau à 250°, la baryte, la potasse à 220°, décomposent la narcotine avec formation de méthylamine, de diméthylamine et de triméthylamine. Ce fait semble indiquer la présence d'un groupe méthyle lié à l'azote, ce qui a du reste été confirmé par le dosage au moyen du procédé de MM. Herzig et Meyer[2].

Chauffée à 130° avec de l'acide acétique, la narcotine se transforme, selon MM. T. et H. Smith[3], en son isomère, la *gnoscopine* (page 310).

L'iodométhylate de narcotine se convertit en *narcéine* (page 311) lorsqu'on le chauffe avec les alcalis (Roser[4], Freund et Frankforter[5]).

La narcotine est décomposée par l'eau à 140°, ou par l'acide sulfurique, ou par l'eau de baryte, en un acide non azoté, l'*acide opianique*, et une base, l'*hydrocotarnine* (Beckett et Wright[6]):

$$C^{22}H^{23}AzO^{7} \; + \; H^{2}O \; = \; C^{10}H^{10}O^{5} \; + \; C^{12}H^{15}AzO^{3}$$
$$\text{Narcotine.} \qquad\qquad \text{Acide opianique.} \quad \text{Hydrocotarnine.}$$

Les agents réducteurs (zinc et acide chlorhydrique, amalgame de sodium) opèrent un dédoublement semblable; seulement, au lieu de l'acide opianique, il se forme son produit de réduction, la *méconine* (Beckett et Wright[6]):

$$C^{22}H^{23}AzO^{7} \; + \; 2H \; = \; C^{10}H^{10}O^{4} \; + \; C^{12}H^{15}AzO^{3}$$
$$\text{Narcotine.} \qquad\qquad \text{Méconine.} \quad \text{Hydrocotarnine.}$$

L'oxydation de la narcotine (par l'acide azotique, les chlorures de fer ou de platine, les peroxydes de plomb ou de manganèse en pré-

[1] Matthiessen, A. Suppl. **7**, 59.

[2] Herzig et Meyer, M. **15**, 613.

[3] T. et H. Smith, *Pharmaceutical Journal*, **52**, 794.

[4] Roser, A. **247**, 167.

[5] Freund et Frankforter, A. **277**, 20.

[6] Beckett et Wright, Soc. **28**, 583.

sence d'acide sulfurique, l'acide chromique, les permanganates de potassium ou de baryum) fournit l'*acide opianique* et la *cotarnine* (Wöhler[1], Blyth[2], Anderson[3], Matthiessen et Wright[4], Kerstein[5]) :

$$C^{22}H^{23}AzO^7 \ + \ H^2O \ + \ O \ = \ C^{10}H^{10}O^5 \ + \ C^{12}H^{15}AzO^4$$

Narcotine.   Acide opianique.   Cotarnine.

Ces deux produits sont souvent accompagnés d'*acide hémipinique*, $C^{10}H^{10}O^6$, qui provient d'une oxydation ultérieure de l'acide opianique.

La molécule de la narcotine est donc formée de deux groupes d'atomes, l'un azoté, représenté par la cotarnine, $C^{12}H^{15}AzO^4$, et l'hydrocotarnine, $C^{12}H^{15}AzO^3$, l'autre non azoté, qui se retrouve dans la méconine, $C^{10}H^{10}O^4$, l'acide opianique, $C^{10}H^{10}O^5$, et l'acide hémipinique, $C^{10}H^{10}O^6$.

M. Liebermann[6] a cherché à reproduire la narcotine par condensation de l'hydrocotarnine et de l'acide opianique :

$$C^{12}H^{15}AzO^3 \ + \ C^{10}H^{10}O^5 \ = \ C^{22}H^{23}AzO^7 \ + \ H^2O$$

En chauffant le mélange des deux substances avec de l'acide sulfurique, il a obtenu, en effet, leur combinaison avec départ d'une molécule d'eau, mais le produit (point de fusion 194°) s'est montré différent de la narcotine. M. Liebermann lui a donné le nom d'*isonarcotine*.

Nous allons examiner quelle est la structure des divers produits de décomposition de la narcotine; nous montrerons ensuite quelles conséquences on en doit tirer pour la constitution de l'alcaloïde lui-même.

Cotarnine. — Wöhler[1], qui le premier obtint ce corps, en 1844, en traitant la narcotine par le peroxyde de manganèse et l'acide

[1] Wöhler, A. **50**, 1.
[2] Blyth, A. **50**, 29.
[3] Anderson, A. **86**, 44.
[4] Matthiessen et Wright, A. Suppl. **7**, 63.
[5] Kerstein, J. **1889**, 2000.
[6] Liebermann, B. **29**, 183, 2040.

sulfurique, lui avait attribué la formule $C^{13}H^{13}AzO^3$. On lui préféra plus tard celle de Matthiessen et Foster [1], $C^{13}H^{13}AzO^3 + H^2O$. Les travaux récents de M. Roser [2] ont montré que la molécule d'eau de cristallisation contenue dans cette dernière expression est en réalité de l'eau de constitution, et que la cotarnine libre est $C^{13}H^{15}AzO^4$. Ses sels ont cependant les formules $C^{13}H^{13}AzO^3$, HCl, $(C^{13}H^{13}AzO^3)^2H^2SO^4$, etc.; ils prennent naissance avec élimination d'une molécule d'eau.

La cotarnine cristallise dans le benzène, en aiguilles qui fondent à 132-133° en se décomposant. Elle a une réaction faiblement alcaline et ne possède pas de propriétés toxiques. Elle est presque insoluble dans l'eau et dans les alcalis et facilement soluble dans l'alcool et l'éther.

Elle constitue une base secondaire, et fournit un dérivé benzoylé par l'action du chlorure de benzoyle en présence de soude caustique Elle se combine avec l'hydroxylamine à la manière des aldéhydes et des cétones (Roser [3]).

Elle possède un méthoxyle; chauffée à 140° avec de l'acide chlorhydrique ou iodhydrique, elle dégage une molécule de chlorure ou d'iodure de méthyle (Matthiessen et Foster [4]).

Réduite par le zinc et l'acide chlorhydrique elle se convertit en hydrocotarnine.

Les premières indications sur la structure moléculaire de la cotarnine ont été fournies par son oxydation. En la traitant par le peroxyde de manganèse et l'acide sulfurique, ou par l'acide azotique, Wöhler [5] et Anderson [6] obtinrent un acide monobasique de formule $C^8H^7AzO^4$, auquel le premier de ces savants donna le nom d'*acide apophyllénique*. Ce corps cristallise dans l'eau en prismes contenant une molécule d'eau et fondant à 241-242° en se décomposant; il est peu soluble dans l'eau froide et presque insoluble dans l'alcool et dans l'éther.

[1] Matthiessen et Foster, A. Suppl. **1**, 330.
[2] Roser, A. **249**, 156.
[3] Roser, A. **249**, 156; **251**, 334.
[4] Matthiessen et Foster, A. Suppl. **2**, 379.
[5] Wöhler, A. **50**, 24.
[6] Anderson, A. **86**, 163.

Son étude fut reprise en 1880 par M. Vongerichten[1]; celui-ci observa que l'acide apophyllénique, chauffé à 250° avec de l'acide chlorhydrique, est décomposé en chlorure de méthyle et *acide cinchoméronique* (page 62) :

$$C^5H^7AzO^4 + HCl = C^7H^5AzO^4 + CH^3Cl$$

Acide apophyllénique.　　　　Acide cinchoméronique.

L'acide apophyllénique étant monobasique, il semblait naturel de le considérer, d'après cette réaction, comme l'éther monométhylique de l'acide cinchoméronique,

$$C^5H^3Az(COOH)(COOCH^3).$$

Mais M. Vongerichten dut renoncer à cette manière de voir en constatant que l'acide apophyllénique n'est pas transformé en acide cinchoméronique par saponification au moyen des alcalis. Il ne restait donc plus qu'à l'envisager comme un corps appartenant à la catégorie des bétaïnes (voyez page 71).

Cette opinion fut confirmée par la synthèse de l'acide apophyllénique, réalisée en 1886 par M. Roser[2] en chauffant l'acide cinchoméronique avec l'iodure de méthyle à la température de l'eau bouillante :

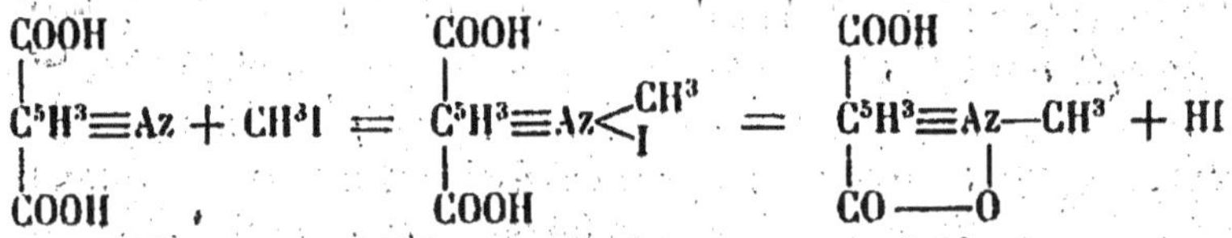

Acide cinchoméronique.　　　Iodométhylate de l'acide cinchoméronique.　　　Acide apophyllénique.

L'acide apophyllénique est donc la *méthylbétaïne cinchoméronique* :

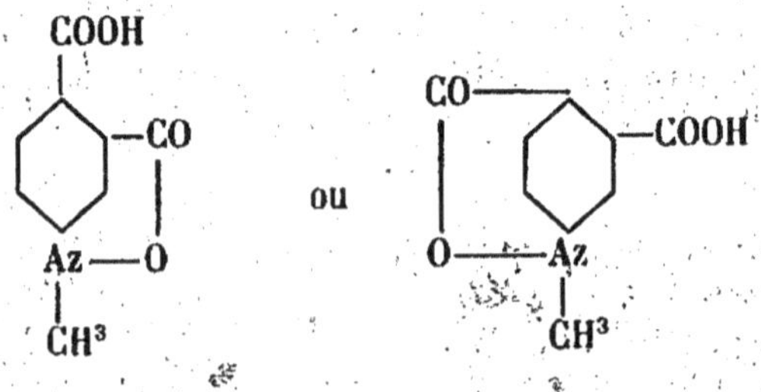

ou

---

[1] Vongerichten, A. **210**, 79.
[2] Roser, A. **234**, 116.

L'action du brome sur la cotarnine donne aussi naissance à des dérivés de la pyridine. MM. Beckett et Wright [1] ont isolé, comme premier produit de la réaction, un corps $C^{13}H^{13}Br^4AzO^3$. Celui-ci, chauffé à 200°, perd une molécule de bromure de méthyle et deux molécules d'acide bromhydrique, et se convertit en *bromotarconine*, $C^{11}H^8BrAzO^3$ (aiguilles orangées, fusibles à 235-238°).

Selon M. Vongerichten [2], la bromotarconine fournit de la pyridine lorsqu'on la distille avec de la chaux sodée, et de l'acide apophyllénique lorsqu'on l'oxyde au moyen de l'acide chromique. Soumise de nouveau à l'action du brome, elle donne, entre autres produits, la *dibromapophylline*, $(C^1H^5Br^2AzO^2)^2$, laquelle, chauffée à 300° avec de l'acide chlorhydrique, se décompose en anhydride carbonique, chlorure de méthyle et *ββ'-dibromopyridine* (page 17).

C'est à M. Roser [3] que l'on doit d'avoir établi d'une manière à peu près complète la constitution de la cotarnine; il y est arrivé en utilisant la méthode de décomposition de Hofmann.

La cotarnine, base secondaire, se combine avec deux molécules d'iodure de méthyle, pour former l'iodométhylate d'une *méthyl-cotarnine* (ou *cotarnométhine*). Lorsqu'on chauffe ce sel avec de la soude caustique, il est dédoublé en triméthylamine et en un composé non azoté, la *cotarnone*. La formation de triméthylamine après addition de deux molécules de l'iodure indique que la cotarnine possède un méthyle lié à l'azote. Comme elle est une base secondaire, elle renferme donc le groupement $-AzH-CH^3$ et ne constitue pas un dérivé pyridique :

$$C^{11}H^{11}O^4-AzH-CH^3 + 2CH^3I = C^{11}H^{11}O^4-Az(CH^3)^3I + HI$$

<table>
<tr><td>Cotarnine.</td><td>Iodométhylate de
cotarnométhine.</td></tr>
</table>

$$C^{11}H^{11}O^4-Az(CH^3)^3I + NaOH = C^{11}H^{10}O^4 + Az(CH^3)^3 + NaI + H^2O$$

<table>
<tr><td>Iodométhylate de
cotarnométhine.</td><td>Cotarnone.</td></tr>
</table>

La cotarnone cristallise dans l'alcool en paillettes fusibles à 78°; elle fixe deux atomes de brome et donne une oxime; on en conclut qu'elle renferme une double liaison éthylénique et qu'elle pos-

[1] Beckett et Wright, Soc. **28**, 580; **29**, 169; **32**, 531.
[2] Vongerichten, B. **13**, 1635; **14**, 310; A. **210**, 79; **212**, 165; **218**, 187.
[3] Roser, A. **249**, 156; **254**, 334; *Chemiker Zeitung*, **20**, 782.

sode, comme la cotarnine elle-même, la fonction aldéhydique ou cétonique.

Le permanganate de potassium l'oxyde en donnant naissance à un acide bibasique de formule $C^3H^6O^2(COOH)^2$, l'*acide cotarnique* (paillettes fusibles à 178°), que M. Roser envisage comme un acide méthyl-méthylène-trioxyphtalique :

$$CH^3O-\!\!\!\begin{array}{c}\\ \end{array}\!\!\!-COOH \qquad \text{ou} \qquad CH^2\!\!<\!\!\begin{array}{c}O-\\O-\end{array}\!\!\!-COOH$$

Cette opinion repose sur les trois observations suivantes :

1° Les deux carboxyles sont en *ortho,* car l'acide cotarnique fournit un anhydride.

2° La méthode de Zeisel révèle l'existence d'un méthoxyle.

3° Chauffé à 160° avec de l'acide iodhydrique et du phosphore, l'acide cotarnique se transforme en *acide gallique,*

$$HO-\!\!\!\begin{array}{c}\\ \end{array}\!\!\!-COOH$$

De la formule de l'acide cotarnique découlent les suivantes pour la cotarnone et pour la cotarnine :

$$\begin{array}{c}CH^3O\\CH^3O^2\end{array}\!\!>\!C^6H^2\!<\!\!\begin{array}{c}CH\!=\!CH^2\\CHO\end{array} \qquad \begin{array}{c}CH^3O\\CH^3O^2\end{array}\!\!>\!C^6H^2\!<\!\!\begin{array}{c}CH^2\!-\!CH^2\!-\!AzH\!-\!CH^3\\CHO\end{array}$$

Cotarnone.   Cotarnine.

Si la cotarnine ne renferme pas de noyau pyridique, ses sels, en revanche, en possèdent un. On a vu qu'ils ne prennent pas naissance par une simple addition des éléments de l'acide, comme c'est le cas habituel, mais qu'il y a, dans leur formation, élimination d'une molécule d'eau; c'est cette eau qui, en se dégageant, provoque la liaison de l'atome d'azote avec le carbone aldéhydique et opère ainsi la fermeture du noyau pyridique :

$$CH^3O \cdot CH^2O^2 \quad + \quad HCl = \quad CH^3O \cdot CH^2O^2 \quad =$$

Cotarnine

Chlorhydrate de cotarnine.

Les sels de cotarnine sont donc des composés quaternaires dérivant d'une *dihydroisoquinoléine*.

La formation de l'acide apophyllénique par oxydation de la cotarnine en solution acide est en complet accord avec ces formules :

Azotate de cotarnine.

Acide apophyllénique.

Hydrocotarnine, $C^{12}H^{15}AzO^3$. — (Pour ses propriétés, voyez page 313). La constitution de ce produit de dédoublement de la narcotine découle de celle de la cotarnine. Il prend naissance par réduction de la cotarnine au moyen du zinc et de l'acide chlorhydrique (Beckett et Wright[1]); l'oxydation opère la transformation inverse.

L'hydrocotarnine est une base tertiaire. Il peut paraître étrange, à première vue, qu'une base secondaire, comme la cotarnine, se convertisse par réduction en une base tertiaire; la chose s'explique

[1] Beckett et Wright, Soc. **28**, 577.

aisément si l'on établit l'équation avec les formules des sels et non avec les formules des bases libres :

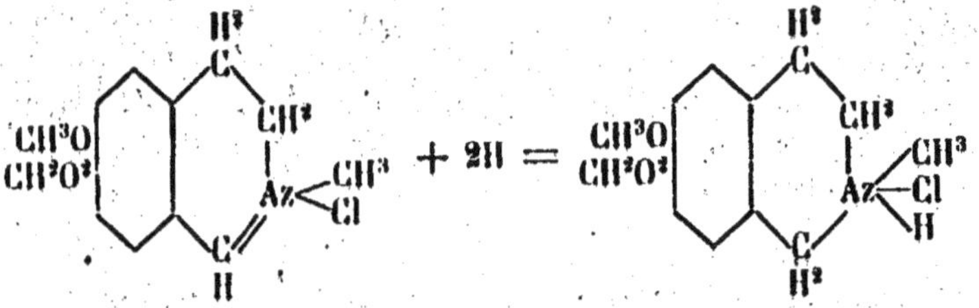

Chlorhydrate de cotarnine. Chlorhydrate d'hydrocotarnine.

L'hydrocotarnine est donc un dérivé de la *méthyltétrahydroisoquinoléine*.

Acide opianique, $C^{10}H^{10}O^5$. — Il cristallise en prismes fusibles à 150°, peu solubles dans l'eau froide, facilement solubles dans l'alcool et l'éther. Il présente à la fois les caractères d'un acide monobasique et d'une aldéhyde. Il possède de plus deux groupes méthoxyles, car il dégage sous l'influence des hydracides deux molécules de chlorure ou d'iodure de méthyle, en donnant successivement naissance aux deux corps suivants (Matthiessen et Foster[1], Wright[2]) :

Acide méthylnoropianique, $C^9H^8O^5$.
Acide noropianique, $C^8H^6O^5$.

La formule de l'acide opianique doit donc s'écrire :

$$C^6H^2(OCH^3)^2(COH)(COOH).$$

La position des deux méthoxyles par rapport au groupe aldéhydique est fixée par le fait que l'acide opianique, distillé avec de la chaux sodée, fournit la *méthylvanilline* (Beckett et Wright[3]),

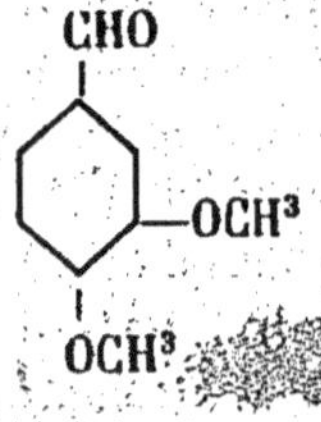

CHO

—OCH³

OCH³

[1] Matthiessen et Foster, J. **1867**, 519.
[2] Wright, J. **1877**, 770.
[3] Beckett et Wright, J. **1876**, 807.

Dans quelle position faut-il introduire le carboxyle pour passer de cette formule à celle de l'acide opianique? Cette question a été résolue par l'étude des produits d'oxydation et de réduction de cet acide.

L'oxydation de l'acide opianique (au moyen du peroxyde de plomb, de l'acide azotique, du mélange chromique ou du chlorure de platine) le convertit en *acide hémipinique*. Sa réduction par l'amalgame de sodium ou par le zinc et l'acide sulfurique, fournit la *méconine*. Chauffé avec de la potasse, il se décompose en acide hémipinique et méconine. Ces réactions montrent que les trois corps sont entre eux dans les relations d'acide à aldéhyde et à alcool.

Acide hémipinique, $C^{10}H^{10}O^6$. — Cet acide, qui prend naissance non seulement dans l'oxydation de l'acide opianique et de la narcotine, mais aussi dans celle de plusieurs autres alcaloïdes (oxynarcotine, narcéine, hydrastine, berbérine), se présente en prismes contenant une quantité d'eau de cristallisation qui varie de $^1/_2$ à $2\,^1/_2$ molécules. Il fond après dessiccation vers 180° et peut être sublimé. Il est peu soluble dans l'eau, assez soluble dans l'alcool et très soluble dans l'éther.

C'est un acide bibasique, $C^6H^2O^2(COOH)^2$. La chaleur le transforme en un anhydride (Beckett et Wright, Prinz[1]). Ce fait, joint à ceux qui ont servi à fixer la position de trois des groupes substituants de l'acide opianique, laisse le choix entre les deux formules suivantes :

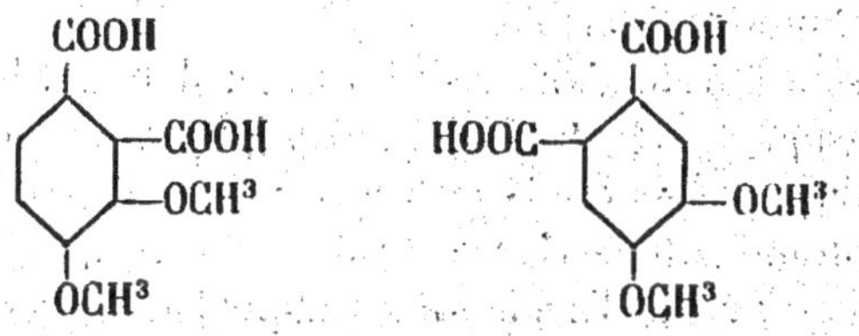

$$
\begin{array}{cc}
\text{COOH} & \text{COOH} \\
\text{—COOH} & \text{HOOC—} \quad \text{—OCH}^3 \\
\text{—OCH}^3 & \\
\text{OCH}^3 & \text{OCH}^3
\end{array}
$$

La question a été tranchée par M. Wegscheider[2]. Il est évident qu'un corps de la première formule pourra donner deux éthers

[1] Prinz, J. pr. (2) **24**, 370.
[2] Wegscheider, M. **3**, 348 ; **4**, 262.

acides différents, tandis qu'un corps de la seconde n'en pourra fournir qu'un seul, les deux carboxyles étant situés symétriquement par rapport au reste de la molécule. Or, M. Wegscheider a réussi à préparer deux éthers monométhyliques de l'acide hémipinique, l'un (éther α) en oxydant l'opianate de méthyle, l'autre (éther β) en traitant par le gaz chlorhydrique une solution d'acide hémipinique dans l'esprit de bois. C'est donc la première des deux formules qui appartient à l'acide hémipinique.

Ce résultat est confirmé par une observation de M. Lagodzinski[1], qui a obtenu de l'alizarine en condensant l'anhydride hémipinique avec le benzène, en présence de chlorure d'aluminium et en traitant le produit par l'acide sulfurique :

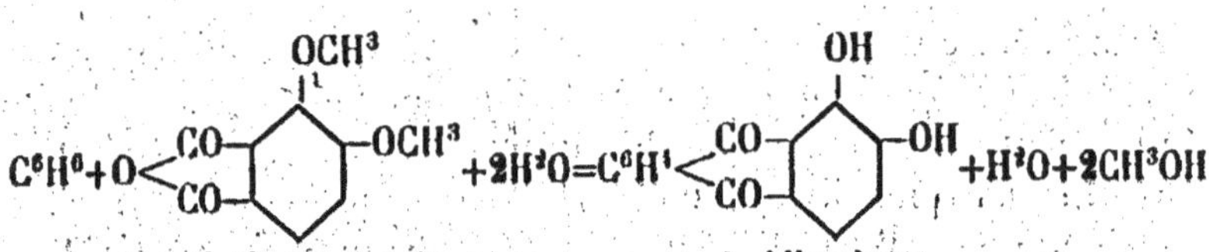

$$C^6H^6 + O \Big\langle {}^{CO}_{CO} \rangle \!\!\!\overset{OCH^3}{\underset{OCH^3}{\bigcirc}} + 2H^2O = C^6H^4 \Big\langle {}^{CO}_{CO} \rangle \!\!\!\overset{OH}{\underset{OH}{\bigcirc}} + H^2O + 2CH^3OH$$

Anhydride hémipinique.   Alizarine.

Méconine, $C^{10}H^{10}O^4$. — La méconine, produit de réduction de l'acide opianique, existe en petite quantité (0,05-0,8 %) dans l'opium, où elle a été découverte en 1832 par Dublanc[2]. M. Freund[3] l'a rencontrée aussi dans la racine de l'*Hydrastis canadensis* L. Elle forme des prismes fusibles à 102°,5, sublimables et distillables sans décomposition; elle est facilement soluble dans l'alcool, l'éther, le benzène et le chloroforme et peu soluble dans l'eau. Elle est sans action sur la lumière polarisée.

Elle se dissout à froid dans les alcalis, en donnant les sels d'un acide monobasique $C^{10}H^{12}O^5$, l'*acide méconinique*. L'acide lui-même n'est pas stable et régénère la méconine lorsqu'on veut le précipiter de ses solutions salines (Hessert[4]).

Ces propriétés font de l'acide méconinique l'alcool correspondant

[1] Lagodzinski, B. **28**, 1427.
[2] Dublanc, A. ch. (2) **49**, 17.
[3] Freund, B. **22**, 456; A. **271**, 311.
[4] Hessert, B. **11**, 240.

à l'acide opianique, et de la méconine une lactone du genre du phtalide :

$$(CH^3O)^2C^6H^2<\begin{matrix}CHO\\COOH\end{matrix} \qquad (CH^3O)^2C^6H^2<\begin{matrix}CH^2OH\\COOH\end{matrix} \qquad (CH^3O)^2C^6H^2<\begin{matrix}CH^2\\CO\end{matrix}>O$$

Acide opianique.   Acide méconinique.   Méconine.

Constitution de la narcotine. — Nous sommes arrivés, pour les deux produits azotés de la décomposition de la narcotine, aux formules constitutionnelles suivantes :

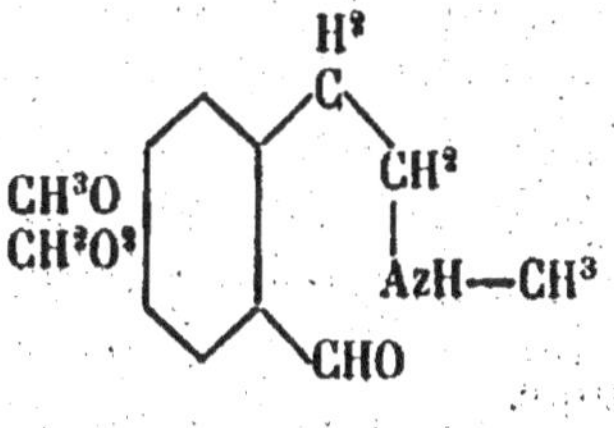

Cotarnine. 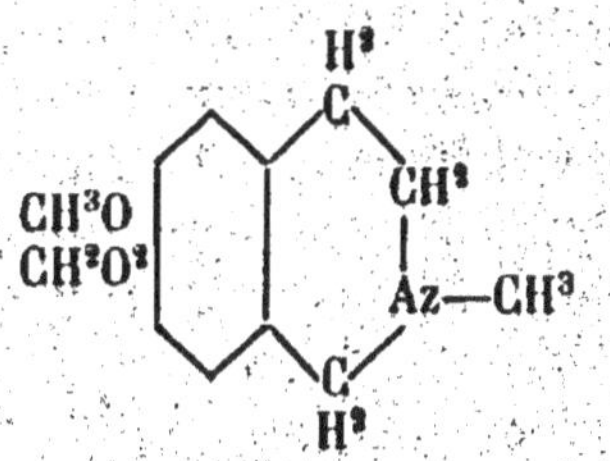   Hydrocotarnine.

et pour les trois produits non azotés aux expressions :

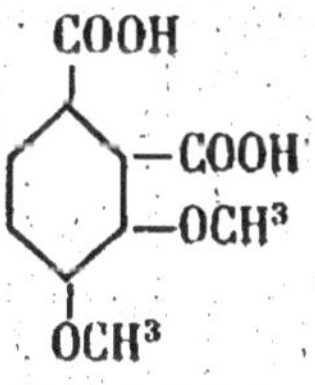

Acide hémipinique. 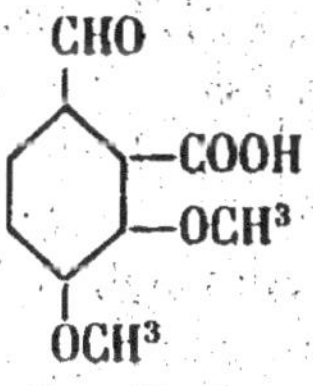   Acide opianique. 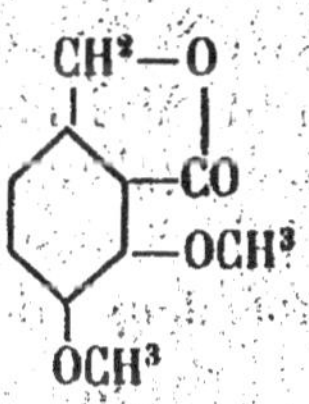   Méconine.

Il reste à déterminer de quelle manière les deux groupes d'atomes s'unissent pour former la molécule de la narcotine. Si l'on considère que cette dernière est une base tertiaire, et qu'elle ne possède ni carboxyle ni fonction aldéhydique, on voit que la seule formule admissible est la suivante, qui dérive de celle de l'hydrocotarnine d'une part, de celle de la méconine d'autre part, par élimination d'un atome d'hydrogène à chacune d'elles :

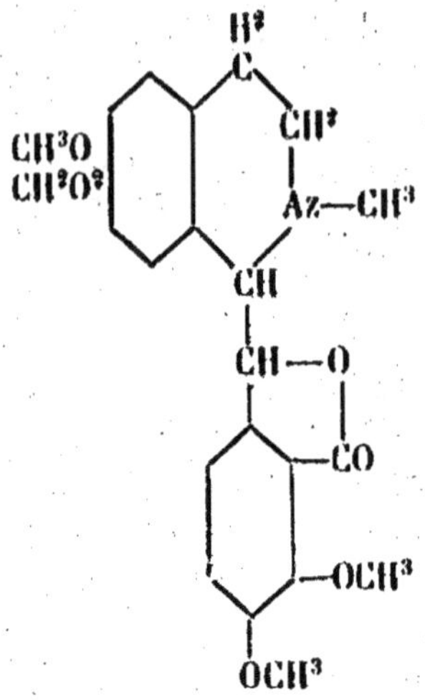

Narcotine.

17. Gnoscopine.

Elle a été retirée de l'opium en 1878 par MM. T. et H. Smith[1]. C'est un isomère (probablement stéréochimique) de la narcotine, avec laquelle elle présente de très grands rapports.

MM. Smith prétendent l'avoir obtenue en chauffant la narcotine à 130° avec de l'acide acétique. Elle n'est pas identique avec l'iso-narcotine de M. Liebermann (page 300).

La gnoscopine cristallise dans l'alcool en aiguilles fusibles à 228°; elle est facilement soluble dans le benzène et dans le chloroforme, peu soluble dans l'alcool, insoluble dans l'eau et dans les alcalis.

18. Oxynarcotine.

Cet alcaloïde, découvert en 1875 par MM. Beckett et Wright[2], forme une poudre cristalline très peu soluble dans l'eau bouillante et dans l'alcool et presque insoluble dans l'éther, le chloroforme et le benzène. Sa formule est $C^{22}H^{23}AzO^{8}$.

[1] T. et H. Smith, *Pharmaceutical Journal*, (3) 8, 415; 9, 81; 52, 794.
[2] Beckett et Wright, Soc. 29, 461.

Sa constitution est sans doute fort voisine de celle de la narcotine, dont il ne diffère que par un atome d'oxygène en plus. Traité par le chlorure ferrique, il se décompose en cotarnine et acide hémipinique:

$$C^{22}H^{23}AzO^8 + H^2O + O = C^{12}H^{15}AzO^4 + C^{10}H^{10}O^4$$
Oxynarcotine. Cotarnine. Acide hémipinique.

tandis que la narcotine est dédoublée dans les mêmes conditions en cotarnine et acide opianique, $C^{10}H^{10}O^5$.

19. Narcéine.

La narcéine a été isolée en 1832 par Pelletier[1]. Anderson[2] lui attribua la formule $C^{23}H^{29}AzO^9 + 2H^2O$. D'après les récentes recherches de MM. Freund et Frankforter[3], cette formule doit être remplacée par l'expression $C^{23}H^{27}AzO^8 + 3H^2O$.

M. Roser[4] a obtenu la narcéine en chauffant le chlorométhylate ou l'iodométhylate de narcotine avec les alcalis caustiques:

$$C^{22}H^{23}AzO^7.CH^3Cl + NaOH = C^{23}H^{27}AzO^8 + NaCl$$
Chlorométhylate de narcotine. Narcéine.

En traitant de la même manière le chloréthylate de narcotine, il a préparé l'*homonarcéine*, $C^{24}H^{29}AzO^8$.

La narcéine cristallise dans l'eau ou dans l'alcool en aiguilles prismatiques; à l'état hydraté elle fond à 170-171°, après dessication à 145°. Elle est peu soluble à froid dans l'alcool et le chloroforme, très peu soluble dans l'eau, insoluble dans l'éther, le benzène et la ligroïne. C'est une base tertiaire faible, sans action sur la lumière polarisée (Hesse[5]). De tous les alcaloïdes de l'opium, c'est celui dont les propriétés narcotiques sont les plus prononcées (von Schrœder[6]).

Elle ne possède pas d'hydroxyle alcoolique; l'anhydride acétique ne l'attaque pas. Elle renferme en revanche 3 groupes méthoxyle

[1] Pelletier, A. ch. (2) **50**, 252.
[2] Anderson, A. **86**, 181.
[3] Freund et Frankforter, A. **277**, 20.
[4] Roser, A. **247**, 167.
[5] Hesse, A. **176**, 198.
[6] von Schrœder, *Archiv für experimentelle Pathologie*, **1883**, 132.

(Freund et Frankforter) et deux méthyles liés à l'azote (Herzig et Meyer[1]). Cette dernière observation montre qu'elle n'est pas un dérivé pyridique.

La narcéine est soluble dans les alcalis; elle est éthérifiée par les alcools et l'acide chlorhydrique; cela indique l'existence d'un carboxyle dans sa molécule. Elle renferme, en outre, un groupe carbonyle, car elle se combine avec l'hydroxylamine et avec la phénylhydrazine (Freund et Francforter).

Sa formule doit donc s'écrire :

$$C^{16}H^{11}O^2\left(Az<^{CH^3}_{CH^3}\right)(OCH^3)^3(CO)(COOH).$$

La molécule de la narcéine ne peut être dédoublée en deux groupes d'atomes, comme celle de la narcotine. Par oxydation au moyen du mélange chromique, du perchlorure de fer ou du permanganate de potassium, on obtient de l'*acide hémipinique,* mais pas de produit analogue à la cotarnine (Beckett et Wright[2]).

L'ensemble des propriétés et des réactions de la narcéine, ainsi que sa formation à partir du chlorométhylate de narcotine, paraissent justifier la formule constitutionnelle suivante, qui a été proposée par MM. Freund et Frankforter :

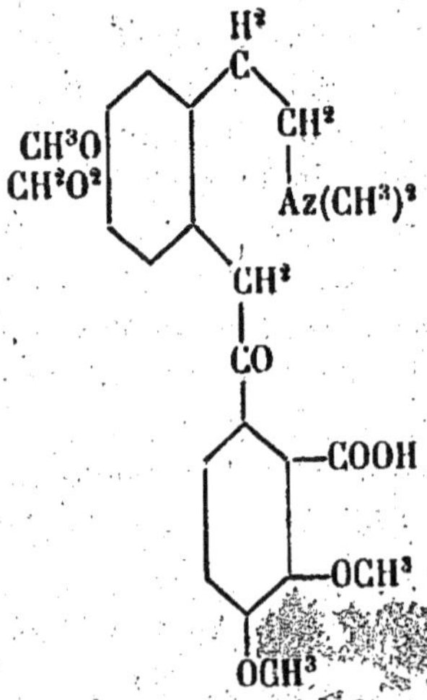

Narcéine.

[1] Herzig et Meyer, M. **16**, 599.
[2] Beckett et Wright, Soc. **29**, 467.

20. Hydrocotarnine.

Cette base a été obtenue en premier lieu, en 1870, par Wright et Matthiessen[1] par décomposition de la narcotine (voyez page 299). M. Hesse[2] signala peu après son existence dans l'opium. Sa composition répond à la formule $C^{12}H^{15}AzO^3$. Elle cristallise avec une demi-molécule d'eau en prismes fusibles à 55°, facilement solubles dans les dissolvants organiques et insolubles dans l'eau et dans les alcalis. Elle distille presque sans décomposition, ne possède pas le pouvoir rotatoire et constitue une base tertiaire énergique, plus toxique que la cotarnine et que la narcotine. Elle ne renferme pas d'hydroxyle (Beckett et Wright[3]). L'oxydation la transforme en cotarnine.

On a déjà vu (page 306) quelle est la formule constitutionnelle qui doit être attribuée à l'hydrocotarnine.

21. Xanthaline.

MM. T. et H. Smith[4] ont retiré cet alcaloïde de l'opium en 1893; ils lui attribuent la formule $C^{31}H^{36}Az^2O^9$. C'est une poudre cristalline, fusible à 206°, insoluble dans l'eau et dans les alcalis, peu soluble dans l'alcool bouillant; elle se dissout mieux dans le benzène et dans le chloroforme. Ses sels sont colorés en jaune.

Réduite par le zinc et l'acide chlorhydrique, la xanthaline se convertit en *hydroxanthaline*, $C^{31}H^{38}Az^2O^9$ (point de fusion 137°) dont les sels sont incolores.

[1] Wright et Matthiessen, A. Suppl. **7**, 63.
[2] Hesse, A. Suppl. **8**, 320.
[3] Beckett et Wright, Soc. **28**, 577; **29**, 170; **32**, 531.
[4] T. et H. Smith, *Pharmaceutical Journal*, **52**, 793.

XVI. ALCALOÏDES DE L'HYDRASTIS CANADENSIS

Nous réunissons sous ce titre un certain nombre d'alcaloïdes qui se rencontrent, non seulement dans la racine de l'*Hydrastis canadensis* L. (famille des Renonculacées), mais aussi dans celle de l'épine-vinette (*Berberis vulgaris* L., famille des Berbéridées) et d'autres espèces du même genre, ainsi que dans le *Nandina domestica* Thumb. (même famille).

Ces alcaloïdes présentent de très grands rapports, au point de vue de leur constitution, soit entre eux, soit avec certains alcaloïdes de l'opium. Ce sont :

1. L'hydrastine, $C^{21}H^{21}AzO^6$.
2. La berbérine, $C^{20}H^{17}AzO^4$.
3. La canadine, $C^{20}H^{21}AzO^4$.
4. La nandinine, $C^{19}H^{19}AzO^4$.
5. L'oxyacanthine, $C^{19}H^{21}AzO^3$ ou $C^{18}H^{19}AzO^3$.
6. La berbamine, $C^{18}H^{19}AzO^3$.

La racine de l'*Hydrastis canadensis* contient l'hydrastine ($1\,^1/_2\,^0/_0$) le berbérine ($4\,^0/_0$) et la canadine, à côté d'une petite quantité de méconine (page 308).

La racine du *Berberis vulgaris* contient la berbérine ($1,8\,^0/_0$), l'oxyacanthine et la berbamine.

La racine du *Nandina domestica* contient la berbérine et la nandinine.

1. Hydrastine.

L'hydrastine a été observée pour la première fois en 1851 par Durand[1]; mais elle n'a été isolée à l'état de pureté et étudiée qu'en

---

[1] Durand, *Americ. Journ. Pharm.*, **23**, 112.

1862 par Perrins [1]. La formule $C^{22}H^{23}AzO^6$, qui lui avait été d'abord attribuée par Mahla [2], doit être, d'après les dernières analyses de MM. Freund et Will [3] et de M. Eykman [4], remplacée par l'expression $C^{21}H^{21}AzO^6$.

L'hydrastine se dépose de ses solutions alcooliques en prismes fusibles à 132°, insolubles dans l'eau, assez solubles dans l'alcool et l'éther, très solubles dans le benzène et le chloroforme. C'est une base tertiaire, peu toxique, présentant une réaction alcaline. Comme la narcotine, elle est lévogyre en solution neutre et dextrogyre en solution acide.

La première observation sur la structure moléculaire de cet alcaloïde date de 1884 et est due à M. Power [5]; celui-ci remarqua que la fusion de l'hydrastine avec la potasse fournit de l'acide protocatéchique et de l'acide formique.

C'est tout ce que l'on savait à ce sujet lorsque, en 1885, M. Freund [6] entreprit, avec la collaboration de plusieurs de ses élèves, une longue série de recherches sur l'hydrastine. Les résultats qu'il obtint ont été confirmés et complétés par ceux que publia à la même époque M. Schmidt [7], et ont conduit à la connaissance complète de la constitution de cet alcaloïde. Ils ont fait voir, en particulier, qu'une relation très étroite l'unit à la narcotine; il est fort probable que celle-ci est une méthoxyhydrastine.

Voici un résumé de ces travaux :

L'hydrastine possède deux méthoxyles (méthode de Zeisel). Elle ne se combine ni avec l'hydroxylamine ni avec la phénylhydrazine et ne fournit pas de produit d'addition avec le brome ; elle ne renferme donc ni groupement aldéhydique ou cétonique, ni double liaison éthylénique.

[1] Perrins, *Pharmaceutical Journal*, (2) **3**, 546.
[2] Mahla, *American Journal of Science*, **36**, 57.
[3] Freund et Will, B. **20**, 88.
[4] Eykman, R. **5**, 290.
[5] Power, *Pharmaceutical Journal*, (3) **15**, 297.
[6] Freund, B. **19**, 2797 ; **20**, 88, 2400 ; **22**, 456, 1156, 2322, 2320 ; **23** 404, 2897, 2910 ; **24**, 2730 ; **25**, Ref. 234 ; **26**, 2488 ; A. **271**, 311.
[7] Schmidt, A. Pharm. **224**, 974 ; **226**, 280 ; **228**, 49, 221, 596 ; **231**, 541 ; **232**, 186.

Son oxydation donne, à peu de chose près, les mêmes produits que celle de la narcotine (page 299). L'acide azotique dilué la transforme en *acide apophyllénique;* le permanganate de potassium la convertit en *acide hémipinique;* l'acide chromique, ou le peroxyde de manganèse et l'acide sulfurique, la dédoublent en *acide opianique* et en une base $C^{11}H^{13}AzO^3$, l'*hydrastinine*, analogue à la cotarnine :

$$C^{21}H^{21}AzO^6 \; + \; H^2O \; + \; O \; = \; C^{10}H^{10}O^5 \; + \; C^{11}H^{13}AzO^3$$
Hydrastine.   Acide opianique.   Hydrastinine.

Hydrastinine, $C^{11}H^{13}AzO^3$. — Ce composé cristallise dans la ligroïne en aiguilles; il fond à 116-117°; il se dissout très facilement dans les solvants organiques et fort peu dans l'eau. Il possède une réaction alcaline et n'a pas d'action sur la lumière polarisée. Il a des propriétés hémostatiques et remplace parfois l'ergotinine dans la pratique des accouchements.

L'hydrastinine ne renferme pas de méthoxyle (méthode de Zeisel); elle présente les caractères d'une base secondaire (dérivés acétylé et benzoylé) et d'une aldéhyde (oxime). Ses sels, comme ceux de cotarnine, se forment avec élimination d'une molécule d'eau :

$$C^{11}H^{13}AzO^3 \; + \; HCl \; = \; C^{11}H^{12}AzO^3Cl \; + \; H^2O$$
Hydrastinine.   Chlorhydrate d'hydrastinine.

L'oxydation au moyen de l'acide azotique transforme l'hydrastinine en acide apophyllénique. Si l'on emploie le permanganate, on obtient d'abord l'*oxyhydrastinine,* $C^{11}H^{11}AzO^3$ (base faible fusible à 97-98°), puis l'*acide hydrastinique,* $C^{11}H^9AzO^6$.

La réduction au moyen de l'amalgame de sodium ou du zinc et de l'acide chlorhydrique convertit l'hydrastinine en *hydrohydrastinine,* $C^{11}H^{13}AzO^2$, base tertiaire, fusible à 66°, qui régénère l'hydrastinine par oxydation.

Chauffée avec la potasse, l'hydrastinine fournit un mélange d'oxyhydrastinine et d'hydrohydrastinine.

Ces réactions trouvent leur interprétation dans les formules suivantes, qui ont été établies, comme nous allons le montrer, par les recherches de M. Freund :

$$CH^2O^2 = C^6H^2 \begin{cases} CH^2 \\ CHO \end{cases}$$ — le schéma

Hydrastinine.

Hydrohydrastinine.

Oxyhydrastinine.

L'hydrastinine, base secondaire, se combine avec deux molécules d'iodure de méthyle pour former l'*iodométhylate de méthylhydrastinine*,

$$CH^2O^2 = C^6H^2 \begin{cases} CH^2 - CH^2 - Az(CH^3)^3I \\ CHO \end{cases}$$

Celui-ci, chauffé avec la potasse, se décompose en triméthylamine et en un corps neutre, doué de propriétés aldéhydiques, l'*hydrastal* (tables fusibles à 78-79°),

$$CH^2O^2 = C^6H^2 \begin{cases} CH = CH^2 \\ CHO \end{cases}$$

L'hydrastal est facilement oxydé par le permanganate de potassium, qui le transforme en un acide bibasique $C^9H^6O^6$, l'*acide hydrastique*. Ce même acide peut également être obtenu par l'action de l'acide azotique ou de l'acide chromique sur l'acide hydrastinique, produit d'oxydation de l'hydrastinine. Sa constitution ressort des faits suivants :

1. Il fond à 175° en donnant un anhydride ; l'ammoniaque le convertit en une imide ; ses deux carboxyles sont donc en *ortho*.

2. Sa fusion avec la potasse fournit de l'acide protocatéchique et de la pyrocatéchine (Schmidt).

3. L'acide azotique fumant le transforme dans l'éther méthylénique de la dinitropyrocatéchine,

$$CH^2 <^O_O> C^6H^2(AzO^2)^2,$$

obtenu par MM. Hesse et Jobst[1] en soumettant au même traitement l'acide pipéronylique (page 145) (Freund).

4. L'action successive du perchlorure de phosphore et de l'eau bouillante donne naissance à l'*acide normétahémipinique,*

$$HO—\hexagon—COOH$$
$$HO—\hexagon—COOH$$

obtenu par M. Rossin[2] en traitant l'acide métahémipinique (page 292) par l'acide iodhydrique (Freund).

5. Chauffé lui-même à 160° avec de l'acide iodhydrique à 160°, l'acide hydrastique fournit ce même acide normétahémipinique (Schmidt).

Il en résulte que l'acide hydrastique est l'éther méthylénique de l'acide dioxyphtalique 4. 5 :

$$CH^2 <^{O—}_{O—}\hexagon^{—COOH}_{—COOH}$$

De cette formule on remonte à celle qui a été donnée plus haut à l'hydrastinine.

Le résultat auquel est ainsi arrivé M. Freund au sujet de la constitution de l'hydrastinine et de l'hydrohydrastinine a trouvé une brillante confirmation dans la synthèse du dernier de ces corps, réalisée récemment par M. Fritsch[3] et que nous avons relatée page 108.

Constitution de l'hydrastine. — La structure des deux produits d'oxydation de l'hydrastine (acide opianique et hydrastinine) étant

---

[1] Hesse et Jobst, A. **199**, 75.
[2] Rossin, M. **12**, 486.
[3] Fritsch, A. **286**, 1.

fixée, il reste à déterminer de quelle manière les deux groupes d'atomes qu'ils renferment sont liés l'un à l'autre pour former la molécule de l'hydrastine. Il convient de procéder ici comme nous l'avons fait pour la narcotine (page 309) et de remarquer que, puisque la fonction aldéhydique qui appartient soit à l'acide opianique, soit à l'hydrastinine, ne se retrouve plus dans l'hydrastinine, c'est évidemment par l'intermédiaire des deux groupes CHO que la liaison a lieu. On arrive ainsi, pour l'hydrastine, à la formule constitutionnelle suivante, qui ne diffère de celle de la narcotine que par l'absence d'un méthoxyle:

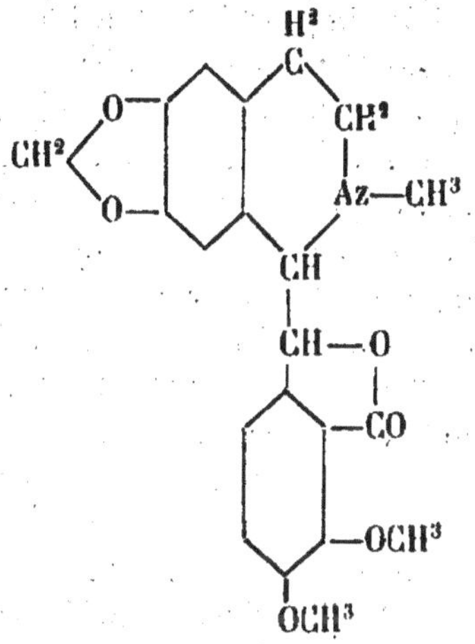

Hydrastine.

2. Berbérine.

La berbérine existe dans un grand nombre de végétaux. Elle a été découverte en 1826 par Chevallier et Pelletan [1] dans l'écorce du clavalier (*Xanthoxylum Clava Herculis* L., famille des Xanthoxylées) et décrite par eux sous le nom de *xanthopicrite*. Büchner [2] observa en 1835 sa présence dans la racine de l'épine-vinette (*Berberis vulgaris* L., famille des Berbéridées) où elle se trouve dans la proportion de 1,3 % et dont elle constitue le principe colorant.

[1] Chevallier et Pelletan, *Journal de chimie médicale*, **2**, 314.
[2] Büchner, A. **24**, 228.

Perrins[1] l'a retirée de la racine de l'*Hydrastis canadensis* L. (famille des Renonculacées) (4 %) et de celle du *Coptis Teeta* Wall. (même famille) (8-9 %). M. Eykman[2] l'a trouvée, avec la nandinine, dans le *Nandina domestica* Thumb (famille des Berbéridées). Enfin d'autres observateurs l'ont rencontrée dans diverses plantes appartenant aux genres *Coscinium. Cœlocline, Cocculus, Orixa, Podophyllum, Geoffroya*, etc.

La formule de la berbérine, restée fort longtemps indécise, est $C^{20}H^{17}AzO^4$. Cet alcaloïde cristallise en prismes ou en aiguilles de couleur jaune clair, renfermant une quantité d'eau qui varie de 4 à 6 molécules. A l'état anhydre il fond à 120°. Il forme aussi des combinaisons cristallisées avec le chloroforme et avec l'acétone.

La berbérine est peu soluble dans l'eau froide, le chloroforme et le benzène, facilement soluble dans l'eau bouillante et dans l'alcool, insoluble dans l'éther. C'est une base tertiaire faible, peu toxique, facilement oxydable, sans action sur la lumière polarisée. Ses sels sont colorés en jaune et possèdent une saveur amère.

Le perchlorure de phosphore, l'hydroxylamine, la phénylhydrazine ne réagissent pas sur la berbérine; elle ne renferme donc ni hydroxyle ni groupe aldéhydique ou cétonique. En revanche, la méthode de Zeisel y révèle l'existence de deux méthoxyles (Gaze, Schreiber et Stubbe[3]).

Les acides étendus ne l'attaquent pas; il en est de même de la potasse aqueuse ou alcoolique. Suivant MM. Bernheimer[4] et Bœdecker[5] la potasse en fusion, ainsi que la distillation avec la chaux ou l'hydrate de plomb, la décomposeraient avec production d'une base volatile que ces deux auteurs ont prise pour de la quinoléine, mais qui, d'après les données que l'on possède d'autre part sur la constitution de la berbérine, serait plutôt de l'isoquinoléine.

Dans l'action de la potasse sur la berbérine, il se forme aussi, selon Hlasiwetz et Gilm[6], deux acides aromatiques, de formules

[1] Perrins, A. Suppl. **2**, 172.
[2] Eykman, R. **3**, 197.
[3] Gaze, Schreiber et Stubbe, A. Pharm. **228**, 604.
[4] Bernheimer, G. **13**, 839.
[5] Bœdecker, A. **66**, 384; **69**, 37.
[6] Hlasiwetz et Gilm, A. **115**, 45; **122**, 256; Suppl. **2**, 191.

$C^8H^8O^4$ et $C^9H^8O^5$, sur la constitution desquels on ne sait que fort peu de chose. Le premier de ces acides, qui a reçu le nom d'*acide berbérique*, a la composition et les propriétés d'un acide homo-pyrocatéchine-carbonique.

Hlasiwetz et Gilm ont observé aussi que la berbérine, traitée par le zinc et l'acide sulfurique, se transforme en une base tétrahy-drogénée, l'*hydroberbérine*, $C^{20}H^{21}AzO^4$. Celle-ci cristallise dans l'alcool en aiguilles fusibles à 167° ; elle constitue une base tertiaire et régénère la berbérine sous l'influence des oxydants faibles.

En traitant la berbérine par le permarganate de potasse en solution alcaline, M. Schmidt[1] a obtenu deux acides qui se forment également dans l'oxydation de l'hydrastine (page 316), les acides *hémipinique* et *hydrastique*.

M. Weidel[2], en se servant de l'acide azotique concentré, a obtenu l'*acide berbéronique* ($\beta\gamma\alpha'$-pyridine-tricarbonique) (page 70).

Si l'on considère les formules de ces trois produits d'oxydation :

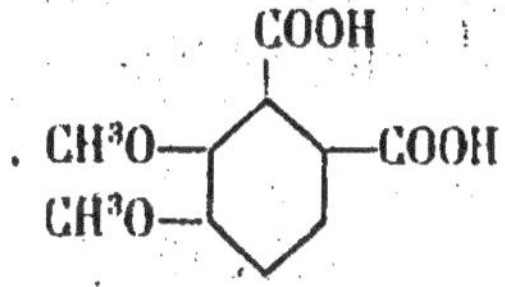

Acide hémipinique.	Acide hydrastique.	Acide berbéronique.

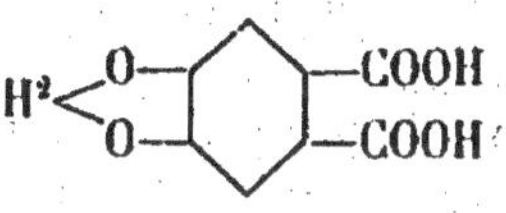

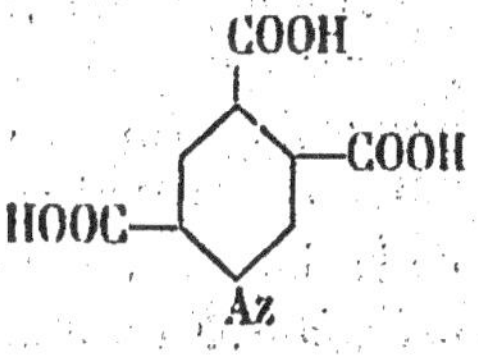

on voit que la molécule de la berbérine renferme, comme celle de l'hydrastine, un noyau pyridique et deux noyaux benzéniques, l'un diméthoxylé, l'autre substitué par le groupement bivalent CH^2O^2.

Comment ces trois noyaux sont-ils reliés les uns aux autres ? Les travaux de M. Perkin junior[3] ont résolu cette question.

Ayant repris avec une plus grande quantité de matière l'étude de l'action du permanganate sur la berbérine, M. Perkin a pu retirer du produit très complexe de l'oxydation, outre les deux acides décrits par M. Schmidt, la série des six corps suivants :

[1] Schmidt, B. **16**, 2589 ; A. Pharm. **225**, 141 ; **228**, 596.
[2] Weidel, B. **12**, 410.
[3] Perkin, Soc. **55**, 63 ; **57**, 991.

$$\text{Oxyberbérine} \ldots \ldots \quad C^{20}H^{17}AzO^{5}$$
$$\text{Dioxyberbérine} \ldots \ldots \quad C^{20}H^{17}AzO^{6}$$
$$\text{Berbéral} \ldots \ldots \ldots \quad C^{20}H^{17}AzO^{7}$$
$$\text{Acide anhydroberbérilique} \quad C^{20}H^{17}AzO^{8}$$
$$\text{Acide bérilique} \ldots \ldots \quad C^{20}H^{15}AzO^{8}$$
$$\text{Acide berbérilique} \ldots \quad C^{20}H^{19}AzO^{9}$$

De ces six substances, celle qui a été l'objet de la principale étude de M. Perkin est le berbéral. C'est aussi la seule dont nous nous occuperons ici, renvoyant aux mémoires originaux pour ce qui concerne les autres termes de la série.

Le *berbéral*, $C^{20}H^{17}AzO^{7}$, est en tables fusibles à 150°; il est insoluble dans les alcalis et présente le caractère d'une aldéhyde. L'ébullition avec l'acide sulfurique étendu le dédouble en un acide et un corps azoté, selon l'équation :

$$C^{20}H^{17}AzO^{7} \; + \; H^{2}O \; = \; C^{10}H^{10}O^{5} \; + \; C^{10}H^{9}AzO^{3}$$

Par une réaction inverse, ces deux produits de décomposition régénèrent le berbéral, lorsqu'on chauffe à 180° leur mélange en proportions équimoléculaires.

Le corps $C^{10}H^{10}O^{5}$ (aiguilles fusibles à 121-122°) est un isomère de l'acide opianique (page 306); M. Perkin l'a nommé *acide pseudo-opianique*. Il est à la fois acide monobasique et aldéhyde. Son oxime fournit par l'action de la chaleur la même imide hémipinique que l'acide opianique. L'isomérie des deux acides provient donc probablement des positions respectives des deux groupes CHO et COOH :

Acide opianique.   Acide pseudo-opianique.   Hémipinimide.

Cette manière de voir est confirmée par le fait que l'acide pseudo-opianique, réduit par l'amalgame de sodium, fournit la *pseudoméconine* de M. Salomon [1], qui a la formule suivante :

[1] Salomon, B. **20**, 884.

$$CH^2{-}O$$
$$CH^3O{-}\quad CH^3O{-}\bigcirc{-}CO$$

Le produit azoté du dédoublement du berbéral, $C^{10}H^9AzO^3$, cristallise dans l'eau bouillante en tables fusibles à 181-182° ; il donne une nitrosamine, ce qui indique l'existence d'un groupe AzH. Ses propriétés se rapprochent beaucoup de celles de l'oxyhydrastinine (page 316) dont il diffère, dans sa composition, par CH^2 en moins.

M. Perkin le considère comme la *noroxyhydrastinine,*

$$CH^2 \begin{array}{c} O{-} \\ O{-} \end{array} \bigcirc \begin{array}{c} \overset{H^2}{C} \\ CH^2 \\ AzH \\ \overset{C}{O} \end{array}$$

Il a pu le convertir, en effet, en oxyhydrastinine au moyen des réactions suivantes :

Lorsqu'on chauffe sa nitrosamine avec de la soude, elle se décompose en azote et *acide oxyéthylpipéronylique :*

$$(CH^2O^2)C^6H^2{<}\begin{array}{c} CH^2{-}CH^2 \\ | \\ CO{-}Az{-}AzO \end{array}+H^2O=(CH^2O^2)C^6H^2{<}\begin{array}{c} CH^2{-}CH^2OH \\ COOH \end{array}+Az^2$$

Celui-ci, traité successivement par le perchlorure de phosphore et par l'alcool méthylique, fournit le *chloréthylpipéronylate de méthyle.* En chauffant cet éther à 130° avec une solution de méthylamine, et en saponifiant le produit par la potasse alcoolique, on obtient un corps fusible à 97-98°, qui est identique avec l'oxyhydrastinine :

$$(CH^2O^2)C^6H^2{<}\begin{array}{c} CH^2{-}CH^2Cl \\ COOCH^3 \end{array}+CH^3AzH^2=(CH^2O^2)C^6H^2{<}\begin{array}{c} CH^2{-}CH^2 \\ | \\ CO{-}Az(CH^3) \end{array}\begin{array}{c} +CH^3OH \\ +HCl \end{array}$$

Chloréthylpipéronylate de méthyle. — Oxyhydrastinine.

On a vu que le berbéral prend naissance par combinaison de

l'acide pseudo-opianique et de la noroxyhydrastinine avec départ d'une molécule d'eau. Comme la fonction aldéhydique de l'acide pseudo-opianique subsiste dans le berbéral, c'est évidemment par l'intermédiaire du carboxyle de cet acide que la combinaison a lieu ; il est, d'autre part, fort probable que, dans la molécule de la noroxyhydrastinine, c'est l'atome d'hydrogène imidique qui est éliminé. On peut donc représenter comme suit la formation du berbéral :

Noroxyhydrastinine.   Acide pseudo-opianique.

Berbéral.

La constitution du berbéral étant ainsi fixée, celle de la berbérine, qui renferme trois atomes d'oxygène de moins, en découle presque forcément, et l'on arrive avec M. Perkin à la formule suivante qui présente de très grandes analogies avec celles de la papavérine, de la narcotine et de l'hydrastine :

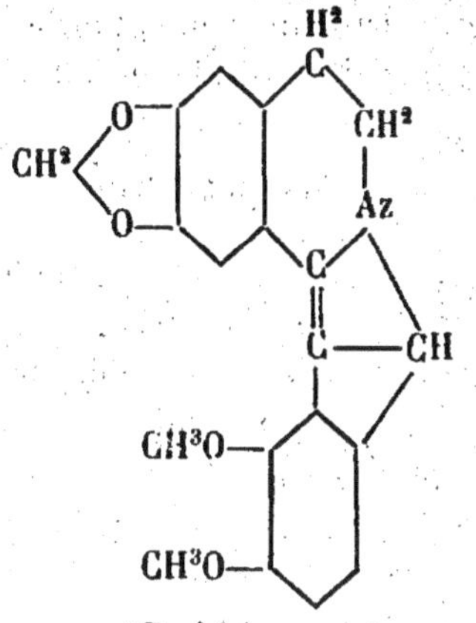

Berbérine.

3. Canadine.

Cet alcaloïde, qui se rencontre en petite quantité dans la racine de l'*Hydrastis canadensis*, a été étudié en 1894 par M. E. Schmidt[1]. Sa formule est $C^{20}H^{21}AzO^4$. Il se présente en aiguilles fusibles à 132°,5. Il constitue une base tertiaire et possède deux méthoxyles.

L'iode en solution alcoolique le transforme en berbérine, selon l'équation :

$$C^{20}H^{21}AzO^4 + 4I = C^{20}H^{17}AzO^4.HI + 3HI$$

Canadine.   Iodhydrate de berbérine.

La canadine est donc une *tétrahydroberbérine*. Elle n'est pas identique avec l'hydroberbérine obtenue par réduction directe de la berbérine (page 321).

4. Nandinine.

Elle a été retirée en 1885 par M. Eykman[2] de la racine du *Nandina domestica*, où elle accompagne la berbérine. Sa formule est

[1] Schmidt, A. Pharm. **232**, 186.
[2] Eykman, R. **3**, 196.

$C^{19}H^{19}AzO^4$; c'est une base amorphe, insoluble dans l'eau, facilement soluble dans les dissolvants organiques et douée de propriétés toxiques.

5. Oxyacanthine.

L'oxyacanthine a été découverte en 1836 dans la racine de l'épine-vinette par Polex [1], qui lui attribua la formule $C^{16}H^{23}AzO^6$, et la décrivit comme une substance amorphe, fusible à 139°, soluble dans les alcalis et presque insoluble dans l'eau.

M. Hesse [2] reprit plus tard l'étude de cet alcaloïde et constata qu'il existe dans le végétal sous deux formes, l'une amorphe et fusible à 139°, observée par Polex, l'autre cristallisée en prismes qui fondent à 210°. Ces deux modifications possèdent la formule $C^{18}H^{19}AzO^3$, sont dextrogyres et ne se dissolvent que fort difficilement dans les alcalis. La potasse ou la baryte les transforme en une nouvelle base isomérique, la *β-oxyacanthine,* qui se distingue par une plus grande solubilité dans les alcalis et se présente aussi sous deux formes, l'une amorphe (point de fusion 150°), l'autre cristallisée (point de fusion 213-214°).

Plus récemment MM. Rüdel [3] et Pommerehne [4], qui ont rencontré l'oxyacanthine dans d'autres espèces du genre *Berberis,* lui assignent la formule $C^{19}H^{21}AzO^3$. Le dernier de ces auteurs annonce qu'elle renferme un hydroxyle (dérivé benzoylé) et un ou deux méthoxyles.

6. Berbamine.

M. Hesse [2] a retiré cet alcaloïde de la racine d'épine-vinette; il lui attribue la formule $C^{18}H^{19}AzO^3$ et le décrit comme un corps cristallisé en paillettes contenant deux molécules d'eau et fondant après dessiccation à 156°.

[1] Polex, A. Pharm. (2) **6**, 271.
[2] Hesse, B. **19**, 3190.
[3] Rüdel, A. Pharm. **229**, 631.
[4] Pommerehne, A. Pharm. **233**, 127.

XVII. ALCALOÏDES DU CORYDALIS CAVA

La racine du *Corydalis cava* Schwgg (famille des Fumariacées) contient les six alcaloïdes suivants :

1.	Corydaline,	$C^{22}H^{27}AzO^4$
2.	Corybulbine,	$C^{21}H^{25}AzO^4$
3.	Bulbocapnine,	$C^{19}H^{19}AzO^4$
4.	Corytubérine,	$C^{19}H^{25}AzO^4$
5.	Corycavine,	$C^{23}H^{23}AzO^6$
6.	Corydine,	—

La corydaline a été isolée en 1826 par Wackenroder [1], la corytubérine en 1893 par MM. Dobbie et Lauder [2], la corydine en 1893 par M. Merck [3], les trois autres bases en 1892 par MM. Freund et Josephi [4].

10 kg. de racines ont fourni à M. Ziegenbein [5] 57 gr. de corydaline, 41 gr. de bulbocapnine, 6 gr. de corycavine et 4 gr. de corybulbine.

Ces alcaloïdes sont liés dans le végétal aux acides malique et fumarique.

1. Corydaline.

La corydaline cristallise dans l'alcool en prismes fusibles à 134-135°. Elle est insoluble dans l'eau et dans les alcalis, assez soluble dans l'alcool, facilement soluble dans l'éther, le chloroforme et le benzène. Elle présente le caractère d'une base tertiaire. Ses solu-

[1] Wackenroder, *Berzelius Jahresbericht*, **7**, 220.
[2] Dobbie et Lauder, Soc. **61**, 244, 605 ; **62**, 485 ; **65**, 57 ; **67**, 17, 25.
[3] Merck, A Pharm. **231**, 181.
[4] Freund et Josephi, B. **25**, 2411 ; A. **277**, 1.
[5] Ziegenbein, A. Pharm. **234**, 492.

tions possèdent une saveur amère et une réaction alcaline, et dévient à droite le plan de la lumière polarisée.

Elle renferme 4 méthoxyles; chauffée avec de l'acide iodhydrique elle fournit une base amorphe $C^{19}H^{15}Az(OH)^4$, la *corydaloline* (Dobbie et Lauder).

La corydaline semble être dans une relation étroite avec la canadine (page 325) et la berbérine (page 319). Elle est, comme la canadine, oxydée en solution alcoolique par l'iode, qui lui enlève 4 atomes d'hydrogène et la convertit en iodhydrate de *déhydrocorydaline* (Ziegenbein) :

$$C^{22}H^{27}AzO^4 + 4I = C^{22}H^{23}AzO^4.HI + 3HI$$

Corydaline.   Iodhydrate de
déhydrocorydaline.

Les propriétés de la déhydrocorydaline offrent la plus grande ressemblance avec celles de la berbérine; elle forme, comme ce dernier alcaloïde, des sels colorés en jaune et des combinaisons cristallisées avec l'acétone et le chloroforme. De même que la berbérine donne par réduction un dérivé tétrahydrogéné qui est différent de la canadine, de même la déhydrocorydaline, traitée par le zinc et l'acide sulfurique, ne régénère pas la corydaline, mais en fournit un isomère.

L'oxydation de la corydaline au moyen du permanganate de potasse donne naissance, suivant MM. Dobbie et Lauder, à l'*acide hémipinique*, à la *corydaldine*, $C^9H^7AzO(OCH^3)^2$ (point de fusion 175°), et à l'*acide corydalinique*, $C^{11}H^5(OCH^3)^4(COOH)^4$.

Ce dernier cristallise avec 3 molécules d'eau en prismes fusibles à 175-180°. Il est décomposé par l'acide iodhydrique, en donnant 4 molécules d'iodure de méthyle, de l'*acide protocatéchique* et de l'*acide corydalique*, $C^9H^8O^6$ (pt. de fus. 178-180°).

2. Corybulbine.

Elle a été surtout étudiée par MM. Dobbie et Lauder et par M. Ziegenbein. Elle forme des cristaux fusibles à 238-239°, très peu solubles dans l'alcool, presque insolubles dans l'eau et l'éther, facilement solubles dans le chloroforme et le benzène. Elle est dextrogyre et tertiaire.

La corybulbine ressemble beaucoup à la corydaline. Elle est transformée, comme elle, par l'iode en un corps jaune. Elle en diffère cependant en ce qu'elle ne renferme que 3 méthoxyles et qu'elle est soluble dans les alcalis.

Il est fort probable que la corybulbine est l'homologue inférieur de la corydaline :

Corydaline. . . . $C^{19}H^{15}Az(OCH^3)^4$.
Corybulbine . . . $C^{19}H^{15}Az(OCH^3)^3(OH)$.

3. Bulbocapnine.

Purifiée par cristallisation dans l'alcool ou dans le chloroforme, la bulbocapnine fond à 199° ; elle se dissout facilement dans tous les véhicules, à l'exception de l'eau ; elle est soluble dans les alcalis. C'est une base énergique, tertiaire et dextrogyre. L'iode ne l'attaque pas.

Traitée par l'anhydride acétique, elle fournit un dérivé triacétylé. Chauffée avec l'acide iodhydrique, elle dégage une molécule d'iodure de méthyle. Elle renferme donc trois hydroxyles et un méthoxyle, selon la formule $C^{18}H^{13}Az(OH)^3(OCH^3)$ (Ziegenbein.)

4. Corytubérine.

Cet alcaloïde fond au-dessus de 200° ; il est soluble dans les alcalis et possède deux méthoxyles (Dobbie et Lauder).

5. Corycavine.

Aiguilles ou tables fusibles à 216-217°, insolubles dans l'eau et dans les alcalis, peu solubles dans l'alcool et dans l'éther. Base forte, tertiaire. Ne renferme pas de méthoxyle et n'est pas oxydée par l'iode (Ziegenbein).

6. Corydine.

Substance amorphe, fusible vers 70°, insoluble dans l'eau et dans les alcalis, facilement soluble dans l'alcool et dans l'éther. Violent poison tétanique (Merck).

XVIII. ALCALOÏDES DES STRYCHNOS

Les plantes du genre *Strychnos* (famille des Loganiacées) fournissent trois alcaloïdes : la *strychnine*, la *brucine* et la *curarine*.

La noix vomique, fruit du *Strychnos Nux vomica* L., contient environ 1,5 °/₀ de strychnine et autant de brucine ; la fausse angusture, écorce du même arbre, 1,5 °/₀ de brucine et une quantité plus faible de strychnine ; la fève de St-Ignace, graine du *Strychnos Ignatii* Berg., 1,5 °/₀ de strychnine et un peu moins de brucine ; la racine ligneuse du *Strychnos colubrina* L. et celle du *Strychnos Tieuté* Lesch. renferment aussi ces deux alcaloïdes.

Le curare, extrait de diverses plantes appartenant au même genre, et en particulier du *Strychnos toxifera* Bent., a pour principe actif une troisième base, la curarine.

1. Strychnine.

La strychnine a été découverte en 1818 par Pelletier et Caventou [1] dans la fève de St-Ignace. Sa composition répond à la formule $C^{21}H^{22}Az^{2}O^{2}$. Elle cristallise dans l'alcool en prismes fusibles à 269°, presque insolubles dans l'eau, l'alcool absolu et l'éther, un peu plus solubles dans l'alcool faible, le benzène et le chloroforme. Elle est lévogyre. Elle possède une saveur à la fois très amère et métallique, une réaction alcaline et des propriétés physiologiques qui en font un des poisons les plus redoutables que l'on connaisse.

C'est une base monoacide tertiaire ; un seul de ses atomes d'azote a le caractère basique.

---

[1] Pelletier et Caventou, A. ch. (2) **10**, 142 ; **26**, 44.

L'acide chlorhydrique, réagissant à 100° sur la strychnine, ne provoque aucun dégagement de chlorure de méthyle (Shenstone[1]); il est donc probable que la strychnine ne renferme pas de méthoxyle.

Les halogènes, l'acide azotique concentré, l'acide sulfurique donnent des produits de substitution; cela indique l'existence d'un noyau aromatique dans sa molécule.

Les agents oxydants attaquent facilement la strychnine en donnant naissance à différents produits qui ont été peu étudiés jusqu'ici. Le ferricyanure de potassium fournit une *oxystrychnine*, $C^{21}H^{22}Az^2O^3$ (Beckurts[2]). Le permanganate de potassium donne l'*acide strychnique*, $C^{11}H^{11}AzO^3 + H^2O$, corps amorphe doué de propriétés acides et basiques (Hanriot[3]). L'acide chromique transforme la strychnine en un acide de formule $C^{16}H^{18}Az^2O^4 + 2H^2O$, qui fond à 285° en dégageant de l'anhydride carbonique et possède également des propriétés basiques (Hanssen[4]). Suivant MM. Lœbisch et Schoop[5], cet acide donnerait, par distillation sur la poudre de zinc, de l'oxyde de carbone, de l'anhydride carbonique, de l'acétylène et du carbazol.

L'acide azotique exerce sur la strychnine une action à la fois nitrante et oxydante; on obtient, suivant les conditions de l'expérience, de la *cacostrychnine*, $C^{20}H^{22}Az^2O^4(AzO^2)^3$ (?) (Claus et Glassner[6]), de l'acide picrique (Shenstone[7], Pellizzari[8]), ou un acide monobasique $C^{10}H^5Az^3O^8$, soit $C^9H^2Az(AzO^2)^3(OH)(COOH)$, qui est peut-être un dérivé de la quinoléine (Tafel[9]).

Soumise à l'action de la potasse en fusion, la strychnine fournit des bases quinoléiques, de l'acide butyrique et de l'indol (Goldschmidt[10], Lœbisch et Schoop[11]). Distillée avec la chaux, elle donne

[1] Shenstone, Soc. **43**, 101; **47**, 139.
[2] Beckurts, *Pharmaceutische Centralhalle*, **1881**, 325.
[3] Hanriot, C. r. **96**, 1671.
[4] Hanssen, B. **17**, 2849; **18**, 777, 1917; **20**, 451.
[5] Lœbisch et Schoop, M. **7**, 609.
[6] Claus et Glassner, B. **14**, 773.
[7] Shenstone, Soc. **47**, 139.
[8] Pellizzari, A. **248**, 150.
[9] Tafel, B. **26**, 333.
[10] Goldschmidt, B. **15**, 1977.
[11] Lœbisch et Schoop, M. **7**, 75.

de l'ammoniaque, de l'éthylamine, de l'éthylène, de la β-picoline, de la β-lutidine, du scatol et du carbazol (Stœhr[1], Lœbisch et Malfatti[2]). La distillation sur la poudre de zinc donne naissance à des produits analogues : ammoniaque, éthylène, acétylène, lutidine, carbazol (Scichilone et Magnanini[3], Lœbisch et Schoop[4]).

Strychnol. — Lorsqu'on chauffe la strychnine avec la soude alcoolique, elle fixe les éléments d'une molécule d'eau et se transforme en *strychnol* (Lœbisch et Schoop[5]) :

$$C^{21}H^{22}Az^2O^2 + H^2O = C^{21}H^{24}Az^2O^3$$
Strychnine.　　　　　　　　Strychnol.

Ce dérivé a été surtout étudié par M. Tafel[6]. Il cristallise avec 4 molécules d'eau en aiguilles fusibles à 215°. En présence des acides il régénère la strychnine; on ne peut donc préparer ses sels. Il n'en constitue pas moins une base diacide, à la fois secondaire et tertiaire; traité, en effet, par le nitrite de soude et la quantité strictement nécessaire d'acide chlorhydrique, il fournit une nitrosamine; chauffé avec l'iodure de méthyle, il donne un monoiodométhylate qui est encore susceptible d'être nitrosé.

Outre son caractère basique, le strychnol possède aussi des propriétés faiblement acides; il se dissout dans les alcalis et est précipité de cette solution par l'acide carbonique. Il n'est cependant pas un phénol, ainsi que l'avaient cru MM. Lœbisch et Schoop, mais un véritable acide carboxylé. Cela ne peut être démontré par l'éthérification directe en présence des acides minéraux, puisque ceux-ci transforment le strychnol en strychnine, mais cela résulte du fait que l'iodométhylate de strychnol, plus stable, fournit un éther avec l'alcool méthylique et l'acide chlorhydrique.

Etant données les fonctions d'acide et de base secondaire qui caractérisent le strychnol et qui font toutes deux défaut à la strychnine, M. Tafel voit dans la transformation du second de ces corps dans le premier une réaction comparable à la transformation de l'isatine

[1] Stœhr, B. **20**, 810, 1108, 2727; J. pr. **42**, 399.
[2] Lœbisch et Malfatti, M. **9**, 626.
[3] Scichilone et Magnanini, G. **12**, 444.
[4] Lœbisch et Schoop, M. **7**, 609.
[5] Lœbisch et Schoop, M. **7**, 75.
[6] Tafel, B. **23**, 2731; A. **264**, 33, **268**, 229.

en acide isatique et reposant sur la rupture d'une chaîne fermée renfermant le groupement $=Az-CO-$:

$$Az\equiv C^{20}H^{22}O\begin{matrix} CO \\ | \\ Az \end{matrix} \quad + \quad H^2O \quad = \quad Az\equiv C^{20}H^{22}O\begin{matrix} COOH \\ \\ AzH \end{matrix}$$

Strychnine.   Strychnol.

La strychnine, base monoacide tertiaire, ne forme avec l'iodure de méthyle qu'un monoiodométhylate, $C^{21}H^{22}Az^2O^2.CH^3I$. Lorsqu'on traite celui-ci par l'oxyde d'argent (ou mieux lorsqu'on fait agir la baryte sur le méthylsulfate correspondant), on n'obtient pas le méthylhydrate $C^{21}H^{22}Az^2O^2.CH^3OH$, mais une base de formule $C^{22}H^{26}Az^2O^3 + 4H^2O$, que M. Tafel a nommée *méthylstrychnine*. Celle-ci possède comme le strychnol le caractère d'une base secondaire (nitrosamine); traitée par l'acide iodhydrique, elle fournit l'iodométhylate de strychnol. Inversément, elle prend naissance lorsqu'on décompose l'iodométhylate de strychnol par l'oxyde d'argent. Elle apparaît donc, non pas comme un dérivé de la strychnine, mais comme un dérivé du strychnol. M. Tafel la considère comme la méthylbétaïne du strychnol,

$$CH^3-Az\equiv C^{20}H^{22}O\begin{matrix} O\text{———}CO \\ | \\ AzH \end{matrix}$$

Pour expliquer sa formation à partir de l'iodométhylate de strychnine, il suppose que celui-ci subit, sous l'influence de l'oxyde d'argent, une double transformation : remplacement de l'iode par l'hydroxyle et rupture de la chaîne fermée $=Az-CO-$. Le méthylhydrate de strychnol, qui prend ainsi naissance, perd immédiatement les éléments d'une molécule d'eau, ainsi que cela a lieu généralement pour les hydrates quaternaires des acides (voyez page 71), et se convertit en une bétaïne :

$$\begin{matrix} HO \\ CH^3 \end{matrix}\!\!\!>\!Az\equiv C^{20}H^{22}O\begin{matrix} CO \\ | \\ Az \end{matrix} \longrightarrow \begin{matrix} HO \\ CH^3 \end{matrix}\!\!\!>\!Az\equiv C^{20}H^{22}O\begin{matrix} COOH \\ \\ AzH \end{matrix}$$

Méthylhydrate   Méthylhydrate
de strychnine.   de strychnol.

$$\longrightarrow \quad CH^3-Az\equiv C^{20}H^{22}O\begin{matrix} O\text{———}CO \\ | \\ AzH \end{matrix}$$

Méthylstrychnine.

On peut introduire encore un groupe CH^3 dans la molécule de la méthylstrychnine; on obtient ainsi une *diméthylstrychnine*,

$$CH^3-Az\equiv C^{20}H^{22}O\underset{Az-CH^3}{\overset{O-----CO}{<}}$$

qui est une base tertiaire et qui présente les plus grands rapports, dans toutes ses réactions, avec la diméthylaniline. M. Tafel en conclut que l'azote trivalent de la diméthylstrychnine, et par conséquent l'azote non basique de la strychnine, sont liés directement à un noyau aromatique.

En 1879, MM. Gal et Etard [1], en chauffant la strychnine à 140° avec de l'eau de baryte, avaient obtenu deux composés de formules $C^{21}H^{26}Az^2O^4$ et $C^{21}H^{28}Az^2O^5$, qu'ils avaient nommés *dihydrostrychnine* et *trihydrostrychnine*. M. Tafel, ayant repris l'étude du premier de ces corps, a montré que sa véritable composition doit être exprimée par la formule $C^{21}H^{24}Az^2O^3+H^2O$, et qu'il constitue un *isostrychnol*. Il présente la plus grande ressemblance avec le strychnol, dont il diffère cependant en ceci, qu'il ne régénère pas la strychnine en présence des acides; il possède, comme le strychnol, un carboxyle et un groupe AzH; son iodométhylate, traité par l'oxyde d'argent, fournit une *isométhylstrychnine*, qui peut être transformée par méthylation en *isodiméthylstrychnine*.

Enfin, M. Tafel est parvenu, en chauffant la strychnine avec de l'acide iodhydrique et du phosphore, à éliminer l'un de ses deux atomes d'oxygène; il y a en même temps fixation de 4 atomes d'hydrogène :

$$C^{21}H^{22}Az^2O^2 + 6H = C^{21}H^{26}Az^2O + H^2O$$

Strychnine.   Désoxystrychnine.

La *désoxystrychnine* cristallise avec 3 molécules d'eau; elle fond après dessiccation à 172° et distille sans décomposition; elle possède des propriétés toxiques semblables à celles de la strychnine, dévie à gauche le plan de polarisation et constitue une base monoacide tertiaire. On doit admettre que l'atome d'oxygène qui a été éliminé est celui du groupe $C^{20}H^{22}O$ et non celui du carbonyle, car

---

[1] Gal et Etard, Bl. (2) **31**, 98.

la désoxystrychnine, chauffée à 180° avec de l'alcoolate de sodium,
se convertit en *désoxystrychnol* analogue au strychnol et dans
lequel l'existence d'un groupe AzH et d'un carbonyle a pu être
démontrée :

$$\text{Az}\equiv C^{30}H^{36}\Big\langle \begin{matrix} CO \\ | \\ Az \end{matrix} \;+\; H^2O \;=\; \text{Az}\equiv C^{30}H^{36}\Big\langle \begin{matrix} COOH \\ \\ AzH \end{matrix}$$

Désoxystrychine.   Désoxystrychnol.

Constitution de la strychnine. — Les travaux dont nous venons d'indiquer les principaux résultats sont loin d'avoir établi
la constitution de la strychnine. Le peu que l'on sait aujourd'hui à
cet égard peut se résumer dans les quatre points suivants :

1. L'un des atomes d'oxygène de la strychnine fait partie d'un
groupe carbonyle CO ; on n'a aucune donnée sur la nature de
l'autre atome d'oxygène, si ce n'est qu'il n'est pas contenu dans un
groupe méthoxyle.

2. Les deux atomes d'azote sont tertiaires, c'est-à-dire liés par
leurs trois valences à du carbone ; mais un seul a des propriétés
basiques. Ce dernier est probablement compris dans un noyau pyridique réduit, possédant une chaîne latérale en β. L'atome d'azote
non basique semble faire partie d'un noyau de pyrrol, méthylé
peut-être en β.

3. La molécule de la strychnine renferme en outre un noyau
benzénique ; celui-ci est vraisemblablement associé soit avec le
noyau pyridique, soit avec le noyau pyrrolique, de manière à former le double noyau de la quinoléine ou de l'indol.

4. A ce noyau benzénique est lié, par une de ses valences,
l'atome d'azote non basique ; les deux autres affinités de cet atome
sont saturées l'une par le cabonyle, l'autre par un radical hydrocarboné.

2. Brucine.

La brucine a été retirée en 1819 de l'écorce de fausse angusture
par Pelletier et Caventou[1]. Elle possède la formule $C^{23}H^{26}Az^2O^4$ et

---

[1] Pelletier et Caventou, A. ch. (2) **12**, 113 ; **26**, 53.

cristallise avec 4 molécules d'eau en prismes qui fondent après dessiccation à 178°.

Les propriétés de la brucine sont fort semblables à celles de la strychnine. Elle est un peu plus soluble dans l'eau et dans l'alcool. Son action sur l'organisme animal est la même, quoique plus faible. Elle constitue, comme la strychnine, une base monoacide tertiaire et dévie à gauche le plan de la lumière polarisée.

La brucine contient deux méthoxyles. Lorsqu'on la chauffe à 140° avec de l'acide chlorhydrique, il se dégage une molécule de chlorure de méthyle et il se forme une corps fusible à 284° qui possède les caractères d'un phénol et qui régénère la brucine lorsqu'on le traite par l'iodure de méthyle et la potasse (Hanssen[1]). Si l'action de l'acide chlorhydrique se prolonge, il se dégage deux molécules de chlorure de méthyle (Shenstone[2]).

Les halogènes donnent avec la brucine des produits de substitution. L'acide azotique fournit une nitrobrucine, une dinitrobrucine et la *cacothéline*, $C^{20}H^{22}Az^2O^5(AzO^2)^2+H^2O$ (Strecker[3]).

Le peroxyde de manganèse, l'oxyde de mercure, l'acide chromique, oxydent la brucine avec production d'alcool méthylique, d'acide formique et d'anhydride carbonique (Baumert[4]).

L'ébullition avec la soude alcoolique la transforme en *hydrobrucine*, $C^{23}H^{24}Az^2O^5$ (Shenstone[5]); ce corps est probablement l'analogue du strychnol.

Par fusion de la brucine avec la potasse, M. Œchsner[6] a obtenu les bases pyridiques suivantes, qui sont les mêmes que celles que fournit la cinchonine dans des conditions semblables (page 240) :

β-lutidine (*β*-éthylpyridine) (page 38).

α-collidine (*αα'*-méthyléthylpyridine) (page 43).

β-collidine (*β*-éthyl-*γ*-méthylpyridine) (page 43).

Selon MM. Lœbisch et Schoop[7], la brucine fournit du carbazol

[1] Hanssen, B. **17**, 2266.
[2] Shenstone, Soc. **43**, 101,
[3] Strecker, A. **91**, 76.
[4] Baumert, A. **70**, 330.
[5] Shenstone, Soc. **39**, 459.
[6] Oechsner, C. r. **95**, 298; **99**, 1077.
[7] Lœbisch et Schoop, M. **7**, 609.

par distillation sur la poudre de zinc. Chauffée avec la chaux, elle donne de l'ammoniaque, de la méthylamine, de la β-picoline, de la β-lutidine et des traces de scatol (Stœhr [1]).

La relation qui existe entre la brucine et la strychnine, rendue déjà probable par l'analogie de leurs propriétés, a été établie en 1884 par M. Hanssen [2]. En oxydant la brucine au moyen de l'acide chromique, celui-ci observa la formation d'un acide monobasique $C^{15}H^{17}Az^2O^3(COOH)$; ce corps, qui cristallise avec deux molécules d'eau, fond à 285° avec dégagement d'anhydride carbonique et possède des propriétés à la fois acides et basiques.

Ayant ensuite soumis la strychnine au même traitement, M. Hanssen obtint un produit identique au précédent.

La strychnine et la brucine renferment donc le même groupement monovalent $C^{15}H^{17}Az^2O^2$, et ne diffèrent que par un second groupe d'atomes que l'oxydation transforme en un carboxyle. Ce second groupe contient les deux méthoxyles de la brucine, puisqu'on ne les retrouve plus dans le produit d'oxydation. On peut donc écrire :

$$C^{15}H^{17}Az^2O^2\!-\!C^6H^5 \qquad\qquad C^{15}H^{17}Az^2O^2\!-\!C^6H^3(OCH^3)^2$$
$$\text{Strychnine.} \qquad\qquad\qquad\qquad \text{Brucine.}$$

ce qui fait du second de ces alcaloïdes le dérivé diméthoxylé du premier.

3. Curarine.

Roulin et Boussingault [3] ont extrait, en 1830, cet alcaloïde du curare, où il se trouve à l'état de sulfate. Il forme des prismes très solubles dans l'eau et l'alcool, insolubles dans l'éther; il possède une saveur amère, une réaction faiblement alcaline et des propriétés très vénéneuses. Il ne semble pas renfermer d'oxygène. Sa composition n'est pas définitivement établie : $C^{10}H^{15}Az$ (Preyer [4]), $C^{18}H^{35}Az$ (Sachs [5]).

[1] Stœhr, J. pr. **42**, 415.
[2] Hanssen, B. **17**, 2849; **18**, 777, 1917; **20**, 451.
[3] Roulin et Boussingault, A. ch. (2) **39**, 24.
[4] Preyer, C. r. **60**, 1346.
[5] Sachs, A. **191**, 254.

XIX. ALCALOÏDES DU PEGANUM HARMALA

Les semences du *Peganum Harmala* L. (famille des Rutacées) contiennent deux alcaloïdes, la *harmaline*, $C^{13}H^{14}Az^2O$, découverte en 1841 par Gœbel[1], et la *harmine*, $C^{13}H^{12}Az^2O$, isolée en 1847 par Fritzsche[2].

Ces bases se trouvent à l'état de phosphates dans les téguments des graines ; leur proportion est de 4 % du poids de celles-ci, la harmine formant un tiers et la harmaline deux tiers de la quantité totale.

Elles ont été étudiées par Fritzsche[2] et plus récemment par MM. O. Fischer et Täuber[3].

1. Harmaline.

Cet alcaloïde cristallise dans l'alcool méthylique en tables nacrées qui fondent à 238° en se décomposant. Il est presque insoluble dans l'eau et peu soluble à froid dans l'alcool et l'éther ; l'alcool bouillant le dissout aisément. C'est une base monoacide tertiaire ; il forme avec un équivalent d'acide des sels colorés en jaune dont les solutions présentent une fluorescence bleue qui rappelle celle de l'acridine.

La harmaline, $C^{13}H^{14}Az^2O$, est un dérivé dihydrogéné de la harmine, $C^{13}H^{12}Az^2O$. Les agents oxydants (acide chromique, acide azotique étendu), lui enlèvent facilement deux atomes d'hydrogène et la transforment en harmine (Fritzsche).

La harmaline est une base non saturée. Soumise à la réduction

---

[1] Gœbel, A. **38**, 363.

[2] Fritzsche, A. **64**, 360 ; **68**, 351 ; **72**, 306 ; **88**, 327 ; **92**, 330.

[3] O. Fischer et Täuber, B. **18**, 400 ; **22**, 637.

au moyen du sodium et de l'alcool ou au moyen de la poudre de zinc et de l'acide chlorhydrique, elle fixe deux atomes d'hydrogène et se convertit en un corps $C^{13}H^{16}Az^2O$, fusible à 199° (O. Fischer et Täuber).

Il est fort probable que la molécule de la harmaline renferme un noyau benzénique. En effet, cet alcaloïde donne avec les acides azotique et sulfurique les réactions caractéristiques des substances aromatiques; lorqu'on le chauffe avec de l'acide sulfurique, on obtient un dérivé sulfoné ; avec l'acide azotique fumant il se forme une *nitroharmaline* $C^{13}H^{13}(AzO^2)Az^2O$, ainsi qu'une certaine quantité de *nitroharmine* produite par oxydation (Fritzsche).

La harmaline ne possède pas de groupe méthyle lié à l'azote (Herzig et Meyer[1]).

Elle renferme un méthoxyle. Lorsqu'on la chauffe à 140° avec de l'acide chlorhydrique fumant, il y a dégagement de chlorure de méthyle et formation d'un composé hydroxylé de formule $C^{12}H^{13}Az^2O$, le *harmalol* (O. Fischer et Täuber) :

$$C^{13}H^{11}Az^2(OCH^3) \quad + \quad HCl \quad = \quad C^{13}H^{11}Az^2(OH) \quad + \quad CH^3Cl.$$

Harmaline.   Harmalol.

Le harmalol (aiguilles rouges fusibles à 212°), a le caractère d'un phénol.

2. Harmine.

Elle se dépose de ses solutions dans l'alcool ou dans l'esprit de bois en aiguilles prismatiques, peu solubles à froid dans ces deux dissolvants ainsi que dans l'éther, et presque insolubles dans l'eau. Son point de fusion est situé à 256-257° ; elle peut être sublimée. C'est une base monoacide tertiaire, comme la harmaline.

Les sels de harmine sont incolores et présentent en solution aqueuse une belle fluorescence bleu indigo. On a vu que ceux de harmaline (dihydroharmine) sont colorés en jaune. Ce fait est curieux et constitue une anomalie, les composés organiques qui possèdent une coloration la perdant au contraire le plus souvent par la réduction.

---

[1] Herzig et Meyer, M. **16**, 599.

La transformation de la harmine en harmaline par fixation de deux atomes d'hydrogène n'a pu être effectuée ; lorsqu'on soumet la première de ces bases à l'action de l'hydrogène naissant, il y a addition de quatre atomes d'hydrogène, et l'on obtient la même base $C^{13}H^{16}Az^2O$ qui prend naissance dans la réduction de la harmaline (O. Fischer et Täuber).

La harmine est, comme la harmaline, un anisol. Elle est décomposée par les acides chlorhydrique ou iodhydrique en chlorure ou iodure de méthyle et en un phénol de formule $C^{12}H^{10}Az^2O$, le *harmol* (O. Fischer et Täuber) :

$$C^{13}H^9Az^2(OCH^3) + HI = C^{12}H^9Az^2(OH) + CH^3I.$$
Harmine.   Harmol.

Celui-ci forme des aiguilles fusibles à 321° ; il se dissout dans les alcalis fixes et est précipité de cette solution par l'acide carbonique. La fusion potassique le transforme en un acide $C^{12}H^{10}Az^2O^5$, l'*acide harmolique* (point de fusion 246-247°).

L'oxydation de la harmine au moyen de l'acide chromique donne naissance à un acide bibasique de formule $C^8H^6Az^2(COOH)^2$, l'*acide harmique*. L'agent oxydant enlève donc à la harmine son méthoxyle et deux atomes de carbone, et transforme deux autres carbones en carboxyles. Il est fort probable que cette réaction repose sur la combustion d'un noyau aromatique :

$$(C^6H^6Az^2) \diagup\!\!\!\diagdown \bigcirc OCH^3 \qquad (C^6H^6Az^2) \diagup\!\!\!\diagdown \begin{array}{l} C\text{—}COOH \\ \| \\ C\text{—}COOH \end{array}$$
Harmine.   Acide harmique.

L'acide harmique cristallise dans l'eau bouillante en aiguilles soyeuses ; il fond à 345° en perdant deux molécules d'anhydride carbonique. Le produit de cette décomposition est l'*apoharmine*, $C^8H^8Az^2$, base monoacide tertiaire, fusible à 183°. Soumise à la réduction au moyen de l'acide iodhydrique, cette dernière fixe deux atomes d'hydrogène et se convertit en *dihydroapoharmine*, $C^8H^{10}Az^2$, base monoacide secondaire (mononitrosamine) (O. Fischer et Täuber).

XX. ALCALOÏDES DES ACONITS

Les différentes espèces du genre *Aconitum* (famille des Renonculacées) contiennent un certain nombre d'alcaloïdes dont plusieurs sont encore mal définis. Les données fournies par les nombreux auteurs qui se sont occupés de cette question sont incomplètes et souvent contradictoires ; il est probable qu'ils ont eu fréquemment entre les mains des produits impurs et que le même alcaloïde a reçu différents noms de ceux qui l'ont successivement étudié.

Les travaux de Wright et Luff [1], commencés en 1875, ainsi que ceux de M. Dunstan et de ses collaborateurs [2] et de MM. Freund et Beck [3], ont jeté une certaine lumière sur ce point. Ils ont contribué à réduire le nombre des alcaloïdes des aconits, les ont plus nettement caractérisés et ont donné quelques indications intéressantes sur leur constitution.

Ils ont montré que ces corps sont des éthers, décomposables par les alcalis ou les acides minéraux en une base hydroxylée et en un ou plusieurs acides.

Toutes les bases des aconits sont liées dans la plante à l'*acide aconitique*, qui en a été retiré en 1828 par Peschier [4] et qui existe aussi dans un certain nombre d'autres végétaux.

[1] Wright et Luff, Soc. **31**, 146 ; **33**, 151, 324 ; **35**, 387.

[2] Dunstan et Ince, Soc. **59**, 271. — Dunstan et Umney, Soc. **61**, 385. — Dunstan et Passmore, Soc. **61**, 395. — Dunstan et Carr, Soc. **63**, 991 ; **65**, 176, 290 ; **67**, 459 ; B. **27**, 664 ; **28**, 1379 ; *Cheminal news*, **72**, 59, — Dunstan et Harrisson, Soc. **63**, 443 ; **65**, 174.

[3] Freund et Beck, B. **27**, 433, 720 ; **28**, 192, 2537.

[4] Peschier, *Trommsdorff's Journal der Pharmacie*, **5**, 1, 93 ; **8**, 1, 266.

A. ALCALOÏDES DE L'ACONIT NAPEL

Le principe actif contenu dans la racine et les feuilles du Napel (*Aconitum Napellus* L.) a été isolé en 1833 par Geiger et Hesse [1], qui l'ont nommé *aconitine*. C'est sous ce nom qu'il se trouve dans le commerce, mais il ne consitue point une substance homogène. Wright et Luff ont montré que l'aconitine amorphe du commerce est un mélange d'au moins deux bases distinctes, l'une cristallisée à laquelle ils ont conservé le nom d'*aconitine*, l'autre amorphe qu'ils ont appelée *picroaconitine*.

D'autres alcaloïdes ont été retiré du Napel; mais ils sont, selon toute probabilité, identiques à l'un ou à l'autre des précédents; telles sont l'*aconelline* de MM. T. et H. Smith [2], la *napelline* de Morson [3], l'*acolyctine* de Hübschmann [4], l'*isoaconitine* de MM. Dunstan et Umney, etc.

1. Aconitine.

La composition de l'aconitine n'est pas encore définitivement fixée. Les deux formules les plus probables sont :

$$C^{33}H^{44}AzO^{12} \text{ (Dunstan)}$$
$$\text{et } C^{34}H^{47}AzO^{11} \text{ (Freund et Beck).}$$

L'aconitine cristallise dans un mélange d'alcool et d'éther en prismes fusibles à 189-190° (Dunstan) ou à 197-198° (Freund et Beck). Elle est presque insoluble dans l'eau, facilement soluble dans l'alcool, le benzène et le chloroforme, peu soluble dans l'éther. La solution alcoolique de la base est dextrogyre, les solutions aqueuses de son chlorhydrate et de son bromhydrate sont lévogyres. L'aconitine possède une saveur âcre et très amère; elle produit sur la langue un picotement particulier et irrite fortement les muqueuses; c'est un des alcaloïdes les plus vénéneux.

[1] Geiger et Hesse, A, **7**, 276.
[2] T. et H. Smith, *Pharmaceutical Journal*, (2) **5**, 817.
[3] Morson, *Annalen der Physik und Chemie*, **42**, 175.
[4] Hübschmann, J. **1857**, 416; **1866**, 483.

Elle constitue une base tertiaire, à réaction faiblement alcaline. Elle renferme trois hydroxyles (dérivé triacétylé) et quatre méthoxyles (Ehrenberg et Purfürst [1]).

Les halogènes donnent avec l'aconitine des produits de substitution (Jurgens [2]).

Soumise à l'action de la chaleur ou à celle de l'eau chaude, des acides étendus ou de la potasse alcoolique, elle subit une série de décompositions successives :

1° Lorsqu'on la fait bouillir avec de l'acide sulfurique à 5 %, ou mieux encore avec une solution saturée d'acide tartrique, elle perd les éléments d'une molécule d'eau et se convertit en *apoaconitine* (Wright et Luff) :

$$C^{33}H^{45}AzO^{12} = C^{33}H^{43}AzO^{11} + H^2O$$
Aconitine.   Apoaconitine.

Les anhydrides acétique et benzoïque exercent une action semblable, mais la déshydratation est alors accompagnée d'une éthérification et l'on obtient les dérivés monoacétylé et monobenzoylé de l'apoaconitine.

L'*apoaconitine* forme des cristaux fusibles à 186°,5 ; elle est aussi toxique que l'aconitine. Elle ne possède plus qu'un hydroxyle ; c'est donc un anhydride interne de l'aconitine :

$$\left(C^{33}H^{42}AzO^9\right)\!\genfrac{}{}{0pt}{}{-OH}{\genfrac{}{}{0pt}{}{-OH}{-OH}} \qquad \left(C^{33}H^{42}AzO^9\right)\!\genfrac{}{}{0pt}{}{=O}{-OH}$$
Aconitine.   Apoaconitine.

MM. Dunstan et Passmore veulent avoir régénéré l'aconitine par hydratation de l'apoaconitine.

2° Lorsqu'on chauffe l'aconitine avec de l'eau à 120-180°, ou qu'on la traite par la potasse alcoolique ou l'acide bromhydrique faible, elle subit une première saponification et se décompose en *acide acétique* et *picroaconitine* (Ehrenberg et Purfürst, Dunstan et Carr, Freund et Beck) :

$$C^{33}H^{45}AzO^{12} + H^2O = C^{31}H^{43}AzO^{11} + C^2H^4O^2$$
$$\text{ou}\quad C^{31}H^{47}AzO^{11} + H^2O = C^{32}H^{45}AzO^{10} + C^2H^4O^2$$
Aconitine.   Picroaconitine.   Acide acétique.

[1] Ehrenberg et Purfürst, J. pr. **45**, 601.
[2] Jurgens, J. **1885**, 1722.

L'aconitine est donc l'éther acétique de la picroaconitine :

$$C^{33}H^{41}AzO^8(OH)^3(OCOCH^3) \qquad\qquad C^{33}H^{11}AzO^8(OH)^4$$
$$\text{Aconitine.} \qquad\qquad\qquad\qquad \text{Picroaconitine.}$$

La régénération de l'aconitine par acétylation de la picroaconitine n'a pu être effectuée.

3° Lorsqu'on chauffe l'aconitine ou ses sels au-delà de leurs points de fusion, ils se décomposent, suivant MM. Dunstan et Carr, en *acide acétique* et *pyraconitine* :

$$C^{33}H^{45}AzO^{12} = C^{31}H^{11}AzO^{10} + C^2H^4O^2$$
$$\text{Aconitine.} \qquad\quad \text{Pyraconitine.} \qquad \text{Acide acétique,}$$

Cette dernière base forme des cristaux fusibles à 167°,5. Elle est lévogyre en solution acide et dépourvue de propriétés toxiques. Elle donne avec le chlorure d'acétyle un dérivé triacétylé.

4° Lorsqu'on traite l'aconitine par l'eau à 140-145°, par les alcalis ou par les acides minéraux, elle est entièrement saponifiée ; les produits que l'on obtient sont l'acide acétique, l'acide benzoïque et l'*aconine* (Wright et Luff, Freund et Beck, Dunstan et Ince) :

$$C^{33}H^{45}AzO^{12} + 2H^2O = C^{24}H^{39}AzO^{10} + C^2H^4O^2 + C^7H^6O^2$$
$$\text{ou } C^{34}H^{47}AzO^{11} + 2H^2O = C^{25}H^{41}AzO^9 + C^2H^4O^2 + C^7H^6O^2$$
$$\text{Aconitine.} \qquad\qquad \text{Aconine.} \qquad\quad \text{Acide} \qquad \text{Acide}$$
$$\text{acétique.} \quad \text{benzoïque.}$$

L'aconitine est donc l'éther acétique et benzoïque de l'aconine. Étant donné que cette dernière base renferme 4 méthoxyles et très probablement un groupe méthyle lié à l'azote (voyez plus loin), on peut représenter la molécule compliquée de l'aconitine par l'expression suivante :

$$\begin{bmatrix} \begin{matrix} C^{20}H^{21} \\ \text{ou } C^{19}H^{19}O \end{matrix} & \begin{matrix} (OH)^3 \\ (OCH^3)^4 \\ (O-COCH^3) \\ (O-COC^6H^5) \\ (Az-CH^3) \end{matrix} \end{bmatrix}$$

2. Picroaconitine.

$C^{31}H^{43}AzO^{11}$ selon M. Dunstan, $C^{32}H^{45}AzO^{10}$ selon MM. Freund et Beck. Ce second alcaloïde du Napel est amorphe, très amer mais non vénéneux; il fond à 125° en se décomposant; il se dissout difficilement dans l'eau et facilement dans l'alcool; ses solutions neutres sont dextrogyres, ses solutions acides lévogyres.

On a vu que la picroaconitine prend naissance par saponification partielle de l'aconitine, laquelle doit être regardée comme son éther acétique.

La potasse alcoolique saponifie à son tour la picroaconitine en donnant de l'aconine et de l'acide benzoïque (Wright et Luff):

$$C^{31}H^{43}AzO^{11} + H^2O = C^{24}H^{39}AzO^{10} + C^7H^6O^2$$
$$\text{ou } C^{32}H^{45}AzO^{10} + H^2O = C^{25}H^{41}AzO^9 + C^7H^6O^2$$

$$\text{Picroaconitine.} \qquad\qquad \text{Aconine.} \qquad \text{Acide benzoïque.}$$

La picroaconitine est donc l'éther monobenzoïque de l'aconine. Elle possède 4 méthoxyles et 4 hydroxyles; le chlorure d'acétyle, agissant à 100°, la transforme en un dérivé tétracétylé, qui n'est pas identique avec la triacétylaconitine, comme on aurait pu s'y attendre (Dunstan et Carr).

Aconine, $C^{24}H^{39}AzO^{10}$ ou $C^{25}H^{41}AzO^9$. — Vernis déliquescent, fusible à 132°, très soluble dans l'eau et dans l'alcool, insoluble dans l'éther, très amer, sans propriétés toxiques. Dextrogyre en solution neutre, lévogyre en solution acide. Réduit à chaud la solution ammoniacale d'argent et la liqueur de Fehling. N'est pas attaqué par l'acide nitreux.

L'aconine renferme 4 méthoxyles et 5 hydroxyles; elle ne fournit cependant avec l'anhydride benzoïque qu'un dérivé dibenzoylé et avec le chlorure d'acétyle qu'un dérivé tétracétylé (Dunstan et Carr).

On ne sait presque rien de la structure du noyau carboné de l'aconine. Son oxydation au moyen du permanganate ne paraît donner que de l'acide oxalique. MM. Ehrenberg et Purfürst prétendent avoir obtenu, en distillant la base avec la baryte, des carbures d'hydrogène de la série grasse, de la méthylamine et une base bouillant à 237-240° qui pourrait être la quinoléine ou son tétrahydrure.

B. ALCALOÏDES DE L'ACONITUM FEROX

La racine de l'*Aconitum ferox* Wall. contient, à côté d'une petite quantité d'aconitine et d'une assez forte proportion de bases amorphes, un alcaloïde cristallisé qui a été observé à l'état impur et décrit sous différents noms par Wiggers, Ludwig, Flückiger, Hübschmann, mais qui n'a été isolé à l'état de pureté que par Wright et Luff[1] en 1878. Il a reçu d'eux le nom de *pseudo-aconitine* et la formule $C^{36}H^{49}AzO^{12}$. Il cristallise en prismes qui renferment une molécule d'eau et fondent après dessiccation à 201°.

La pseudo-aconitine est presque insoluble dans l'eau, peu soluble dans l'éther, facilement soluble dans l'alcool et dans le chloroforme. Elle est plus toxique encore que l'aconitine et possède une saveur brûlante. Elle est dextrogyre en solution neutre et lévogyre en solution acide. Ses réactions, étudiées par MM. Wright et Luff, Freund et Niederhofheim[2], Dunstan et Carr[3], sont tout à fait analogues à celles de l'aconitine.

Les acides minéraux étendus ou l'acide tartrique lui enlèvent à 100° une molécule d'eau et la convertissent en *apopseudo-aconitine* :

$$C^{36}H^{49}AzO^{12} \quad = \quad C^{36}H^{47}AzO^{11} \quad + \quad H^2O$$

Pseudo-aconitine.   Apopseudo-aconitine.

Celle-ci cristallise avec une molécule d'eau en aiguilles fusibles à 102-103° ; elle fournit un dérivé monoacétylé et un dérivé monobenzoylé ; elle possède par conséquent un hydroxyle.

Chauffée à 135° avec de l'eau, la pseudo-aconitine est dédoublée en *picro-pseudo-aconitine* et acide acétique :

$$C^{36}H^{49}AzO^{12} \quad + \quad H^2O \quad = \quad C^{31}H^{47}AzO^{11} \quad + \quad C^2H^4O^2$$

Pseudo-aconitine.   Picro-pseudo-aconitine.   Acide acétique.

La picro-pseudo-aconitine cristallise dans l'éther avec une molécule d'eau ; elle est lévogyre, fusible à 199°, presque insoluble dans l'eau, facilement soluble dans l'alcool et l'éther ; elle n'est pas vénéneuse.

[1] Wright et Luff, Soc. **33**, 151, 380.

[2] Freund et Niederhofheim, B. **29**, 852.

[3] Dunstan et Carr, *Chemiker Zeitung*, **19**, 1878 ; *Chemical News*, **72**, 59.

La soude alcoolique à 100° saponifie entièrement la pseudo-aconitine en donnant de l'acide acétique, de l'*acide vératrique* (page 353), et la *pseudo-aconine*. Si l'on fait réagir l'alcali à la température de 140°, on obtient au lieu de ce dernier corps l'*apopseudo-aconine* :

$$C^{36}H^{49}AzO^{12} + 2H^2O = C^{25}H^{39}AzO^8 + C^9H^{10}O^4 + C^2H^4O^2$$

Pseudo-aconitine.   Pseudo-aconine.   Acide vératrique.   Acide acétique.

$$C^{36}H^{49}AzO^{12} + 2H^2O = C^{25}H^{37}AzO^7 + C^9H^{10}O^4 + C^2H^4O^2 + H^2O$$

Pseudo-aconitine.   Apopseudo-aconine.   Acide vératrique.   Acide acétique.

La *pseudo-aconine* est une substance amorphe, hygroscopique, fusible au-dessous de 100°, facilement soluble dans l'eau, l'alcool et l'éther. Sa réaction est très alcaline et sa saveur amère. Elle est dextrogyre et possède 4 méthoxyles.

L'*apopseudo-aconine* a des propriétés semblables ; elle renferme deux hydroxyles et donne avec les anhydrides acétique et benzoïque des dérivés diacétylé et dibenzoylé.

La pseudo-aconitine est l'éther vératrique et acétique de la pseudo-aconine ; on doit lui attribuer la formule suivante :

$$CH^3O-\bigcirc-CO-O-C^{21}H^{23}Az(OH)^2(OCH^3)^4(OCOCH^3).$$
$$CH^3O-$$

C. ALCALOÏDES DE L'ACONIT DU JAPON

Wright et Luff[1] ont retiré de la racine de l'aconit du Japon (*Aconitum japonicum* Hort.) un alcaloïde particulier qu'ils ont nommé *japaconitine* et auquel ils attribuent la formule $C^{66}H^{88}Az^2O^{21}$.

Il est cristallisé et fusible à 185-186° ; la potasse alcoolique le dédouble en acide benzoïque et *japaconine* (base amorphe ressemblant beaucoup à l'aconine) :

$$C^{66}H^{88}Az^2O^{21} + 3H^2O = 2C^{26}H^{41}AzO^{10} + 2C^7H^6O^2$$

Japaconitine.   Japaconine.   Acide benzoïque.

[1] Wright et Luff, Soc. **35**, 887.

L'anhydride benzoïque transforme la japaconitine en un dérivé tétrabenzoylé de la japaconine.

L'acide tartrique est sans action sur la japaconitine, ce qui la fait considérer par Wright et Luff comme étant déjà un apodérivé.

M. Mandelin[1] et MM. Freund et Beck estiment que la japaconitine est identique à l'aconitine.

D. ALCALOÏDES DE L'ACONITUM HETEROPHYLLUM

Suivant M. Jowett[2], la racine de l'*Aconitum heterophyllum* Wall. contiendrait un alcaloïde de formule $C^{22}H^{31}AzO^2$, l'*atisine*. C'est une substance amorphe, un peu soluble dans l'eau, facilement soluble dans l'alcool, l'éther et le chloroforme, insoluble dans la ligroïne. Elle n'est pas vénéneuse. La base libre est lévogyre, ses sels sont dextrogyres.

E. ALCALOÏDES DE L'ACONITUM LYCOCTONUM

On est loin d'être fixé à leur égard. Hübschmann[3] a retiré de la racine de l'*Aconitum Lycoctonum* L. deux alcaloïdes qu'il a nommés *acolyctine* et *lycoctonine*. Wright les regarde comme identiques avec l'aconine et avec la pseudo-aconine.

MM. Draggendorff et Spohn[4] ont trouvé dans cette même racine la *lycaconitine*, $C^{27}H^{34}Az^2O^6 + 2H^2O$, et la *mycoctonine*, $C^{27}H^{30}Az^2O^8 + 5H^2O$. Ces deux alcaloïdes fourniraient, sous l'influence de l'eau bouillante ou de l'acide chlorhydrique, l'acolyctine de Hübschmann, la *lycaconine*, $C^{33}H^{56}Az^4O^8$, l'*acide lycoctonique*, $C^{17}H^{18}Az^2O^7$, et un acide dioxybenzoïque.

---

[1] Mandelin, A. Pharm. **223**, 97, 129, 161.
[2] Jowett, Soc. **69**, 1518.
[3] Hübschmann, J. **1886**, 483.
[4] Draggendorff et Spohn, *Pharmaceutische Zeitschrift für Russland*, **23**, 813.

XXI. ALCALOÏDES DES VÉRATRES

A. ALCALOÏDES DE LA CÉVADILLE

Le principe actif des semences de cévadille (*Veratrum Sabadilla* Retz., syn. *Sabadilla officinalis* Brandt, famille des Mélanthacées) a été isolé en 1818 par Meissner[1]. Il constitue la *vératrine* du commerce, laquelle se présente sous la forme d'une poudre blanche, amorphe, fusible vers 150°. Celle-ci n'est point une substance homogène ; ainsi qu'il résulte des travaux de MM. Schmidt et Köppen[2], Wright et Luff[3] et Bosetti[4], c'est un mélange d'au moins trois alcaloïdes bien définis :

la *vératrine cristallisée* (cévadine),	$C^{32}H^{49}AzO^9$
la *vératridine*, (vératrine amorphe),	$C^{37}H^{53}AzO^{11}$
et la *sabadilline*, (cévadilline),	$C^{34}H^{53}AzO^8$

(auxquels il faut ajouter deux bases récemment isolées par M. Merck[5] mais sur lesquelles on n'a encore que des données incomplètes, la *sabadine*, $C^{29}H^{51}AzO^8$, et la *sabadinine*, $C^{27}H^{45}AzO^8$).

De 10 kg de graines de cévadille, Wright et Luff[3] ont extrait 60-70 gr. de produits basiques, dont ils ont pu retirer à l'état de pureté 8-9 gr. de vératrine cristallisée, 5-6 gr. de vératridine et 2-3 gr. de sabadilline.

Les alcaloïdes sont liés dans la plante aux acides *cévadique* (Pelletier et Caventou[6]) et *vératrique*; le premier de ces acides est très probablement identique avec l'acide tiglique.

---

[1] Meissner, *Schweigger's Journal für Chemie und Physik*, **25**, 877.
[2] Schmidt et Köppen, B. **9**, 1115.
[3] Wright et Luff, Soc. **33**, 888.
[4] Bosetti, A. Pharm. **221**, 81.
[5] Merck, A. Pharm. **229**, 164.
[6] Pelletier et Caventou, A. ch. (2) **14**, 70.

1. Vératrine cristallisée.

Elle a été surtout étudiée par MM. Merck[1], Bosetti, Ahrens[2], et par Wright et Luff; ces derniers la désignent sous le nom de *cévadine*. Elle cristallise dans l'alcool en prismes fusibles à 205°, insolubles dans l'eau chaude et dans les alcalis, peu solubles dans l'éther, très solubles dans l'alcool. Elle est optiquement inactive (Buignet[3]).

La vératrine a une saveur âcre et brûlante; elle ne possède pas d'odeur, mais la plus petite quantité, introduite dans les fosses nasales, provoque de violents éternuements. Elle constitue un vomitif énergique et à plus forte dose un poison tétanique des plus redoutables.

Elle fournit des produits d'addition avec 2 et 4 atomes de brome (Ahrens).

Selon Wright et Luff, elle est dédoublée par la potasse alcoolique en *acide tiglique* et en *cévine:*

$$C^{32}H^{19}AzO^9 \;+\; H^2O \;=\; C^5H^8O^2 \;+\; C^{27}H^{13}AzO^8.$$
Vératrine.   Acide tiglique.   Cévine.

MM. Bosetti, Ahrens et Stransky[4] ont aussi constaté la facile saponification de la vératrine sous l'influence des alcalis (soude, ammoniaque, baryte) et même de l'eau à 200°, mais ils ont trouvé que le produit acide est l'*acide angélique;* ce ne serait, suivant ces auteurs, qu'au cours des opérations faites pour l'isoler, que celui-ci se convertirait en son isomère, l'acide tiglique.

L'oxydation de la vératrine au moyen du permanganate de potassium donne de l'acide acétique et de l'acide oxalique.

Sa distillation sèche a fourni à M. Ahrens de l'acide tiglique et de la *β-picoline;* en chauffant l'alcaloïde avec de la chaux, le même auteur a obtenu de la *β*-picoline, de la *β-pipécoline* et un hydrocarbure non saturé C^4H^8 qu'il regarde comme de l'isobutylène,

[1] Merck, A. **95**, 200.
[2] Ahrens, B. **23**, 2700.
[3] Buignet, J. **1861**, 49.
[4] Stransky, M. **11**, 482.

$(CH^3)^2\!=\!C\!=\!CH^2$, mais qui, étant donnée la constitution de l'acide tiglique, pourrait être aussi le butylène symétrique, $CH^3\!-\!CH\!=\!CH\!-\!CH^3$.

Acides angélique et tiglique. — Ces deux acides, qui ont été rencontrés dans un grand nombre de végétaux, sont isomériques et possèdent la formule $C^5H^8O^2$.

L'*acide angélique* cristallise en prismes fusibles à 45°,5; il distille à 185°. Lorsqu'on le maintient pendant un certain temps en ébullition, il se convertit en acide tiglique. La même transformation a lieu sous l'influence de l'acide sulfurique concentré à 100°.

L'*acide tiglique* se présente en cristaux tabulaires; il fond à 64°,5 et bout à 198°,5.

La constitution de ces deux acides est fixée par les réactions suivantes:

1. Ils fournissent tous deux par addition de brome l'acide dibromovalérique,

$$CH^3\!-\!CHBr\!-\!CBr\!\!<^{CH^3}_{COOH},$$

et par addition d'acide bromhydrique l'acide bromovalérique (Pagenstecher [1]),

$$CH^3\!-\!CH^2\!-\!CBr\!\!<^{CH^3}_{COOH}.$$

2. Ils donnent tous deux par réduction l'acide valérique (Berendes et Schmidt [2]),

$$CH^3\!-\!CH^2\!-\!CH\!\!<^{CH^3}_{COOH}.$$

3. L'éther tiglique prend naissance lorsqu'on fait agir le trichlorure de phosphore sur l'éther éthométhoxalique (Frankland et Duppa [3]),

$$CH^3\!-\!CH^2\!-\!COH\!\!<^{CH^3}_{COOC^2H^5}.$$

[1] Pagenstecher, A. **195**, 109.

[2] Berendes et Schmidt, A. **191**, 94.

[3] Frankland et Duppa, Soc. (2) **8**, 133.

4. L'acide tiglique se forme par distillation de l'acide α-méthyl-β-oxybutyrique (Rohrbeck [1]),

$$CH^3\text{—}CHOH\text{—}CH\underset{COOH}{\overset{CH^3}{<}}.$$

Ces faits ne permettent pas d'établir deux formules constitutionnelles distinctes pour les deux isomères. Ils représentent tous deux l'acide *γ-méthylcrotonique,*

$$CH^3\text{—}CH\text{=}C\underset{COOH}{\overset{CH^3}{<}}.$$

Leur isomérie est stéréochimique et de même ordre que celle des acides maléique et fumarique.

Cévine, $C^{27}H^{43}AzO^8$. — Cette base constitue une masse amorphe, facilement soluble dans l'eau et dans l'alcool, peu soluble dans l'éther. Elle fond, suivant Wright et Luff, à 145°. Elle donne par distillation avec la potasse de la méthylamine et un mélange de bases pyridiques (Stransky).

D'après ces données encore bien incomplètes, la formule de la vératrine peut s'écrire :

$$C^{27}H^{42}AzO^7\text{—}O\text{—}CO\text{—}C\underset{CH\text{—}CH^3}{\overset{CH^3}{<}}.$$

2. Vératridine.

$C^{37}H^{53}AzO^{11}$ suivant Wright et Luff [2]. Isolée en 1876 par MM. Schmidt et Köppen [3]. Corps amorphe, fusible à 180°, assez soluble dans l'eau. L'ébullition avec la soude alcoolique le dédouble en *acide vératrique et vérine :*

$$C^{37}H^{53}AzO^{11} \; + \; H^2O \; = \; C^9H^{10}O^4 \; + \; C^{28}H^{45}AzO^8$$

<table>
<tr><td>Vératridine.</td><td>Acide vératrique.</td><td>Vérine.</td></tr>
</table>

[1] Rohrbeck, A. **188**, 235.

[2] Wright et Luff, Soc. **33**, 853.

[3] Schmidt et Köppen, B. **9**, 1115.

Acide vératrique, $C^9H^{10}O^4$. — Il existe en petites quantités dans les graines de cévadille, d'où il a été retiré en 1839 par E. Merck[1]. Il se forme, non seulement dans la décomposition de la vératridine, mais aussi dans celle de plusieurs autres alcaloïdes, tels que la papavérine (page 290), la berbérine (page 319) et la pseudo-aconitine (page 346).

Il est assez soluble dans l'eau bouillante et se dépose presque entièrement par refroidissement sous la forme de prismes qui contiennent une molécule d'eau et fondent à 181°. Il est très soluble dans l'alcool et dans l'éther.

Il constitue l'éther diméthylique de l'acide protocatéchique, ou l'*acide diméthoxybenzoïque* 3, 4 :

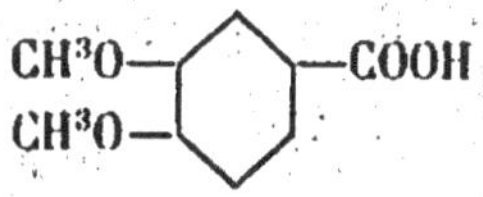

$$CH^3O-\!\!\!\bigcirc\!\!\!-COOH$$
$$CH^3O-$$

Cette formule est prouvée par les trois réactions suivantes :

1° L'acide vératrique se transforme en acide protocatéchique par fusion avec la potasse ou par l'action de l'acide iodhydrique à 160° (Körner[2]).

2° Il donne par distillation avec la baryte du vératrol (diméthyl-pyrocatéchine) (W. Merck[3]).

3° Il prend naissance dans le traitement de l'acide protocatéchique et de ses deux éthers monométhyliques, l'acide vanillique et l'acide isovanillique, au moyen de l'iodure de méthyle et de la potasse caustique (Kölle[4]).

Vérine, $C^{28}H^{45}AzO^8$. — Corps jaune, amorphe, fusible à 130°, très semblable à la cévine dont il serait, selon Wright et Luff, l'homologue supérieur. Il se pourrait cependant que ces deux bases fussent identiques.

[1] E. Merck, A. **29**, 188.
[2] Körner, B. **9**, 582.
[3] W. Merck, A. **108**, 60.
[4] Kölle, A. **159**, 241.

23

La vératridine étant la vératroylvérine, peut être représentée par l'expression

$$CH^3O-\bigcirc-CO-O-C^{28}H^{44}AzO^7$$
$$CH^3O-$$

3. Sabadilline.

Cette base a été retirée en 1834 par Couerbe[1] de la vératrine du commerce. D'après cet auteur, elle posséderait la formule $C^{21}H^{37}AzO^7$ et cristalliserait dans le benzène en aiguilles ou en paillettes insolubles dans l'éther, facilement solubles dans l'alcool et dans l'eau bouillante; elle ne provoquerait ni éternuements ni vomissements.

Wright et Luff ont décrit sous le nom de *cévadilline* un alcaloïde qu'ils regardent comme identique avec la sabadilline de Couerbe, bien qu'ils n'aient pu réussir à l'obtenir à l'état cristallisé. Ils lui attribuent la formule $C^{34}H^{58}AzO^9$ et ont observé que les alcalis le dédoublent en *acide tiglique* et *cévilline:*

$$C^{34}H^{53}AzO^8 \ + \ H^2O \ = \ C^5H^6O^2 \ + \ C^{29}H^{47}AzO^7$$
Cévadilline.   Acide tiglique. Cévilline.

B. ALCALOÏDES DE L'ELLÉBORE BLANC

La racine de l'ellébore blanc (*Veratrum album* L.) et celle d'espèces voisines (*V. viride* Ait. et *V. Lobelianum* Bernh.) contiennent, à côté d'une petite quantité de vératrine (Pelletier et Caventou[2]), plusieurs autres alcaloïdes, parmi lesquels les trois suivants semblent seuls nettement caractérisés :

Jervine,	$C^{26}H^{37}AzO^3$.
Pseudojervine,	$C^{29}H^{43}AzO^7$.
Rubijervine,	$C^{26}H^{43}AzO^2$.

[1] Couerbe, A. ch. (2) **52**, 352.
[2] Pelletier et Caventou, A. ch. (2) **14**, 69.

Ces bases sont liées dans la plante à un acide que Pelletier et Caventou prirent pour de l'acide gallique; Weppen[1] le considéra comme un acide particulier et lui donna le nom d'*acide jervique* et la formule $C^{14}H^{10}O^{12}+2H^2O$; selon M. Schmidt[2], il serait identique avec l'*acide chélidonique* (page 20).

1. Jervine.

La jervine a été découverte en 1837 par Simon[3]. Elle cristallise dans l'alcool en prismes dont la composition répond à la formule $C^{26}H^{37}AzO^3+2H^2O$. Elle perd son eau de cristallisation à 100° et fond à 238-242° (Salzberger[4]).

Elle est presque insoluble dans l'eau, très peu soluble dans l'éther, plus soluble dans l'alcool. Elle est peu toxique et n'est pas décomposée par la potasse alcoolique.

2. Pseudojervine.

$C^{29}H^{43}AzO^7$ (Wright et Luff[5]). Cristaux fusibles vers 300°, peu solubles dans l'alcool, presque insolubles dans l'éther. Cet alcaloïde n'est pas vénéneux; la potasse alcoolique ne l'attaque pas.

3. Rubijervine.

$C^{26}H^{43}AzO^2$ (Wright et Luff[5]). Cristaux fusibles à 237°, dépourvus de propriétés toxiques.

[1] Weppen, A. Pharm. **202**, 101, 193.
[2] Schmidt, A. Pharm. **224**, 513.
[3] Simon, A. ch. (2) **24**, 214.
[4] Salzberger, A. Pharm. **228**, 462.
[5] Wright et Luff, Soc. **35**, 405.

XXII. COLCHICINE

Pelletier et Caventou [1] retirèrent en 1819 du colchique *(Colchicum autumnale* L., famille des Mélanthacées) une substance basique qu'ils prirent pour de la vératrine. En 1833, Geiger et Hesse [2], l'ayant préparée de nouveau, y virent un alcaloïde particulier et lui donnèrent le nom de *colchicine*, mais il résulte des recherches subséquentes qu'ils n'eurent entre les mains qu'un mélange. Ce fut Hübler [3] qui le premier, en 1864, réussit à isoler à l'état de pureté l'alcaloïde du colchique.

Après lui, la colchicine a été étudiée principalement par MM. Hertel [4], Bender [5] et Zeisel [6].

Elle existe, probablement à l'état libre, dans toutes les parties de la plante, mais surtout dans les bulbes (0,2 %) et dans les semences (0,4 %).

Hübler lui avait attribué la formule $C^{17}H^{19}AzO^5$, MM. Hertel et Bender $C^{17}H^{23}AzO^6$. D'après les travaux plus récents de M. Zeisel il convient d'adopter l'expression $C^{22}H^{25}AzO^6$.

La colchicine constitue une masse amorphe, résineuse, de couleur jaune pâle. Elle fond à 145°; elle se dissout très aisément dans l'eau et dans l'alcool, à peine dans l'éther; sa réaction est neutre. Les acides minéraux la colorent en jaune sans former de sels avec elle. Elle ne se combine pas davantage aux iodures alcooliques. Sa solution aqueuse est lévogyre.

[1] Pelletier et Caventou, A. ch. (2) **14**, 69.
[2] Geiger et Hesse, A. **7**, 274.
[3] Hübler, A. Pharm (2) **121**, 193.
[4] Hertel, *Pharmaceutische Zeitschrift für Russland*, **20**, 299.
[5] Bender, *Pharmaceutische Centralhalle*, **26**, 291.
[6] Zeisel, M. **4**, 162; **7**, 557; **9**, 1, 865.

La colchicine est extrêmement vénéneuse ; elle possède à faible dose des propriétés purgatives et vomitives. Son action est analogue à celle de la vératrine ; elle ne provoque cependant pas l'éternuement.

Les acides minéraux convertissent, même à froid, la colchicine en une substance cristallisée. Oberlin [1], qui le premier observa ce fait, donna au produit le nom de *colchicéine*. M. Zeisel remarqua plus tard qu'il y a en même temps formation d'alcool méthylique. La transformation de la colchicine en colchicéine s'effectue donc selon l'équation :

$$C^{22}H^{25}AzO^6 + H^2O = C^{21}H^{23}AzO^6 + CH^3OH$$

Colchicine.   Colchicéine.

M. Zeisel a réussi à reproduire la colchicine en chauffant la colchicéine avec l'iodure de méthyle en présence de méthylate de sodium, ou plus simplement en saturant par le gaz chlorhydrique sa solution dans l'esprit de bois. Il en conclut que la colchicéine est un acide et la colchicine son éther méthylique :

Colchicéine . . . . $C^{20}H^{22}AzO^4 (COOH)$
Colchicine . . . . . $C^{20}H^{22}AzO^4 (COOCH^3)$.

Cette manière de voir est confirmée par le fait que la colchicine, chauffée à 100° avec de l'ammoniaque alcoolique, fournit une amide, la *colchicamide,* $C^{20}H^{22}AzO^4-COAzH^2$, que la soude alcoolique décompose en colchicéine et ammoniaque.

La *colchicéine* forme des aiguilles prismatiques ou des tables qui renferment de l'eau de cristallisation ; elle fond à l'état hydraté à 140° et après dessiccation à 172°. Elle est très peu soluble dans l'eau, très soluble dans l'alcool et insoluble dans l'éther. Ses solutions sont lévogyres et ont une réaction neutre. Les acides la dissolvent en jaune ; elle est soluble également dans les alcalis et dans les carbonates alcalins.

Son étude, faite par M. Zeisel, a donné les résultats suivants :

La colchicéine renferme 3 groupes méthoxyle et un groupe acétyle. Chauffée avec l'acide chlorhydrique, elle perd d'abord ce dernier sous la forme d'acide acétique, puis les trois méthoxyles à l'état de chlorure de méthyle, et l'on obtient successivement:

[1] Oberlin, A. ch. (3) **50**, 108.

l'*acide triméthylcolchicique*, $C^{15}H^{11}Az(OCH^3)^3(COOH)$, (aiguilles fusibles à 159?),

l'*acide diméthylcolchicique*, $C^{15}H^{11}Az(OCH^3)^2(OH)(COOH)$, (prismes fusibles à 141-142°),

et l'*acide colchicique*, $C^{15}H^{11}Az(OH)^3(COOH)$, (flocons bruns).

La facile élimination du groupe acétyle de la colchicéine indique qu'il n'est pas lié à du carbone. Il ne saurait l'être à l'un des atomes d'oxygène puisque ceux-ci font tous partie de méthoxyles ou de carboxyles. Il est donc attaché à l'atome d'azote ; cela résulte aussi du fait que l'acide triméthylcolchicique, chauffé à 100° avec de l'anhydride acétique, régénère la colchicéine. Celle-ci doit donc se formuler

$$C^{15}H^{10}(AzCOCH^3)(OCH^3)^3(COOH).$$

La colchicéine renferme en outre un groupe AzH. Lorsqu'on la traite par l'iodure de méthyle, on obtient principalement, ainsi que nous l'avons dit plus haut, de la colchicine. Mais il se forme en même temps, par l'action de deux molécules de l'iodure, une faible quantité d'un composé homologue, la *méthylcolchicine*, $C^{23}H^{27}AzO^6$. Ce corps, qui est amorphe comme la colchicine, est décomposé à 165° par l'acide chlorhydrique en donnant de l'acide acétique, du chlorure de méthyle et de la méthylamine. Cela prouve que le second groupe méthyle introduit dans la molécule de la colchicéine s'est substitué à un atome d'hydrogène lié à l'azote.

Ces observations conduisent aux formules suivantes :

Acide triméthylcolchicique $C^{15}H^9(AzH^2)(OCH^3)^3(COOH)$
Colchicéine. . . . . . . $C^{15}H^9(AzHCOCH^3)(OCH^3)^3(COOH)$
Colchicine . . . . $C^{15}H^9(AzHCOCH^3)(OCH^3)^3(COOCH^3)$.

Ces formules montrent que, dans la colchicine et ses dérivés, l'atome d'azote ne fait pas partie d'une chaîne fermée.

XXIII. GROUPE DE LA XANTHINE

On réunit sous cette dénomination une série de sept alcaloïdes très voisins les uns des autres sous le rapport de leur constitution chimique. Ce sont :

1. la caféine, $C^8H^{10}Az^4O^2$
2. la théobromine, $C^7H^8Az^4O^2$
3. la théophylline, $C^7H^8Az^4O^2$
4. la xanthine, $C^5H^4Az^4O^2$
5. l'hypoxanthine, $C^5H^4Az^4O$
6. la guanine, $C^5H^5Az^5O$
7. l'adénine, $C^5H^5Az^5$

Ces bases constituent les principes actifs d'un certain nombre de produits végétaux dont l'emploi comme stimulants est aujourd'hui général, à savoir le thé, le café, le cacao, le maté, la guarana et la noix de Cola.

Les feuilles de thé contiennent toute la série des alcaloïdes ci-dessus, à l'exception de la théobromine et de la guanine, mais c'est la caféine qui y prédomine de beaucoup (2-2,5 %).

Les graines de cacao sont caractérisées par la présence de la théobromine (1-4 %); elles renferment en outre une petite quantité de caféine.

La caféine se trouve seule dans les semences (0,5-2,2 %) et les feuilles (1,3 %) du caféier, dans le maté (1,2 %) et dans la guarana (jusqu'à 5 %).

La noix de Cola renferme de la caféine (2,3 %) et un peu de théobromine (0,02 %).

Les quatre derniers alcaloïdes de la série sont en outre très abondamment répandus dans le règne animal ; on les a rencontrés dans presque tous les organes des animaux supérieurs. Ils existent aussi dans les semences, germes et racines d'un grand nombre de plantes. Cela s'explique par le fait que ces substances sont des produits de décomposition de la *nucléine*, partie constituante des cellules dans les deux règnes. Elles sont, sous ce rapport, en relation avec l'acide urique, dont elles se rapprochent du reste beaucoup par leur structure chimique.

1. Caféine.

La caféine, ou *théine*, a été découverte en 1820 par Runge[1] dans le café, graine du *Coffea arabica* L. (famille des Rubiacées); elle y est liée aux acides citrique et cafétannique. Elle se trouve aussi dans les feuilles du même végétal (Stenhouse[2]).

Elle existe dans plusieurs autres plantes; elle a été retirée,

en 1827 par Oudry[3] du thé, feuilles du *Thea chinensis* L. (famille des Caméliacées);

en 1840 par Martius[4] de la guarana, aliment que l'on prépare au Brésil avec les fruits du *Paullinia sorbilis* Mart. (famille des Sapindacées);

en 1843 par Stenhouse[5] du maté, feuilles de l'*Ilex paraguariensis* St Hil. (famille des Ilicinées);

en 1865 par M. Attfield[6] de la noix de Cola, fruit du *Cola acuminata* R. Br. (famille des Sterculiacées);

enfin en 1883 par M. E. Schmidt[7] des semences du *Theobroma Cacao* L. (même famille).

La formule de la caféine est $C^8H^{10}Az^4O^2$. Elle cristallise dans l'eau chaude en aiguilles soyeuses qui contiennent une molécule d'eau de cristallisation. Son point de fusion est situé à 234-235°; elle se sublime facilement et distille même sans altération. Elle est peu soluble à froid dans l'eau, l'alcool et l'éther; elle se dissout

[1] Runge, *Schweigger's Journal für Chemie und Physik*, **31**, 308.

[2] Stenhouse, A. **89**, 244.

[3] Oudry, *Magazin für Pharmacie*, **19**, 49.

[4] Martius, A. **36**, 93.

[5] Stenhouse, A. **45**, 366; **46**, 227.

[6] Attfield, *Pharmaceutical Journal*, (2) **6**, 457.

[7] Schmidt, A. **217**, 806.

facilement à chaud dans ces mêmes véhicules, ainsi que dans le chloroforme et le benzène. C'est une base faible, à réaction neutre, et dont les sels sont dissociés par l'eau. Elle fonctionne habituellement comme base monoacide ; cependant on peut en préparer, dans certaines conditions, un dichlorhydrate. Elle ne possède pas de propriétés acides.

La caféine a une saveur légèrement amère ; ses propriétés toxiques sont peu prononcées ; on l'emploie comme diurétique.

Elle renferme trois groupes méthyle liés à l'azote ; cela résulte non seulement de sa formation par méthylation de la théobromine et de la théophylline, qui en possèdent chacune deux (voyez plus loin), mais aussi de la détermination directe qu'en ont faite MM. Herzig et Meyer [1]. On doit donc écrire sa formule

$$C^5HAzO^2(AzCH^3)^3.$$

La caféine est un corps non saturé ; elle fixe le brome pour former un dibromure amorphe et instable.

Elle fournit aussi avec les halogènes des produits de substitution. Le chlore, agissant sur la base libre mise en suspension dans l'eau ou dissoute dans le chloroforme, donne naissance à une *chlorocaféine*, $C^8H^9ClAz^4O^2$ (Rochleder [2], E. Fischer [3]); celle-ci forme des aiguilles fusibles à 183°, très peu solubles dans l'eau froide et ne possédant plus de propriétés basiques. En chauffant la caféine à 150° avec du brome, on obtient de même une *bromocaféine*, $C^8H^9BrAz^4O^2$ (aiguilles fusibles à 206°) (Schultzen [4], E. Fischer [3]).

Dans ces deux dérivés, l'atome d'halogène est très mobile et peut être facilement remplacé par d'autres atomes. Traitées à 30° par l'ammoniaque alcoolique, la chlorocaféine et la bromocaféine fournissent une *aminocaféine*, $C^8H^9Az^4O^2(AzH^2)$; la potasse alcoolique les convertit en *éthoxycaféine*, $C^8H^9Az^4O^2(OC^2H^5)$, la soude en solution dans l'alcool méthylique en *méthoxycaféine*, $C^8H^9Az^4O^2(OCH^3)$; enfin, chauffées avec de la poudre de zinc et de l'acide chlorhydrique, elles régénèrent la caféine. Cela montre que l'atome

---

[1] Herzig et Meyer, M. **15**, 613.
[2] Rochleder, J. **1850**, 485.
[3] E. Fischer, A. **215**, 262 ; **221**, 336.
[4] Schultzen, *Zeitschrift für Chemie*, **1867**, 614.

de chlore ou de brome qu'elles renferment est lié au carbone. Il en résulte que, dans la caféine, le seul atome d'hydrogène qui ne fasse pas partie d'un groupe méthylique, est attaché, lui aussi, à un atome de carbone, et non à l'azote ou à l'oxygène.

L'éthoxycaféine est saponifiée par ébullition avec l'acide chlorhydrique étendu ; il se dégage du chlorure de méthyle et il se forme un corps de formule $C^8H^{10}Az^4O^3$, l'*oxycaféine* (ou *hydroxycaféine*). Celle-ci se présente en aiguilles très peu solubles dans l'eau froide, l'alcool et l'éther et fusibles vers 345° ; elle possède des propriétés acides et fixe, comme la caféine, deux atomes de brome ; le perchlorure de phosphore la transforme en chlorocaféine.

Les nombreuses recherches qui ont été effectuées pour déterminer la constitution chimique de la caféine ont eu pour premier résultat de montrer que cette base est dans un rapport étroit avec l'acide urique.

Cela découle tout d'abord de la nature de ses produits d'oxydation. On sait que l'acide urique se dédouble, lorsqu'on le traite par un mélange de chlorate de potasse et d'acide chlorhydrique, en *alloxane* et *urée*. En s'appuyant sur la formule de l'acide urique telle qu'elle a été proposée en 1875 par M. Medicus et définitivement établie en 1884 par M. E. Fischer [1], on doit représenter cette réaction par l'équation suivante :

$$
\begin{array}{c}
\text{O} \\
\| \\
\text{C} \\
\text{HAz} \quad\quad \text{C—AzH} \\
| \quad\quad\quad \| \\
\text{OC} \quad\quad \text{C—AzH} \\
\text{Az} \\
| \\
\text{H}
\end{array}
\!\!\Big\rangle\text{CO}
\; + \; H^2O \; + \; O \; = \;
\begin{array}{c}
\text{O} \\
\| \\
\text{C} \\
\text{HAz} \quad\quad \text{CO} \\
| \quad\quad\quad | \\
\text{OC} \quad\quad \text{CO} \\
\text{Az} \\
| \\
\text{H}
\end{array}
\!\!\Big\rangle\text{CO}
\; + \;
\begin{array}{c}
H^2Az \\
H^2Az
\end{array}
\!\!\Big\rangle\text{CO}
$$

Acide urique.   Alloxane.   Urée.

La caféine, traitée de la même manière, se décompose en *diméthylalloxane* et *monométhylurée* (Rochleder [2], Maly et Andreasch [3]):

---

[1] E. Fischer, B. **17**, 1776.
[2] Rochleder, A. **50**, 231 ; **63**, 201 ; **69**, 120 ; **71**, 1.
[3] Maly et Andreasch, M. **3**, 92.

$$C^8H^{10}Az^4O^2 + H^2O + O =$$

Caféine.   Diméthylalloxane.   Méthylurée.

La relation de constitution qui rattache la caféine à l'acide urique a été ensuite démontrée par les remarquables travaux publiés dès 1881 par M. Emile Fischer[1] et qui viennent d'aboutir à la synthèse totale de cet alcaloïde. Au cours de ces longues recherches M. Fischer a préparé un grand nombre de dérivés de la caféine et les a successivement dédoublés en corps plus simples de la structure desquels il a pu remonter à celle de l'alcaloïde lui-même.

Nous nous abstiendrons, pour ne pas trop allonger ce chapitre, de décrire tous ces dérivés, et nous nous bornerons à signaler les points suivants, qui suffisent à eux seuls à établir la formule de la caféine.

Parmi les produits de décomposition de la caféine, M. Fischer a obtenu la *méthylhydantoïne,*

En rapprochant ce résultat de ceux que fournit l'oxydation, on voit que la molécule de la caféine est, comme celle de l'acide urique, formée de l'association de deux noyaux azotés, l'un de six atomes qui est celui de l'alloxane, l'autre de cinq, qui existe dans l'hydantoïne; deux des groupes méthyliques sont contenus dans le premier de ces noyaux, un dans le second. Il existe donc, dans la

---

[1] E. Fischer, B. **14**, 637, 1905; **15**, 29; **17**, 1785; **30**, 549, 559; A. **215**, 253; **221**, 336.

caféine, un groupement d'atomes représenté par l'un ou l'autre des
schémas suivants :

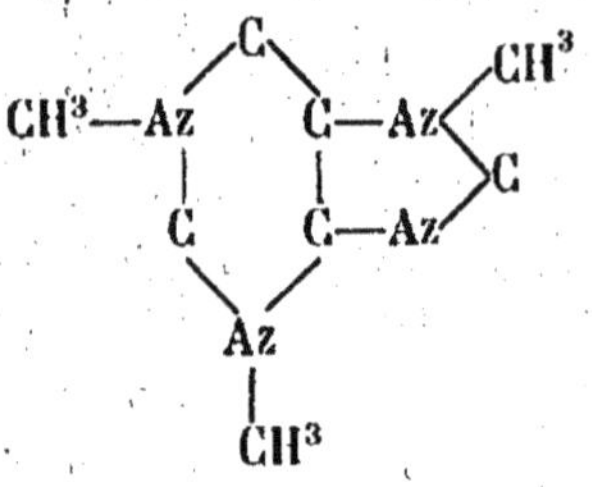

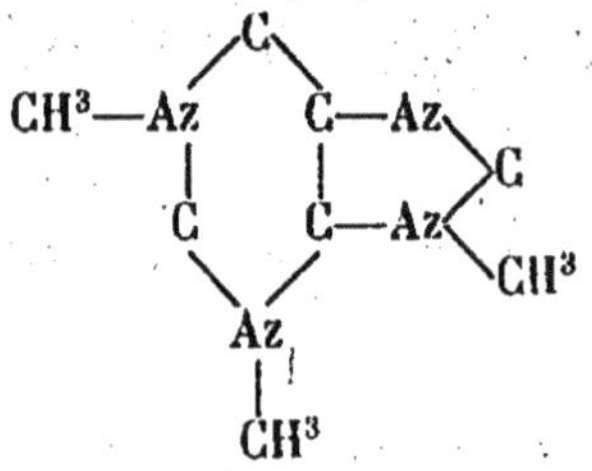

Auquel convient-il de donner la préférence ? La réponse à cette
question est fournie par un autre produit de décomposition, obtenu
par M. Fischer, la *diméthyloxamide,*

$$CH^3—AzH—CO—CO—AzH—CH^3.$$

Si l'on considère les deux schémas ci-dessus, on voit que le premier seul renferme une chaîne d'atomes capable de fournir la
diméthyloxamide par rupture des deux noyaux ; c'est donc lui qui
doit être préféré.

Il s'agit maintenant de répartir autour de ce squelette moléculaire les deux atomes d'oxygène, l'atome d'hydrogène et la double
liaison qui doivent venir le compléter. Plusieurs arrangements sont
possibles ; ils conduisent à différentes formules de la caféine qui ont
été tour à tour adoptées et abandonnées. On peut aujourd'hui regarder la question comme définitivement tranchée, grâce aux dernières observations de M. Fischer sur *l'oxycaféine.*

M. Fischer a trouvé que ce composé, dont nous avons indiqué
la formation à partir de la caféine, est de *l'acide urique trimé-
thylé,*

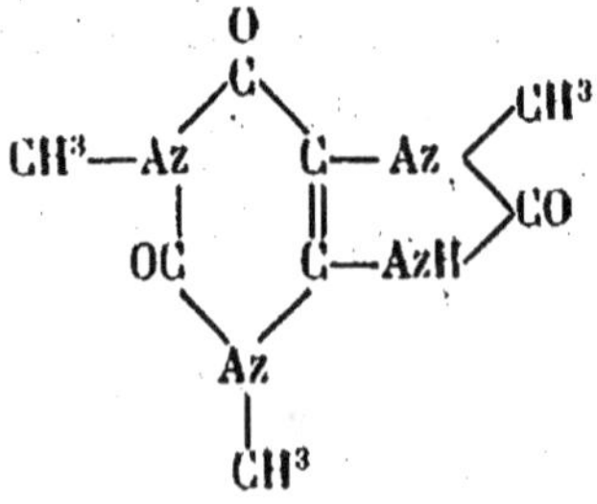

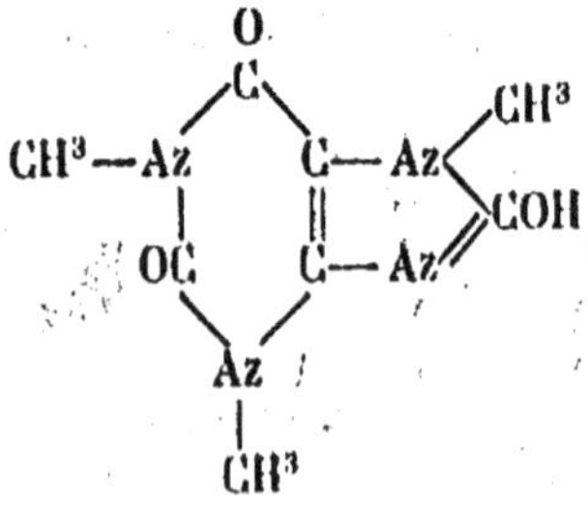

En traitant sa solution dans la soude caustique par l'iodure de méthyle à la température de 100°, on obtient l'*acide tétraméthylurique*, qui peut être préparé aussi par méthylation directe de l'acide urique[1].

Lorsqu'on chauffe le sel d'argent de l'oxycaféine avec de l'iodure de méthyle, il se forme un mélange d'acide tétraméthylurique et de *méthoxycaféine* :

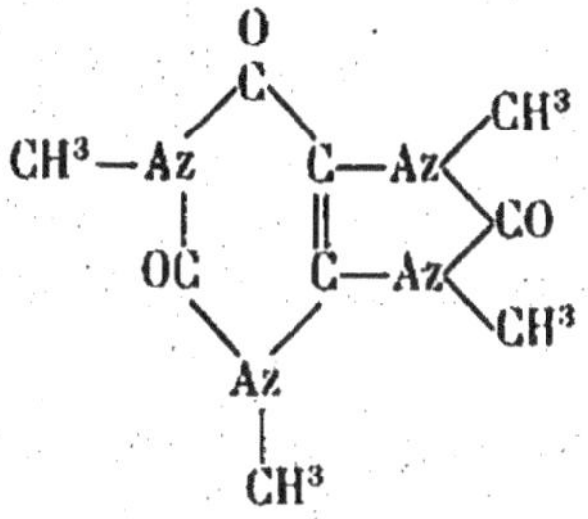

$$CH^3—Az\begin{array}{c}O\\ \|\\ C\end{array}\quad C—Az\begin{array}{c}CH^3\\ CO\\ CH^3\end{array}$$

Acide tétraméthylurique. 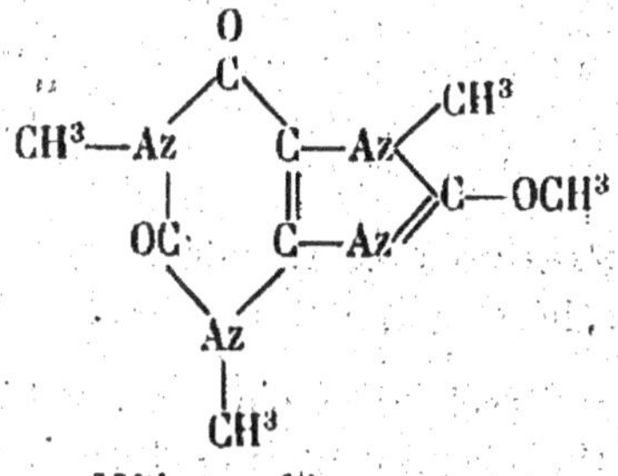   Méthoxycaféine.

La production simultanée de ces deux corps montre que l'oxycaféine peut réagir sous deux formes tautomériques caractérisées par les groupements —AzH—CO— et —Az=COH—. Or ces groupements ne peuvent exister que dans le noyau de l'hydantoïne; c'est donc bien dans ce noyau que se trouve le méthoxyle de la méthoxycaféine.

La méthoxycaféine prend aussi naissance, comme nous l'avons dit, par l'action d'une solution de soude dans l'alcool méthylique sur la chlorocaféine. Celle-ci devra donc se formuler :

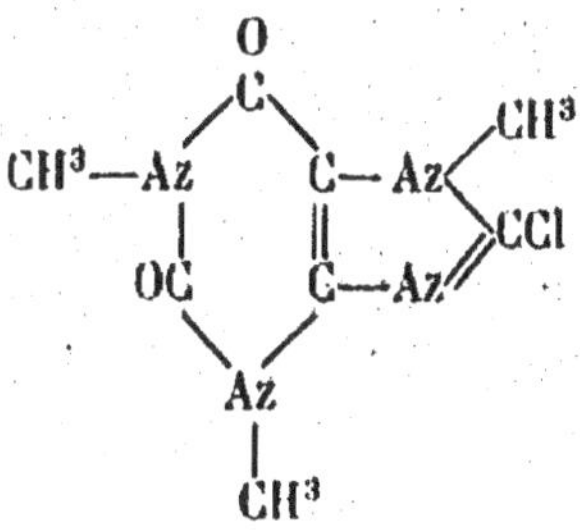

Chlorocaféine.

[1] E. Fischer, B. **17**, 1776 ; *Chemiker Zeilung*, **21**, 881.

et la caféine elle-même :

$$\begin{array}{c} \text{O} \\ \| \\ \text{C} \end{array}$$

CH³—Az | C—Az — CH³ / CH
| C—Az
OC | C—Az / CH
| Az
CH³

Caféine.

Synthèses de la caféine. — On connaît aujourd'hui plusieurs synthèses, partielles ou totales, de la caféine.

1. Strecker[1] l'a obtenue, en 1861, en chauffant le sel d'argent de la théobromine avec l'iodure de méthyle :

$$C^7H^7Az^4O^2Ag \;+\; CH^3I \;=\; C^8H^{10}Az^4O^2 \;+\; AgI$$

Théobromine   Caféine.
argentique.

2. M. Kossel[2] l'a préparée en 1888 en méthylant la théophylline par le même procédé.

3. En 1895, MM. Fischer et Ach[3] ont effectué la synthèse de la théophylline à partir des éléments (voyez page 370); ils ont par conséquent réalisé du même coup la première synthèse totale de la caféine.

4. Tout récemment (1897), M. E. Fischer[4] a obtenu l'oxycaféine et la caféine en partant de la diméthylalloxane, au moyen des réactions suivantes :

La diméthylalloxane et le sulfite de méthylamine se combinent pour donner un produit d'addition que l'acide chlorhydrique concentré décompose avec formation de *triméthyluramile* :

---

[1] Strecker, A. **118**, 151.

[2] Kossel, *Zeitschrift für physiologische Chemie*, **13**, 305.

[3] E. Fischer et Ach, B. **28**, 3135.

[4] E. Fischer, B. **30**, 559.

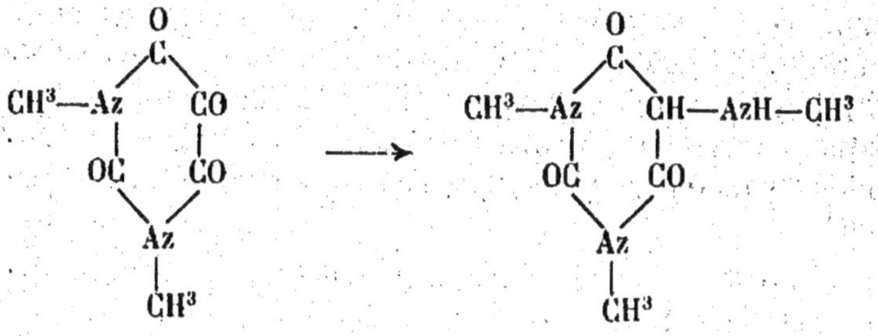

$$CH^3—Az \quad CO \quad \longrightarrow \quad CH^3—Az \quad CH—AzH—CH^3$$

Diméthylalloxane.   Triméthyluramile.

Le triméthyluramile, chauffé au bain-marie avec une solution aqueuse de cyanate de potassium, fournit l'*acide triméthyl-pseudo-urique*,

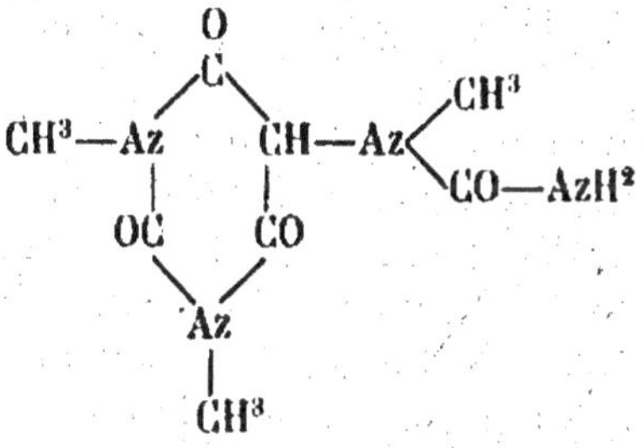

Lorsqu'on chauffe celui-ci à l'ébullition avec de l'acide chlorhydrique étendu, il se transforme, par départ d'une molécule d'eau, en acide triméthylurique ou *oxycaféine :*

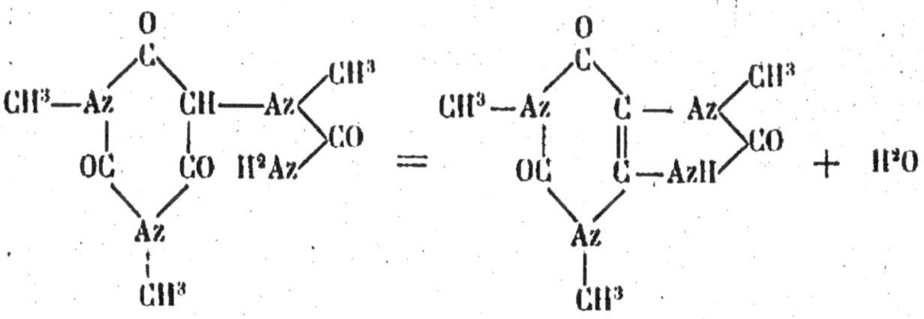

Acide triméthylpseudo-urique.   Oxycaféine.

On a vu comment l'oxycaféine peut être convertie en caféine.

5. Enfin la caféine a été préparée par M. Fischer[1] en partant de l'acide urique. Cet acide est d'abord transformé en son dérivé tétraméthylé, puis on traite celui-ci par l'oxychlorure de phosphore. Il se forme alors, selon l'équation suivante, du phosphate triméthylique et de la *chlorocaféine*, que l'on convertit en caféine par réduction :

$$3C^5Az^4O^3(CH^3)^4 \; + \; POCl^3 \; = \; 3C^5Az^4O^2Cl(CH^3)^3 \; + \; PO(OCH^3)^3$$

Acide tétraméthylurique.   Chlorocaféine.

2. Théobromine.

La théobromine a été extraite du cacao en 1842 par Woskresensky[2] ; elle y est liée à l'acide malique. Selon MM. Heckel et Schlagdenhauffen[3], elle existe aussi en petite quantité dans la noix de Cola.

Elle a été obtenue artificiellement par M. E. Fischer[4] en traitant le sel de plomb de la xanthine par l'iodure de méthyle.

Sa formule est $C^7H^8Az^4O^2$. Elle cristallise en aiguilles microscopiques, anhydres, très peu solubles à froid dans l'eau et dans l'alcool, presque insolubles dans l'éther. Elle se sublime à 290-295° sans fondre ; en la chauffant en tubes scellés on peut cependant observer son point de fusion, qui est situé à 329-330° (Michael[5]).

Les propriétés physiologiques de la théobromine sont semblables à celle de la caféine.

C'est une base faible, monoacide, à réaction neutre ; ses sels sont dissociés par l'eau ; elle ne se combine pas aux iodures alcooliques. Elle possède des propriétés acides qui font défaut à la caféine, et elle forme avec les bases des combinaisons qui renferment un équivalent de métal.

La théobromine renferme deux groupes méthyle liés à l'azote (Herzig et Meyer[6]). Ses sels d'argent ou de potassium, chauffés à

[1] E. Fischer, *Chemisches Centralblatt*, **1897**, 851 ; *Chemiker Zeitung*, **21**, 27.
[2] Woskresensky, A. **41**, 125.
[3] Heckel et Schlagdenhauffen, Bl. (2) **38**, 250.
[4] E. Fischer, B. **15**, 453 ; A. **215**, 305.
[5] Michael, B. **28**, 1629.
[6] Herzig et Meyer, M. **15**, 613.

100° avec de l'iodure de méthyle, donnent la caféine (Strecker[1]).
Avec l'iodure d'éthyle on obtient l'*homocaféine*, $C^9H^{12}Az^4O^2$, sous
la forme d'aiguilles fusibles à 164-165 ° (van der Slooten[2]).

Ces faits montrent que la théobromine est de la caféine dans laquelle un groupe méthyle est remplacé par un atome d'hydrogène. Il ne reste plus qu'à déterminer lequel des trois méthyles de la caféine manque à la théobromine. L'observation suivante de M. E. Fischer[3] donne une indication à ce sujet. Ce savant a constaté que l'action du chlorate de potasse et de l'acide chlorhydrique sur la théobromine fournit de la *monométhylalloxane* et de la *monométhylurée*. On a vu que la caféine est dédoublée dans les mêmes conditions en diméthylalloxane et monométhylurée. Il faut en conclure que celui des groupes méthyle qui fait défaut à la théobromine est un de ceux du noyau alloxanique; on arrive ainsi aux deux formules suivantes, entre lesquelles rien ne permet actuellement de décider :

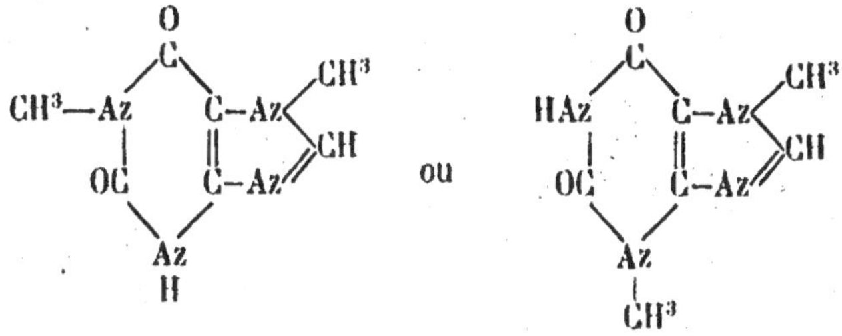

Théobromine.

3. Théophylline.

Cet alcaloïde, isomère de la théobromine, a été retiré des feuilles de thé par M. Kossel[4] en 1888. Il est en tables fusibles à 264° et cristallise avec une molécule d'eau. Il est peu soluble dans l'alcool et facilement soluble dans l'eau bouillante. Il présente, comme la théobromine, le caractère d'un acide monobasique faible.

Son sel d'argent, chauffé avec de l'iodure de méthyle, donne la

[1] Strecker, A. **118**, 151.
[2] van der Slooten, *Apotheker Zeitung*, **12**, 5.
[3] E. Fischer, B. **15**, 453; A. **215**, 805.
[4] Kossel, B. **21**, 2164 ; *Zeitschrift für physiologische Chemie*, **13**, 298.

caféine (Kossel). La théophylline représente donc, comme la théobromine, de la caféine dans laquelle un des groupes méthyle serait remplacé par un atome d'hydrogène.

Traitée par le chlorate de potasse et l'acide chlorhydrique, la théophylline fournit la même *diméthylalloxane* que la caféine. Les deux groupes méthyle qui, dans ce dernier alcaloïde, font partie du noyau alloxanique se retrouvent donc dans la théophylline, et c'est le méthyle lié au noyau hydantoïque qui lui fait défaut :

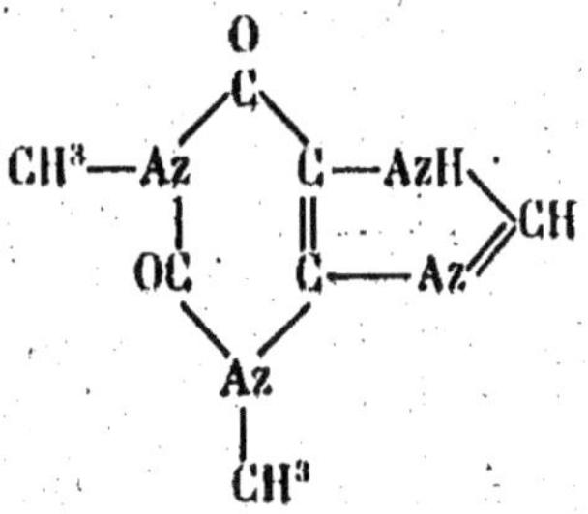

Théophylline.

MM. Emile Fischer et Ach[1] ont réalisé, en 1895, la synthèse totale de la théophylline, synthèse qui implique celle de la caféine, puisque le premier de ces alcaloïdes fournit le second par une simple méthylation. Voici la série des réactions qui ont conduit à cet important résultat :

1. L'acide malonique, traité successivement par le perchlorure de phosphore et par la diméthylurée, donne l'*acide diméthylbarbiturique* (Mulder[2]) :

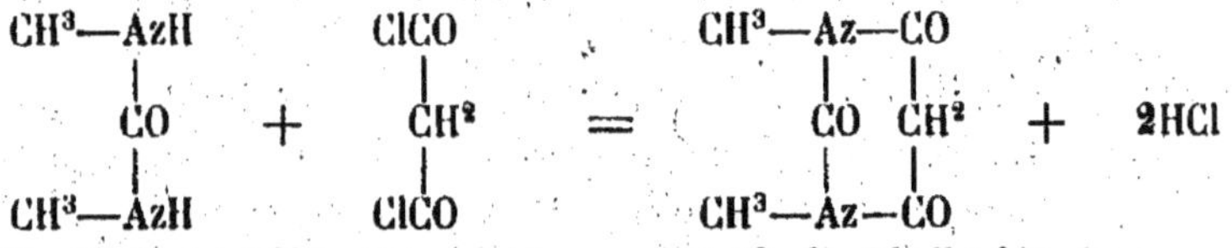

Diméthylurée. Chlorure malonique. Acide diméthylbarbiturique.

2. Lorsqu'on ajoute du nitrite de soude à la solution aqueuse de l'acide diméthylbarbiturique, on obtient l'*acide diméthylviolurique* (Fischer et Ach[1]) :

[1] Fischer et Ach, B. **28**, 3135.
[2] Mulder, B. **12**, 466.

$$CH^3-Az \diagdown C(=O) \diagup CH^2 + HAzO^3 = CH^3-Az \diagdown C(=O) \diagup C=AzOH + H^2O$$

Acide diméthylbarbiturique.   Acide diméthylviolurique.

3. La réduction de l'acide diméthylviolurique au moyen de l'acide iodhydrique donne naissance au *diméthyluramile* (Techow[1]) :

$$CH^3-Az \diagdown C(=O) \diagup C=AzOH + 4H = CH^3-Az \diagdown C(=O) \diagup CH-AzH^2 + H^2O$$

Acide diméthylviolurique.   Diméthyluramile.

4. Le diméthyluramile, chauffé à 100° avec une solution concentrée de cyanate de potassium, fournit l'*acide diméthyl-pseudo-urique* (Techow) :

$$CH^3-Az \diagdown C(=O) \diagup CH-AzH^2 + CAzOH = CH^3-Az \diagdown C(=O) \diagup CH\text{-}AzH\text{-}CO\text{-}AzH^2$$

Diméthyluramile.   Acide diméthyl-pseudo-urique.

5. L'acide diméthyl-pseudo-urique perd les éléments d'une molécule d'eau lorsqu'on le chauffe avec de l'acide oxalique ou mieux

---

[1] Techow, B. **27**, 3082.

encore avec de l'acide chlorhydrique; le produit est l'*acide γ-diméthylurique* (Fischer et Ach) :

$$CH^3-Az<\begin{matrix}CO\\OC\end{matrix}>\begin{matrix}CH-AzH\\CO\quad H^2Az\end{matrix}>CO = CH^3-Az<\begin{matrix}CO\\OC\end{matrix}>\begin{matrix}C-AzH\\C-AzH\end{matrix}>CO + H^2O$$

Acide diméthyl-pseudo-urique.　　　　Acide γ-diméthylurique.

6. Chauffé à 150° avec un mélange de perchlorure et d'oxychlorure de phosphore, l'acide γ-diméthylurique se convertit en *chlorothéophylline* (Fischer et Ach) :

$$CH^3-Az<\begin{matrix}CO\\OC\end{matrix}>\begin{matrix}C-AzH\\C-AzH\end{matrix}>CO + PCl^5 =$$

Acide γ-diméthylurique.

$$CH^3-Az<\begin{matrix}CO\\OC\end{matrix}>\begin{matrix}C-AzH\\C-Az\end{matrix}>CCl + POCl^3 + HCl$$

Chlorothéophylline.

7. La chlorothéophylline, soumise à l'action de l'acide iodhydrique à la température de 100°, se transforme enfin en *théophylline* (Fischer et Ach).

4. Xanthine.

La xanthine a été découverte en 1817 par Marcet dans un calcul de la vessie; elle existe normalement dans l'urine de l'homme. On l'a rencontrée aussi dans les muscles, le foie, le pancréas de plusieurs animaux, ainsi que dans le guano.

Sa présence dans le règne végétal a été signalée par M. Baginsky[1], qui l'a extraite des feuilles de thé. M. von Lippmann[2] l'a rencontrée dans le jus de betterave. Selon M. Salomon[3] elle existerait aussi dans les germes de lupin et d'orge.

M. Kossel[4] l'a obtenue en faisant bouillir la nucléine avec de l'eau.

Elle se forme par l'action de l'acide nitreux sur la guanine (voyez page 376).

La composition de la xanthine répond à la formule $C^5H^4Az^4O^2$. Elle se dépose de ses solutions aqueuses sous la forme d'une poudre blanche qui est presque insoluble dans l'eau froide, très peu soluble dans l'eau bouillante, insoluble dans l'alcool et dans l'éther. Soumise à l'action de la chaleur, elle se décompose sans fondre, en donnant de l'anhydride carbonique, de l'ammoniaque, de l'acide cyanhydrique et du cyanogène.

La xanthine est une base très faible, monoacide. Elle possède aussi des propriétés acides et forme avec les bases des sels qui renferment deux équivalents de métal et qui sont décomposés par l'acide carbonique.

Son sel de plomb, chauffé à 100° avec de l'iodure de méthyle, fournit la théobromine (E. Fischer[5]) :

$$C^5H^2Az^4O^2Pb \;+\; 2CH^3I \;=\; C^5H^2Az^4O^2(CH^3)^2 \;+\; PbI^2$$

Xanthine plombique.   Théobromine.

[1] Baginsky, *Zeitschrift für physiologische Chemie*, **8**, 395.
[2] von Lippmann, B. **29**, 2645.
[3] Salomon, J. **1881**, 1012.
[4] Kossel, *Zeitschrift für physiologische Chemie*, **4**, 290.
[5] E. Fischer, B. **15**, 453; A. **215**, 311.

Cette réaction, qui fait de la théobromine une diméthylxanthine, fixe la constitution de la xanthine :

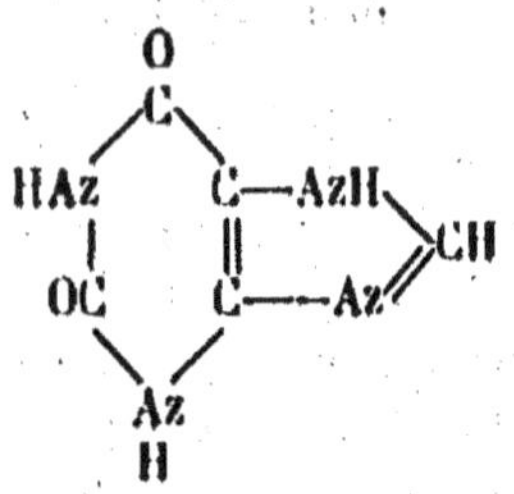

$$
\begin{array}{c}
O \\
\| \\
C \\
\diagup \quad \diagdown \\
HAz \qquad C-AzH \\
| \qquad\qquad | \qquad\qquad \diagdown CH \\
OC \qquad C-Az \diagup \\
\diagdown \quad \diagup \\
Az \\
| \\
H
\end{array}
$$

Xanthine.

Cette formule est confirmée par la nature des produits de décomposition de la xanthine. Chauffée à 220° avec de l'acide chlorhydrique, elle fournit du glycocolle, de l'acide formique, de l'anhydride carbonique et de l'ammoniaque, mais pas de méthylamine (Schmidt[1]). Traitée par le chlorate de potasse et l'acide chlorhydrique, elle se dédouble en alloxane et urée (E. Fischer[2]).

La synthèse de la xanthine n'a pas été réalisée ; il semblerait cependant qu'on dût l'obtenir en soumettant l'acide urique aux mêmes réactions qui ont permis de transformer l'acide diméthylurique en théophylline. Les essais faits dans ce but par M. Fischer sont restés jusqu'à présent infructueux.

5. Hypoxanthine.

L'hypoxanthine, ou *sarcine*, $C^5H^4Az^4O$, est abondamment répandue dans les deux règnes. Elle a été découverte en 1850 par Scherer[3] dans la rate de l'homme et du bœuf. On l'a rencontrée depuis lors dans un grand nombre d'autres organes et liquides animaux (muscles, glandes, moelle des os, sang, urine), ainsi que dans les semences de lupin, d'orge, de moutarde, de poivre noir, de courge, de vesce, de luzerne, de trèfle, dans le son de froment, la pomme de terre, la betterave, le thé, et jusque dans certains vins.

[1] Schmidt, A, **217**, 308.
[2] E. Fischer, A. **215**, 309.
[3] Scherer, A. **73**, 328.

Dans les plantes, comme dans l'organisme animal, l'hypoxanthine se forme par dédoublement de la nucléine. MM. Salomon [1] et Kossel [2] ont constaté que la nucléine fournit de l'hypoxanthine par putréfaction ainsi que par l'action de la levûre de bière.

L'hypoxanthine se présente en aiguilles microscopiques qui se décomposent vers 150° sans entrer en fusion ; elle est peu soluble dans l'eau froide ; elle possède des propriétés acides et basiques et se combine avec un équivalent d'acide ou deux équivalents de base.

Traitée par le brome, elle fournit un dérivé monobromé ; lorsqu'on oxyde celui-ci au moyen du chlorate de potasse et de l'acide chlorhydrique, on obtient les mêmes produits qu'avec la xanthine, à savoir l'alloxane et l'urée. Cela montre clairement l'étroite relation de ces deux bases. Comme l'hypoxanthine ne diffère de la xanthine que par un atome d'oxygène en moins, il est probable qu'on doit lui attribuer l'une des deux formules suivantes :

ou

Hypoxanthine.

6. Guanine.

Découverte en 1844 dans le guano par Unger [3], cette base a été rencontrée depuis lors dans les tissus et dans les excréments de divers animaux. Elle semble être aussi assez répandue dans le règne végétal ; M. Schulze [4] a constaté sa présence dans les graines de plusieurs Légumineuses (vesce, luzerne, trèfle) et dans cel-

[1] Salomon, *Zeitschrift für physiologische Chemie*, **2**, 90.

[2] Kossel, *Zeitschrift für physiologische Chemie*, **5**, 152, 167.

[3] Unger, A. **51**, 395 ; **58**, 18 ; **59**, 58.

[4] Schulze, *Zeitschrift für physiologische Chemie*, **9**, 420 ; **10**, 80, 326 ; J. pr. (2) **32**, 433.

les de la courge; M. Ullik[1] l'a retirée de l'orge germé et M. von
Lippman[2] de la betterave.

Elle a pour formule $C^5H^5Az^5O$. Elle cristallise dans l'ammoniaque en aiguilles ou en tables insolubles dans l'eau, l'alcool et
l'éther. Elle se dissout dans les acides et dans les alcalis en
formant des sels dans lesquels elle fonctionne, soit comme une base
diacide, soit comme un acide bibasique. Sa réaction est neutre.

L'acide nitreux la convertit en xanthine (Strecker[3]).

La constitution de la guanine ressort des faits suivants:

Traitée par le brome à 150°, elle fournit un produit de substitution de formule $C^5H^4BrAz^5O$ (E. Fischer et Reese[4]). Lorsqu'on
chauffe cette *bromoguanine* à 130° avec de l'acide chlorhydrique,
elle se convertit en *oxyguanine*, $C^5H^5Az^5O^2$ (poudre cristalline qui
se décompose sans fondre au-dessus de 380°). Or, cet oxyguanine a
été obtenue artificiellement par M. E. Fischer[5] en faisant agir l'acide
chlorhydrique à la température de 130° sur l'*acide imido-pseudo-
urique* de M. Traube[6], dont la constitution résulte avec certitude
de sa synthèse à partir de la guanidine et de l'éther malonique :

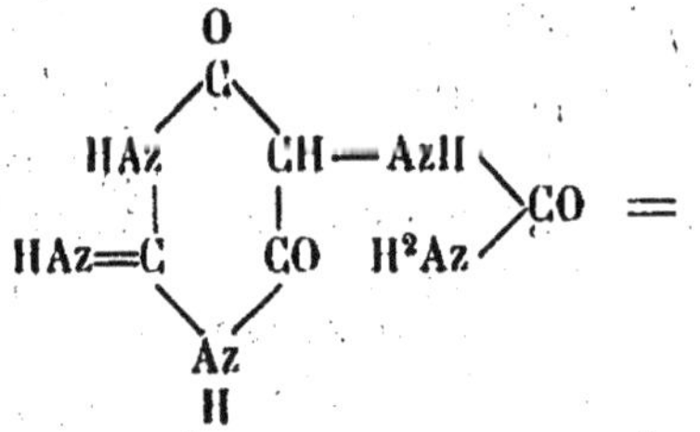

$$\begin{array}{c} O \\ \| \\ C \end{array} \qquad HAz \cdot CH-AzH \qquad HAz=C \quad CO \quad H^2Az \Big\rangle CO \quad = $$

Acide imido-pseudo-urique.

$$ \Big\rangle CO \quad \text{ou} \quad \Big\rangle CO \ + \ H^2O $$

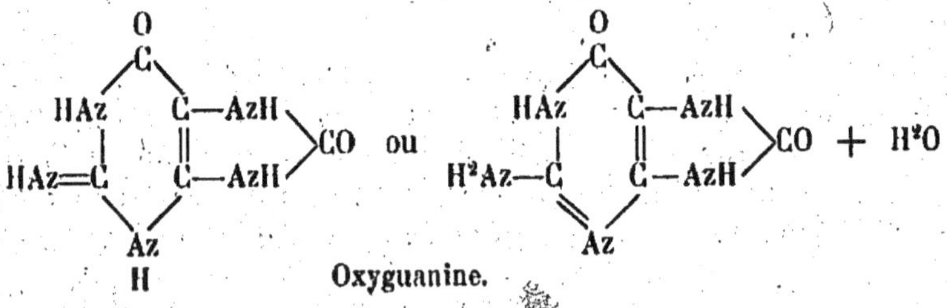

Oxyguanine.

[1] Ullik, *Chemisches Centralblatt*, **1887**, 829.
[2] von Lippmann, B. **29**, 2645.
[3] Strecker, A. **108**, 141; **118**, 151.
[4] E. Fischer et Reese, A. **221**, 342.
[5] E. Fischer, B. **30**, 559.
[6] Traube, B. **26**, 2551.

De ces formules de l'oxyguanine on déduit les suivantes pour la guanine :

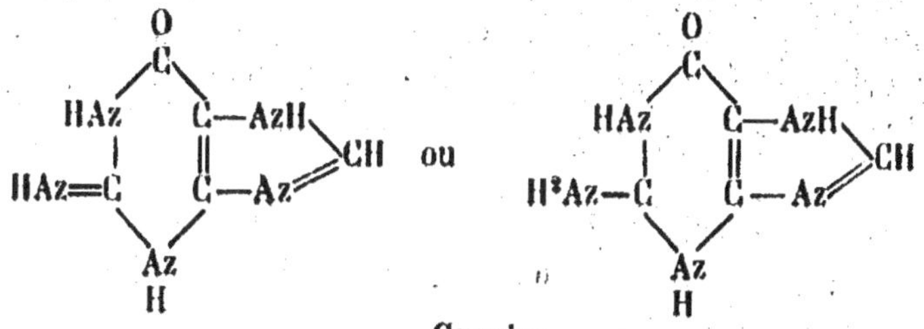

$$
\begin{array}{c}
O \\
\| \\
C \\
HAz \quad C\!-\!AzH \\
\qquad\qquad\qquad CH \\
HAz\!=\!C \quad C\!-\!Az \\
Az \\
H
\end{array}
\quad ou \quad
\begin{array}{c}
O \\
\| \\
C \\
HAz \quad C\!-\!AzH \\
\qquad\qquad\qquad CH \\
H^3Az\!-\!C \quad C\!-\!Az \\
Az \\
H
\end{array}
$$

Guanine.

7. Adénine.

L'adénine, $C^5H^5Az^5$, a été retirée en 1885 par M. Kossel[1] du pancréas de bœuf. Elle existe aussi dans le thé et dans le jus de betterave. Elle prend naissance dans la décomposition de la nucléine au moyen de l'acide sulfurique étendu.

On l'obtient par cristallisation dans l'eau ou dans l'ammoniaque en longues aiguilles qui renferment 3 molécules d'eau. Elle se décompose sans fondre vers 250°. Elle est facilement soluble dans l'eau bouillante, peu soluble dans l'eau froide et l'alcool, insoluble dans l'éther et le chloroforme.

L'acide nitreux transforme l'adénine en hypoxanthine (Kossel). Il y a donc entre ces deux composés la même relation qu'entre la guanine et la xanthine. Selon M. E. Fischer[2], la formule de l'adénine serait :

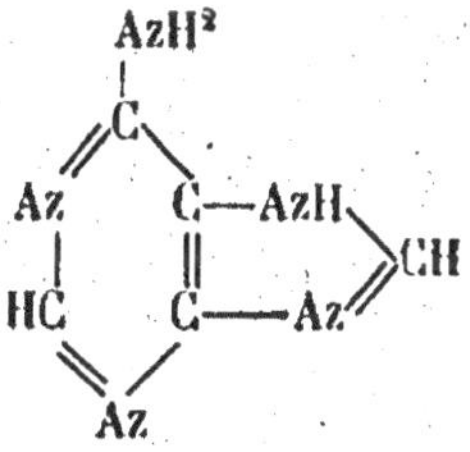

$$
\begin{array}{c}
AzH^2 \\
\| \\
C \\
Az \quad C\!-\!AzH \\
\qquad\qquad\qquad CH \\
HC \quad C\!-\!Az \\
Az
\end{array}
$$

---

[1] Kossel, *Zeitschrift für physiologische Chemie*, **10**, 250 ; **12**, 241 ; B. **18**, 79, 1928 ; **20**, 3356.

[2] E. Fischer, B. **30**, 549.

L'adénine présente une réaction neutre et forme des sels avec un équivalent de base ou d'acide.

Elle résiste énergiquement à l'action des acides et des oxydants. Le brome la convertit en un dérivé monobromé qui est décomposé par le chlorate de potasse et l'acide chlorhydrique en alloxane, urée et acide oxalique.

Aux bases du groupe de la xanthine se rattachent encore les deux alcaloïdes suivants, qui ont été peu étudiés jusqu'ici :

Carnine, $C^7H^8Az^4O^3$. — Découverte en 1871 par M. Weidel [1] dans l'extrait de viande américain. Se trouve aussi dans la levûre de bière (Schutzenberger [2]) et dans la betterave (von Lippmann [3]). Cristallise dans l'eau chaude avec une molécule d'eau. Se décompose à 239°. Réaction neutre, propriétés acides et basiques. Est transformée à chaud par l'eau de chlore ou de brome, ou par l'acide azotique, en *hypoxanthine*.

Vernine, $C^{16}H^{20}Az^8O^6$. — Dans les jeunes pousses de la vesce, du trèfle et de la courge, dans le pollen du noisetier et du pin (Schulze [4]); dans l'orge germé (Ullik [5]) et dans la betterave (von Lippmann [3]). Prismes microscopiques renfermant 3 molécules d'eau, solubles dans les alcalis et dans les acides étendus. Propriétés d'acide bibasique. Est convertie par l'acide chlorhydrique bouillant en *guanine*.

[1] Weidel, A. **158**, 353.
[2] Schutzenberger, Bl. (2) **21**, 204.
[3] von Lippmann, B. **29**, 2645.
[4] Schulze, *Zeitschrift für physiologische Chemie*, **9**, 420; **10**, 80, 226; J. pr. (2) **32**, 433.
[5] Ullik, *Chemisches Centralblatt*, **1887**, 829.

XXIV. ALLANTOÏNE

Découverte en 1800 dans le liquide amniotique de la vache par Vauquelin et Buniva[1], et retirée plus tard de l'urine de divers animaux, l'allantoïne existe aussi dans le règne végétal. MM. Schulze et Barbieri[2] l'ont rencontrée dans les bourgeons du platane (*Platanus orientalis* L., famille des Platanées). Elle se trouve aussi dans les bourgeons de l'érable et dans l'écorce du marronnier d'Inde (Schulze et Bosshard[3]), dans les germes du froment (Richardson et Crampton[4]) et dans la mélasse de betteraves (von Lippmann[5]).

Sa formule est $C^4H^6Az^4O^3$. Elle se présente en prismes peu solubles dans l'eau froide, assez solubles dans l'eau bouillante et presque insolubles dans l'alcool. Sa réaction est neutre. Elle possède les propriétés d'une base monoacide et d'un acide monobasique.

La constitution de l'allantoïne la rapproche jusqu'à un certain point des bases du groupe de la xanthine. Elle est exprimée par l'une des formules suivantes :

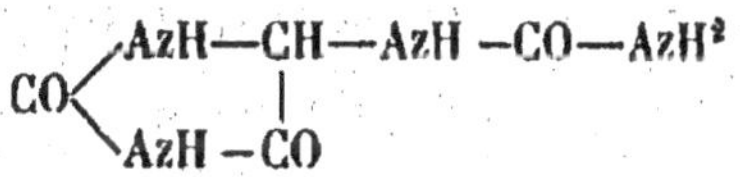

$$CO\Big\langle \begin{matrix} AzH-CH-AzH-CO-AzH^2 \\ \quad\ |\ \\ AzH-CO \end{matrix} \qquad \text{ou} \qquad CO\Big\langle \begin{matrix} AzH-C=Az-CO-AzH^2 \\ \quad\ |\ \\ AzH-CHOH \end{matrix}$$

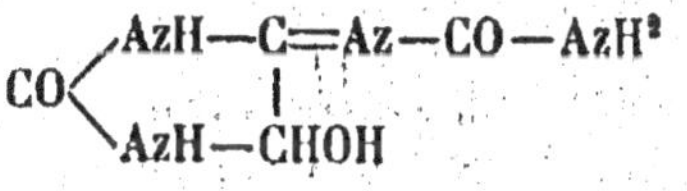

Cela résulte de ses décompositions et de ses synthèses.

Traitée par l'eau à 110-140°, par les alcalis, le peroxyde de plomb ou l'acide azotique, l'allantoïne est dédoublée en urée et en *acide allanturique* (glyoxylurée).

---

[1] Vauquelin et Buniva, *Annales de chimie*, **33**, 269.
[2] Schulze et Barbieri, B. **14**, 1602, 1834.
[3] Schulze et Bosshard, *Zeitschrift für physiologische Chemie*, **9**, 425.
[4] Richardson et Crampton, B. **19**, 1180.
[5] von Lippmann, B. **29**, 2645.

L'acide iodhydrique fournit de l'urée et de l'*hydantoïne*,

$$CO\begin{cases} AzH-CH^2 \\ | \\ AzH-CO \end{cases}$$

La synthèse de l'allantoïne a été réalisée en 1877 par M. Grimaux[1] en chauffant à 100° un mélange d'urée et d'acide glyoxylique :

$$2CH^4Az^2O + C^2H^4O^4 = C^4H^6Az^4O^3 + 3H^2O$$

M. Michael[2] l'a aussi obtenue par l'action de l'acide mésoxalique sur l'urée :

$$2CH^4Az^2O + C^3H^4O^6 = C^4H^6Az^4O^3 + 3H^2O + CO^2$$

[1] Grimaux, A. ch. (5) **11**, 389.
[2] Michael, *American chemical Journal*, **5**, 198.

XXV. GROUPE DE L'ASPARAGINE

Il existe dans le règne végétal un groupe de substances faiblement basiques que l'on peut ranger autour de la principale d'entre elles, l'asparagine. Ce sont :

1. L'acide aspartique . . . . $C^4H^7AzO^4$.
2. Les deux asparagines, gauche et droite $C^4H^8Az^2O^3$.
3. L'acide glutamique . . , ... $C^5H^9AzO^4$.
4. La glutamine . . . . $C^5H^{10}Az^2O^3$.
5. La leucine . . . . $C^6H^{13}AzO^2$.
6. La phénylalanine . . . . $C^9H^{11}AzO^2$.
7. La tyrosine . . . . $C^9H^{11}AzO^3$.
8. La surinamine . . . . $C^{10}H^{13}AzO^3$.

Ces corps occupent une place à part parmi les alcaloïdes, soit au point de vue de leur nature chimique, soit à celui de leur mode de formation dans l'organisme végétal.

En ce qui concerne leurs propriétés chimiques, ils sont à la fois des acides (monobasiques ou bibasiques) et des monamines primaires. Les uns appartiennent à la série grasse, les autres à la série aromatique, mais tous sont caractérisés par le groupement $-CH{<}^{AzH^2}_{COOH}$, qui leur est commun. Soumis à l'action de l'acide nitreux, ils perdent leur groupe amigène avec dégagement d'azote et se convertissent en oxyacides renfermant le groupement $-CH{<}^{OH}_{COOH}$.

Quant à leur existence dans les plantes, les alcaloïdes du groupe de l'asparagine se rencontrent normalement dans presque tous les végétaux, mais cela seulement dans certaines phases de leur développement. Les semences n'en contiennent pas ; ils apparaissent au moment de la germination et s'accumulent dans la plantule (surtout si celle-ci croît dans l'obscurité) en quantités souvent considérables (on a trouvé dans les germes des lupins jusqu'à 30 %, d'asparagine). Pendant la croissance de la plante, la proportion des bases primaires diminue graduellement, pour disparaître en général complètement à l'époque de la floraison, sauf aux points végétatifs.

Ce sont principalement les végétaux des deux grandes familles des Légumineuses et des Crucifères qui produisent avec la plus grande abondance les bases du groupe de l'asparagine. On les rencontre non seulement dans les jeunes pousses, mais aussi dans les racines, tubercules, tiges, bourgeons, etc., bref dans tous les organes dans lesquels s'emmagasinent les réserves destinées à nourrir la plante pendant son développement.

Il est hors de doute que la formation de ces substances ne soit due, en majeure partie du moins, au dédoublement des matières albuminoïdes (légumine, conglutine, globuline, etc.) que les plantes renferment et qui s'y trouvent en si grande quantité, surtout dans les graines. On les a obtenues, en effet, par décomposition directe des albumines de différentes provenances, soit par leur putréfaction, soit par des moyens purement chimiques, tels que l'action des acides minéraux, des alcalis ou de la baryte. Les albumines animales fournissent dans ces conditions les mêmes produits que les albumines végétales. On doit en conclure que l'existence de la leucine et de la tyrosine, qui a été constatée à l'état normal dans l'organisme animal, est due à la même cause que celle qui donne naissance à ces corps dans l'organisme végétal.

Une fois formées dans la jeune plante par décomposition des albumines de réserve, les asparagines n'y subsistent que pendant un temps très limité. Aussitôt que la formation de la chlorophylle et l'assimilation de l'acide carbonique permettent la production des hydrates de carbone, les asparagines rentrent dans la circulation et disparaissent rapidement en se transformant de nouveau en albumine et en protoplasme vivant. Elles ne sont donc qu'un produit passager et transitoire de la vie végétale.

1. Acide aspartique.

On l'a rencontré dans les jeunes cannes à sucre et dans la mélasse de betteraves (Scheibler[1]). Il prend naissance par l'action des acides minéraux ou des alcalis sur l'asparagine gauche (Plisson[2]).

Sa formule est $C^4H^7AzO^4$. Il forme des prismes peu solubles dans l'eau froide et l'alcool, plus solubles dans l'eau bouillante. Sa solution aqueuse est dextrogyre ; lorsqu'on la chauffe, son pouvoir rotatoire diminue graduellement, pour devenir nul à 75° et négatif à une température supérieure (Cook[3]). L'acide aspartique naturel est dextrogyre en solution acide et lévogyre en solution alcaline.

Il se racémise lorsqu'on le chauffe à 150° avec de l'eau ou de l'ammoniaque, ou à 170-180° avec de l'acide chlorhydrique, et se transforme en *acide aspartique inactif* (Michael et Wing[4]).

Ce dernier prend aussi naissance par combinaison de l'acide aspartique naturel avec celui qui provient de la décomposition de l'asparagine droite (voyez plus loin) (Piutti[5]).

Les acides aspartiques constituent les trois modifications stéréo-isomériques de l'*acide aminosuccinique*,

$$COOH-CH^2-CH{<}^{AzH^2}_{COOH}.$$

Cela ressort :

1° de leur transformation par l'action de l'acide nitreux en acides maliques (Piria[6]) :

$$\begin{array}{l}CH(AzH^2)-COOH\\ |\\ CH^2-COOH\end{array} + HAzO^2 + \begin{array}{l}CH(OH)-COOH\\ |\\ CH^2-COOH\end{array} + Az^2 + H^2O$$

Acides aspartiques.   Acides maliques.

L'acide aspartique naturel fournit l'acide malique gauche, l'acide aspartique inactif donne l'acide malique inactif.

[1] Scheibler, J. **1866**, 399.
[2] Plisson, A. ch. (2) **35**, 175 ; **37**, 31 ; **40**, 303 ; **45**, 304.
[3] Cook, B. **30**, 294.
[4] Michael et Wing, B. **17**, 2984.
[5] Piutti, C. r. **103**, 135.
[6] Piria, A. ch. (3) **22**, 160.

2° de plusieurs synthèses de l'acide aspartique inactif, en particulier de celle qu'a effectuée M. Piutti[1] en réduisant l'oxime de l'éther oxalacétique au moyen de l'amalgame de sodium :

$$C(AzOH)-COOC^2H^5 \atop CH^2-COOC^2H^5 \quad +4H+2NaOH= \quad CH(AzH^2)-COONa \atop CH^2-COONa \quad +2C^2H^5OH+H^2O$$

Oxime de l'éther oxalacétique.   Aspartate de sodium.

2. Asparagines.

On a retiré des plantes deux asparagines optiquement actives, $C^4H^8Az^2O^3$, différant par le signe de leur pouvoir rotatoire.

L'*asparagine gauche* a été découverte en 1806 par Vauquelin et Robiquet[2] dans les jeunes pousses de l'asperge (*Asparagus officinalis* L., famille des Asparagées). Elle est assez peu soluble dans l'eau froide; l'eau bouillante la dissout abondamment et la laisse déposer par refroidissement sous la forme de gros prismes qui renferment une molécule d'eau de cristallisation et qui fondent après dessiccation à 234-235° (Michael[3]).

Elle est presque insoluble dans l'alcool et l'éther; elle possède une saveur fade et assez désagréable. Elle est lévogyre en solution neutre ou alcaline et dextrogyre en solution acide. Sa réaction est faiblement acide.

L'*asparagine droite* a été retirée en 1886 par M. Piutti[4] des jeunes pousses de vesces (*Vicia sativa* L., famille des Légumineuses). Elle ressemble sous tous les rapports à son isomère, sauf, chose curieuse, en ce qui concerne sa saveur, qui est sucrée et agréable. Elle est dextrogyre en solution neutre ou alcaline et lévogyre en solution acide.

On n'a pas réussi à combiner les deux modifications et à obtenir ainsi l'*asparagine inactive*. Celle-ci est connue cependant; on l'a préparée synthétiquement à partir de l'acide aspartique inactif. Elle n'a pas été observée jusqu'à présent dans les plantes.

---

[1] Piutti, *Atti della reale Academia dei Lincei*, **1887**, (2) 300.

[2] Vauquelin et Robiquet, *Annales de chimie*, **57**, 88.

[3] Michael, B. **28**, 1629.

[4] Piutti, C. r. **103**, 185.

Les asparagines sont les monamides des acides aspartiques. Chauffées en tubes scellés avec de l'eau, elles se transforment en aspartates d'ammoniaque (Boutron et Pelouze [1]). Traitées par les acides ou par les alcalis, elles se dédoublent en acides aspartiques et ammoniaque (Plisson [2]); chacune des trois modifications de l'asparagine fournit alors la modification correspondante de l'acide aspartique :

$$(C^2H^5Az){<}^{COOH}_{CO-AzH^2} + H^2O = (C^2H^5Az){<}^{COOH}_{COOAzH^4} =$$

Asparagine.   Aspartate acide d'ammoniaque.

$$(C^2H^5Az){<}^{COOH}_{COOH} + AzH^3$$

Acide aspartique.

Par une réaction inverse, M. Piutti [3] a pu réaliser la synthèse des asparagines en partant de l'acide aspartique inactif. En transformant celui-ci dans son éther monoéthylique, et en le chauffant avec de l'ammoniaque alcoolique, il a obtenu, non pas l'asparagine inactive, mais un mélange des deux asparagines actives, qu'il a pu séparer mécaniquement grâce aux formes hémiédriques opposées de leurs cristaux :

$$(C^2H^5Az){<}^{COOH}_{COOC^2H^5} + AzH^3 = (C^2H^5Az){<}^{COOH}_{CO-AzH^2} + C^2H^5OH$$

Aspartate monoéthylique.   Asparagine.

La preuve que les asparagines sont les monamides des acides aspartiques ne suffit pas à établir leur constitution d'une manière complète. Les acides aspartiques peuvent, en effet, fournir deux monamides isomériques répondant aux deux formules :

$AzH^2-CH-COOH$ et $AzH^2-CH-CO-AzH^2$

$CH^2-CO-AzH^2$ CH^2-COOH

I   II

Laquelle de ces formules doit-on attribuer aux asparagines ?

[1] Boutron et Pelouze, A. ch. **52**, 90.
[2] Plisson, A. ch. (2) **35**, 175; **37**, 81; 40, 303; **45**, 304.
[3] Piutti, G. **17**, 226; **18**, 457.

Cette question a été résolue par les travaux de M. Piutti[1]. Ce savant a réussi, en réduisant l'oxime de l'éther oxalacétique,

$$AzOH = C-COOC^2H^5$$
$$|$$
$$CH^2-COOC^2H^5$$

au moyen de l'amalgame de sodium et en saponifiant partiellement le produit, à obtenir deux aspartates monoéthyliques différents, fusibles à 165° et à 200°. En effet, suivant que c'est l'un ou l'autre des radicaux éthyle qui est éliminé par la saponification, il peut se former les deux composés :

$$AzH^2-CH-COOH$$
$$|$$
$$CH^2-COOC^2H^5$$
$$III$$

et

$$AzH^2-CH-COOC^2H^5$$
$$|$$
$$CH^2-COOH$$
$$IV$$

M. Ebert[2] avait préparé précédemment, par décomposition de l'éther succinylosuccinique, un éther monoéthylique de l'acide oximinosuccinique, auquel revient la formule

$$AzOH = C-COOC^2H^5$$
$$|$$
$$CH^2-COOH$$

car il fournit par départ d'anhydride carbonique l'éther oximino-propionique,

$$AzOH = C-COOC^2H^5$$
$$|$$
$$CH^3$$

Or, M. Piutti a trouvé que cet éther oximinosuccinique, lorsqu'on le traite par l'amalgame de sodium, donne l'aspartate monoéthylique fusible à 165°. Celui-ci possède donc la formule IV, tandis que la constitution de son isomère fusible à 200° doit être exprimée par la formule III.

En traitant ces deux aspartates par l'ammoniaque alcoolique, M. Piutti a remplacé dans chacun d'eux le groupe éthoxyle par l'amigène; il a obtenu ainsi deux monamides répondant aux formules I et II.

[1] Piutti, G. **18**, 457.
[2] Ebert, A. **229**, 45.

L'éther fusible à 165° (formule IV) lui a fourni un corps de la formule II, inactif, différant par ses propriétés de l'asparagine inactive.

L'éther fusible à 200° (formule III) lui a donné au contraire un mélange des asparagines gauche et droite. Il en résulte que celles-ci possèdent la constitution exprimée par la formule I.

3. Acide glutamique.

L'acide glutamique, $C^3H^9AzO^4$, a été obtenu pour la première fois en 1866 par M. Ritthausen[1] en chauffant le gluten avec de l'acide sulfurique étendu. Il se trouve dans la mélasse de betteraves (Scheibler[2]) et dans les germes de vesce et de citrouille (Gorup-Besanez[3]).

Il se présente en cristaux peu solubles dans l'eau froide, insolubles dans l'alcool et dans l'éther. Il fond à 202° en se décomposant. Ses solutions neutres ou acides sont dextrogyres; en solution alcaline il est lévogyre. Chauffé à 150° avec de la baryte, il se transforme en *acide glutamique inactif*, fusible à 198°. Celui-ci peut être dédoublé en ses deux composants actifs par cristallisations répétées dans l'eau (Menozzi et Appioni[4]).

Lorsqu'on traite l'acide glutamique par l'acide nitreux, on obtient un acide hydroxylé de formule $C^5H^8O^5$, qui, par réduction au moyen de l'acide iodhydrique, fournit l'acide pyrotartrique normal ou glutarique (Ritthausen[5]),

$$COOH—CH^2—CH^2—CH^2—COOH.$$

L'acide glutamique est donc un dérivé aminé de l'acide glutarique,

$$CH^2 <^{CH <^{AzH^2}_{COOH}}_{CH^2—COOH} \qquad ou \qquad AzH^2—CH <^{CH^2—COOH}_{CH^2—COOH}$$

[1] Ritthausen, J. pr. **99**, 6, 454.

[2] Scheibler, B. **2**, 296.

[3] Gorup-Besanez, B. **10**, 780.

[4] Menozzi et Appioni, *Atti della reale Academia dei Lincei*, **1891** (1) 33.

[5] Ritthausen, J. pr. **103**, 289.

Comme il est doué du pouvoir rotatoire, il ne peut posséder que la première de ces deux formules, qui seule renferme un atome de carbone asymétrique.

Cette conclusion est confirmée par la synthèse de l'acide glutamique inactif, réalisée en 1890 par M. Wolff[1] au moyen des réactions suivantes :

1. L'acide glyoxylpropionique donne avec l'hydroxylamine une dioxime (acide diisonitrosovalérique) :

$$CH^2 \Big\langle {}^{CO-CHO}_{CH^2-COOH} + 2AzH^2OH = CH^2 \Big\langle {}^{C(AzOH)-CH(AzOH)}_{CH^2-COOH} + 2H^2O$$

2. Cette dioxime, traitée successivement par l'acide sulfurique et par la soude, fournit l'acide isonitrosocyanobutyrique :

$$CH^2 \Big\langle {}^{C(AzOH)-CH(AzOH)}_{CH^2-COOH} = CH^2 \Big\langle {}^{C(AzOH)-CAz}_{CH^2-COOH} + H^2O$$

3. Celui-ci, saponifié par la potasse ou la baryte, se convertit en acide isonitrosoglutarique :

$$CH^2 \Big\langle {}^{C(AzOH)-CAz}_{CH^2-COOH} + 2H^2O = CH^2 \Big\langle {}^{C(AzOH)-COOH}_{CH^2-COOH} + AzH^3$$

4. Par réduction de ce dernier au moyen du zinc et de l'acide chlorhydrique, il se forme l'acide glutamique inactif :

$$CH^2 \Big\langle {}^{C(AzOH)-COOH}_{CH^2-COOH} + 4H = CH^2 \Big\langle {}^{CH(AzH^2)-COOH}_{CH^2-COOH} + H^2O$$

4. Glutamine.

La glutamine, $C^5H^{10}Az^2O^3$, est très répandue dans le règne végétal. Elle semble remplacer son homologue inférieur, l'asparagine, dans certaines familles, en particulier dans celle des Crucifères. Elle a été découverte en 1877 par MM. Schulze et Urich[2] dans la betterave.

Elle cristallise en aiguilles déliées, assez solubles dans l'eau et insolubles dans l'alcool. Elle est dextrogyre en solution acide et inactive en solution neutre.

[1] Wolff, A. **260**, 79.
[2] Schulze et Urich, B. **10**, 85.

Lorsqu'on la fait bouillir avec de l'eau de baryte, la glutamine est dédoublée en ammoniaque et acide glutamique (Schulze et Urich); on doit donc la considérer comme la monamide de cet acide :

$$\text{CH}^2 \begin{cases} \text{CH} \begin{cases} \text{AzH}^2 \\ \text{COOH} \end{cases} \\ \text{CH}^2\text{—CO—AzH}^2 \end{cases} \qquad \text{ou} \qquad \text{CH}^2 \begin{cases} \text{CH} \begin{cases} \text{AzH}^2 \\ \text{CO—AzH}^2 \end{cases} \\ \text{CH}^2\text{—COOH} \end{cases}$$

$$\text{I} \qquad\qquad\qquad\qquad \text{II}$$

Aucune preuve expérimentale n'a encore été donnée en faveur de l'une ou de l'autre de ces formules. On peut cependant, par analogie avec l'asparagine et les autres bases du même groupe, qui toutes ont le carboxyle et le groupe amigène liés au même atome de carbone, regarder la formule I comme de beaucoup la plus probable.

5. Leucine.

La leucine, $C^6H^{13}AzO^2$, a été retirée en 1818 par Proust[1] des produits de la putréfaction du gluten et du fromage. Elle est très répandue dans l'organisme animal.

On l'a rencontrée dans la fausse oronge (*Amanita muscaria* Pers.) ainsi que dans les germes de vesce, de lupin et de citrouille, dans la mélasse de betteraves, dans la pomme de terre, etc.

Elle cristallise en lamelles nacrées, fusibles à 170°, peu solubles dans l'eau froide et dans l'alcool, facilement solubles dans l'eau bouillante. Elle est lévogyre en solution neutre et dextrogyre en solution chlorhydrique. Chauffée à 150-160° avec de l'eau de baryte, elle se convertit en *leucine inactive* (Schulze[2]). L'acide nitreux la transforme en un acide oxycaproïque, $C^5H^{10}(OH)(COOH)$.

La leucine doit être envisagée comme le dérivé α-aminé de l'acide isocaproïque ou isobutylacétique. MM. Schulze et Likiernik[3] ont, en effet, obtenu artificiellement la leucine inactive en traitant l'isovaléraldéhyde-ammoniaque par l'acide cyanhydrique et en saponifiant le produit, selon les équations suivantes :

[1] Proust, A. ch. (2) **10**, 40.
[2] Schulze, *Zeitschrift für physiologische Chemie*, **9**, 108 ; **10**, 135.
[3] Schulze et Likiernik, B. **24**, 669 ; **25**, 56.

$$\frac{CH^3}{CH^3}{>}CH{-}CH^2{-}CHOH{-}AzH^2 + CAzH = \frac{CH^3}{CH^3}{>}CH{-}CH^2{-}CH{<}^{AzH^2}_{CAz} + H^2O$$

Isovaléraldéhyde-ammoniaque.   Nitrile de l'acide
α - aminoisobutylacétique.

$$\frac{CH^3}{CH^3}{>}CH{-}CH^2{-}CH{<}^{AzH^2}_{CAz} + 2H^2O = \frac{CH^3}{CH^3}{>}CH{-}CH^2{-}CH{<}^{AzH^2}_{COOH} + AzH^3$$

Leucine.

Sous l'influence du *Penicillium glaucum*, la leucine inactive
fournit sa modification dextrogyre; on n'est pas parvenu jusqu'à
présent à obtenir la modification gauche qui serait identique avec
la leucine naturelle.

6. Phénylalanine.

Elle a été extraite par MM. Schulze et Barbieri[1] des germes de
lupins. Elle forme des prismes ou des paillettes assez peu solubles
dans l'eau froide, très peu solubles dans l'alcool et insolubles dans
l'éther. Elle fond à 263-265° en se décomposant.

Elle constitue l'acide α-aminophénylpropionique, ainsi qu'il résulte de sa synthèse, réalisée de la manière suivante, en 1883, par
MM. Erlenmeyer et Lipp[2].

L'aldéhyde phénylacétique et l'acide cyanhydrique s'unissent
pour former le nitrile de l'acide phényllactique :

$$C^6H^5{-}CH^2{-}CHO + CAzH = C^6H^5{-}CH^2{-}CHOH{-}CAz.$$

Celui-ci, traité par l'ammoniaque, fournit le nitrile de l'acide
aminophénylpropionique,

$$C^6H^5{-}CH^2{-}CH{<}^{AzH^2}_{CAz}$$

lequel se transforme, par saponification au moyen de l'acide chlorhydrique, en phénylalanine,

$$C^6H^5{-}CH^2{-}CH{<}^{AzH^2}_{COOH}.$$

[1] Schulze et Barbieri, B. **12**, 1924; **14**, 1785; **16**, 1711.
[2] Erlenmeyer et Lipp, A. **219**, 170.

7. Tyrosine.

La tyrosine, $C^9H^{11}AzO^3$, découverte en 1846 par Liebig [1] dans les produits du traitement de la caséine par la potasse, a été retirée par MM. Schulze et Barbieri [2] des germes de citrouille et de lupin et par M. von Lippmann [3] de la mélasse de betteraves.

Elle forme des aiguilles soyeuses fusibles à 235° ; elle se dissout difficilement dans l'eau froide, assez aisément dans l'eau bouillante ; elle est presque insoluble dans l'alcool et insoluble dans l'éther. Ses solutions acides et alcalines dévient à gauche le plan de polarisation.

La tyrosine est le dérivé parahydroxylé de la phénylalanine,

$$HO-\!\!\!\bigcirc\!\!\!-CH^2-CH<^{AzH^2}_{COOH}$$

Elle est, en effet, décomposée par fusion avec la potasse en acide p-oxybenzoïque, acide acétique et ammoniaque (Barth [4]).

MM. Erlenmeyer et Lipp [5] l'ont obtenue, d'autre part, en nitrant la phénylalanine, réduisant le dérivé ainsi formé par l'étain et l'acide chlorhydrique et traitant le produit par l'acide nitreux.

8. Surinamine.

Cet alcaloïde a été découvert en 1824 par Hüttenschmid [6] dans l'écorce du *Geoffroya surinamensis* Murr. (famille des Légumineuses), employée comme anthelmintique. Il a été ensuite retiré de divers autres végétaux, et décrit sous différents noms : *Ratan-*

[1] Liebig, A. **57**, 127.
[2] Schulze et Barbieri, B. **11**, 710, 1284 ; **12**, 1574.
[3] von Lippmann, B. **17**, 2835.
[4] Barth, A. **136**, 110.
[5] Erlenmeyer et Lipp, A. **219**, 170.
[6] Hüttenschmid, *Magazin für Pharmacie*, **7**, 287.

hine (Ruge [1]), *Angéline* (Peckolt [2]), *Geoffroyine* (Winckler [3]), *Andirine* (Hiller [4]).

Sa formule est $C^{10}H^{13}AzO^3$. Il cristallise dans l'eau chaude en aiguilles qui fondent à 257° en se décomposant. Il est peu soluble dans l'eau froide et dans l'alcool, et insoluble dans l'éther. Il est sans action sur la lumière polarisée et possède les caractères d'une base monoacide et d'un acide bibasique.

Les propriétés de la surinamine présentent de si grands rapports avec celles de la tyrosine, qu'elle a été considérée comme son homologue supérieur par tous ceux qui l'ont étudiée. Rien ne permet cependant à l'heure actuelle de décider si elle est une tyrosine méthylée à l'azote ou dans le noyau benzénique, ou si elle en dérive par l'intercalation d'un groupe CH^2 dans la chaîne latérale.

[1] Ruge, J. **1862**, 493.
[2] Peckolt, *Zeitschrift des österreichischen Apothekervereins*, **1868**, 518.
[3] Winckler, *Jahrbuch der Pharmacie*, **2**, 159.
[4] Hiller, A. Pharm. **230**, 513.

XXVI. GROUPE DE LA CHOLINE

Ce groupe comprend trois alcaloïdes qui sont entre eux dans une étroite relation au point de vue de leur constitution,

$$\text{la choline} \ldots \ldots \ldots \ldots C^5H^{15}AzO^2$$
$$\text{la muscarine} \ldots \ldots \ldots \ldots C^5H^{15}AzO^3$$
$$\text{et la bétaïne} \ldots \ldots \ldots \ldots C^5H^{13}AzO^3$$

1. Choline.

Von Babo et Hirschbrunn [1] ont les premiers, en 1852, obtenu la choline par décomposition de la sinapine (page 401) au moyen de l'eau de baryte ; ils l'ont décrite sous le nom de *sincaline*.

En 1875, MM. Schmiedeberg et Harnack [2] l'ont retirée de la fausse oronge (*Amanita muscaria* Pers., famille des Champignons), où elle accompagne la muscarine ; ils lui ont donné le nom d'*amanitine*.

Depuis lors cette même base, appelée *choline* par Strecker, a été rencontrée dans un nombre considérable de plantes. De tous les alcaloïdes, la choline est certainement celui qui est le plus abondamment répandu dans le règne végétal ; elle se trouve indistinctement dans les espèces les plus diverses et les plus éloignées par leurs caractères botaniques. Il est même fort probable qu'elle est un produit constant de la vie végétale et une partie constituante de toutes les cellules en voie de formation.

On a observé l'existence de la choline dans les semences de cotonnier, de fenu-grec, de chanvre, de pois, d'avoine, de sésame, de

---

[1] von Babo et Hirschbrunn, A. **84**, 10.
[2] Schmiedeberg et Harnack, *Chemisches Centralblatt*, **1875**, 629.

lupin, d'orge, de courge, de vesce, de lentille, de haricot, dans les fruits du hêtre, dans la noix d'arec, les amandes amères, la pomme de terre, la betterave, dans la morille et autres champignons, dans les racines d'ipécacuanha et de cascarille, dans celles de l'*Acorus Calamus* et des *Scopolia,* dans les feuilles de belladone, de jusquiame, de cytise, de trèfle et de plusieurs graminées, dans le thé et le maté, etc., etc., enfin dans le vin et dans la bière.

La choline a été retirée également de l'organisme animal. Strecker[1] l'a obtenue en 1862 en traitant la bile de porc ou de bœuf par la baryte, et M. Liebreich[2] en 1865 en soumettant au même traitement la cervelle de bœuf. On la prépare généralement en faisant bouillir le jaune d'œuf avec de l'eau de baryte.

Ces différentes matières animales ne contiennent pas la choline comme telle; elle s'y trouve sous la forme de combinaisons complexes connues sous le nom de *lécithines;* ce sont des corps basiques, cristallisés, solubles dans l'eau, l'alcool et l'éther; ils sont décomposés par les acides ou par les alcalis en glycérine, acides gras supérieurs, acide phosphorique et choline. On leur attribue la formule générale suivante:

$$C^3H^5 \begin{cases} O-R \\ O-R' \\ O-PO \begin{cases} OH \\ O-C^5H^{14}AzO, \end{cases} \end{cases}$$

dans laquelle R et R′ désignent les restes des acides stéarique, palmitique ou oléique, et le groupe $C^5H^{11}AzO$ le radical de la choline.

Il existe aussi des lécithines dans l'organisme végétal; celles-ci paraissent être dans une certaine relation avec la chlorophylle, qui rentre peut-être elle-même dans ce groupe de corps. Il est possible que ce soit au dédoublement de ces substances que soit due la présence de la choline dans les plantes; cependant la chose est loin d'être prouvée.

La choline se présente sous la forme d'une matière sirupeuse, incristallisable, déliquescente à l'air et soluble en toutes proportions dans l'eau. Elle n'est pas volatile sans décomposition. Elle

---

[1] Strecker, A. **123**, 353; **148**, 76.
[2] Liebreich, A. **134** 29.

offre une réaction très alcaline et constitue une base énergique. Son action sur l'organisme animal est presque nulle.

La choline est une base quaternaire du type de l'ammonium ; son atome d'azote est pentavalent et lié par une de ses valences à un hydroxyle. La formation de ses sels a lieu avec départ d'une molécule d'eau, par remplacement de cet hydroxyle par le radical de l'acide :

$$C^5H^{14}O{\equiv}Az{-}OH \quad + \quad HCl \quad = \quad C^5H^{14}O{\equiv}Az{-}Cl \quad + \quad H^2O$$
Choline.   Chlorhydrate de choline.

La constitution de la choline a été établie par ses synthèses ; c'est l'*hydrate de triméthyloxyéthylammonium,*

$$(CH^3)^3{\equiv}Az{<}^{CH^2-CH^2OH}_{OH}$$

Wurtz[1] l'a obtenue artificiellement en 1857 par les deux procédés suivants :

1° En chauffant à 100° la triméthylamine avec la chlorhydrine du glycol :

$$(CH^3)^3Az \quad + \quad CH^2Cl{-}CH^2OH \quad = \quad (CH^3)^3Az{<}^{CH^2-CH^2OH}_{Cl}$$
Triméthylamine.   Chlorhydrine   Chlorhydrate
             éthylénique.   de choline.

2° En abandonnant à lui-même, en solution aqueuse concentrée, un mélange de triméthylamine et d'oxyde d'éthylène :

$$(CH^3)^3Az \quad + \quad CH^2{-}CH^2 \quad + \quad H^2O \quad = \quad (CH^3)^3Az{<}^{CH^2-CH^2OH}_{OH}$$
$$\underset{O}{\diagdown\diagup}$$
Triméthylamine.   Oxyde   Choline.
           d'éthylène.

Plus récemment, la choline a été préparée par M. Bode[2] en faisant réagir la triméthylamine sur le bromure d'éthylène et en traitant le produit par l'azotate d'argent :

$$(CH^3)^3Az \quad + \quad CH^2Br{-}CH^2Br \quad = \quad (CH^3)^3Az{<}^{CH^2-CH^2Br}_{Br}$$

$$(CH^3)^3Az{<}^{CH^2-CH^2Br}_{Br} \quad + \quad 2AgAzO^3 \quad + \quad H^2O \quad =$$

$$(CH^3)^3Az{<}^{CH^2-H^2COH}_{AzO^3} \quad + \quad 2AgBr \quad + \quad HAzO^3$$
Azotate de choline.

[1] Wurtz, C. r. **45**, 1015 ; **46**, 772.
[2] Bode, A. **267**, 171 ; A. Pharm. **229**, 469.

M. Knorr[1] a obtenu la choline par l'action de l'iodure de méthyle sur la diméthyloxyéthylamine, $(CH^3)^2Az\text{-}CH^2\text{-}CH^2\text{-}OH$, produit de décomposition de la morphine (voyez page 286).

Par ébullition de sa solution aqueuse concentrée, la choline est dédoublée en triméthylamine et glycol (Schmiedeberg et Harnack).

Son chlorhydrate donne avec les chlorures d'acétyle et de benzoyle des dérivés acétylé et benzoylé (Bæyer[2]).

Chauffé à 120-150° avec de l'acide iodhydrique, ce même chlorhydrate donne l'iodure $(CH^3)^3AzI\text{-}CH^2\text{-}CH^2I$, lequel, traité par l'oxyde d'argent, se convertit dans l'hydrate

$$(CH^3)^3Az\!\!<\genfrac{}{}{0pt}{}{CH=CH^2}{OH}$$

Celui-ci est identique avec la *névrine,* base extrêmement vénéneuse, obtenue en 1865 par M. Liebreich en même temps que la choline, en traitant la cervelle de bœuf par l'eau de baryte (Bæyer[3]).

Soumise à l'action des oxydants (acide azotique, acide chromique, permanganate de potassium), la choline se transforme d'abord en isomuscarine, puis en bétaïne.

2. Muscarine.

Cette base constitue le principe toxique de la fausse oronge (*Amanita muscaria* Pers., famille des Champignons). Elle en a été retirée en 1870 par MM. Schmiedeberg et Koppe[4]. Elle se trouve aussi, suivant MM. Marino-Zucco et Vignolo[5], dans les fleurs et les fruits du *Cannabis indica* L. (famille des Cannabinées).

Elle se présente en cristaux déliquescents, sans saveur ni odeur, très solubles dans l'eau et dans l'alcool, insolubles dans l'éther; elle offre une réaction fortement alcaline; c'est une base énergique et un poison des plus violents. La chaleur la décompose avec formation de triméthylamine.

---

[1] Knorr, B. **22**, 1113.
[2] Bæyer, A. **142**, 325.
[3] Bæyer, A. **140**, 311.
[4] Schmiedeberg et Koppe, B. **3**, 281.
[5] Marino-Zucco et Vignolo, G. **25**, 262.

Elle doit, comme la choline, être considérée comme un hydrate d'ammonium. Ses sels se forment par substitution du radical de l'acide à un hydroxyle lié à l'azote pentavalent :

$$C^5H^{14}O^2\!\!\equiv\!\!Az\!-\!OH \; + \; HCl \; = \; C^5H^{14}O^2\!\!\equiv\!\!Az\!-\!Cl \; + \; H^2O$$
Muscarine.   Chlorhydrate de muscarine.

La constitution de la muscarine n'est pas connue d'une manière certaine ; il est possible qu'elle doive être exprimée par la formule

$$(CH^3)^3Az\!<\!\begin{array}{l}CH^2\!-\!CH(OH)^2\\OH\end{array}$$

MM. Schmiedeberg et Harnack[1] ont prétendu avoir obtenu la muscarine en oxydant la choline au moyen de l'acide azotique concentré. D'après de nouvelles recherches de M. Nothnagel[2], le produit que l'on obtient de cette manière, bien que très semblable à la muscarine naturelle, en constituerait un isomère *(isomuscarine)*.

M. Berlinerblau[3] a cherché à reproduire synthétiquement la muscarine par condensation de la triméthylamine avec le chlor-acétal. Il a obtenu ainsi le chlorhydrate d'un éther diéthylique,

$$(CH^3)^3Az \; + \; CH^2Cl\!-\!CH(OC^2H^5)^2 \; = \; (CH^3)^3Az\!<\!\begin{array}{l}CH^2\!-\!CH(OC^2H^5)^2\\Cl\end{array}$$

mais celui-ci lui a fourni par saponification un corps également différent de la muscarine.

3. Bétaïne.

La bétaïne a été découverte en 1869 par Scheibler[4] dans la betterave (*Beta vulgaris* L., famille des Chénopodées). Celle-ci contient, à côté de la saccharose (10-20 %), un très grand nombre de composés organiques. On y a trouvé les acides malique, tartrique, oxalique, citrique, aconitique, tricarballylique, arabique, citrazi-

[1] Schmiedeberg et Harnack, *Archiv für experimentelle Pathologie*, **6**, 101.
[2] Nothnagel, B. **26**, 801.
[3] Berlinerblau, B. **17**, 1189.
[4] Scheibler, B. **2**, 292 ; **3**, 155.

nique, aspartique, glutamique, la vanilline, et en fait de substances basiques la choline, la bétaïne, la xanthine, l'hypoxanthine, la guanine, l'adénine, la carnine, l'allantoïne, l'arginine, la vernine, la vicine, l'asparagine, la glutamine, la leucine, la tyrosine, etc.

La proportion de bétaïne est d'environ 0,25 % dans les betteraves non mûres et descend à 0,1 % à la maturité; cette base s'accumule dans la mélasse, où sa quantité peut atteindre 3 %.

La bétaïne se rencontre aussi dans d'autres végétaux, accompagnée généralement de la choline et de la trigonelline. On l'a retirée des semences du cotonnier, de l'orge, de la vesce, du *Chenopodium album* L., de l'*Artemisia Cina* Berg., des feuilles de la pomme de terre, du *Lycium barbarum* L. et du *Scopolia atropoïdes* Bercht. M. Emmerling[1] a constaté sa présence dans les produits de la putréfaction du gluten.

Elle cristallise dans l'alcool en gros cristaux très hygroscopiques, possédant une saveur fraîche et sucrée. Elle est très soluble dans l'eau et dans l'alcool, insoluble dans l'éther.

La bétaïne est une base faible, à réaction neutre, inactive à la lumière polarisée et dépourvue de propriétés toxiques. Elle constitue, comme la choline et la muscarine, une base quaternaire du type de l'ammonium :

$$C^4H^{12}O^2 \equiv Az-OH \qquad\qquad C^5H^{12}O^2 \equiv Az-Cl.$$
$$\text{Bétaïne.} \qquad\qquad\qquad \text{Chlorhydrate de bétaïne.}$$

Ses synthèses fixent sa constitution; c'est le méthylhydrate du diméthylglycocolle,

$$(CH^3)^3 \equiv Az \Big\langle {{CH^2-COOH} \atop {OH}}$$

La bétaïne perd très facilement les éléments d'une molécule d'eau; il suffit pour cela de la chauffer à 100° ou de la laisser séjourner sur l'acide sulfurique. On obtient alors l'anhydride

$$(CH^3)^3 \equiv Az-CH^2$$
$$| \qquad\quad |$$
$$O - CO$$

fusible à 150°.

C'est cette bétaïne anhydre qui a servi de type à la classe des *bétaïnes* organiques.

[1] Emmerling, B. **29**, 2721.

La bétaïne a été obtenue artificiellement :

1° par oxydation de la choline au moyen de l'acide chromique ou du permanganate de potassium (Liebreich[1]) :

$$(CH^3)^3Az{<}{CH^2-CH^2OH \atop OH} + 2O = (CH^3)^3Az{<}{CH^2-COOH \atop OH} + H^2O$$

Choline.   Bétaïne.

2° par condensation de la triméthylamine avec l'acide monochloracétique (Liebreich[1]) :

$$(CH^3)^3Az + CH^2Cl-COOH = (CH^3)^3Az{<}{CH^2-COOH \atop Cl}$$

Triméthylamine.   Acide chloracétique.   Chlorhydrate de bétaïne.

3° par l'action de l'iodure de méthyle sur le glycocolle en présence d'alcali (Griess[2]) :

$$H^2Az-CH^2-COOH + 3CH^3I + 3KOH =$$

Glycocolle.

$$(CH^3)^3Az{<}{CH^2-COOH \atop OH} + 3KI + 2H^2O$$

Bétaïne.

<hr>

[1] Liebreich, B. **2**, 12, 167; **3**, 161.
[2] Griess, B. **8**, 1406.

XXVII. ALCALOÏDES DE LA MOUTARDE

Les graines de la moutarde blanche (*Sinapis alba* L., famille des Crucifères) contiennent deux alcaloïdes,

la sinapine, $C^{16}H^{25}AzO^6$,

et la sinalbine, $C^{30}H^{42}Az^2S^2O^{15}$,

Celles de la moutarde noire (*Sinapis nigra* L.) renferment de la sinapine et du myronate de potassium, $C^{10}H^{16}AzS^2KO^9 + H^2O$.

1. Sinapine.

On la retire des semences de la moutarde blanche à l'état de sulfocyanate, $C^{16}H^{21}AzO^5.SCAz + H^2O$. Elle a été découverte en 1825 par Henry et Garot[1].

Elle se forme aussi par dédoublement de la sinalbine (Will et Laubenheimer[2]).

Suivant M. Gadamer[3], la sinapine n'existerait pas dans la moutarde blanche, qui ne contiendrait que de la sinalbine; c'est cette dernière qui, au contact des dissolvants employés dans son extraction, donnerait naissance au sulfocyanate de sinapine (voyez plus loin).

Selon ce même auteur, la sinapine se trouverait, en revanche, à l'état de sulfate acide, dans les graines de la moutarde noire.

On ne connaît pas la sinapine à l'état libre. Lorsqu'on cherche à la retirer de son sulfocyanate ou de ses autres sels, on obtient une solution d'un jaune intense, possédant une réaction très alcaline, mais qui se décompose lorsqu'on veut chasser le dissolvant.

[1] Henry et Garot, *Journal de pharmacie*, (2) **20**, 63; **42**, 1.
[2] Will et Laubenheimer, A. **199**, 150.
[3] Gadamer, A. Pharm. **235**, 44.

Cette décomposition a lieu encore plus facilement lorsqu'on chauffe la solution aqueuse de la sinapine avec les alcalis; il se forme de la *choline* et de l'*acide sinapique* (von Babo et Hirschbrunn [1]) :

$$C^{10}H^{25}AzO^6 \; + \; H^2O \; = \; C^5H^{15}AzO^2 \; + \; C^{11}H^{12}O^5$$

Sinapine.   Choline.   Acide sinapique.

L'*acide sinapique* a été étudié par MM. Remsen et Coale [2] et par M. Gadamer. Il cristallise dans l'alcool en prismes qui fondent à 191-192° et se décomposent à une température plus élevée. Il est peu soluble à froid dans l'alcool, très peu soluble dans l'eau et dans l'éther. C'est un acide monobasique; il est éthérifié par les alcools et l'acide chlorhydrique.

Il renferme deux méthoxyles (méthode de Zeisel) et un hydroxyle (dérivé acétylé). Traité en solution alcaline par l'iodure de méthyle, il fournit le *méthylsinapate de méthyle* (point de fusion 91°) (Gadamer) :

$$C^8H^4(OCH^3)^2(OH)(COOH) \; + \; 2NaOH \; + \; 2CH^3I \; =$$

Acide sinapique.

$$C^8H^4(OCH^3)^3(COOCH^3) \; + \; 2NaI \; + \; 2H^2O$$

Méthylsinapate de méthyle.

Par saponification au moyen de la potasse alcoolique, cet éther donne l'*acide méthylsinapique*, $C^8H^4(OCH^3)^3(COOH)$, sous la forme d'aiguilles fusibles à 124°.

En oxydant l'acide méthylsinapique au moyen du permanganate de potassium, M. Gadamer a obtenu l'*acide triméthylgallique*,

$$CH^3O-\!\!\bigcirc\!\!-COOH$$
$$CH^3O-$$
$$OCH^3$$

Il en déduit les formules suivantes pour l'acide sinapique :

$$CH^3O-\!\!\bigcirc\!\!-CH\!=\!CH-COOH \qquad CH^3O-\!\!\bigcirc\!\!-CH\!=\!CH-COOH$$
$$HO- \qquad\qquad ou \qquad CH^3O-$$
$$OCH_3 \qquad\qquad\qquad\qquad OH$$

---

[1] von Babo et Hirschbrunn, A. **84**, 10.

[2] Remsen et Coale, *American chemical Journal*, **6**, 50.

La sinapine étant le produit de la combinaison de l'acide sinapique et de la choline avec départ d'une molécule d'eau, on doit lui
attribuer la formule :

$$\begin{array}{c} HO \\ (CH^3O)^2 \end{array}\!\!\!> C^6H^2-CH\!=\!CH-CO-O-CH^2-CH^2-Az(CH^3)^3OH$$

2. Sinalbine.

La sinalbine a été découverte en 1879 par MM. Will et Laubenheimer[1]. On l'obtient par cristallisation dans l'alcool en aiguilles
prismatiques qui contiennent 5 molécules d'eau. Elle fond à l'état
hydraté à 83-84°, à l'état anhydre à 139-140° (Gadamer[2]). Elle
est peu soluble dans l'eau et dans l'alcool froid, insoluble dans
l'éther. Sa solution aqueuse a une réaction alcaline et une saveur
très amère; elle dévie à gauche le plan de polarisation. Les alcalis
la colorent en jaune.

La sinalbine est à la fois un alcaloïde et un glucoside. Elle est
aisément dédoublée par divers agents, et en particulier par la
myrosine, substance azotée qui se trouve dans les semences de la
moutarde et d'autres Crucifères et dont l'action est semblable à
celle de l'émulsine. Elle se décompose alors en dextrose, en sulfate
de sinapine et en un corps de formule C^8H^7AzSO :

$$C^{30}H^{42}Az^2S^2O^{15} + H^2O = C^6H^{12}O^6 + C^{16}H^{24}AzO^5,HSO^4 + C^8H^7AzSO$$

Sinalbine.   Dextrose.   Sulfate acide
                                      de sinapine.

Cette décomposition de la sinalbine sous l'influence de la myrosine
s'effectue d'elle-même lorsqu'on met les graines de moutarde pul-
vérisées en contact avec l'eau.

Le corps C^8H^7AzSO est une huile jaune, d'une saveur très âcre
et possédant une action vésicante sur la peau; il est presque insoluble dans l'eau, très soluble dans l'alcool, l'éther et les alcalis.

---

[1] Will et Laubenheimer, A. **199**, 50.
[2] Gadamer, A. Pharm. **235**, 44.

M. Salkowski[1] a établi sa constitution; il l'a trouvé identique avec
l'*isosulfocyanate de p-oxybenzyle*,

$$C^6H^4 \Big\langle {}^{CH^2—AzCS(1)}_{OH(4)}$$

obtenu en traitant la *p-oxybenzylamine* par le sulfure de carbone,

La sinalbine donne avec le chlorure mercurique et l'azotate
d'argent des précipités blancs; lorsqu'on traite ceux-ci par l'hydrogène sulfuré, il se produit une décomposition analogue à la précédente (Salkowski[1]) :

$$C^{30}H^{42}Az^2S^2O^{15} + H^2O = C^6H^{12}O^6 + C^{16}H^{24}AzO^5.HSO^4 + C^8H^7AzO + S$$

Sinalbine.   Dextrose.   Sulfate acide
                                            de sinapine.

Le corps C^8H^7AzO (point de fusion 69°) fournit par saponification l'*acide p-oxyphénylacétique;* il en constitue le nitrile,

$$C^6H^4 \Big\langle {}^{CH^2—CAz(1)}_{OH(4)}$$

M. Gadamer représente la molécule de la sinalbine par l'expression suivante :

$$O—SO^2—O—Az(CH^3)^3—CH^2—CH^2—O—CO—CH = CH—C^6H^2(OCH^3)^2(OH)$$
$$| $$
$$C—S—C^6H^{11}O^5$$
$$\| $$
$$Az—CH^2(1)—C^6H^4—(4)OH.$$

[1] Salkowski, B. **22**, 2137.

XXVIII. TRIMÉTHYLAMINE

On a rencontré la triméthylamine dans un certain nombre de végétaux. Dessaignes[1] l'a découverte en 1851 dans les feuilles du *Chenopodium vulvaria* L. (famille des Chénopodées). Sa présence a été constatée depuis lors dans les fleurs de l'aubépine, du sorbier et du poirier, dans les semences du hêtre, dans l'*Arnica montana* L., dans le seigle ergoté, la fausse orange, la betterave, etc.

On la retire de ces plantes par une simple distillation avec l'eau, en présence d'un alcali. On pourrait croire que c'est ce mode opératoire qui lui donne naissance et qu'elle est produite par la décomposition de substances basiques plus compliquées. Tel n'est cependant pas le cas; les expériences de Wicke[2] ont prouvé que la triméthylamine existe réellement comme telle dans les végétaux, soit à l'état libre, soit sous forme de sels.

Il est fort probable qu'elle constitue, comme les bases du groupe de la choline, un produit de désassimilation et qu'elle se forme par dédoublement des lécithines.

L'année même de sa découverte dans les plantes, la triméthylamine a été obtenue artificiellement par Hofmann[3] en faisant réagir l'iodure de méthyle sur l'ammoniaque.

C'est un liquide très alcalin, bouillant à 3°,5, soluble en toutes proportions dans l'eau, l'alcool et l'éther, et possédant l'odeur désagréable du poisson gâté.

[1] Dessaignes, C. r. **33**, 358; **43**, 670.
[2] Wicke, A. **91**, 121; **124**, 338.
[3] Hofmann, A. **79**, 11; **83**, 116.

XXIX. ALCALOÏDES DIVERS

Parmi les autres alcaloïdes végétaux dont la constitution est encore inconnue, mais dont la composition semble aujourd'hui certaine, on peut citer les suivants:

1. Arginine, $C^6H^{14}Az^4O^2$. — Dans les plantules des lupins, de la citrouille et de plusieurs Conifères, dans la betterave, etc. Est un produit de décomposition des matières albuminoïdes. On ne connaît que ses sels, qui sont dextrogyres et sans action sur l'organisme animal. L'acide nitreux les décompose avec dégagement d'azote. L'eau de baryte, agissant à haute température, fournit de l'ammoniaque, de l'anhydride carbonique et de l'urée.

2. Stachydrine, $C^7H^{13}AzO^2+H^2O$. — Dans les tubercules du *Stachys tuberifera* Bunge (Labiée); dans les feuilles du *Citrus Aurantium* L. (Hespéridée). Cristaux déliquescents, très solubles dans l'eau. Point de fusion 210°. Renferme un carboxyle. Est décomposée par la potasse très concentrée en donnant de la diméthylamine.

3. Alcaloïdes des feuilles de l'Ephedra vulgaris Rich. (famille des Conifères).

Ephédrine, $C^{10}H^{15}AzO$. — Corps cristallisé, distillable sans altération à 255°. Base secondaire. Possède des propriétés mydriatiques. Donne par l'action du chlorure d'or de la méthylamine et de l'aldéhyde benzoïque.

Pseudo-éphédrine, $C^{10}H^{15}AzO$. — Cristaux fusibles à 114-115°. Base secondaire. Possède des propriétés mydriatiques. Renferme un hydroxyle. Donne de l'acide benzoïque par oxydation au moyen du permanganate. L'acide chlorhydrique concentré fournit à 180° de la méthylamine et une huile que l'oxydation transforme en acide benzoïque.

4. Damascénine, $C^{10}H^{15}AzO^3$. — Dans les semences du *Nigella Damascena* L. (Renonculacée). Prismes. Point de fusion 27°, point d'ébullition 168°. Sels fluorescents.

5. Jambosine, $C^{10}H^{15}AzO^3$. — Dans l'écorce du *Myrtus Jambosa* H. B. K. (Myrtacée). Cristaux fusibles à 77°, solubles dans les alcalis.

6. Alcaloïdes des Anhalonium. — On trouve dans différentes espèces du genre *Anhalonium* (famille des Cactées) les alcaloïdes suivants, qui sont liés dans la plante à l'acide malique :

Anhaline, $C^{10}H^{17}AzO^2$. Prismes fusibles à 115°.

Mezcaline, $C^{11}H^{17}AzO^3$. Aiguilles fusibles à 151°. Possède deux méthoxyles.

Anhalonine, $C^{12}H^{15}AzO^3$. Aiguilles fusibles à 85°. Distille sans décomposition. Possède un méthoxyle et pas d'hydroxyle. Ses sels sont lévogyres.

Anhalonidine, $C^{12}H^{15}AzO^3$. Aiguilles fusibles à 160°. Renferme deux méthoxyles. Ses sels sont dextrogyres.

Lophophorine, $C^{13}H^{17}AzO^3$. Substance huileuse, très vénéneuse.

Pellotine, $C^{13}H^{19}AzO^3$. Tables fusibles à 110°, solubles dans les alcalis. Base tertiaire. Propriétés narcotiques. Possède un hydroxyle et deux méthoxyles. Fournit de la triméthylamine par distillation sur la poudre de zinc ou la chaux sodée.

7. Carpaïne, $C^{14}H^{24}AzO^2$. — Dans les feuilles du *Carica Papaya* L. (Passiflorée). Prismes fusibles à 121°, sublimables, insolubles dans les alcalis. Base secondaire, dextrogyre. Renferme un hydroxyle.

8. Chrysanthémine, $C^{14}H^{28}Az^2O^3$. — Dans les fleurs du *Chrysanthemum cinerariaefolium* Vis. (Composée). Aiguilles déliquescentes. Base diacide, inactive. Renferme un hydroxyle et un groupe AzH. Donne par distillation sur la chaux sodée de la triméthylamine et une base pyridique. L'oxydation fournit de la triméthylamine et de l'acide succinique. L'ébullition avec la potasse la décompose avec formation de triméthylamine, d'acide γ-oxybutyrique et d'un acide $C^5H^{10}Az(COOH)$.

9. Caféarine, $C^{14}H^{16}Az^2O^4$. — Dans le café (*Coffea arabica* L., famille des Rubiacées). Aiguilles déliquescentes, très solubles dans l'eau. Point de fusion 140°. Base monoacide, inactive. Agit comme narcotique.

10. Esérine (Physostigmine), $C^{15}H^{21}Az^3O^2$. — Dans la fève de Calabar, fruit du *Physostigma venenosum* Balf. (Légumineuse). Prismes fusibles à 105-106°. Base monoacide tertiaire, à réaction très alcaline. Lévogyre. Extrèmement toxique. Provoque la contraction de la pupille. Possède un hydroxyle et un groupe méthyle lié à l'azote. Donne de la méthylamine par ébullition avec la potasse ou par distillation sur la poudre de zinc.

11. Matrine, $C^{15}H^{24}Az^2O$. — Dans la racine du *Sophora angustifolia* Sieb. (Légumineuse). Point de fusion 80°. Dextrogyre. Facilement soluble dans l'eau.

12. Piliganine, $C^{15}H^{24}Az^2O$. — Dans le *Lycopodium Saururus* Lam. (Lycopodiacée). Aiguilles fusibles à 64-65°, facilement solubles dans l'eau. Très vénéneuse, propriétés purgatives et vomitives.

13. Pipérovatine, $C^{16}H^{24}AzO^2$. — Dans le *Piper ovatum* Vahl. (Pipéracée). Aiguilles fusibles à 123°. Base très faible, inactive, à réaction neutre. Fournit une base pyridique lorsqu'on la chauffe à 160° avec de l'eau.

14. Paricine, $C^{16}H^{18}Az^2O$. — Dans l'écorce du *Cinchona succirubra* Pav. (Rubiacée) qui contient en outre les principaux alcaloïdes des quinquinas. Poudre jaune, amorphe, fusible à 136°. Base monoacide, inactive.

15. Mandragorine, $C^{17}H^{25}AzO^3$. — Dans la racine du *Mandragora autumnalis* Bertol. et du *M. vernalis* Bertol. (Solanées). Résine déliquescente, soluble dans l'eau. Pt. de fus. 77-79°. Dilate la pupille.

16. Ricinine, $C^{17}H^{18}Az^4O^4$. — Dans les semences du *Ricinus communis* L. (Euphorbiacée). Tables fusibles à 194°, sublimables. Réaction neutre. Inactive. Est dédoublée par les alcalis en alcool méthylique et *acide ricininique*, $C^{15}H^{14}Az^4O^4$.

17. Buxine (Bébirine, Pélosine), $C^{18}H^{21}AzO^3$. — Dans l'écorce du buis (*Buxus sempervirens* L., famille des Buxinées), du *Cissampelos Pareira* L. (Ménispermée), du *Nectandra Rodiei* Schomb. et du *Hernandia sonora* L. (Laurinées). Poudre amorphe, soluble dans les alcalis, lévogyre. Point de fusion 180°. Propriétés fébrifuges. Base tertiaire. Ne renferme ni carboxyle, ni méthoxyle, mais un hydroxyle. Fournit de la méthylamine et du pyrrol par distillation avec la potasse.

18. Sénécionine, $C^{18}H^{26}AzO^6$. — Dans le séneçon (*Senecio vulgaris* L., famille des Composées). Tables lévogyres.

19. Nupharine, $C^{18}H^{21}Az^2O^2$. — Dans le rhizôme du nénuphar (*Nuphar luteum* Sibth., famille des Nymphéacées). Amorphe et inactive.

20. Alcaloïdes de l'écorce de Pereiro (*Geissospermum Vellosii* Allem., famille des Apocynées) employée comme fébrifuge.

Pereirine, $C^{19}H^{24}Az^2O$. Amorphe. Point d· fusion vers 124°. Monoacide.

Geissospermine, $C^{19}H^{24}Az^2O^2 + H^2O$. Prismes fusibles à 160°. Base monoacide, lévogyre.

Vellosine, $C^{23}H^{28}Az^2O^4$. Tables fusibles à 189°. Base monoacide tertiaire, dextrogyre, très toxique. Possède deux méthoxyles.

21. Alcaloïdes de l'écorce d'Angusture (*Galipea Cusparia* Rut., famille des Diosmées) employée comme fébrifuge. Renferme, à l'état libre, les quatre bases suivantes qui sont cristallisées et tertiaires:

Cusparine, $C^{20}H^{19}AzO^3$. Point de fus. 92°. Est décomposée par la potasse en un acide aromatique et un corps basique.

Cusparidine, $C^{19}H^{17}AzO^3$. Pt de fus. 79°.

Galipine, $C^{20}H^{21}AzO^3$. Pt de fus. 115°.

Galipidine, $C^{19}H^{19}AzO^3$. Pt de fus. 110°.

22. Achilléine, $C^{20}H^{38}Az^2O^{15}$. — Dans l'*Achillea Millefolium* L. et l'*A. moschata* Jacq. (Composées). Masse amorphe, brun rouge, déliquescente, soluble dans l'eau avec une coloration jaune. Est décomposée par l'ébullition avec l'acide sulfurique étendu en donnant un sucre, de l'ammoniaque, un principe aromatique volatil et une base amorphe de formule $C^{11}H^{17}AzO^4$, l'*achillétine*.

23. Alcaloïdes de la chélidoine. — La grande chélidoine (*Chelidonium majus* L.), le *Sanguinaria canadensis* L., le *Stylophoron diphyllum* Nutt., le *Bocconia frutescens* Wild. et le *Macleya cordata* R. Br., toutes plantes appartenant à la famille des Papavéracées, contiennent de la protopine (page 297) et les six alcaloïdes suivants, liés aux acides malique, succinique, citrique et chélidonique (page 20) :

Chélidonine, $C^{20}H^{19}AzO^5 + H^2O$. Tables ou aiguilles fusibles à à 135-136°. Base tertiaire. Sels incolores. Ne renferme pas de méthoxyle. Donne de l'acide oxalique et de la méthylamine par oxydation au moyen du permanganate.

Chélérythrine, $C^{21}H^{17}AzO^4$. Cristaux fusibles à 203°. Sels jaunes avec fluorescence violette. Saveur brûlante. Sa poussière provoque l'éternuement. Inactive. Possède deux méthoxyles.

Sanguinarine, $C^{20}H^{15}AzO^4 + H^2O$. Aiguilles fusibles à 213°. Sels rouges avec fluorescence violette. Saveur brûlante. Poussière provoquant l'éternuement. Inactive. Renferme un méthoxyle.

α-Homochélidonine. Pt de fus. 182°.

β-Homochélidonine. Pt de fus. 159°.

γ-Homochélidonine. Pt de fus. 169°.

Ces trois derniers alcaloïdes sont cristallisés et possèdent la formule $C^{21}H^{21}AzO^5$; ils renferment deux méthoxyles.

24. Fumarine, $C^{21}H^{19}AzO^4$. — A l'état de fumarate dans la fumeterre (*Fumaria officinalis* L., famille des Fumariacées). Prismes fusibles à 199°; optiquement inactive.

25. Rhéadine, $C^{21}H^{21}AzO^6$. — Dans le coquelicot (*Papaver Rhoeas* L., famille des Papavéracées). Prismes fusibles à 232°. Base faible, sans propriétés toxiques.

26. Artarine, $C^{21}H^{23}AzO^4$. — Dans l'écorce du *Xanthoxylon senegalense* DC. (Xanthoxylée). Poudre amorphe de couleur gris-rougeâtre, fusible à 240° en se décomposant. Sels jaunes.

27. Abrotine, $C^{21}H^{22}Az^2O$. — Dans l'*Artemisia Abrotanum* L. (Composée). Aiguilles facilement solubles dans l'eau bouillante; la solution présente une fluorescence bleue. Base diacide.

28. Alcaloïdes des écorces de Quebracho. — L'écorce de l'*Aspidosperma Quebracho* Schlecht. (famille des Apocynées), employée comme fébribuge, contient les six alcaloïdes suivants à l'état de tannates :

Québrachine, $C^{21}H^{26}Az^2O^3$. Aiguilles qui fondent à 214-216° en se décomposant. Dextrogyre.

Hypoquébrachine, $C^{21}H^{26}Az^2O^3$. Masse amorphe, jaunâtre, fusible vers 80°. Sels jaunes.

Québrachamine. Lamelles fusibles à 142°.

Aspidospermine, $C^{22}H^{30}Az^2O^2$. Prismes fusibles à 205-206°. Base très faible, lévogyre, à réaction neutre. Se décompose par ébullition avec la potasse en développant l'odeur des bases pyridiques et quinoléiques.

Aspidospermatine, $C^{22}H^{28}Az^2O^2$. Aiguilles assez solubles dans l'eau. Point de fusion 162°. Lévogyre.

Aspidosamine, $C^{22}H^{28}Az^2O^2$. Précipité floconneux, fusible vers 100°.

L'écorce de Payta, qui provient d'un arbre appartenant aussi au genre *Aspidosperma*, renferme la *paytine*, $C^{21}H^{24}Az^2O + H^2O$ (prismes fusibles à 156°, lévogyres) et la *paytamine*, $C^{21}H^{24}Az^2O$ (amorphe).

L'écorce du Quebracho colorado (*Loxopterygium Lorentzii* Griesebach, famille des Térébinthacées) a pour principe actif la *loxopterygine*, $C^{26}H^{34}Az^2O^2$, substance amorphe, fondant à 80° et se décomposant à une température plus élevée en répandant l'odeur de la quinoléine.

Tous ces alcaloïdes sont des bases monoacides.

29. Alcaloïdes de l'écorce des Alstonia (famille des Apocynées), employées comme fébrifuges.

L'*Alstonia constricta* Muell. contient :

Alstonine (Chlorogénine), $C^{21}H^{20}Az^2O^4 + 3\,^1/_2\,H^2O$. Masse brune, amorphe, soluble dans l'eau. Fond à l'état anhydre vers 195°.

Alstonidine. Aiguilles fusibles à 181°.

Porphyrine, $C^{21}H^{25}Az^3O^2$. Point de fusion 93°.

Les solutions de ces trois alcaloïdes présentent une fluorescence bleue.

L'*Alstonia spectabilis* R. Br. et l'*A. scholaris* R. Br. renferment :

Ditamine, $C^{16}H^{19}AzO^2$. Poudre amorphe fusible à 75°.

Echitamine (Ditaïne), $C^{22}H^{28}Az^2O^4 + 4H^2O$. Prismes fusibles à 206° en se décomposant, facilement solubles dans l'eau. Lévogyre. Base très énergique, constituant peut-être un hydrate d'ammonium.

Echiténine, $C^{20}H^{27}AzO^4$. Substance amorphe de couleur brunâtre. Tous ces alcaloïdes sont des bases monoacides.

30. Conessine (Wrightine), $C^{22}H^{40}Az^2$. — A l'état de tannate dans l'écorce et les semences du *Wrightia antidysenterica* R. Br., de l'*Holarrhena africana* DC. et de l'*H. antidysenterica* Wall. (famille des Apocynées). Aiguilles fusibles à 122°, sublimables. Base diacide et bitertiaire.

31. Hyménodictyonine, $C^{23}H^{40}Az^2$. — Dans l'écorce de l'*Hymenodictyon excelsum* Wall. (famille des Rubiacées). Aiguilles fusibles à 66°. Base diacide et bitertiaire.

32. Aribine, $C^{23}H^{20}Az^4 + 8H^2O$. — Dans l'écorce de l'*Arariba rubra* Mart. (famille des Rubiacées). Prismes fusibles après dessiccation à 229°, sublimables. Base forte, inactive, diacide et bitertiaire.

33. Alcaloïdes des semences de Staphisaigre (*Delphinium Staphisagria* L., famille des Renonculacées).

Delphinine, $C^{22}H^{35}AzO^6$. Tables fusibles à 120°. Inactive. Très toxique, action se rapprochant de celles de la vératrine et de l'aconitine.

Delphinoïdine, $C^{25}H^{42}AzO^4$. Amorphe. Point de fusion 110-120°. Inactive.

Delphisine, $C^{27}H^{40}Az^2O^4$. Cristaux fusibles à 189°.

Staphisagrine, $C^{22}H^{33}AzO^5$. Amorphe. Point de fusion vers 90°. Inactive.

34. Alcaloïdes de la racine du jasmin sauvage (*Gelsemium sempervirens* Pers., famille des Apocynées).

Gelsémine, $C^{21}H^{28}Az^2O^4$. Cristaux fusibles à 45°, solubles dans les alcalis. Base monoacide énergique et très vénéneuse.

Gelséminine, $C^{21}H^{28}Az^2O^4$. Amorphe. Point de fusion 120°. Base monoacide tertiaire, soluble dans les alcalis.

35. Paucine, $C^{27}H^{39}Az^5O^5 + 6\,\frac{1}{2}\,H^2O$. — Dans la noix de Pauço, fruit du *Pentaclethra macrophylla* Benth. (Légumineuse). Paillettes jaunes, solubles dans l'eau et dans les alcalis, fusibles à 126°. Base diacide. Est décomposée par l'acide chlorhydrique concentré ou par la soude en donnant de la diméthylamine et des bases pyridiques.

36. Erythrophléine, $C^{28}H^{43}AzO^7$. — Dans la racine de l'*Erythrophlœum guinense* Dow. (Légumineuse). Corps cristallisé, très vénéneux, ayant l'action de la digitaline. Est dédoublé par l'acide chlorhydrique concentré en méthylamine et en *acide érythrophléique,* $C^{27}H^{38}O^7$.

37. Alcaloïdes des semences du Vicia sativa L. (famille des Légumineuses).

Vicine, $C^{28}H^{51}Az^{11}O^{21}$. Existe aussi dans la betterave. Aiguilles solubles dans les alcalis. Est décomposée par l'ébullition avec l'acide sulfurique étendu en donnant des matières azotées et un sucre. La fusion potassique fournit de l'ammoniaque et du cyanure de potassium.

Convicine, $C^{10}H^{15}Az^3O^7 + H^2O$. Lamelles. Les acides minéraux la transforment en alloxantine.

38. Emétine, $C^{30}H^{40}Az^2O^5$. — Dans la racine du *Cephaelis Ipecacuanha* Wild. (Rubiacée). Poudre amorphe, fusible à 70°. Vomitif. Base diacide et bitertiaire, optiquement inactive. Possède un hydroxyle et quatre méthoxyles. La potasse la décompose avec formation d'ammoniaque et de bases quinoléiques.

39. Lycopodine, $C^{32}H^{52}Az^2O^3$. — Dans le *Lycopodium complanatum* L. (Lycopodiacée). Prismes fusibles à 114-115°. Base diacide.

40. Impérialine, $C^{35}H^{60}AzO^4$. — Dans les bulbes du *Fritillaria imperialis* L. (Liliacée). Aiguilles fusibles à 254°. Lévogyre.

41. Ergotinine, $C^{35}H^{40}Az^4O^6$. — Dans l'ergot de seigle. Prismes solubles dans les alcalis. Possède en solution aqueuse une fluorescence violette. Base faible, monoacide, dextrogyre. Propriétés hémostatiques.

42. Taxine, $C^{37}H^{51}AzO^{10}$. — Dans les semences et les feuilles de l'if (*Taxus baccata* L., famille des Conifères). Poudre amorphe, fusible à 82°. Base tertiaire. Narcotique.

43. Solanine, $C^{42}H^{75}AzO^{15}$. — Dans les baies de la morelle (*Solanum nigrum* L., famille des Solanées), dans la douce-amère (*S. Dulcamara* L.), dans les jeunes pousses de la pomme de terre (*S. tuberosum* L.) Aiguilles soyeuses fusibles à 285°. Base faible, assez vénéneuse. Ne renferme pas de méthoxyle, mais six hydroxyles. Les acides étendus la dédoublent en sucre et solanidine, $C^{26}H^{41}AzO^2$.

TABLE ALPHABÉTIQUE

Documents manquants (pages, cahiers...)
NF Z 43-120-13